网络多播和实时通信技术

鲁士文 编著

清华大学出版社
北京

内容简介

本书阐述开发多媒体网络及其应用的两种核心技术：多播和实时通信。全书共分为10章，主要内容包括局域网上的多播和任播，互联网多播及基于单播协议的扩展路由，独立于协议的多播和边界网关多播协议，多媒体信息的编码和压缩技术，综合服务模型和资源预留机制，会话通告和实时传输协议，呼叫建立和控制技术，实时流播放控制和会话描述技术，媒体网关控制协议以及典型的实时多媒体应用。每一章都采用较为通俗易懂的描述和具有实际意义的例子及图表来说明相关原理、技术和协议。

本书融理论、方法和标准为一体，注重介绍实用技术和培养系统设计能力，以提高读者从事科学研究工作的能力和解决实际问题的能力为主要目标，可供信息技术相关专业的本科高年级学生和研究生用作学习数据通信和计算机网络课程的参考书，也可用作相关领域的研究和应用开发人员研制相关产品的参考资料。

图书在版编目（CIP）数据

网络多播和实时通信技术 / 鲁士文编著. —北京：清华大学出版社，2016
ISBN 978-7-302-43332-3

Ⅰ. ①网… Ⅱ. ①鲁… Ⅲ. ①计算机通信网 Ⅳ. ①TN915

中国版本图书馆CIP数据核字(2016)第051602号

责任编辑：夏非彼
封面设计：王 翔
责任校对：闫秀华
责任印制：宋 林

出版发行：清华大学出版社
网 址：http://www.tup.com.cn，http://www.wqbook.com
地 址：北京清华大学学研大厦A座 邮 编：100084
社 总 机：010-62770175 邮 购：010-62786544
投稿与读者服务：010-62776969，c-service@tup.tsinghua.edu.cn
质 量 反 馈：010-62772015，zhiliang@tup.tsinghua.edu.cn
印 装 者：北京密云胶印厂
经 销：全国新华书店
开 本：190mm×260mm 印 张：18 字 数：461千字
版 次：2016年4月第1版 印 次：2016年4月第1次印刷
印 数：1～3000
定 价：49.00元

产品编号：067909-01

前　言

我们所处的时代是一个多媒体通信时代，人们已经能够使用手机或计算机通过网络双向视频连接跟亲戚、朋友和同事交流。种类越来越多的基于多媒体的服务正在或即将被应用到我们的家庭、学校和企事业单位。用户能够创建自己的多媒体资料，也可以交互式地选择和接收多媒体信息。

今天，IP 网络已被人们看作主要的信息高速路，意识到未来的信息高速路将全面支持多媒体，目前电信、计算机、线缆和广播电视公司竞争激烈，它们都在参与建设能够实时传送视频和多媒体信息的高速路。近年来出现了许多示范性的视频点播和交互式电视系统，不少家庭已经能够接受点播影片、远程教育、电子报刊、交互式游戏和网上购物等服务。随着宽带接入和更高速率的广域网络的发展，可以得到这类服务的用户和工作单位将越来越多。

本书阐述开发多媒体网络及其应用的两个核心技术：多播和实时通信。

为了能够支持像视频点播和视频会议这样的多媒体应用，网络必须实施某种有效的多播机制。使用许多单播传送来仿真多播总是可能的，但这会引起主机上大量的处理负担和网络上太多的流量。我们所需要的多播机制是让源计算机一次发送的单个分组可以抵达用一个组地址标识的若干台目标主机，并被它们正确接收。显然，与单播相比，多播可减少发送方和网络的资源开销，也减少让所有目的地都接收到信息所需要的时间，从而可以更加有效地支持实时应用。

使用电路交换的公用电话网传送实时多媒体信息早已是相当成熟的技术，例如使用电话网络举行视频会议。使用电路交换的优点是经过压缩处理的多媒体信息在线路上的传输质量有保证，缺点是向电信公司租用电话线路的费用太高。因此人们希望能够利用分组交换 IP 网络以低廉的价格传送实时多媒体信息。

本书力图系统、深入地向读者介绍多播和实时通信的基本概念、原理、关键技术和开发标准。全书共分为 10 章。第 1~3 章讲述多播，内容包括局域网上的多播和任播，互联网多播及基于单播协议的扩展路由，以及独立于协议的多播和边界网关多播协议；第 4 章考察多媒体信息的编码和压缩技术；第 5 章阐述综合服务模型和资源预留机制；第 6 章讨论会话通告和实时传输协议；第 7~9 章分别讨论呼叫建立和控制技术，实时流播放控制和会话描述技术，以及媒体网关控制协议；第 10 章介绍了典型的实时多媒体应用。每一章都采用较为通俗易懂的描述和具有实际意义的例子及图表来说明相关理论、方法和协议。

本书是编者在中国科学院计算所和中国科学院大学多年从事计算机网络科研工作和研究生教学实践的基础上编写的。全书融原理、技术和标准为一体，注重介绍实用技术和培养学生的系统设计能力，以提高读者从事科学研究工作的水平和解决实际问题的能力为主要目标。另外，张卫军和鲁国相等人参与了本书的审校工作，在此表示感谢。

本书可供信息技术相关专业的本科高年级学生和研究生用作学习数据通信和计算机网络课程的参考书，也可用作相关领域的研究和应用开发人员研制相关产品的参考资料。

限于时间与水平，不当之处在所难免，欢迎广大读者批评指正。

编者

2015 年 10 月

于中国科学院大学

目　录

第 1 章　局域网多播和任播 1

1.1　局域网多播的特征 2
1.2　单个生成树多播路由 3
1.3　局域网多播路由的性能 5
1.4　多播 IP 地址和 MAC 地址 6
1.4.1　D 类 IP 地址 7
1.4.2　把 D 类地址映射到 MAC 地址 7
1.4.3　多播数据报的传输和投递 8
1.5　在 IP 子网上的组管理协议 9
1.6　IPv6 对多播的支持 12
1.6.1　IPv6 多播地址 13
1.6.2　把 IPv6 多播地址映射到 MAC 地址 16
1.6.3　IPv6 的组管理协议 17
1.7　任播 18

第 2 章　互联网多播及基于单播协议的扩展路由 22

2.1　互联网络多播环境及性能需求 23
2.2　距离向量多播路由 24
2.2.1　反向通路洪泛 24
2.2.2　反向通路广播 25
2.2.3　截短的反向通路广播 26
2.2.4　反向通路多播 28
2.2.5　DVMRP 30
2.3　链路状态多播路由 34
2.3.1　链路状态多播路由算法 35
2.3.2　MOSPF 协议 37

第 3 章　独立于协议的多播和边界网关多播协议 42

3.1　共享树技术 43

3.2 密集方式 PIM 44
3.3 稀疏方式 PIM 45
3.3.1 直接附接的主机加入一个组 47
3.3.2 直接附接的源给一个组发送 47
3.3.3 共享的会合点树和最短通路树 48
3.3.4 PIM-SM 树的建立和转发小结 49
3.4 基于核的树 49
3.4.1 加入一个组的共享树 50
3.4.2 数据分组转发 51
3.4.3 非成员发送 51
3.4.4 CBT 树的建立和转发小结 51
3.5 边界网关多播协议 52
3.5.1 BGMP 体系结构 52
3.5.2 BGMP 特征 53
3.5.3 小结 57

第 4 章 多媒体信息的编码和压缩技术 58

4.1 正文信息编码 59
4.2 多媒体文件格式 62
4.2.1 富文本格式 62
4.2.2 标记图像文件格式 63
4.2.3 资源交换文件格式 63
4.3 声音编码 64
4.3.1 模拟声音和信号 64
4.3.2 数字声音 67
4.3.3 脉冲编码调制 67
4.4 静止图像编码 69
4.4.1 向量图形 69
4.4.2 光栅扫描 70
4.4.3 彩色模型 71
4.4.4 图像分辨率和点距 72
4.5 移动图像编码 73
4.5.1 视觉暂留 73
4.5.2 模拟视频图像 73
4.5.3 数字视频图像 75
4.5.4 动画图像 77
4.5.5 高清晰度电视 77

4.6 信息压缩技术 78
4.6.1 无损压缩算法 79
4.6.2 图像压缩 JPEG 81
4.6.3 视频压缩 MPEG 85
4.6.4 音频压缩 MP3 89
第 5 章 综合服务和资源预留机制 91
5.1 应用需求 92
5.2 实时应用分类 93
5.3 综合服务类别 95
5.4 实现机制 95
5.5 流规格 96
5.6 准入控制 97
5.7 资源预留协议 98
5.7.1 RSVP 数据流 102
5.7.2 RSVP 会话和预留方式 102
5.7.3 RSVP 操作过程 104
5.7.4 预留方式示例 106
5.7.5 RSVP 报文 108
5.7.6 RSVP 软状态的实现 115
5.7.7 RSVP 隧道 116
5.8 分组分类和调度 117
第 6 章 会话通告和实时传输协议 118
6.1 SAP 119
6.1.1 会话通告 120
6.1.2 会话删除 121
6.1.3 会话修改 122
6.1.4 分组格式 122
6.2 RTP 124
6.2.1 基本需求 125
6.2.2 协议机制 126
6.2.3 RTP 头格式 128
6.2.4 信息源的同步 133
6.2.5 层次式编码 133
6.2.6 RTCP 134
6.3 SCTP 141

第 7 章 呼叫建立和控制技术......143

7.1 H.323 协议......144
7.1.1 基本结构......144
7.1.2 H.323 协议栈......146
7.1.3 工作过程......148
7.2 会话起始协议......150
7.2.1 功能特征......152
7.2.2 基本结构......153
7.2.3 SIP 呼叫建立信令过程......158
7.2.4 SIP 命令和响应......159
7.2.5 SIP 报文......162
7.2.6 SIP 事务......168
7.2.7 SIP 对话......168
7.2.8 即时消息......170

第 8 章 实时流播放控制和会话描述技术......171

8.1 RTSP......172
8.1.1 相关术语及其含义......173
8.1.2 演播描述......175
8.1.3 会话建立......178
8.1.4 媒体投递控制......180
8.1.5 会话参数操作......183
8.1.6 媒体投递......185
8.1.7 会话维持和终止......186
8.1.8 扩展 RTSP......187
8.2 SDP......188
8.2.1 相关术语及其含义......188
8.2.2 SDP 用例......188
8.2.3 要求和建议......189
8.2.4 SDP 规范......191
8.2.5 SDP 属性......201

第 9 章 媒体网关控制协议......206

9.1 术语定义和缩略语......207
9.1.1 术语定义......207
9.1.2 缩略语......208
9.2 连接模型......209

9.2.1 背景 210
9.2.2 终端 211
9.3 命令 214
9.3.1 命令的概要描述 214
9.3.2 描述器 216
9.4 事务 227
9.4.1 通用参数 228
9.4.2 事务处理的概要描述 229
9.4.3 报文 231

第 10 章 典型的实时多媒体应用 232

10.1 音视频服务的类别 233
10.1.1 存储流音视频 233
10.1.2 直播流音视频 240
10.1.3 交互式音视频 242
10.2 实时多媒体系统的协议特征 245
10.2.1 对传输层的要求 247
10.2.2 TCP 和 UDP 的能力 248
10.2.3 使用 RTP 249
10.2.4 使用 SIP 251
10.2.5 使用 H.323 255
10.3 IP 电话 256
10.3.1 IP 电话基本模型 257
10.3.2 IP 电话的关键技术 258
10.3.3 IP 电话协议结构 266
10.3.4 IP 电话的组织成分 267
10.3.5 IP 电话的业务流程 269
10.4 视频点播 270
10.5 视频会议 274

第 1 章

局域网多播和任播

从本章节可以学习到：

- 局域网多播的特征
- 单个生成树多播路由
- 局域网多播路由的性能
- 多播 IP 地址和 MAC 地址
- 在 IP 子网上的组管理协议
- IPv6 对多播的支持
- 任播

为了能够支持像远程教学和视频会议这样的多媒体应用，网络必须实施某种有效的多播机制。虽然使用多个单播传送来仿真多播是可能的，但这会引起主机上大量的处理开销和网络上太多的流量。人们所需要的多播机制是让源计算机一次发送的单个分组可以抵达用一个组地址标识的若干台目标主机，并被它们正确接收。

使用多播的缘由是有的应用程序要把一个分组发送给多个目的主机。不是让源主机给每一个目的主机都发送一个单独的分组，而是让源主机把单个分组发送给一个多播地址，该多播地址标识一组主机。网络（比如因特网）把这个分组给该组中的每一个主机都投递一个拷贝。对于任一个组，主机都可以自主地选择是否加入或离开，而且一个主机可以同时属于多个组。

多播功能是在 1988 年通过定义 D 类地址和 IGMP（Internet 组管理协议）正式加进 IPv4 的。1992 年 MBONE（multicast backbone，多播主干试验网）的建立加速了这些功能的实施，然而这样的实施还远未普及。IPv6 的设计者们希望利用更换新协议的机会保证多播功能在所有的 IPv6 结点上都可以提供。他们定义了所有路由器都可以识别的一个多播地址格式，把 IPv4 的 IGMP 功能加进 IPv6 的基本 ICMP 协议，并且保证所有的路由器都能够为多播分组选择路由。

在 IPv6 中添加任播功能为网络管理者提供了大量的灵活性。任播地址也是分配给不止一个接口（典型地属于不同的结点）的地址，但发送给一个任播地址的分组仅被路由到根据路由协议的测量在具有那个地址的接口中距离最近（代价最小）的接口。

在所有主机都共享一个传输通道的网络中，例如在 CSMA/CD 以太网中，多播功能很容易提供，跟单播代价相同。链路层桥接器利用改善了的通信经济性把局域网扩展到多个物理网络，并在扩展的局域网上支持多播功能。

在发送方和接收方可能驻留在不同子网内的互联网络环境中，路由器必须实现一个多播路由协议，允许建立多播投递树，并支持多播分组转发。此外，每个路由器都需要实现一个组成员关系协议，允许它获悉在直接附接的子网上组成员的存在。

1.1 局域网多播的特征

像以太网这样的局域网的多播功能为分布式应用提供了两个重要的优越性。

①当一个应用必须把同样的信息发送到多个目的地时，多播比单播更有效：它减少发送方和网络的开销，也减少所有目的地都接收到信息所需要的时间，从而可以更加有效地支持实时应用。

②当一个应用必须定位、查询或发送信息到一个或多个其地址未知或可变的主机时，多播可用作一种替代配置文件、名字服务器或其他绑定机制的简单的强有力的方案。

LAN 多播具有下列重要的特征。

1. 组编址

在一个 LAN 中，多播分组被发送到一个标识一组目的地主机的组地址。发送方不必知道该组的成员关系，它自己也不必是该组的成员。对于在一个组中的主机的数目或位置没有限制。主机可以随意地加入和离开组，而不必跟该组的其他成员或该组的潜在发送方同步或协商。

使用这样的组编址，可以把多播用于这样的一些目的：在其地址未知的情况下定位一个资源或服务器；在动态改变的一组信息提供方之间搜索信息；给任意大的自我选择的一组信息消费者（用户）分发信息。

2. 投递的高概率

在一个 LAN 中，一个组的一个成员成功地接收到发送给该组的多播分组的概率通常跟该成员成功接收到发送给它的单播地址的单播分组的概率相同，而且在没有分隔的情况下，每个成员都成功接收的概率是非常高的。这一特征允许端到端的可靠多播协议的设计者假定，对于多播分组做少量的重传就可以把多播分组成功地投递到处于活动状态和可达的所有的目的地组成员。在一个 LAN 中多播分组损坏、重复或失序的概率是非常低的，但不必等于 0，从这些事件中恢复也是端到端的协议的责任。

3. 低延迟

LAN 对于多播分组的投递产生很小的延迟。对于许多的多播应用，例如分布式会议、并行计算和资源定位，这是一个重要的特性，而且，在 LAN 上一个主机从决定加入一个组到它能够接收到发送给该组的分组时的延迟（称作加入延迟）是非常小的，通常就只是更新一个本地的地址过滤器所需要的时间。低的加入延迟对于某些应用，例如使用多播跟迁移进程或移动主机通信的那些应用，是重要的。

1.2 单个生成树多播路由

链路层桥接器执行基于 LAN 地址的路由选择（链路层）功能，该 LAN 地址在一组互联的 LAN 范围内具有唯一性。

桥接器把 LAN 功能透明地扩展到互联的多个 LAN，并且有可能跨越较长的距离。为了维持透明性，桥接器通常把每个多播和广播帧都传播到扩展 LAN 的每个网段。这被一些人看成是桥接器的一个缺点，因为在每个网段上的主机都会受到所有网段的全部广播和多播流量的冲击。然而这种对主机资源的威胁是由对广播帧的不当使用引起，而不是由多播帧引起。多播帧可以被主机接口的硬件过滤。因此，对于主机遭受冲击问题的解决方案是把广播应用转换成多播应用，每个应用都使用一个不同的多播地址。

一旦把应用转变成使用多播，就有可能通过仅在为到达其目的地成员所需要的那些链路上传递多播帧来保护桥接器和链路资源。在小的桥接 LAN 中，通常桥接器和链路资源是丰富的。然而在包括低带宽长距离链路的大的扩展 LAN 中，或者针对在其小的子区域中驻留的组有大量的多播流量的扩展 LAN 中，避免到处都发送多播帧可能是一个很大的益处。

桥接器典型地是把所有的帧流量限制到单个生成树，可以通过禁止在物理拓扑中的回路，或者通过在多个桥接器之间运行一个分布式算法，来计算一个生成树。当一个桥接器接收到一个多播或广播帧时，它简单地把帧转发到生成树中（除了从其接收的支路以外的所有附接支路）。因为该生成树跨越所有的网段，并且没有回路，所以在没有传输差错的情况下，到达每个网段的帧仅投递 1 次。

如果桥接器知道它们的哪些附接支路到达一个给定多播组的成员，它们就能够把前往该组的帧仅在那些支路上转发。桥接器能够通过观察进入帧的源地址获悉使用哪些支路可以到达一个个主机。如果组成员使用组地址作为源地址周期性地发布帧，那么桥接器可以把同样的自学习算法应用到组地址。

例如，假定有一个所有桥接器组 B，所有的桥接器都属于该组，那么，属于一个组 G 的成员的每个主机可以定期地发送一个帧来向桥接器通告它的组成员关系，该帧的源地址是 G，目的地址是 B，帧类型是组成员报告，没有用户数据。

图 1-1 表示的是在一个具有单个组成员的简单桥接 LAN 中，该算法是如何工作的。LAN a、b 和 c 被桥接到主干 LAN d。

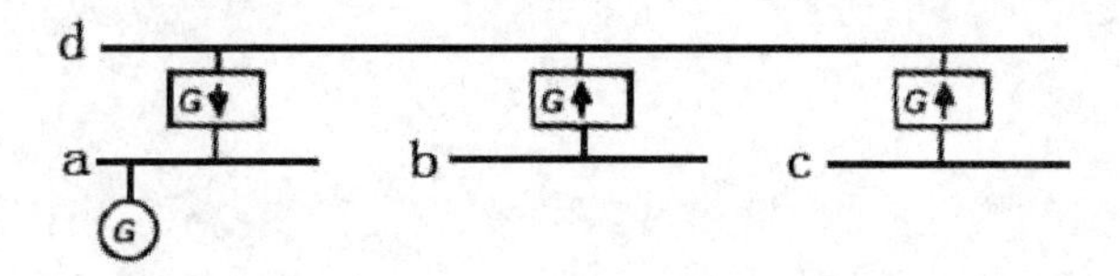

图 1-1　具有一个组成员的桥接 LAN

在 LAN a 上的一个组成员发布的任何组成员关系报告都被附接到 a 的桥接器转发到主干 LAN。没有必要把组成员关系报告转发到 LAN b 或 c，因为它们是生成树的叶，不到达任何附加桥接器。桥接器能够识别叶 LAN，可以是作为它们建立生成树算法的结果，或者通过定期发布关于它们在所有桥接器组中的成员关系的报告。

如图 1-1 所示，在组成员关系报告到达所有桥接器之后，它们都知道在哪个方向上可以到达 G 这个成员。随后前往 G 的多播帧的传输仅在那个成员关系的方向上转发。例如，一个源于 LAN b 前往 G 的多播帧将会经过 d 和 a，而不会经过 c。源于 LAN a 发往 G 的一个多播帧就根本不会被转发。

图 1-2 表示的是在 LAN b 上的第二个成员加入该组后桥接器的知识状态。现在发给组 G 的多播帧将向着 LAN a 和 b 传送，而不会向 LAN c 传送。

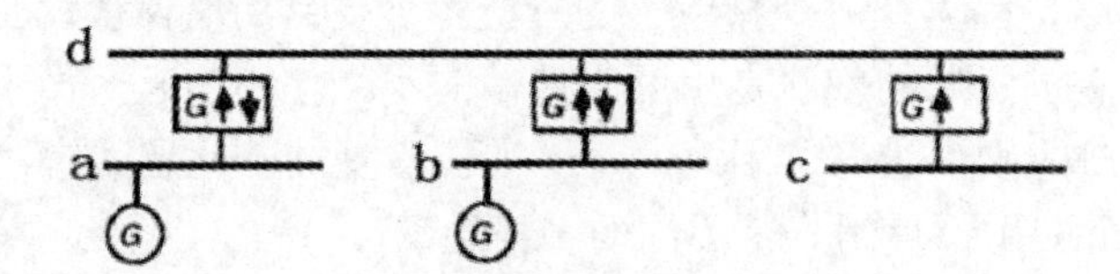

图 1-2　具有两个组成员的桥接 LAN

1.3　局域网多播路由的性能

上述局域网多播路由（链路层）算法只需用桥接器中很少的附加工作或附加空间。典型的自学习桥接器维持一个单播地址表，每个表项是一个三元组：

（地址，（外出支路，历时））

这里的历时域用以检测过时数据。每个输入帧的源地址和源支路都被安装在该表中，分别填进对应的地址域和外出支路域。而对于每个到达的单播帧也都在该表中查找其目的地址，从而确定其外出支路。

为了支持多播，该表也必须包含多播地址。由于单个多播地址可能有多个外出支路（和历时域），因此相关的表项变成具有下列形式的可变长记录：

（地址，（外出支路，历时），…，（外出支路，历时））

一个到达的组成员关系报告会引发对应其源地址的表项的安装和更新。对于一个到达的多播帧，会在该表中查找其目的地址，以确定一组外出支路。在转发之前，该帧从其到达的支路总是会被从查得的一组外出支路中除去。

对在多播地址表项中的历时域的处理跟单播地址有些不同。当桥接器收到一个单播帧时，如果其目的地址在表中不存在，或者其表项已经期满（即其历时值超过了某个门槛值），那么该帧在除输入支路以外的所有支路上转发出去。可以期待，来自目的地的对应流量随后将允许桥接器获悉其位置。然而当桥接器接收到一个多播帧时，它仅在用没有期满表项标识的支路上转发。期满表项被看成是在那条支路上不再有任何成员的迹象。因此，组成员必须以小于成员关系期满门槛值的间隔时间定期报告它们的成员关系。

成员关系报告流量的开销由报告间隔时间 Treport 决定，Treport 越大，报告开销越小。选择大的 Treport 具有下列缺点。

（1）为了容许偶尔的成员报告丢失，期满门槛值 Texpire 应该等于 Treport 的若干倍。Texpire 越大，在沿着一条特别的支路不再有可达的组成员之后，桥接器继续在那条支路上转发多播帧的时间就越长。这不是一个特别严重的问题，因为主机可以使用地址过滤器拒绝不想要的流量。

（2）如果一个主机是在一个特别的 LAN 上的第一个成员，并且它的开头 1 个或 2 个成员关系报告由于传输差错丢失了，那么桥接器将不知道它的成员关系，直到延迟 1 个或 2 个 Treport 时间为止。这就满足不了低的加入延迟的目标。可以通过让主机开始加入一个组时一个紧接着一个地发送多个成员报告得以避免。

（3）如果由于桥接器或 LAN 的开启或关闭引起生成树改变，那么在桥接器中的多播登记项可能在长至 Texpire 的时间内变得无效。这个问题可以通过在拓扑改变之后在 Texpire 时间内让桥接器恢复到广播方式的转发来避免。

因此这些问题中的任何一个都不是那么严重，都不会阻止对相对大的 Treport 值（比如说在几分钟的量级，而不是几秒钟）的使用。

除了增加 Treport 值，还有一种技术可以用来减少报告流量。当发布关于组 G 的成员报告时，主机把目的地址初始化成 G，而不是所有桥接器地址。然后直接附接到在做成员报告的 LAN 上的桥接器在把报告帧转发到其他桥接器之前，把 G 用所有桥接器地址替换。一个桥接器可以根据源和目的地址是相同的组地址的事实来识别这样的报告。这样做的结果就使得在同一 LAN 上的同一组的其他成员能听到这个成员报告，从而禁止它们自己的多余报告。为了避免不希望有的组成员报告同步，每当有一个这样的报告在一个 LAN 上发送时，在那个 LAN 上被报告的组的所有成员都把它们的下一次报告定时器设置成在大约 Treport 范围内的一个随机值。对于该组的下一次报告由首先超时的成员发送，此时再次选择新的随机定时值。这样在每个 LAN 上起始的报告流量减少到在每个 Treport 期间对于存在的每个组发送一个报告，而不是对于存在的每个组的每个成员都发送一个报告。这在每个 LAN 上有多个成员的一般情况下是一个显著的流量减少。

为了对这种算法的代价有一个概念，假定一个典型扩展 LAN 由 10 个网段构成，一个网段上的每个主机都属于 5 个组，每个网段上都有 20 个不同的组的成员，总共有 50 个组，成员关系报告的间隔时间 Treport 等于 200 秒。

（1）主机上的开销是每 40 秒发送或接收一个成员报告帧（200÷5=40）。

（2）在叶网段上和通往叶网段的桥接器接口上的开销是每 10 秒一个成员报告帧（200÷20=10）。

（3）在非叶网段上和通往非叶网段的桥接器接口上的开销是来自每个网段的报告流量的和，即每秒一个成员报告帧。

（4）在每个桥接器中的存储开销是 50 个组地址登记项。

这样的代价跟在当前安装的扩展 LAN 中可提供的带宽和桥接器的能力相比不是显著的。而且在主机和叶网段上的开销是独立于总的网段数目的，具有数百个网段的扩展 LAN 仅在主干网段上有较大的开销，而不是在大部分主机通常连接的更多数目的叶网段上。

上述桥接器多播路由算法需要主机为它们所属的组发布成员关系报告。这就影响了作为链路层桥接器的重要特征之一的透明性（对主机而言）。然而，如果把主机修改成使用多播而不是广播，那么让它同时也实现组成员报告协议可能是合理的。为了尽可能把对主机的开销减至最小，最好在主机操作系统的最底层，例如 LAN 设备驱动程序，处理组成员报告。而且，LAN 接口可以自动地提供组成员报告服务，不用主机介入。这实际上是设置多播地址过滤器的顺带功能。相反地，如果主机不打算支持这个功能，那么可以通过允许在桥接器中手动插入组成员关系信息来迁就。

1.4 多播 IP 地址和 MAC 地址

多播 IP 地址分配给构成一个多播组的一组互联网主机。发送方使用多播 IP 地址作为发送给所有组成员的分组的目的地址。

1.4.1　D 类 IP 地址

在 IPv4 中，一个多播组用一个 D 类地址标识。D 类地址的高序 4 位是 1110，后随 28 位多播组标识符。表示成点分十进制形式，多播组地址范围是从 224.0.0.0 至 239.255.255.255，可缩写成 224.0.0.0/4。图 1-3 显示的是 32 位 D 类地址的格式。

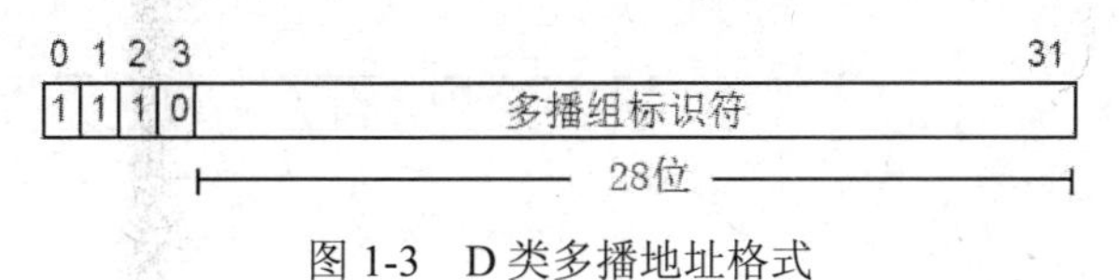

图 1-3　D 类多播地址格式

因特网编号分配机构（The Internet Assigned Numbers Authority，IANA）维持一个注册 IP 多播组列表。基础地址 224.0.0.0 保留，不可分配给任何组。从 224.0.0.1 至 224.0.0.255 的多播地址块保留为各种使用的永久分配，包括路由协议和其他需要众所周知的永久地址的协议。

下面列出的是一些众所周知的组。

“这个子网上所有的系统”	224.0.0.1
“这个子网上所有的路由器”	224.0.0.2
“所有的 DVMRP 路由器”	224.0.0.4
“所有的 OSPF 路由器”	224.0.0.5
“所有的 OSPF 指定路由器”	224.0.0.6
“所有的 RIP2 路由器”	224.0.0.9
“所有的 PIM 路由器”	224.0.0.13
“所有的 CBT 路由器”	224.0.0.15

剩余的组，从 224.0.1.0 至 239.255.255.255，要么永久地分配给各种多播应用，要么动态分配（通过 SDR 会话目录或其他方法）。在这个地址范围中，从 239.0.0.0 至 239.255.255.255 的地址保留给各种管理限定范围的应用，以及在专有网络中的应用，而不必是因特网范围的应用。

要查看完全列表，可查询分配的号码 RFC（RFC 1700 或其后继文档），或者访问 IANA Web 场点的分配网页（URL 为 http：//www.iana.org/iana/assignments.html）。

1.4.2　把 D 类地址映射到 MAC 地址

IEEE-802 MAC 层也为 IP 多播保留一部分地址空间。所有这些地址都以 01-00-5E（十六进制）开头，即从 01-00-5E-00-00-00 至 01-00-5E-FF-FF-FF 范围内的 MAC 地址可用于 IP 多播组。

已经有了一个简单的规程可用以把 D 类 IP 地址映射到所预留的空间内的 MAC 地址。这就允许 IP 多播容易利用网络接口卡支持的硬件级多播功能。

为了把 IP 多播地址映射到以太网的多播地址，只需把 IP 多播地址的低序 23 位放入特别的以太网多播地址 01.00.5E.00.00.00（十六进制）的低序 23 位。例如，IP 多播地址 224.0.0.1

变成以太网多播地址便是 01.00.5E.00.00.01（十六进制，其中 224.0.0.1 的低序 23 位是 00.00.01）。

图 1-4 显示的是该转换是如何把多播地址 234.138.8.5（或用十六进制表示的 EA-8A-08-05）映射成一个以太网多播地址的。注意，IP 地址的高序 9 位没有映射进 MAC 层多播地址。

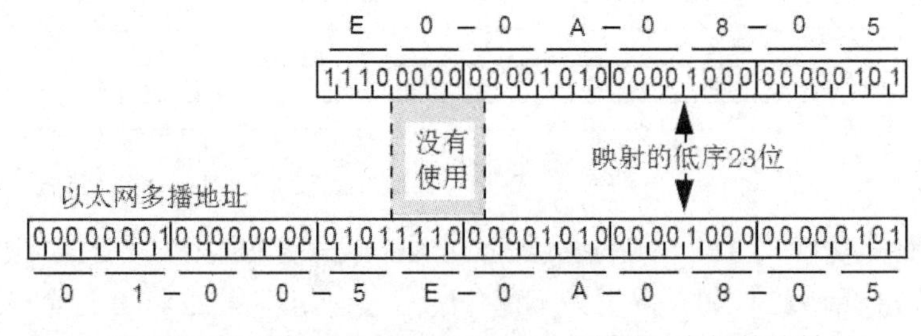

图 1-4 在 D 类 IP 地址和 IEEE-802 多播地址之间的映射

你可能已经注意到，既然只把 IP 多播组标识符的 23 个低序位映射进 IEEE-802 MAC 地址的低序 23 位，那么这种转换就可能把 32（$=2^5$）个不同的 IP 组映射到同一个 MAC 地址，因为 IP 多播组标识符的高序 5 位被忽略了。例如，224.138.8.5（E0-8A-08-05）和 225.10.8.5（E1-0A-08-05）会被映射到同一个 MAC 地址（01-00-5E-0A-08-05）。实际上，设计者们所选择的这种方案是一种折中方案：一方面，使用 28 位中的 23 位作为硬件地址意味着包括了大多数 IP 多播地址，这一地址的范围是足够大的，使得两组选择具有低序 23 位完全相同的 IP 地址的概率很小；另一方面，安排 IP 去使用局域网多播地址空间的固定部分，使排除问题容易得多，并消除了 IP 与 LAN 其他协议间的干扰。这样设计的结果会使一些多播递交的 IP 分组可能被某个未被指定为接收方的主机接收。因此，IP 软件必须仔细地检查所有到来的 IP 分组地址，丢弃任何不想要的 IP 分组。

1.4.3 多播数据报的传输和投递

当发送方和接收方是同一个子网（LAN）的成员时，多播分组（网络层）的发送和接收是直接的过程。源站简单地把 IP 分组编址成多播组，网络接口卡就会把 D 类地址映射到对应的 IEEE-802 多播地址，并把所形成的帧发送出去。可能是因为一个用户已经运行一个多播应用，或者主机的 IP 协议栈被要求接收某些组（例如 224.0.0.1，即所有系统组）的流量，需要有选择地接收多播分组的 IP 主机通知它们的驱动软件过滤哪些组地址。

当发送方附接到一个子网，而接收方驻留在不同的子网上时，事情就变得有点复杂了。在这种情况下，路由器必须实现一个多播路由协议，允许建立多播投递树，并支持多播分组（网络层）转发。此外，每个路由器都需要实现一个组成员关系协议，允许它获悉在直接附接的子网上组成员的存在。

1.5　在 IP 子网上的组管理协议

要参加在一个本地网络上的 IP 多播，主机必须具有允许它发送和接收多播数据报的软件。要参加跨越多个网络的多播，该主机必须通知本地的多播路由器。本地路由器跟其他的多播路由器联系，传递成员信息，并建立路由。其思想非常类似于在传统的互联网路由器之间的传统的路由传播。

在一个多播路由器可以传播多播成员信息之前，它必须确定在本地网络上已经有一个或多个主机决定加入一个多播组。为此，实现多播机制的路由器和主机必须使用因特网组管理协议（The Internet Group Management Protocol，IGMP）交换组成员信息。

IGMP 是因特网协议族系中的一个多播协议，运行在一个 IP 子网上的主机和它们直接相邻的多播路由器之间，允许主机向本地路由器报告它的组成员关系。路由器也定期查询子网，通常就是一个 LAN，确定已知的组成员是否仍然处于活动状态。如果在 LAN 上有多个路由器执行 IP 多播，那么其中的一个路由器被选为“查询者”，并只由该路由器负责 LAN 上的组成员查询。

IGMP 类似于 ICMP（因特网控制报文协议），它也使用 IP 数据报封装报文，其协议号是 2。虽然 IGMP 使用 IP 数据报运载报文，但可以把它看成是 IP 整体上所需要的一个部分，而不是一个孤立的协议。而且，IGMP 是 TCP/IP 的一个标准，参加 IP 多播的所有机器都需要它。

参与 IP 多播的主机可以在任意位置、任意时间且成员总数不受限制地加入或退出多播组。多播路由器不需要也不可能保存所有主机的成员关系，它只是通过 IGMP 协议了解在每个接口连接的网段上是否存在某个多播组的接收者，即组成员。而主机方只需要保存自己加入了哪些多播组的信息。

在概念上，IGMP 有两个阶段。

第一阶段：当一台主机加入一个新的多播组时，它给“所有主机组”发送一个 IGMP 报文，宣告它的成员关系。本地多播路由器接收该报文，并通过在互联网上把该组成员信息传播给其他的多播路由器以建立必要的路由。

第二阶段：因为成员关系是动态的，所以本地多播路由器要动态地轮询在本地网络上的主机，以确定哪台主机仍然是哪个组的成员。如果在几次轮询之后，没有主机报告是一个组的成员，多播路由器就假定在该网络上没有一个主机是那个组的成员，从而停止向其他的多播路由器广播有关的组成员信息。

IGMP 被仔细设计以避免在本地网络上形成拥挤。第一，在主机和多播路由器之间的所有通信都使用 IP 多播。也就是说，当 IGMP 报文被封装后准备在 IP 数据报中传输时，IP 目的地址是“所有主机组”多播地址。因此运载 IGMP 报文的数据报使用硬件多播机制（如果可提供的话）发送。结果在支持硬件多播的网络上，不参加 IP 多播的主机永远不会收到 IGMP 报文。第二，多播路由器不必为每个多播组都发送一个单独的请求报文。取而代之的是，它可以发送单个轮询报文请求关于所有组的成员关系的信息，轮询频度限制在最多每分钟一个请求。第三，属于多个组的成员的主机不是同时发送多个响应，而是在来自一个多播路由器的 IGMP 请求到达之后，主机为它是其成员的每个组分配 0~10 秒的随机延迟，在每一个组的指定延迟之后再为那个组发送一个响应。因此主机在 10 秒范围随机地把它的响应间隔开来。第四，主机倾听来自其他主机的响应，并抑制任何不必要的响应。

为理解为什么一个响应可能是必要的，可回忆一下为什么多播路由器要发送一个轮询报文。因为向多播组发送的所有信息都将使用硬件多播机制发送，所以路由器不需要保持关于组成员的精确记录。实际上，多播路由器仅需知道在网络上是否至少有一台主机仍然是该组的成员。在多播路由器发送轮询报文之后，所有的主机都对它们的响应分配一个随机的延迟，当具有最小延迟的主机发送它的响应（使用多播机制）时，其他参加主机也接收一个拷贝。每个主机都假定，多播路由器也会接收第一个响应的一个拷贝，并取消它的响应。因此在实践中，每个组中仅一台主机响应来自多播路由器的请求报文。

如图 1-5 所示，IGMP 报文有一个简单的格式。

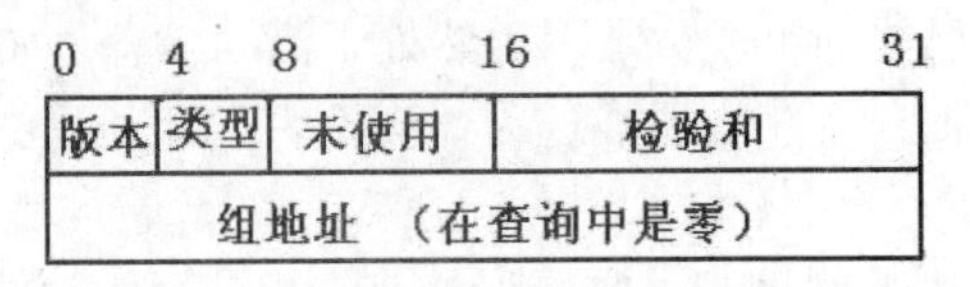

图 1-5　IGMP 报文格式

版本号段给出了协议版本。类型段标识多播路由器发送的是一个询问报文（1）还是一个响应报文（2）。未使用的段必须包含零值。检验和段包含该 8 字节 IGMP 报文的检验和。IGMP 检验和的计算方法跟 TCP 和 IP 检验和的计算方法相同。最后，主机使用组地址段报告它们在一个特别的多播组中的成员关系。

在 IGMP 中，主机与路由器之间的关系是不对称的。主机需要用组成员关系报告报文响应多播路由器的组成员关系查询报文。路由器周期性地发送组成员关系查询报文，然后根据收到的响应报文确定某个特定组在对应的子网上是否有主机加入；当收到主机退出一个组的报告时，需要发出针对该组的查询报文，以确定该组在该子网上是否还有成员存在。

基于从 IGMP 获得的组成员关系信息，路由器就能够确定，需要把哪些（如果有的话）多播流量转发给它的“叶”子网。“叶”子网是这样的一种子网，它们没有下游路由器；它们可能包含某些组的接收方，也可能不包含。多播路由器使用从 IGMP 获得的信息，连同多播路由协议一起，在 IP 网络上支持多播传输。IGMP 具有三种版本，即 IGMP v1、v2 和 v3。

第 1 版 IGMP 在 RFC-1112 中描述。根据该规范，多播路由器定期发送主机成员关系查询报文（Host Membership Query messages，参见图 1-6），以便确定哪些主机组在它们直接附接的网络上有成员。IGMP 查询报文的地址指向所有系统组（224.0.0.1），并且把 IP 的 TTL 设置成 1。这就意味着，源自一个路由器的查询报文被发送到直接附接的子网，但不会被任何其他的多播路由器转发。

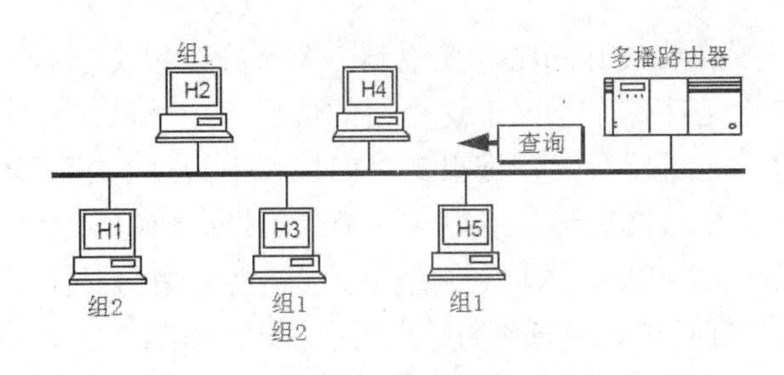

图 1-6　因特网组管理协议中的查询报文

当一个主机接收到一个 IGMP 查询报文时，需要为所属的每个组都用一个主机成员关系报告响应，分别发往它属于的那些组中的一个不同的组。注意，IGMP 查询是发给“这个子网上所有的系统”组的 D 类地址（224.0.0.1），而 IGMP 报告则是发给该主机所属的组。接收到一个主机对一个查询的成员关系响应报文后，加入该组的其他主机就不用再发送它们自己的响应。类似于查询，IGMP 报告使用 IP 的 TTL = 1 发送，因此不会被转发到本地子网之外。

为了避免并发报告所造成的混乱，每个主机为它所属的每个组启动一个随机选择的报告延迟定时器。如果在该延迟期间接收到对于同一个组的另一个报告，那么在该组中的每个其他的主机必须把它的定时器重置成一个新的随机值。这个过程把报告时间散布在一个周期上，并最小化在给定的子网上至少有一个成员的每个组的报告流量。

值得注意的是，多播路由器不必被直接寻址，因为它们的接口被要求混杂地接收所有的多播 IP 流量。而且，路由器不必维持一个关于哪些主机属于每个多播组的详细列表；路由器只需知道在一个给定的网络接口上是否至少有一个组成员。

多播路由器定期地发送 IGMP 查询，更新它们关于在每个接口上存在的组成员信息。如果一个路由器在多次查询之后没有收到一个组的任何成员的报告，那么它就认为在该接口上不再有该组的成员。如果这是一个叶子网，即没有多播路由器往下游更远处连接该组的其他成员，那么就把这个接口从这个组的投递树中删除。如果这不是一个叶子网，那么仅在该路由器通过多播路由协议获悉通过该接口往下游可达的更远处还有该组的成员的情况下，才会把多播在这个接口上继续发送。

当一个主机开始加入一个组时，它立即发送一个对于该组的 IGMP 报告，而不必等待路由器的查询。这样就减少了在子网上第一个主机加入一个给定组的“加入延迟”。加入延迟的计量从主机发送第一个 IGMP 报告开始，直到那个组的第一个分组到达主机的子网为止。当然，如果该组已经是在活动状态，加入延迟可以被忽略。

第 2 版 IGMP 对第 1 版做了扩展，但保持跟第 1 版主机兼容。首先，它定义了为每个 LAN 选举多播查询者的规程。在第 1 版中，查询者的选举是借助多播路由协议确定的。而在第 2 版 IGMP 中，在 LAN 上具有最低 IP 地址的多播路由器被选举为多播查询者。其次，第 2 版 IGMP 定义了一个新类型查询报文：组特有的查询（Group-Specific Query）。组特有的查询报文允许路由器对一个特定的多播组而不是对驻留在直接附接的子网上的所有组进行查询。最后，第 2 版 IGMP 定义了一个“离开组（Leave Group）”报文，降低了 IGMP 的离开延迟。当一个主机要离开一个组时，它给所有路由器组（224.0.0.2）发送一个 IGMPv2 “离开组”

报文，把其中的组域设置成要离开的组。在收到一个离开组报文之后，当选为查询者的路由器必须确定这个主机是否是在这个子网上这个组的最后一个成员。为此，该路由器开始在收到离开组报文的接口上发送组特有的查询报文。如果收不到对于组特有的查询报文的响应，那么，如果这是一个叶子网，就把这个接口从这个组的投递树中删除。然而，即使在这个子网上没有组成员，如果路由器知道通过附接到该子网的其他路由器往下游可达的离开该源的更远处还有组成员，那么就必须把多播继续在这个子网上发送。

离开延迟是从路由器的角度进行测量的。在第 1 版 IGMP 中，离开延迟是从路由器听到一个给定组的最后一次报告到路由器因那个接口超时而将其从该组的投递树上删除所经历的时间（假定这是一个叶子网）。注意，路由器认定这是最后一个组成员的唯一的方法是在若干倍的查询间隔（几分钟的数量级）内没有接收到报告。在第 2 版 IGMP 中，有了离开组报文，允许一个组成员更快地通知路由器，它已经结束了对一个组的流量的接收。然后，路由器必须确定，此主机是否是在该子网上这个组的最后一个成员。为此，路由器很快通过组特有的查询报文询问该组的其他成员。如果在几次组特有的查询之后没有成员发送报告，路由器就可以推断，那个组的最后一个成员确实已经离开子网。

降低离开延迟的优点是路由器能够很快使用它的多播路由协议通知上游邻居（上游指的是路由器认为通向一个源的方向），允许对于这个组的投递树很快适配该组新的分布状况（例如，树中没有该子网及连接到它的下游分支）。替代的方法是必须等待好几轮得不到应答的查询（几分钟的数量级）过程。如果一个组的流量很大，尽可能快地停止传输这个组的数据可能是非常有益的。

第 3 版 IGMP 引入一个组源报告（Group-Source Report）报文和一个排除组源报告（Exclusion Group-Source Report）报文。前者允许主机指定它想接收的特定源的 IP 地址，后者允许主机明确要求阻止来自某些源的流量。在第 1 版和第 2 版 IGMP 中，如果一个主机想接收一个组的任何流量，那么发往该组的来自所有源的流量都会被转发进该主机的子网。

允许主机仅选择它想要接收其流量的具体的源有助于节约带宽。而且，多播路由协议在构建它们的多播投递树的分支的时候，能够使用这个信息帮助节约带宽。最后，还可以通过引入“组源离开（Group-Source Leave）”报文来增强在第 2 版 IGMP 中采用的离开组报文。这个功能将允许一个主机可以离开整个组，也可以指定它想要离开的（源，组）对的具体的 IP 地址。

1.6 IPv6 对多播的支持

新一代因特网协议 IPv6 则希望利用改换网络层协议的机会保证多播功能在所有的 IPv6 结点上都可以提供。IPv6 定义了所有路由器都应该识别的一个多播地址格式，把 IPv4 的 IGMP 功能加进 IPv6 的基本 ICMP 协议，并且保证所有的路由器都能够为多播分组选择路由。

1.6.1　IPv6 多播地址

新一代因特网协议 IPv6 要求在所有的 IPv6 结点上都支持多播，其运行机制跟 IPv4 多播基本相似，它们的主要不同点是在地址格式上。

IPv6 多播地址是一组接口（典型地在不同的结点上）的标识符。一个接口可以属于任意多个多播组。多播地址具有如图 1-7 所示的格式。

8 位	4 位	4 位	112 位
11111111	标志	范围	组 ID

图 1-7　IPv6 多播地址格式

在地址开始的 8 位二进制 11111111 标识该地址是多播地址，下面将重点介绍其后的 3 个域。

1. 标志域

标志域是一组 4 个标志（参见图 1-8）。在许多重要的多播中，所有的标志都被置成 0。最高序（1 个标志）保留，必须初始化成 0。

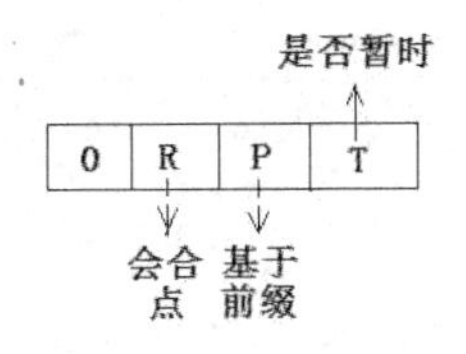

图 1-8　标志域格式

（1）T

第 4 位用 T 表示，它是 Transient（暂时）的缩写。当该位置成 0 时，表示由全局因特网号码管理委员会分配的周知地址，也称永久分配的地址，它的含义是独立于范围的。当该位置成 1 时，表示一个非永久分配的暂时地址；当一个组决定进行一次多播会话时，它请求会话目录工具随机地选择一个地址；这个随机地址的唯一性由一个冲突检测算法验证；一旦会话终止，该地址就会被释放。

（2）P

P=1 是一个基于网络前缀的多播，表示在多播地址中嵌入了单播前缀（参见图 1-9 上部），此时 T 必须是 1。网络前缀部分最多 64 位。基于单播前缀的多播地址的范围必须不超过在该多播地址中嵌入的单播前缀的范围。P=0 表示所分配的多播地址不是基于网络前缀的。当 P=0 时地址的前缀长度域和网络前缀域都是组标识符的一个部分。

（3）R

R 标志为全局路由的多播指定会合点（Rendezvous Points ）。R=1 表示在多播地址中嵌入了会合点接口标识（参见图 1-9 下部），此时，P 和 T 也必须等于 1（是基于网络前缀，但非永久分配）。R=0 表示在多播地址中没有嵌入会合点接口标识。

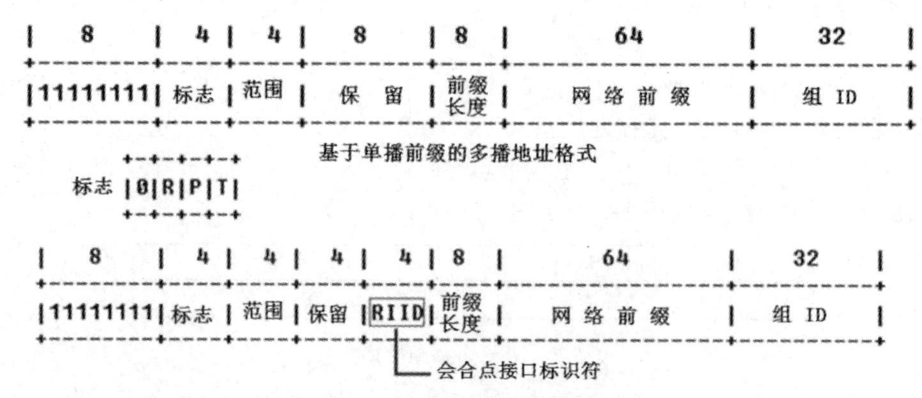

图 1-9　基于单播前缀的多播地址格式

会合点的地址可以从符合上述标准的多播地址通过执行下列两个步骤（参见图 1-10）得到。

①复制“网络前缀”的开头“前缀长度”个位到一个 128 位全 0 的地址结构。

②用“RIID”的内容代替所建立的 128 位地址结构的最后 4 位。

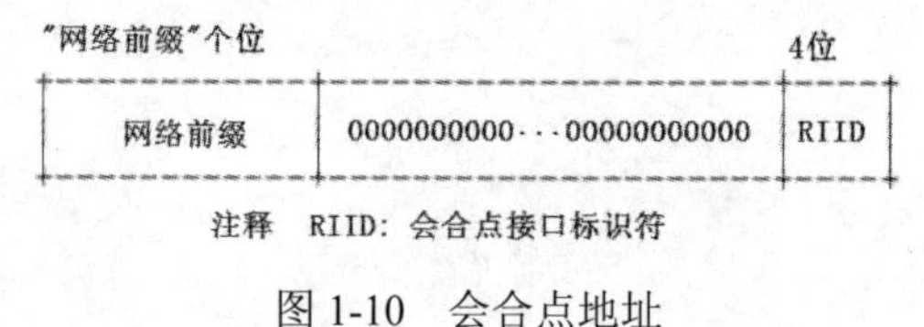

图 1-10　会合点地址

2. 范围域

范围是 4 位多播范围值，用以限制多播组的范围。该值含义如下。

0：保留	1：结点本地范围	2：链路本地范围	3：保留
4：管理本地范围	5：场点本地范围	6：（未分配）	7：（未分配）
8：组织本地范围	9：（未分配）	A：（未分配）	B：（未分配）
C：（未分配）	D：（未分配）	E：全局范围	F：保留

结点本地范围仅限于一个结点的单个接口，仅对回环多播传输有用。

链路本地范围与对应的单播范围跨越同样的拓扑区域。

管理本地范围是必须被管理配置的最小范围，也就是说，它不是从物理连接或其他非多播相关的配置自动获得的。一般说，该范围小于场点本地范围。

场点本地范围仅覆盖单个场点。

组织本地范围跨越属于单个组织的多个场点。

标有“未分配”的范围可提供给管理员定义附加的多播区域。

3. 组 ID 域

组 ID 标识在给定范围内的多播组（永久的或临时的）。

非永久分配的多播地址仅在一个给定的范围内有意义。例如，如果“NTP 服务器组”被分配一个带有组 ID 101（十六进制值）的非永久的多播地址，那么在一个场点用非永久的场点本地多播地址 FF15::101 标识的组，跟在不同的场点使用同样的地址的组没有关系，跟使用同样的组 ID 具有不同的范围的一个非永久组没有关系，跟具有同样的组 ID 的一个永久组也没有关系。

多播地址不可以用作 IPv6 分组的源地址，也不可以出现在任何路由选择头中。路由器必须不把任何多播分组转发到在目的地多播地址中的范围域所表示的范围之外。

结点不可以源发一个分组到其范围域包含保留值 0 和 3 的多播地址；如果收到这样的一个违例分组，必须静静地将其丢弃。结点不可以源发一个分组给其范围域包含保留值 F 的多播地址；如果发送了或接收到这样的一个分组，它必须被当作跟目的地为全局（范围 E）多播地址的分组同样对待。

下面列出的是保留的多播地址。

FF00::,FF01::,FF02::,FF03::,FF04::,FF05::,

FF06::,FF07::,FF08::,FF09::,FF0A::,FF0B::,

FF0C::,FF0D::,FF0E::,FF0F::。

这些地址尽管范围不同，但组 ID 都是 0。它们永远不被分配给任何多播组。

IANA 已经分配了用于 IPv4 多播过程的一个组标识符列表。负责这项工作的 Bob Hinder 和 Steve Deering 提出在 IPv6 内把这些标识符保留做同样的使用。完全列表由 IANA 维护，可以从其 Web 场点 www.iana.org 访问。

下列众所周知的多播地址是已经定义了的。它们的组 ID 是为明确的范围值定义的。把这些组 ID 用于 T 标志值为 0（表示永久）的任何其他范围都是不被允许的。

- 所有结点地址

FF01::1,FF02::1

上述多播地址分别标识在范围 1（结点本地）和范围 2（链路本地）内的所有 IPv6 结点组。

- 所有路由器地址

FF01::2,FF02::2,FF05::2

上述多播地址分别标识在范围 1（结点本地）、范围 2（链路本地）和范围 5（场点本地）内的所有 IPv6 路由器组。

- 被征求的结点地址

FF02::1:FFxx:xxxx（链路本地）

被征求的结点的多播地址是作为一个结点的单播和任播地址的一个函数进行计算，它的形成是取一个地址（单播或任播）的低序 24 位，再把这些位附接到前缀 FF02:0:0:0:0:1:FF00:0/104，产生一个在下列范围里的多播地址。

FF02:0:0:0:0:1:FF00:0000

至

FF02:0:0:0:0:1:FFFF:FFFF

例如，对应于 IPv6 地址 4037::01:800:200E:8C6C 的被征求结点多播地址是 FF02::1:FF0E:8C6C。

仅仅在高序位不同的 IPv6 地址（例如由于多个高序位前缀跟不同的聚合相关联）将被映射到同样的被征求地址。一个结点必须计算和加入（在适当的接口上）跟其被分配的每个单播和任播地址相关联的被征求的结点多播地址。这样，即使前缀改变了（例如改变 ISP），该结点也能接收到 IP 分组。

暂时地址主要也是在为具体的范围和使用保留的区域内随机地选取。起初的规范就定义了一个这样的区段，从 FF0X:0:0:0:0:0:2:8000 到 FF0X:0:0:0:0:0:2:FFFF，用于多媒体会议。这些地址的唯一性由会话通告协议（Session Announcement Protocol，SAP）保证。要为一个多媒体会议分配一个多播地址的站将要进行下列操作。

①加入该 SAP 组，更准确地讲，加入对应各种媒体将要使用的每个范围的多个多播组。

②选取一个随机的组标识符。该标识符应该属于指定的范围，并且应该尚未被另一个会议使用。

③通过给该 SAP 组发送一个报文宣告该会议及其地址。该宣告将定期重复，直至会议结束。会议结束时，该多播地址将被释放，可被另一个会议再度使用。

1.6.2 把 IPv6 多播地址映射到 MAC 地址

为了在局域网上发送多播分组，我们必须从 IPv6 多播地址自动产生一个 IEEE-802 48 位多播地址。现在的方法是在 IPv6 多播地址的最后 32 位的前面附加一个固定的 16 位前缀得以完成。这样，不是基于网络前缀的 IPv6 多播地址就如图 1-11（a）中所示的那样，其多播标识符域总是在低序 32 位；而基于网络前缀的 IPv6 多播地址就如图 1-11（b）中所示的那样。

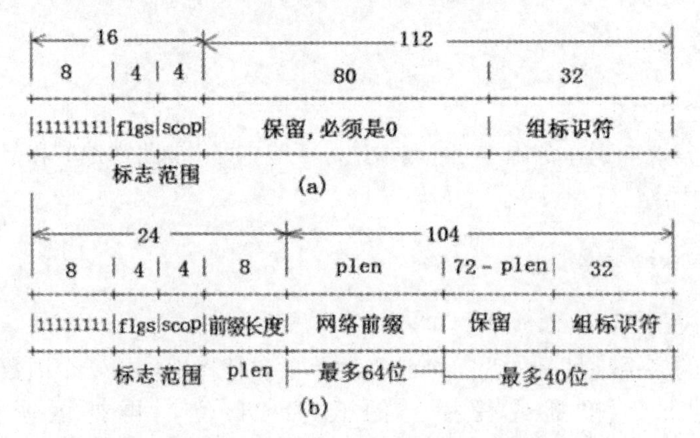

图 1-11　现在的 IPv6 多播地址采用 32 位的组标识符域

这样也就把 IPv6 多播组的数目限制到 2^{32}，即使在未来也不太可能有什么问题。若未来突破了这个限制，还可以从保留位中扩充，只不过处理起来要慢一点。不过，对于基于网络前缀的 IPv6 多播地址，由于网络前缀的最大长度是 64 位，因此允许组标识符域的最大长度是 40 位。

对于 IEEE-802 簇系介质，比如以太网或 FDDI，通过串接一个固定的 16 位前缀（3333 H）和 IPv6 的多播地址的最后 32 位得到 48 位多播地址（参见图 1-12）。这个前缀被保留用于 IPv6。

33	33	DST13	DST14	DST15	DST16
		←IPv6多播地址的最后32位			→

图 1-12　在 IEEE-802 网络中一个多播地址的映射

1.6.3　IPv6 的组管理协议

在 IPv4 中，主机使用一个称作 IGMP 的协议加入多播组，IPv6 则是通过扩展的 ICMP 协议执行同样的功能。它们使用这类协议通知在本地网络上的路由器关于要接收发送给某个多播组的分组的愿望。

ICMP 的 IPv6 版本包括三个组成员关系报文。

- 类型 130，组成员关系查询。
- 类型 131，组成员关系报告。
- 类型 132，组成员减少。

以上这些等效于在 RFC 1118 中定义的 IPv4 IGMP 报文。所有这些报文（参见图 1-13）都具有同样的格式。

0123456789012345		6789012345678901
类型	编码	检验和
最大响应延迟		未使用
多播地址		

图 1-13　组管理 ICMP 报文

类型段将被设置成 130、131 或 132，分别表示成员关系查询、报告或终止。编码段总是设置成 0，表示成未使用的。检验和域就是常规的 ICMP 检验和。

站参加一个组的过程跟 IPv4 相同。若要测试本地站组的成员关系需要向路由器发送一个成员查询，若是一个组成员的站，则用一个组成员关系报告响应。

查询可以集中到一个特别的组，在这种情况下分组将被发送给那个组的地址。同样的地址将在作为 ICMP 参数的地址域中重复。路由器也可以发送指向所有组的广泛查询。这些查询将被发送给链路本地所有结点的多播地址，ICMP 报文的参数（地址段）将被设置成未指定的地址 0::0。

由站发送的报告总是发送给被报告的同一个组。组地址也被复制在 ICMP 报文参数中。这一过程的目的是避免重复报告。一个站一旦报告了对该组的成员关系，其他的每个站都接收它，并且知道没有必要发送附加的报文报告。

在查询报文中，最大响应延迟域表示响应的报告报文可以被延迟的最长时间，以毫秒为单位。在收到查询时，假定要报告其成员关系的站取在 0 和这个最大响应延迟之间的一个随机值。然后它等待，如果延迟时间过了，就发送响应；如果在此延迟时间之前有另一个站发送了报告，就关闭计时器。在报告和终止报文中最大响应延迟设置成 0。

为了加快多播路由表的更新，离开一个组的站发送组成员终止报文。它们被发送到整个组，使剩余的站可以立即通知路由器在本地链路上还存在着一些组成员。

1.7 任播

IPv6 地址是 128 位的标识符，用于单个接口和一组接口，分为以下三种类型。

①单播（unicast）：单个接口的标识符。发往单播地址的分组被投递到用那个地址标识的接口。

②多播（multicast）：一组接口的标识符（典型地属于不同的结点）。发往一个多播地址的分组被投递到用那个地址标识的所有接口。

③任播（anycast）：一组接口的标识符（典型地属于不同的结点）。发往一个任播地址的分组被投递给用那个地址标识的多个接口中的一个接口。

在 IPv6 中没有广播地址，它们的功能被多播地址取代。

在制定 IPv6 规范时，虽然多播已经成功地被成千上万的 IPv4 站在 MBONE（multicast backbone，多播主干试验网）上使用，但任播依然是一个研究的主题。对于任播机制的可能的应用有下列几个方面。

（1）对最近的服务器的选择

客户/服务器模型中的用户可以跟具有一个任播地址的最近的服务器通信。

（2）服务抽象

可以把任播地址用作一个具有唯一性的服务标识符。现在互联网上运行着许多诸如 DNS 和 HTTP 代理这样的服务。用户为了访问这些服务，必须知道它们的 IP 地址，这是比较麻烦的事。如果每个服务都有一个唯一的任播地址作为它的服务 ID，并且多个服务器都把该地址用于它们的网络接口，那么用户就可以仅仅使用任播地址来访问该服务。

（3）可靠性

任播机制可以用来改善服务的可靠性。可以把一个任播地址分配给分布在互联网上的多个服务器，如果其中的一个服务器失效了，那么其他的服务器仍然可以为用户提供服务，因为使用同样的任播地址的分组会被路由到另一个最近的服务器。因此具有任播地址的服务器可以提供可靠性和服务冗余。

（4）策略路由

假定有一组路由器把同样的任播地址分配给它们的网络接口，通过使用“逐跳路由选项”

把该任播地址指定为一个中间结点，就可以强迫分组经过其中的一个路由器。这就是实现基于策略的路由的一种技术。

IPv6 任播地址是分配给不止一个接口（典型地属于不同的结点）的地址，发送给一个任播地址的分组被路由到根据路由协议的测量在具有那个地址的接口中距离最近（代价最小）的接口。

任播地址从单播地址空间分配，可以使用任何已经定义了的单播地址格式。因此任播地址在语法上与单播地址没有区别。当把一个任播地址分配给不止一个接口时，被分配了这个地址的结点必须被明确地配置成知道这是一个任播地址。

对于任何分配的任播地址，都有一个那个地址的最长前缀 P，标识属于那个任播地址所在的拓扑区域。在以 P 标识的区域内，任播地址必须被维护成在路由系统中的一个分立的登录项（通常称作主机路由）。在以 P 标识的区域之外，任播地址必须聚合成对于前缀 P 的路由登录项。

注意，在最坏的情况下，一个任播的前缀 P 可能是一个 null（无）前缀，也就是说，该任播的成员可能没有拓扑定位。在这种情况下，任播地址必须被维护成在整个互联网上的一个分立的路由登录项。它在可以支持多少个这样的全局任播组方面呈现出严重的可扩展性限制。因此，对于全局任播的支持可能不可提供，或者非常有限地提供。

子网-路由器任播地址是事先定义的一种任播地址，它的格式如图 1-14 所示。

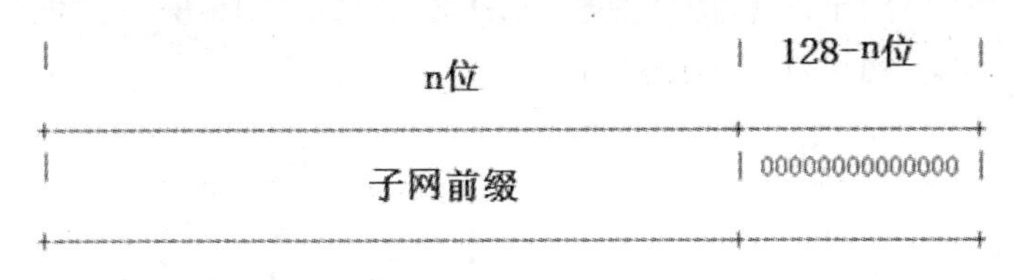

图 1-14　子网-路由器任播地址

子网-路由器任播地址可以被用来在一个路由选择头内指定沿着一条路径的一个中间地址。它可以指称跟一个特别的提供者或特别的子网相关的路由器组，以此来规定以最有效的方式为分组选择路由通过哪个提供者或互联网。

事实上，对于任播地址期待的一个使用就是标识属于提供因特网服务的一个运营商的一组路由器。这样的地址可以被用作在 IPv6 路由选择头中的中间地址，使得分组通过一个特定的服务提供商或一个序列的服务提供商投递。

对于子网-路由器任播地址的某些其他可能的使用是标识附接到一个特定的子网的一组路由器，或提供进入一个特定的路由域的入口点的一组路由器。

除了子网-路由器任播地址，作为面向其他应用的一般任播地址的标准，在每个子网内，接口标识符中的 7 位被保留为用于子网任播地址 ID。在具有 EUI-64 格式的 64 位接口标识符的 IPv6 地址中，如果表示的是预留的子网任播地址，那么接口标识符中的 universal/local（通用/本地）位必须置成 0（表示本地），表示在该地址中的接口标识符不是全局唯一的。

具体地讲，对于具有 EUI-64 格式的 64 位接口标识符的 IPv6 地址，这些保留的子网任播地址以图 1-15 所示的方式建立。注意，在从 IEEE EUI 标识符形成接口标识符时，修改的 EUI

格式接口标识符颠倒了“u”位（universal/local，通用/本地）的设置。在修改的 EUI-64 格式中，把 u 位置 1 表示全局范围，置 0 表示局部范围。这跟没有修改的 IEEE EUI-64 标识符正好相反。

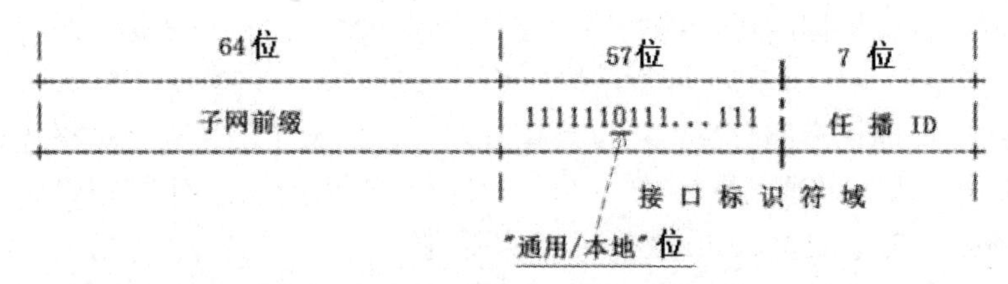

图 1-15　保留的子网-任播地址格式

一般说来，任播地址可被连接到同一子网的多个站使用。例如，可以用一个任播地址表示连接在一个子网上的多个 WWW 服务器中的任意一个，这些服务器含有同样的内容，从而提供更好的响应时间和健壮性。

任播地址从跟单播地址相同的地址空间分配，因此一个任播组的成员必须配置成能识别那个地址。路由器必须配置成能够把一个任播地址映射成一组单播接口地址。

在 IPv6 中，主机把任播地址当作单播地址处理。负担是在路由系统上，它必须为在给定的场点处于活动状态的每个任播地址维持一个路由。

当前对于用于保留的子网任播地址的任播 ID 规定如图 1-16 所示。对应这些保留的任播 ID 的 IPv6 地址不可以被用于任何单播接口。

十进制	十六进制	描述
127	7F	保留
126	7E	移动IPv6家乡代理任播ID
0-125	00-7D	保留

图 1-16 保留的任播 ID

作为标准化，开始阶段仅定义了移动 IPv6 家乡代理子网任播地址 ID，未来会定义更多的任播地址 ID，它们可用于所有的链路。图 1-17 显示的是对应移动 IPv6 家乡代理任播地址 ID 的 IPv6 任播地址的最后 64 位。

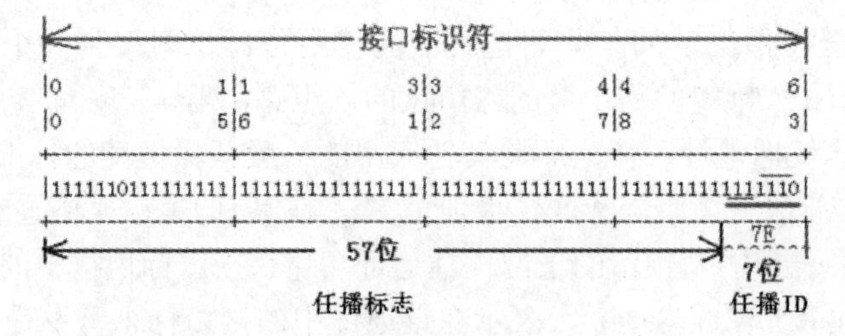

图 1-17　对应移动 IPv6 家乡代理任播地址 ID 的 IPv6 任播地址的最后 64 位

服务于任播地址的所有站都要加入对应的被征求结点的多播地址（把一个固定的前缀

FF02:0:0:0:0:1:FF00:0/104 和该结点的 IPv6 任播地址的最后 24 位串接形成的一个网络层地址，独立于网络前缀）。如果有一个结点发送一个邻居征求报文给这个地址，具有该 IPv6 任播地址的所有的站都要用一个邻居通告报文应答。这些通告跟常规的邻居通告略有不同，因为 IPv6 源地址是站的常规地址，而不是任播地址（使用任播地址作为源地址是非法的）。因此，在邻居通告报文应答中被征求位 S 将不被置 1，因为源地址不等于征求报文的目标地址（任播地址）。

征求方会收到好几个通告。第一个将被用来完成对应这个任播地址的邻居缓区登记项。在理论上，这第一个通告来自最近的或最快的任播服务器。通告处理规则会保证第一个通告被选用。

对于任播在互联网上的广泛使用，以及在一般情况下的使用可能产生的错误和危险，人们的经验还很少。在积累更多的经验并确定解决方案之前，对 IPv6 任播地址的下列限制是必需的。

①一个任播地址不可以用作 IPv6 分组的源地址。

②任播地址不可以分配给 IPv6 主机，也就是说，它只可以分配给路由器。

第 2 章

互联网多播及基于单播协议的扩展路由

从本章节可以学习到：

- 互联网络多播环境及性能需求
- 距离向量多播路由
- 链路状态多播路由

当把局域网络通过存储转发分组的路由器互连时，在所产生的互联网上的多播通常需要消耗附加的交换和传输资源。然而随着快速交换机（例如 SDH/SONET 广域交换设备）、高性能路由器、廉价的存储器、高带宽的局部和长距离通信链路的发展，这些资源越来越丰富。在这种情况下，出于经济上的理由拒绝用户对互联网多播优越性的利用的论点不再成立。

不过，当把基于多播的应用从局域网扩展到包括网络层路由器的环境时，就需要放弃多播的效率，用比较复杂的或精致的机制来代替灵活的绑定功能。本章讨论这个问题，通过提出对网络层路由器使用的两个流行的路由算法，即距离向量路由算法和链路状态路由算法的扩展，在基于数据报的互联网络上提供 LAN 风格的多播，并描述如何结合各种链路层和网络层多播路由机制，以支持在大的异构互联网络中的多播。

2.1　互联网络多播环境及性能需求

互联网络使用路由器以任意拓扑互连。点到点链路（例如像是光纤线路这样的物理链路或隧道这样的虚拟链路）可能在路由器之间或从路由器到隔离的主机提供附加的连接，但几乎所有的主机都直接连接到 LAN。

LAN 具有广播性质，主机对收到的分组进行过滤，不是所有的分组都接受；而桥接器和路由器需要对收到的所有分组都接受，并进行分析和处理。由于有了过滤器，因此主机能发现目的地是它不感兴趣的组的分组，并将其丢弃。

链路层桥接器执行基于 LAN 地址的路由选择功能，该 LAN 地址在一组互连的 LAN 范围内具有唯一性。网络层路由器执行基于具有全局唯一性的互联网络地址的路由选择，该互联网络地址又被映射到具有本地唯一性的 LAN 地址，以便执行在具体的 LAN 上的传输。在多播的情况下，根据 LAN 特有的映射算法，可以把具有全局唯一性的互联网络多播地址映射到对应的 LAN 多播地址。理想地，每个互联网络多播地址都映射到一个不同的 LAN 地址；然而，由于 LAN 地址空间的限制，一般都需要执行从网络层地址到链路层地址的多对一的映射。在这种情况下，主机地址过滤器可能不是完全有效，还必须由主机软件提供附加的过滤功能。

在互联网络中多播成功投递的概率会随着发送方和组成员之间距离的增加而实质性地减少，但必须保持在允许端到端协议的成功恢复所需要的限额之内。

大的互联网络的延迟特性不可避免地要比 LAN 差，因为它们跨越更大的地理范围，具有更多数量的链路和路由器。然而，对于高性能路由器以及像是光纤这样的低延迟长距离通信链路的使用，有可能显著地减少局域网络和互联网络延迟特征之间的缝隙。为了利用这种可能性，对于互联网络多播路由算法，重要的是产生低延迟的路由，该路由应该优先于最大带宽路由或最小网络资源消耗路由。带宽和其他网络资源的可提供性在不断改善，而延迟是广域通信的限制因素。

互联网络的大范围和多跳段特性启发人们对 LAN 多播语义进行简单延伸，以允许发送方限制多播分组传播的距离。诸如 IP 和 ISO CLNP 这样的互联网络数据报协议，在分组头中，都包括一个生存时间（time-to-live，TTL）域，用以限制一个分组可以处在传输过程中的时间数量。通过使用一个非常小的 TTL 值，发送方可以限定多播分组的范围，使其仅到达邻近的组成员。减少必须长距离承载的多播流量的数量可能对互联网络有利；当查询一个大的组时，减少应答方的数目可能有利于发送方。即使在需要到达整个组时，如果发送方知道所有的成员都在附近，那么使用一个小的 TTL，在某些多播路由机制下，也有助于减少投递代价。

2.2 距离向量多播路由

距离向量路由算法也称 Ford-Folkerson 或 Bellman-Ford 算法，已经在许多网络和互联网络中使用了许多年。例如起初的 IP 网络路由协议 RIP 就是基于距离向量路由选择；Xerox PUP 互联网络路由协议也是如此；许多 UNIX 系统都运行 Berkeley 的 routed 路由进程，该进程所实现的就是距离向量路由算法。

使用距离向量算法的路由器维持一个路由表，该表为在互联网络中每个可达的目的地都设立一个登记项。一个“目的地”可以是单个主机、单个子网或一组子网集合。一个路由表项典型地如下所示。

（目的地，距离，下一跳段地址，下一跳段链路，历时）

距离是到达目的地的距离，典型地以跳段或某个其他的延迟单位度量。下一跳段地址是前往目的地的通路上的下一个路由器的地址，或者在与该路由器共享同一链路的情况下就是目的地自身地址。下一跳段链路是用以到达下一跳段地址的链路的本地标识符。历时表示该表项已经存在多长时间，用以将变得不可达的目的地超时。

每个路由器都在它的每条附接链路上周期性地发送一个路由分组。对于 LAN 链路，为了能够到达所有的邻居路由器，路由分组通常是作为一个本地广播或多播发送。路由分组包含取自发送方路由表的一个<目的地，距离>对（距离向量）列表。在从一个邻居路由器接收到一个路由分组时，如果该邻居路由器提供了一个新的到达一个给定目的地的较短路由，或者如果该邻居不再提供接收方路由器一直在使用的一条路由，那么接收方路由器可能更新它自己的路由表。借助这样的交互，路由器就能够计算到达互联网络所有目的地的最短通路路由。

为了满足低延迟多播的目标和为 TTL 范围控制提供合理的语义，我们需要多播分组沿着从发送方到多播组成员的最短通路（或接近最短通路）树投递。

就在一个距离向量路由环境中对多播路由的支持而言，从发送方到达每个多播组都潜在地有一个不同的最短通路树。以一个给定的发送方为根的每个最短通路多播树都是单个以那个发送方为根的最短通路广播树的一个子树。以下我们将以此看法为基础，讨论如何利用距离向量路由环境来提供低延迟低开销的多播路由。

2.2.1 反向通路洪泛

在基本的反向通路转发算法中，当且仅当一个广播分组是从路由器往回到源 S 的最短通路（反向通路）上到达时，该路由器才会转发该源于 S 的广播分组。路由器在除分组从其到达的所有附接链路上转发分组。在两个方向上的通路长度相同的网络中，例如使用跳段计数测量通路长度，该算法产生到达所有链路的最短通路广播。

为了实现基本的反向通路转发算法，一个路由器必须能够识别从它往回到达任何主机的最短通路。在使用距离向量作为单播流量路由的互联网络中，该信息恰好就是存储在每个路由器的路由表中的信息，而且大多数距离向量路由的实现都使用跳段计数作为它们的距离度量值。因此反向通路转发易于实现，在大多数距离向量路由环境中，在提供最短通路广播方面是有效的。另外，只要在两个方向上通路长度相等或近于相等，不使用跳段计数的距离向量也可以支持最短通路或近似最短通路的广播。

前面叙述的反向通路转发执行广播。为了把该算法用于多播，只需指定一组可以用作分组的目的地的互联网络多播地址，并且对所有指向这样的地址的分组执行反向通路转发就可以了。主机选择它们属于哪些组，并且简单地丢弃前往所有不是这些组的到达分组。

早先使用的反向通路转发算法是基于在路由器之间都是点到点链路的环境，每个主机也通过一条条点到点链路附接到它自己的路由器。在现在的互联网络环境中，路由器既可能连接到点到点链路，也可能连接到像是以太网这样的多路访问链路，而且多数主机都驻留在多路访问链路（即 LAN）上。为此，每当一个路由器把一个多播分组转发到一个多路访问链路时，就把它作为一个本地多播发送，使用从互联网络多播地址映射得到的一个链路层地址。这样，单个分组传输可以到达可能在共享链路上存在的所有成员主机。路由器被假定成能够收到在它们的附接链路上传输的所有多播分组，因此单个传输也到达在那条链路上的任何其他路由器。遵照反向通路算法，一个接收路由器仅当它认为发送方路由器是在最短通路上，即发送方路由器是前往多播源发方的下一跳地址时，才会转发该分组。

作为一种广播机制，基本的反向通路转发算法的主要缺点是单个广播分组可能不止一次地通过链路传输，最大次数可达到共享链路的路由器的个数。其原因来自该转发策略本身，它把分组在除从其到达的链路之外的所有链路上洪泛，而不管这些链路是否是以发送方为根的最短通路树的一部分。这个问题将在本章的后续部分讨论。为了把这个基本的洪泛形式的反向通路转发跟将要在后面介绍的优化方法相区别，我们把它称作反向通路洪泛，或简称 RPF（Reverse Path Flooding）。

2.2.2　反向通路广播

为了避免由 RPF 算法产生的重复广播分组，需要每个路由器标识它的哪些链路是在以任何给定的源 S 为根的最短反向通路树中。然后当一个源于 S 的广播分组通过往回到 S 的最短通路到达时，该路由器可以仅在 S 的孩子链路上转发出去。

下面介绍一种标识孩子链路的技术，它仅使用通常在路由器之间交换的距离向量路由分组中包含的信息。该技术为每条链路针对每个可能的源 S 都标识单个“父”路由器。“父”是具有到 S 最小距离的路由器。在具有相同距离的情况下，选择其中具有最低地址的路由器为“父”。一个特别的路由器在它的每条链路上获悉每个邻居到达每个 S 的距离，而这正是在定期接收的路由分组中传达的信息。因此每个路由器都能够独立地确定它是否是一条特别的链路（对于每个 S 的“父”路由器而言）。

作为例子，图 2-1 显示了该技术在互联网中是如何工作的。在这个例子中，三个路由器 x、y 和 z 都附接到 LAN a（共享链路）。路由器 z 还连接到 LAN b。虚线表示从 x 和 y 到一个驻留在互联网中某个位置的特别的广播分组源 S 的最短通路。从 x 到 S 的距离是 5 个跳段，从 y 到 S 的距离是 6 个跳段。路由器 z 经过 x 到达 S 的距离也是 6 个跳段。

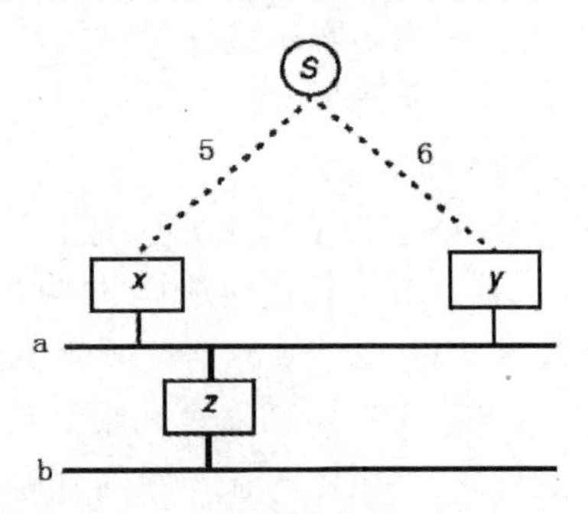

图 2-1　反向通路转发示例

先看一下在这种情况下使用 RPF 算法会产生的问题。x 和 y 都在它们到达源 S 的最短通路的链路上收到源于 S 的广播分组。它们都把广播分组的一个拷贝转发到 LAN a。因此附接到 LAN a 的所有主机都会收到来自 S 的广播分组的重复拷贝。然而路由器 z 只把来自 x 的拷贝转发到 LAN b，因为 x 是 z 前往 S 的最短通路的下一跳段地址。

现在再看父路由器选择技术是如何解决在共享链路上广播分组的重复拷贝问题的。所有三个路由器 x、y 和 z 都在 LAN a 上定期地发送距离向量路由分组，报告它们到每个目的地的距离。从这些分组，它们中的每一个都知道 x 具有到 S 的最短距离。因此，仅 x 把 LAN a 当作针对 S 的孩子链路。x 是 LAN a 的父路由器。LAN a 不是 y 针对 S 的孩子链路。y 不再多余地把源于 S 的广播分组转发到 LAN a。

如果 x 和 y 到 S 的距离都是 5，那么具有最低地址的路由器，比如说 x，将成为 LAN a 的父路由器。注意，为了反向通路转发的目的，每个路由器必须为每个源 S 选择单个最短反向通路。具有多个到达 S 相同距离且都是最短通路的路径的路由器在决定是否转发由 S 发送的广播时，应该使用下一跳段地址最低的路径。因此，在我们的例子中，仍然是仅当广播来自 x 时，z 才会把它在 LAN b 上转发。

为了免除重复的广播分组，父路由器选择技术需要在每个路由表项中设置一个附加的域——孩子（children）。在一个路由器的路由表项中，孩子域是一个对应每条附接链路都有 1 比特的位图。在面向目的地的路由表项中，如果 L 是这个路由器源于目的地的广播的孩子链路，那么孩子域中对应 L 的位置 1。

我们把这种算法称作反向通路广播（Reverse Path Broadcasting，RPB），因为它提供一个到达互联网的每条链路的干净、利落的广播（假定没有传输差错或拓扑故障）。

2.2.3　截短的反向通路广播

RPF 和 RPB 都实现最短通路广播，它们可以把多播分组传播到互联网络中的所有链路，依赖主机地址过滤器抛弃不想接收的多播。在非频繁多播的小的互联网中，这是一个可以接受的方法，就像链路层桥接器把多播分组发送到每个网段对于某些局域网也是可以接受的那样。然而，正像在大的扩展 LAN 中那样，为了节省网络和路由器资源，需要把多播分组仅仅发送到想要接收它们的那些链路。

为了把源自 S 的多播通过最短通路投递给组 G 的成员，必须对以 S 为根的最短通路广播树“剪枝”，使得该多播仅到达有组 G 的成员的那些链路。为此，需要组 G 的成员定期地沿着广播树向上往 S 的方向发送成员关系报告。没有从其接收到成员报告的枝将被从树中剪除。不幸的是，这种剪枝操作需要针对每个组在每个广播树上分别进行，结果引发大的报告带宽和路由器存储需求，相当于总组数与可能的源总数的乘积的量级。

在这一节里，我们介绍一种替代方法，它仅仅把非成员的叶网络从每个广播树中删除。它具有适度的带宽和存储需求，适用于叶网络带宽是关键资源的互联网络。下一节将讨论比较彻底的剪枝问题。

为了让一个路由器放弃在一个没有组成员的叶网络上转发多播分组的操作，该路由器必须能够识别叶、检测组成员关系。使用在前一节介绍的算法，一个路由器能够识别它的哪些链路是对于一个给定的源的孩子链路。叶链路就是它的那些没有其他的路由器利用其到达源 S 的孩子链路。作为例子，在图 2-1 中的 LAN b 就是对于以 S 为根的广播树的叶链路。如果每个路由器都定期地在它的每条链路上发送一个分组，说“这个链路是我到达这些目的地的下一跳段”，那么这些链路的父路由器就能够说出这些链路是否是对于每个可能的目的地的叶。在我们的示例中，路由器 z 在 LAN a 上定期地发送这样的一个分组说“这个链路是我到达 S 的下一跳段”，因此路由器 x（LAN a 的父路由器）就知道 LAN a 不是一个对于 S 的叶。事实上，之所以要把路由器 z 连接到 LAN a，就是为了让它连接针对 S 的孩子链路 b。

某些距离向量路由的实现在它们常规的路由协议分组中为通过其路由分组的链路（即该路由器到目的地的最短通路使用该链路）前往的所有目的地宣告一个无穷大的距离，从而已经隐含地传达了这个下一跳段信息。这是称作水平分裂的技术的一部分（既然在计算自己到达某个目的地的最小距离过程中已经选用了在该链路上的一个邻居报告的最小距离，就不可以再通过该链路往回向该邻居报告自己到达该目的地的距离），它有助于在拓扑改变时减少路由聚合的时间。在没有这样的下一跳段信息的情况下，只需在路由分组的每个 <目的地，距离>对中加进一个额外的位。这些位标识前往哪些目的地的路径是要经过发送路由协议分组的链路的。

在路由表中，另一个位图域——叶被加到每个登记项，标识哪个孩子链路是叶链路。

现在我们能够标识叶了，我们还要检查在这些叶上是否有一个给定组的成分。为此，我们让主机定期地报告它们的成员关系。我们可以用在第 1 章中介绍的组成员报告算法，让每个报告都在本地报告到正在被报告的组。在那条链路上的同一组的其他成员都接听到报告，并禁止它们自己的报告，因此在每个报告间隔时间内，链路上的每个组仅发布一个报告。不必使用非常小的报告间隔时间，一般说来，当在一条链路上一个组的所有成员都离开时的情况是否会被很快检测到的问题不是很重要，因为这只是意味着在所有的成员都离开之后的一段时间内指向那个组的分组可能还会被投递到该链路。

然后，路由器对于每条附接链路维持一个在那条链路上存在哪些组的列表。如果这些列表存储为哈希表，以组地址进行索引，那么一个组的存在与否就可以很快确定，而不管存在多少个组。现在反向通路转发算法就变成，如果一个源自 S 发给 G 的多播分组是从前往 S 的下一跳段地址到达，就在对于 S 的所有孩子链路上转发一个拷贝，除非是没有 G 的成员的叶链路。

总结一下这个我们称之为截短的反向通路广播（或 TRPB）算法的代价。

- 在存储代价方面，在每个路由器中对于每个路由表项都需要增加标识孩子和叶域的几个位；对于路由器的每条链路增加一个组列表。组列表的大小应该能够容纳在单条链路上预期存在的组的最大数目。
- 在成员报告消耗的带宽方面是在每条链路上，在每个报告间隔时间内，每个存在的组传输一个成员报告。成员报告是很小的固定长度的分组，报告间隔时间可以合理地设置成分钟的数量级。
- 在路由分组中传达下一跳段信息的带宽消耗典型地是 0，要么因为使用了水平分裂技术，要么因为可以从已有的〈目的地，距离〉对中盗用未被使用的位来运载这类信息。

2.2.4 反向通路多播

如前所述，通过向每个多播源发送成员关系报告剪枝最短通路广播树会引发很大的报告流量和路由器存储需求。在大的互联网络中，我们不期望每个可能的源都向每个存在的组发送多播分组，因此对每个可能有的多播树都执行剪枝操作将是有巨大开销的一种浪费。我们倾向于仅对那些在实际使用中的多播树执行剪枝操作。

我们的最后一种反向通路转发策略提供对最短通路多播树的按需剪枝。当一个源开始把一个多播分组发送给一个组时，按照 TRPB 算法，它被沿着最短通路广播树投递到除了非成员叶以外的所有链路。当该分组到达一个其所有的孩子链路都没有目的地组成员的路由器时，该路由器就针对那个（源，组）对产生一个没有成员的报告（Non-Membership Report，NMR），并将该报告发送给往回向着源的方向一个跳段的路由器。如果往回一个跳段路由器也从它的所有孩子路由器（即在它的各个孩子链路上的所有路由器，它们经由这些链路到达多播的源）接收到 NMR，它的这些孩子链路也都没有该组的成员，那么它再往回给它的前辈发送一个 NMR。以这种方式，没有组成员的信息沿着没有导向组成员的所有支路向树根方向传播。借助放在中间路由器上的 NMR，随后从同一个源发往同一组的多播分组就可以被阻止在不必要的支路上往下传输。

一个没有组成员的报告包括一个历时域，由产生报告的路由器设置初值，被接收报告的路由器增值。当一个 NMR 的历时值达到一个门槛（Tmaxage）时，它就被丢弃。在叶上产生的 NMR 以 0 值历时域起始。作为从靠近叶的路由器接收到 NMR 的结果，由中间路由器产生的 NMR 的起始历时值等于所有下属 NMR 中的最大历时值。因此，被一个 NMR 剪掉的任何通路在经历 Tmaxage 时间后将重新加入多播树。如果在那时候仍然有来自同一个源发往同一个组的流量，那么在那个通路上仍然没有组成员的情况下，下一个多播分组将触发一个新的

NMR 的产生。

当一个新组的成员在一个特别的链路上出现时，我们希望该链路立即被包括在正在给该组发送的任何源的树上。为了做到这一点，可以让路由器记住它发送了哪些 NMR，并在需要时发送取消报文来消除 NMR 的效果。

如果一个 NMR 在传送的过程中丢失了，那么相关的子树会不必要地继续留在多播树中，但这种情况通常只会持续到下一个多播分组引发另一个 NMR 为止。丢失取消分组的影响则比较严重，因为新的通路不能及时地加入树，直到 Tmaxage 的时间长度内在那个通路上的组成员接收不到多播分组。如果我们要求接收方对取消报文做肯定的确认应答，那么我们就可以把 Tmaxage 时间设置得很长，这样做就能够减少在不必要的分支上（即仍然没有组成员的通路）向下传输的多播流量的数量。

这个被称作反向通路多播（reverse path multicasting，RPM）的算法需要有跟 TRPB 算法同样的代价，再加上传输、存储和处理 NMR 及取消报文的代价。那些附加的代价主要跟下列因素有关：多播源和组成员的个数及位置，多播流量分布，成员变化的频率，以及互联网拓扑。在最坏的情况下，一个路由器必须存储的 NMR 的数目是这样的数量级：在 Tmaxage 长度时间内活动的多播源的个数，乘上在那段时间内在它们（包括每一个多播源）向外发送的多播分组中作为目的地址的多播组的平均个数，再乘上邻接路由器的个数。

有许多因素可以减少这些存储需求：

（1）连接到同一链路的所有主机都可以当作单个多播源处理，只要路由器能够从数据报的源地址识别源链路，就像 IP 地址那样。

（2）使用一个小的生成时间（time-to-live）发送的多播数据报在到达许多路由器之前可能就期满，因此在那些路由器中避免产生 NRM。

我们相信，许多互联网络多播应用都能够有效地使用 TTL 范围控制，要么因为它们仅需要跟一个大的组的附近子集通信（例如在寻找一个附近的名字服务器时），或者因为已经知道所有的组成员都接近发送方（例如一个并行计算分布在单个场点的若干台计算机上）。如果是这样的情况，存储代价就会大幅度减少，在典型的距离向量路由环境中（少于 100 条链路），NMR 的存储空间不会是一个限制因素。

通过减少 Tmaxage 来恢复存储也会消耗带宽。然而在对路由器存储容量大小、超时值做出建议之前，或者甚至跟比较简单的 TRPB 算法相比，是否值得为 RPM 更为精细的算法增加复杂性和开销，需要在真实的互联网络环境中获得实际的多播流量的经验。

在我们关于反向通路转发的讨论中尚未提及的一个问题是拓扑变化的影响。如果在分组传输的过程中路由表改变，反向通路转发可能引起分组重复投递或丢失。由于我们仅需要数据报类可靠性，偶尔的分组丢失或重复投递是可以接受的；我们假定主机负责提供适当的端到端的恢复机制。然而 RPM 算法的实现必须仔细考虑可能会导致剪枝多播树的任何拓扑改变。例如，相对于一个给定的多播源，当路由器有一条新的孩子链路或新的孩子路由器时，它必须为执行中的 NMR 发送取消报文，以保证新的链路或路由器会被包括在未来的来自那个源的多播传输中。

2.2.5 DVMRP

DVMRP（Distance Vector Multicast Routing Protocol，距离向量多播路由协议）是一种属于所谓的密集方式（dense mode，DM）路由协议。某些多播路由协议在具有丰富带宽且接收方相当密集的分布环境中工作得很好。在这种情况下，由于不需要具有很大的可扩展性，使用定期的洪泛或其他强化带宽的技术是合理的。

现有的密集方式路由协议除了我们将在本节中阐述的 DVMRP，还包括我们将在本书的后面介绍的 MOSPF（Multicast Extensions to Open Shortest Path First，开放最短通路优先的多播扩展）和 PIM-DM（Protocol Independent Multicast - Dense Mode，协议独立多播—密集方式）。

DVMRP 是一个距离向量路由协议，支持通过互联网络的多播数据报投递。DVMRP 使用反向通路多播（RPM）算法构建基于源的多播投递树。

1. 物理和隧道接口

一个 DVMRP 路由器的接口可以是对于直接附接的子网的物理接口，也可以是通向另一个具有多播能力的域的隧道接口（虚拟接口）。所有接口的配置都使用一种指定它们的具体代价的度量值，以及为了通过这个接口任何多播分组都必须超过的 TTL 门槛值。此外，每个隧道接口必须显式地配置两个附加参数：本地路由器隧道接口的 IP 地址和远方路由器接口的 IP 地址。

仅当 IP 头中的 TTL 域大于赋给接口的 TTL 门槛值时，多播路由器才通过接口转发数据报。表 2-1 列出了用以限制 IP 多播范围的常规 TTL 值。例如，TTL 小于 16 的多播数据报限于同一场点内的传播，不应该通过接口转发到同一区域的另一场点。

表 2-1 TTL 范围控制值

TTL 门槛值	范围
0	限于同一主机
1	限于同一子网
15	限于同一场点
63	限于同一区域
127	世界范围
191	世界范围，有限带宽
255	无限制的范围

基于 TTL 的范围限定并非对于所有的应用都是足够的。当试图同时对拓扑、地理和带宽进行限制时会有冲突。特别地，基于 TTL 的范围限定不能够处理重叠区域，而处理重叠区域的功能是管理域的一个必要特征。鉴于这些问题，1994 年创建了“管理”范围限定，提供基于多播地址的范围限定。某些地址在给定的管理范围（例如一个公司的互联网络）内可以使用，但不能转发到 MBONE。这就允许具有私密性，以及在 D 类地址空间内的地址重复使用。从 239.0.0.0 到 239.255.255.25 的地址范围被保留为管理限定的范围。

2. 基本操作

DVMRP 实现反向通路多播（RPM）算法。根据 RPM，对于任何（源，组）对的第一个数据报通过整个互联网络转发（可以通过提供分组的 TTL 和路由器接口门槛值来做到这一点）。当接收到这个流量时，如果叶路由器在它们直接附接的叶子网上没有组成员，那么它们可以往回向着源的方向发送剪枝（prune）报文。剪枝报文从树中删除不是前往组成员的所有分支，让它们离开一个基于源的最短通路树。

在一个周期的时间之后，对于每个（源，组）对的剪枝状态期满，回收被用来存储属于不再处于活动状态的组的剪枝状态的路由器存储器。如果这些组刚好仍然在使用中，那么随后发往该（源，组）对的数据报将通过所有的下游路由器广播。这将引发一组新的剪枝报文，重新生成该（源，组）对的基于源的最短通路树。由于 RPM（特别是 DVMRP）剪枝报文的发送不是可靠的，因此必须把剪枝存活时间设置得比较短，以补偿潜在的剪枝报文丢失。

DVMRP 还实现一种机制，快速地把先前从一个组的投递树上剪掉的枝再嫁接回来。如果一个已经发送了针对一个（源，组）对的剪枝报文的路由器在叶网络上发现了新的组成员，那么它就向针对这个源的前一跳段路由器发送一个嫁接（graft）报文。当一个上游路由器接收到一个嫁接报文时，它就取消先前接收到的剪枝报文。嫁接报文往回向着源的方向逐跳串接，直至它们到达投递树上最近的活动分支点。就这样，先前被剪掉的枝被很快地恢复成多播投递树的一部分。

3. DVMRP 路由器功能

当一个子网上有不止一个 DVMRP 路由器时，主导路由器负责定期发送 IGMP 主机成员关系查询报文。为了避免重复的多播数据报，在子网上有不止一个 DVMRP 路由器的情况下，仅其中的一个路由器被选举为该子网的主导路由器。一个 DVMRP 路由器在初始化时把自己当作所在子网的主导路由器，直到它从一个具有较低 IP 地址的邻居路由器接收到一个主机成员关系查询报文为止。最终，具有最低 IP 地址的路由器成为该子网的主导路由器。

在图 2-2 中，路由器 C 是在下游，潜在地可能接收来自路由器 A 或路由器 B 的源子网的数据报。如果路由器 A 到源子网的度量值小于 B 的度量值，那么对于这个源，路由器 A 是主导，路由器 B 是从属。

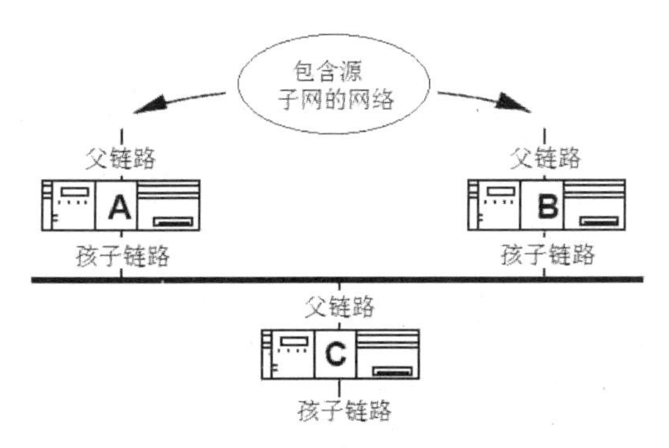

图 2-2　在一个冗余拓扑中的 DVMRP 主导路由器

这就意味着，路由器 A 将转发来自源子网的流量，路由器将丢弃接收到的来自那个源的流量。然而，如果路由器 A 的度量值等于路由器 B 的度量值，那么在其下游接口（孩子链路）具有较低 IP 地址的路由器成为主导路由器。注意，在一个具有多个路由器转发来自多个源前往多个组的流量的子网上，对于不同的源，主导路由器可能也不同。

4. DVMRP 路由表

由于 DVMRP 是为了路由多播而不是为单播开发的，一个路由器可能需要运行多个路由进程——一个用于单播流量投递，另一个用于多播流量投递。DVMRP 进程定期地与具有多播能力的邻居交换路由表更新报文。这些更新独立于提供对单播路由支持的任何内部网关协议产生的那些更新。

DVMRP 依靠接收“毒性逆转（poison reverse）”更新做叶路由器检测。该技术需要一个下游邻居向它往回到达一个源子网的最短通路上的前一跳路由器通告到达该源子网的代价为“无穷大”。如果一个上游路由器在一个下游接口上没有接收到针对一个源子网的“毒性逆转”更新，那么该上游路由器就认为该下游子网是一个叶，从它的转发端口列表中删除该下游端口。

再次查看图 2-2，发现图中有两个类型的路由器：主导和从属。从属路由器是一个不在往回前往一个源的最短通路树上的路由器。主导路由器在每个源的基础上持续跟踪从属路由器，它从不需要也不会期待从一个从属路由器接收剪枝报文。仅仅真正位于下游分发树上的路由器将会需要向主导路由器发送剪枝报文。如果在 LAN 上的一个主导路由器从所有下游路由器都接收到了关于一个目标组针对源子网的剪枝，并且其所有的孩子链路都没有目的地组成员，那么它自己就要往上游朝着源的方向发送一个剪枝报文。

图 2-3 给出了一个 DVMRP 路由器的样例路由表。与由诸如 RIP、OSPF 或 BGP 这样的单播路由协议建立的路由表不同，DVMRP 路由表包含源前缀和“前-网关”，而不是目的地前缀和下一跳段网关。

源前缀	子网掩码	前-网关	度量值	状态	TTL	入口	出口
128.1.0.0	255.255.0.0	128.7.5.2	3	Up	200	1	2,3
128.2.0.0	255.255.0.0	128.7.5.2	5	Up	150	2	1
128.3.0.0	255.255.0.0	128.6.3.1	2	Up	150	2	1,3
128.4.0.0	255.255.0.0	128.6.3.1	4	Up	200	1	2

图 2-3　DVMRP 路由表

该路由表表示在互联网络中到达每个可能的源前缀的最短通路（基于源的）生成树，也就是反向通路广播树（RPB）。DVMRP 路由表不表示组成员关系或接收的剪枝报文。

DVMRP 路由表的主要成分包括下列条目。

- 源前缀（Source Prefix）

潜在的或实际的多播数据报源的子网。

- 子网掩码（Subnet Mask）

跟源前缀相关联的子网掩码。注意，DVMRP 为每个源子网都提供子网掩码，也就是说 DVMRP 是无类别的。

- 前-网关（From-Gateway）

往回前往一个特别的源前缀的前一跳段路由器。

- TTL（time-to-live，生存时间）

生存时间用于表管理，表明一个登记项在从路由表中删除之前所经历的秒数。这个 TTL 与在基于 TTL 的范围限定中所使用的 TTL 没有关系。

5. DVMRP 转发表

由于 DVMRP 路由表不能够感知组成员关系，因此 DVMRP 进程需要根据在多播路由表中包含的信息与已知的多播组，以及接收到的报文相结合的综合条件建立一个转发表。转发表表示本地路由器对于针对每个（源，组）对的最短通路（基于源的）投递树，即反向通路多播（RPM）树的了解。图 2-4 显示的是一个样例 DVMRP 路由器的转发表。

源前缀	多播组	TTL	入口	出口
128.1.0.0	224.1.1.1	200	1 Pr	2p 3p
	224.2.2.2	100	1	2p 3
	224.3.3.3	250	1	2
128.2.0.0	224.1.1.1	150	2	2p 3

图 2-4　DVMRP 转发表

在该表中的成分包括下列条目。

- 源前缀：向指定的组发送多播数据报的子网（每行一组）。
- 多播组：作为多播数据报目的地址的 D 类 IP 地址。注意，给定的源前缀可能包含多个多播组的源。
- TTL（time-to-live，生存时间）用于表管理，表明一个登记项在从转发表中删除之前所经历的秒数。
- 入口：对于一个（源，组）对的父接口。在这一列中的'Pr'表明，已经把一个剪枝报文发送给了上游路由器（在 DVMRP 路由表中的针对源前缀的前-网关）。
- 出口：在其上转发对于（源，组）对的多播数据报的孩子接口。在这一列中的'p'表明，本路由器已经在这个端口上接收了来自下游路由器的一个剪枝报文。

6. DVMRP 树的建立和转发小结

DVMRP 让分组从一个多播源沿着反向通路多播（RPM）树向外转发。该技术的通用名是反向通路转发，在本书的往后部分我们将会看到，它也被一些其他的多播路由协议采用。

不过，我们已经知道，反向通路广播（Reverse Path Broadcasting，RPB）过度使用网络资源，因为所有的结点都接收每个分组的一个拷贝。RPB 没有通过剪枝来使得分发树仅包括通向有处于活动状态的接收方的分支的过程。因此 RPB 是一个广播技术，而不是一个多播技术。

截短的反向通路广播（Truncated RPB，TRPB）加进了一个小的优化，使用组成员关系报告机制在 RPB 树边缘的 LAN 上告知是否有接收方；如果没有接收方，那么分组就止于叶路由器，不转发到边缘 LAN。尽管节约了 LAN 带宽，但 TRPB 仍然把每个分组的一个拷贝发送到在拓扑中的每个路由器。

在 DVMRP 中使用的反向通路多播（Reverse Path Multicasting，RPM）为了对分发树进行剪枝，从组成员报告机制得到组成员关系信息，向上游（向着源子网方向）发送控制报文。该技术为了避免在不是通往处于活动状态的接收方的树枝上传输所浪费的带宽，在参与操作的路由器上需要消耗一些存储器（存储剪枝信息）。

在 DVMRP 中，按需建立 RPM 分发树，产生对于给定的源发往一个组的转发表登记项。转发表指明对于来自这个源的分组所期待的输入接口，以及将其往该组的其余部分分发所使用的输出接口。转发表登记项在发往一个新的（源，组）对的分组到达一个 DVMRP 路由器时建立。在接收每个分组时，都把分组的源和组对照转发表适当的行进行匹配检查。如果匹配成功，并且分组是在正确的输入接口上接收到的，就在对于这个组的适当的输出接口上往下游转发。

DVMRP 的树建立协议也常被称作“广播和剪枝”，因为发往一个新的（源，组）对的分组第一次到达时，它被传输给在互联网络中的所有路由器。然后边缘路由器启动剪枝操作，不需要的投递支路被剪除。因此，在从一个树枝的顶部到最远的叶路由器的来回路程时间（典型地在几十毫秒的数量级或更少）内，这个新的（源，组）对的分布树被很快修剪成仅服务于处于活动状态的接收方。

当一个分组到达时 DVMRP 路由器所做的检查被称作反向通路检查。在接收一个多播分组时路由器必须做的第一件事是确定它是在正确的输入接口上到达的。对于这个路由器已经看到过的匹配（源，组）对的分组，已经有一个转发表登记项指明所期待的输入接口。对于新的分组，DVMRP 的路由表被用来把实际的接收接口跟该路由器认为是在往回通向源的最短通路上的接口进行比较。如果反向通路检查成功，就把分组仅在该路由器认为是孩子接口（针对分组的源）的那些接口上转发；可能有一些接口，它们对于一个给定的源，既不是孩子接口，也不是输入接口。孩子接口连接到使用该路由器作为其前往源的最短通路上的上一跳段的子网。

一旦确定了针对这个（源，组）对的输入接口和有效的下游孩子接口，就建立一个转发表登记项，使得在未来能够对这个（源，组）对的分组做快速的转发。任何时候都不可以把多播分组往回向源的方向转发，因为那样会引发转发回路。

2.3 链路状态多播路由

我们知道，在单播使用的链路状态路由选择中，每个路由器监视跟它直接相连的链路的状态，当状态改变时，就给所有其他的路由器发送一个更新报文。由于每个路由器都收到了可以重构整个网络拓扑的足够信息，因此它们都能够使用 Dijkstra 算法计算以自己为根到达所有可能的目标的最短通路分发树。路由器使用这个树确定它转发的每个分组的下一跳段。

为了支持多播，我们对上述算法所做的扩展就是把在一个特别的链路（LAN）上具有成员的若干个组加到该链路的状态上。唯一的问题是每个路由器如何确定哪个组在哪个链路上有成员。答案是让每个主机定期地向 LAN 通告它所属于的组。路由器只需监视 LAN 以得到这样的通告。如果这样的通告停止到达了，那么在一段时间之后路由器就认为该主机已经脱离了这个组。

如果具备了哪个组在哪个链路上有成员的完全信息，那么每个路由器都能够使用 Dijkstra 算法计算任一源到任一组的最短通路多播树。不过，由于每个路由器必须潜在地为从每个路由器到每个组都保持一个单独的最短通路多播树，这显然是很昂贵的举措；因此取而代之的是，路由器只是计算和存储这些树的一个高速缓存，只为当前处于活动状态的每个（源，组）对缓存一个最小通路多播树。

在本书的这一节里，我们先讨论基本的链路状态多播路由算法，然后重点介绍使用该算法的 MOSPF（Multicast Extensions to OSPF，对 OSPF 的多播扩展）协议。

2.3.1　链路状态多播路由算法

在链路状态路由算法中，每个路由器监视它的每个附接链路的状态（例如活动/关闭状态，流量负载）。每当一条链路的状态改变时，附接到那条链路的路由器都把这个新状态广播到在互联网络中的每个其他路由器。广播使用一种特定的高优先级的洪泛协议执行，以保证每个路由器都能很快地获悉新状态。因此每个路由器都接收关于所有链路和所有路由器的信息，由此它们每个都可以确定互联网络的完全拓扑。知道了完全拓扑，每个路由器使用 Dijkstra 算法独立地计算以它自己为根的最短通路树。使用这个树，路由器可以确定用于转发分组的从它自身到任何目的地的最短通路。

把链路状态路由算法扩展成支持最短通路多播路由的做法是直接的，这只需简单地让路由器包括在一条链路上有成员的组的列表作为链路状态的一部分。在一条链路上，每当一个新的组出现或一个老的组消失时，附接到那条链路的路由器就把新的状态洪泛到所有的其他路由器。获得了在哪条链路上哪个组有成员的完全信息，任何路由器都能够使用 Dijkstra 算法计算从任何源到任何组的最短通路多播树。如果做计算的路由器位于所计算的树内，那么它就能够确定它必须使用哪些链路转发从给定的源发往给定的组的多播分组的拷贝。

为了使得路由器能够监视在链路上的组成员关系，需要主机定期地发布成员关系报告。每个成员报告都作为一个本地多播发送给被报告的组，因而在同一链路上的同一组的任何其他成员都能够听到报告，并抑制它们自己的报告。当监视链路的路由器注意到关于一个组的成员报告停止到达时，就知道那个组已经退出了。这个技术在每条链路上对于存在的每个组在每个报告周期内产生一个分组。

比较可取的做法是只让附接到一条链路的一个路由器监视该链路的成员关系，从而减少可能洪泛关于该链路的成员信息的路由器的数目。在链路状态路由体系中，这个工作可以由 LAN 的指定路由器承担，它已经在执行监视链路上存在哪些主机的任务。

潜在地，从每个发送方都可能有一个到达每个组的最短通路多播树，因此让每个路由器都计算和存储所有可能的多播树，在空间和处理时间方面是非常昂贵的。可取的做法是只在需要时才建立多播树。每个路由器都保持一个下列形式的多播路由记录的缓区：

（源，子树，（组，链路-存活时间 TTLs），（组，链路-存活时间 TTLs），…）

源是一个多播源的地址。子树是这个路由器在以源为根的最短通路生成树中所有晚辈链路的列表。组是一个多播组地址。链路存活时间是一个存活时间（time-to-live，TTL）的向量，每条附接链路各有一个值，指定通过那条链路可以到达该组最近的晚辈成员所需要的最小存活时间；以无穷大表示的一个特别的 TTL 值标识从其不会到达任何晚辈成员的那些链路。

当一个路由器接收到一个多播分组时，它在自己的多播路由缓冲区中查找分组的源。如果它找到一个记录，就在（组，链路存活时间 TTLs）段中查找目的组，如果找到了这个组，就在其链路存活时间小于或等于分组头中的 TTL 的所有链路上转发该分组。

如果找到源的记录，但在记录中找不到目的组，那么路由器必须计算输出链路和对应的 TTLs。为此，它扫描在子树中的链路，查找有目的组成员的那些链路，并计算到达所找到的任何成员链路所需要的最小 TTLs。新的组和链路存活时间 TTLs 被加进记录，并被用以做转发决定。

最后，如果找不到对应一个输入多播分组的源记录，那么必须计算关于那个源的完全的最短通路树。从这个树可以标识路由器的晚辈子树。然后把该源和子树作为一个新的记录安装在多播路由缓区中。对于目的地组的链路存活时间 TTLs 也作为计算完全树工作的一部分进行计算，并加到该记录，用以做转发决定。跟处理能力相比，存储器更为缺乏的路由器可能选择不在多播路由缓区中存储子树，当遇到一个特别的源的新树时，就再次计算完全树。

缓区记录不必采用超时机制。当缓区满时，可以根据最近最少使用的原则丢弃老的记录。每当拓扑改变时，都要丢弃所有的缓区记录。每当一个老的组在一条链路上消失时，标识那个组的所有（组，链路存活时间 TTLs）域都从缓区中删除。

跟 RPM 算法一样，链路状态路由算法的代价非常依赖互联网络多播流量模式。假定在单个 LAN 存在的组的数目少于主机数，那么组链路状态分组所需要的带宽应该不会大于在 IS-IS（Intermediate-System to Intermediate-System，中间系统到中间系统）路由协议中端点系统链路状态分组所需要的带宽。在路由器中存储链路成员关系信息所需要的存储器也是类似的情况。算法的主要代价在于存储多播路由缓区记录和计算多播树的处理需求。假定大多数多播分组需要跨越在互联网络中较小比例的路由器，那么这个算法需要的存储空间小于 RPM 算法，因为仅在那些必须经过的路由器中消耗存储。

该算法的一个可能的缺点是从一个给定的源发送第一个多播分组所引起的附加延迟，在每一跳段，路由器在它们可以转发分组之前必须计算完全的树。树计算的复杂度是在互联网络中链路数的数量级，将一个大的互联网络分解成多个路由子域是控制在任何域内链路数目的一个有效的方法。

2.3.2 MOSPF 协议

OSPF 是一个内部网关协议，在属于单个 OSPF 自治系统的路由器之间分发单播拓扑信息。它基于链路状态算法，允许使用最少的路由协议流量执行快速路由计算。除了有效的路由计算，OSPF 还是一个开放的标准，支持等级式路由、负载平衡和外部路由信息的输入。

MOSPF（Multicast Extensions to Open Shortest Path First，开放最短通路优先的多播扩展）路由器通过 OSPF 链路状态路由协议维持网络当前的拓扑结构图。它建立在 OSPF 的顶部，因此可以递增地把多播路由功能引进 OSPF 路由域。在转发单播 IP 数据流量时，运行 MOSPF 的路由器跟非 MOSPF 路由器可以互操作。MOSPF 不支持隧道。

1. MOSPF 区内路由

区内路由描述 MOSPF 采用的基本的路由算法。这个基本算法在单个 OSPF 区内运行，当源和所有的目的地组成员都驻留在同一个 OSPF 区内或者整个 OSPF 自治系统是单个区时，支持多播转发。

类似于所有其他的多播路由协议，MOSPF 路由器使用 IGMP 监视在直接附接的子网上的多播组成员。MOSPF 路由器维护一个“本地组数据库”，列出直接附接的组，确定本地路由器投递多播数据报到这些组的责任。

在任何给定的子网上都是只有指定路由器（Designated Router，DR）发送 IGMP 主机成员查询。然而，监听 IGMP 主机成员报告的责任不仅由指定路由器承担，而且也让备份指定路由器（Backup Designated Router，BDR）承担。因此，在包含 MOSPF 路由器和 OSPF 路由器的混合 LAN 中，必须把一个 MOSPF 路由器选为指定路由器。这个可以通过在每个非 MOSPF 路由器中把 OSPF 路由器优先级（Router Priority）设置成 0 阻止它们成为 DR 或 BDR 来实现。

DR 通过洪泛组成员关系 LSA（Link-State Advertisement，链路状态通告）把组成员关系信息传达给在 OSPF 区中的所有其他的路由器。类似于路由器-LSA（描述收集的该路由器接口的状态）和网络-LSA（为每个网络产生一个这种 LSA，描述当前连接到该网络的一组路由器），组成员关系 LSA 仅在单个区内洪泛。

数据报的最短通路树描述多播数据报在区内从源子网传输到每个组成员子网所遵循的通路。路由器在接收一个（源，组）对的第一个多播数据报时，它按需建立该（源，组）对的最短通路树。

当初始数据报到达时，源子网被放进 MOSPF 的源子网。MOSPF 链路状态数据库就是标准的 OSPF 链路状态数据库附加组成员关系 LSA。基于在 OSPF 链路状态数据库中的路由器-LSA 和网络-LSA，使用 Dijkstra 算法构建基于源的最短通路树。在建立了树之后，使用组成员关系 LSA 剪枝树，让它仅保留指向含有这个组的成员的子网的枝。这些算法的输出是以数据报的源为根的经过剪枝的基于源的树（参见图 2-5）。

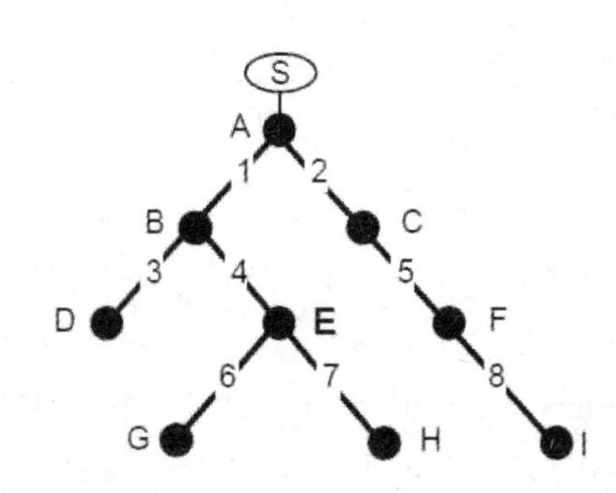

图 2-5　对于（S，G）对的最短通路树

为了把多播数据报转发到一个组的下游成员，每个路由器必须确定它在数据报的最短通路树中的位置。图 2-5 给出了一个给定的（源，组）对的最短通路树。路由器 E 的上游结点是路由器 B，并且有两个下游接口：一个连接到子网 6，另一个连接到子网 7。

基本的 MOSPF 路由算法具有下列性质。

①对于一个给定的多播数据报，在一个区内的所有路由器都计算同样的基于源的最短通路投递树。在存在多条相同代价的通路的情况下，定义一种选择方法，让所有的路由器都就通过该区的单个通路问题达成一致。与单播 OSPF 不同，MOSPF 不支持同时使用多个相同代价的路径的多通路路由的概念。

②同步链路状态数据库包含组成员关系 LSA，它允许 MOSPF 路由器在存储器中建立一个基于源的最短通路树，支持从源到组成员的转发。与 DVMRP 不同，新传输的第一个数据报不必洪泛到在区中的所有路由器。

③基于源的投递树的按需建立具有散布计算时间的优点。当然，如果有许多个新的（源，组）对在差不多同样的时间出现，或者有大量的事件迫使 MOSP 进程负荷激增，重建它的转发缓区，可能过度使用 CPU。在承载寿命长的多播会话的稳定拓扑中，这些效应应该是最小的。

每个 MOSPF 路由器基于它的转发缓区的内容做转发决定。与 DVMRP 不同，MOSPF 的转发不是基于反向通路洪泛（RPF）。转发缓区从对于每个（源，组）对的基于源的最短通路树和该路由器的本地组数据库建立。路由器发现它在该最短通路树中的位置之后，建立一个转发缓区登记项，该登记项包含（源，组）对、期待的上游输入接口和需要的下游输出接口。此时，Dijkstra 最短通路树被丢弃，释放了跟该树的建立相关联的所有资源。然后它就使用该转发缓区登记项快速地转发所有随后来自这个源发给这个组的数据报。如果一个新的源开始给一个新的组发送，那么 MOSPF 必须先计算分发树，以便它可以建立能够被用来转发该分组的缓区登记项。

图 2-6 给出了一个范例 MOSPF 路由器的转发缓区。显示的成分包括下列条目。

目的地	源	上游	下游	TTL
224.1.1.1	128.1.0.2	接口1	接口2 接口3	5
224.1.1.1	128.4.1.2	接口1	接口2 接口3	2
224.1.1.1	128.5.2.2	接口1	接口2 接口3	3
224.2.2.2	128.2.0.3	接口2	接口1	7

图 2-6　MOSPF 转发缓区

（1）目的地

转发的匹配数据报的目的组地址。

（2）源

数据报的源主机地址。每个（目的地，源）对都唯一地标识一个单独的转发缓区登记项。

（3）上游

匹配这一行的目的地和源的数据报必须在这个接口上接收。

（4）下游

如果匹配这行的目的地和源的数据报在正确的上游接口上收到，那么把它通过列出的下游接口转发。

（5）TTL

为了到达目的地组的成员，数据报必须通过最小跳段数。如果 MOSPF 路由器看到该数据报甚至没有到达最近的组成员所需要的足够的 TTL，那么它可以丢弃该数据报。

在转发缓区中的信息不会超时作废，也不用定期刷新，只要系统资源（例如存储器）可用，它就一直被保持着，直到下一个拓扑改变为止。一般说来，仅在下列情况下，转发缓区的内容才会改变。

- OSPF 互联网络拓扑改变，迫使重新计算所有的最短通路树。
- 发生了表示组成员分布改变的组成员关系 LSA 的改变。

2. 混合 MOSPF 和 OSPF 路由器

MOSPF 路由器可以跟非多播 OSPF 路由器结合使用。这就允许逐渐采用 MOSPF，并允许以有限的规模做多播路由实验。

在建立基于源的最短通路投递树时需要排除所有的非多播 OSPF 路由器。根据在每个路由器的链路状态通告的选项域中设置的多播能力位（MC-bit），一个 MOSPF 路由器能够确定任何其他路由器的多播能力。忽略对非多播路由器的处理在转发多播流量时可能会产生若干潜在的问题。

①多路访问网络的指定路由器（Designated Router，DR）必须是一个 MOSPF 路由器。如果把一个非多播 OSPF 路由器选为 DR，那么就不能选用该子网来转发多播数据报，因为非多播 DR 不能够为它的子网产生组成员关系 LSA（它不运行 IGMP，因此听不到 IGMP 主机成员关系报告）。

②即使有前往一个目的地的单播连接，也可能没有多播连接。例如，在两点之间仅有的通路可能需要通过一个不具备多播能力的 OSPF 路由器。

③在两点之间多播和单播的转发可能走不同的通路，这使得一些路由故障的解决更具挑战性。

3. MOSPF 区际路由

区际路由适用于数据报的源和它的一些目的地组成员驻留在不同的 OSPF 区的情况。需要注意的是，多播数据报的转发仍然由从本地组数据库和基于数据报源的树建立的转发缓区的内容决定。主要的不同点在于组成员关系信息的传播方式和区际基于源的树的构建方式。

在 MOSPF 中，一个区的区边界路由器（Area Border Router，ABR）的子集起着区际多播转发器的作用。区际多播转发器负责在区之间转发组成员关系信息和多播数据报。配置参数确定一个特定的 ABR 是否也执行区际多播转发器的功能。

区际多播转发器归纳它们附接的区的组成员关系信息，并通过始发新的组成员关系 LSA 把该归纳信息传给主干。注意，在 MOSPF 中组成员关系的归纳是不对称的。这就意味着，虽然来自非主干区的组成员关系信息被洪泛进主干，但来自主干的（或来自其他非主干区的）组成员关系信息不会洪泛进任何非主干区。

为了允许在区之间转发多播流量，MOSPF 引入“泛指多播接收方”。一个泛指多播接收方是一个路由器，它接收在一个区中产生的所有多播流量。在非主干区里，所有的区际多播转发器都作为泛指多播接收方运行。这就保证，源自任何非主干区的所有多播流量都被投递给它的区际多播转发器，然后如果需要，就将其转发进主干区。由于主干知道所有区的组成员关系，因此一个数据报只要被源区的多播 ABR 转发进主干，该数据报就可以被转发到在该 OSPF 自治系统中的适当位置。

在区际多播路由的情况下，通常不可能建立一个完全的最短通路投递树。树的不完全的缘由是因为没有把每个 OSPF 区的完全的拓扑和组成员关系信息在 OSPF 区之间分发。

通过使用泛指接收方和 OSPF 归纳-链路 LSA 进行拓扑估计。如果一个多播数据报的源跟执行计算的路由器驻留在同一个区中，剪枝过程必须谨慎，保证指向其他区的枝不被从树中剪去；仅那些没有组成员或没有泛指多播接收方的枝被剪除；包含泛指多播接收方的枝必须保留，因为本地路由器不知道在其他区中是否有组成员。

如果一个多播数据报的源与执行计算的路由器驻留在不同的区里，描述在源站周围的本地拓扑的细节不可得知。然而，这一信息可以用由源子网的归纳-链路 LSA 提供的信息进行估算。在这种情况下，树的基础始于把源子网直接连接到本区的每个区际多播转发器的枝。源自本区之外的数据报将通过它的一个区际多播转发器进入该区，因此它的所有区际多播转发器都必须是候选分发树的一部分。

由于每个区际多播转发器也都是一个区边界路由器（ABR），它必须为每个附接的区维持一个单独的链路状态数据库。因此，每个区际多播转发器都需要为它附接的每个区计算单独的转发树。

4. MOSPF 树的建立和转发小结

MOSPF 为每个（源，组）对结合建立一个单独的树。该树以源为根，包括作为叶的每个组成员。如果（M）OSPF 域被划分成多个区，那么该树分几个部分建立，每次建立一个部分。然后，这些部分在连接多个区的区边界路由器处被粘在一起。

有的时候，某些区的组成员关系是未知的。MOSP 通过把它们的区边界路由器作为“泛指多播接收方”加进树来，把树扩展到这些区。

在一个给定区内的树的建立取决于源的位置。如果源在区内，就使用“转发代价”，在区内的通路遵从“转发通路”，即单播分组从源往组成员传播将会采用的路径。如果源属于一个不同的区，就使用“反向代价”来构建以源为根的投递树。使用“反向代价”不是我们所希望的方式，但这是不得已而为之，因为 OSPF 的归纳 LSA 仅通告反向代价。

MOSPF 树的建立过程是由数据驱动的。尽管在每个区的链路状态数据库中存在着组 LSA，除非看到来自一个源到一个组的多播数据，否则相关的树不会建立。当然，如果链路状态数据库表明没有这个组的 LSA，那么也不会建立对应的树，因为在这个区里一定没有组成员。因此，尽管 MOSPF 是“密集方式”路由协议，但它不是基于广播和剪枝，而是所谓的“显式加入”协议。

如果有一个没有见到过的（源，组）对的分组到达，那么路由器会对在链路状态数据库中的相关链路执行 Dijkstra 算法。Dijkstra 算法输出这个（源，组）对的以源为根的最短通路树。路由器考察它在树中的位置，缓存期待的来自这个源的分组的输入接口，列出通往下游活动接收方的输出接口。对随后的流量针对这个缓存数据检查。来自这个源的流量必须在正确的接口上到达，才会对其做进一步的处理。

第3章

独立于协议的多播和边界网关多播协议

从本章节可以学习到：

- 共享树技术
- 密集方式 PIM
- 稀疏方式 PIM
- 基于核的树
- 边界网关多播协议

独立于协议的多播（Protocol-Independent Multicast，PIM）是针对早期使用的多播路由选择协议的可扩展性问题提出来的。特别是，人们已经认识到，在只有小部分的路由器想要接收发给某个组的流量的环境中，已有的在单播路由算法的基础上延伸出来的多播协议的可扩展性不是很好的。例如，如果大部分路由器都不要接收这类流量，那么在它们被明确地从发送目标中删除以前，一直广播给所有的路由器的做法不是一个好的设计。这种情况的存在是如此普遍，以至于 PIM 把问题划分为“稀疏方式（Sparse Mode，SM）”和“密集方式（Dense Mode，DM）”两个空间。

PIM 名称的由来是因为它不依赖任何特定的单播路由协议，而是可以建立在任何路由选择协议之上。然而，任何支持 PIM 的实现都还需要有一个单播路由协议来提供路由表信息和适应拓扑的改变。

采用基于核的树（Core Based Tree，CBT）的多播也是独立于协议的，但它具有一些显著的不同于其他多播机制的特征。它不仅为一个组的所有成员只建立单个共享的投递树，而且其状态是双向的，数据可以沿着树枝的任意一个方向流动，同时对来自一个直接附接到现有树枝的源的数据不需要外加一层封装。

诸如 DVMRP、MOSPF、PIM 和 CBT 这样的多播协议都比较适合在单个自治系统内使用。为了支持在多个自治系统之间的多播路由选择，IETF 域间路由工作组专门设计了一个边界网关多播协议（Border Gateway Multicast Protocol，BGMP）来解决相关方面的问题。

本章先概述共享多播树转发技术，随后讨论密集方式 PIM 和稀疏方式 PIM，接着介绍基于核的树，最后阐述边界网关多播协议。

3.1　共享树技术

作为对已有算法的补充，后来提出的一种多播转发技术是基于一个共享投递树的。与为每个源或每个（源，组）对建立一个基于源的树的最短通路树算法不同，共享树算法建立一个被一个组的所有成员共享的单个投递树。共享树方法非常类似于生成树算法，但它允许为每个组定义一个不同的共享树。想要接收发给一个多播组的流量的站必须明确地加入共享的投递树。不管源自何处，每个组的多播流量都在同一个投递树上发送和接收。

一个共享树可能涉及单个或一组路由器，它们构成多播投递树的核。图 3-1 表示的是单个多播投递树是如何被一个多播组的所有源和接收方共享的。

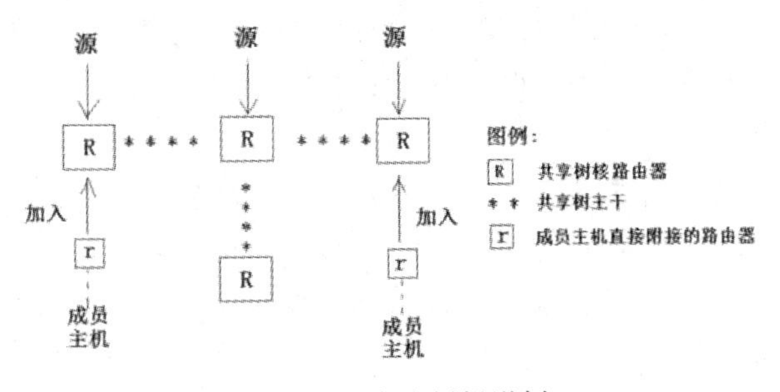

图 3-1　共享多播投递树

为了给一个组发送，跟其他的多播转发算法类似，共享树算法不要求多播分组的源是目的地组的成员。

就可扩展性而言，共享树技术对比基于源的树有多个优点。后者需要在互联网络中的所有路由器要么是在给定源或（源，组）对的投递树上，要么有对于该源或（源，组）对的剪枝状态，因此整个互联网络必须都参与基于源的树的协议；而前者只需要路由器维持每个组的状态信息，而不是为每个源或每个（源，组）对维持状态信息，因此可以有效地使用路由器资源。这就改善了具有许多个处于活动状态的发送方的应用的可扩展性，因为源站的数目不再是一个影响扩展性的因素。而且，共享树算法节约网络带宽，因为它们不需要定期地把多播分组在互联网络中通过所有的多播路由器洪泛到每个叶的子网。这样就能够提供显著的带宽节约，特别是在跨越低带宽的 WAN 链路并且接收方稀疏地散布在运行域内的情况下。

最后，由于接收方需要显式地加入共享投递树，数据仅在前往活动接收方的那些链路上流动。

除了上述优点，基于共享树算法的协议也有一些局限性。由于在接近核时，来自所有源的流量都通过同样的一组链路，共享树可能引发在核路由器附近的流量集中和瓶颈。此外，单个共享投递树可能建立次优的路径（该路径包括在源和共享树之间的最短通路，通过共享树的次优通路，以及在多播组的核路由器和接收方直接附接的路由器之间的最短通路），引发增加的延迟，该延迟对于一些多媒体应用可能是关键的问题。模拟试验表明，在许多情况下，在共享树上的延迟可能比基于源的树大约大 10%，但同时说明，对于许多应用这可以被忽略。

3.2 密集方式 PIM

PIM 明确地区分为密集环境设计的多播路由协议和为稀疏环境设计的多播路由协议。密集方式指的是这样一种协议，在其设计所面向的运行环境中，组成员相对密集地分布，而且有丰富的带宽。稀疏方式协议的运行环境则是组成员分布在互联网络的许多个区域中，也不必在广大的范围内有较大的带宽可提供。需要指出，稀疏方式并不意味着一个组只有少数几个成员，而只是表明，它们在互联网络的很大范围内散布。

稀疏方式 PIM（PIM-SM）的设计人员认为，DVMRP 和 MOSPF 是为组成员密集分布且带宽相对丰富的环境设计的。他们强调，当组成员和发送方分布在一个广大的区域时，DVMRP 和 MOSPF 表现得效率低下（尽管在投递分组的过程中效率是高的）。DVMRP 定期地在许多不是通往组成员的链路上发送多播分组，而 MOSPF 在可能不是通往发送方或接收方的链路上传播组成员关系信息。

虽然开发 PIM 的动力是需要提供可扩展的稀疏方式的投递树，但 PIM 也定义了一个新的密集方式的协议，而不是依赖已有的诸如 DVMRP 和 MOSPF 这样的密集方式协议。开发 PIM-DM 的目的是要在像是 LAN 这样的组成员分布相对密集且有可能提供较为充足的带宽的资源丰富的环境中部署。

类似 DVMRP，密集方式 PIM（PIM-DM）也采用反向通路多播（RPM）算法，然而在

PIM-DM 和 DVMRP 之间有多个重要的不同点。

（1）为了找到往回通向源的路径，PIM-DM 依赖一个已有的单播路由表。PIM-DM 独立于任何一个特定的单播路由协议。相反，DVMRP 包含一个集成的路由协议，利用类似于 RIP 的交换来建立它自己的单播路由表，因此一个路由器可能针对处于活动状态的源来给自己定位。

MOSPF 使用包含在 OSPF 链路状态数据库中的信息，但 MOSPF 特别地仅依赖 OSPF 单播路由协议。

（2）DVMRP 对于每个（源，组）对计算一组孩子接口，而 PIM-DM 简单地在所有的下游接口上转发多播流量，直至接收到显式的剪枝报文。PIM-DM 愿意接受分组的重复来免除对路由协议的依赖，并避免在确定父子关系的过程中所固有的开销。

对于在投递树的一个已经被剪掉的枝上组成员突然出现的情况，类似 DVMRP，PIM-DM 也采用嫁接报文把先前被剪掉的枝再附接到投递树。

密集方式 PIM 建立基于源的树。它使用 DVMRP 采用的 RPM 算法。因此 PIM-DM 是数据驱动的协议，把分组洪泛到 PIM-DM 的边缘，并期待在不活动的枝上返回剪枝。与 DVMRP 相比，一个小的差别是 PIM-DM 把新的（源，组）对的分组洪泛到所有的非输入接口。PIM-DM 在些许额外的洪泛流量和比较简单的协议之间进行了折中。

在 PIM-DM 中，剪枝仅通过显式的剪枝报文进行，该剪枝报文在广播链路上多播传输。如果有其他路由器听到剪枝报文，并且它们希望还接收这个组的流量，以支持在它们下游的活动接收方，那么这些其他的路由器必须多播发送“PIM-加入”（PIM-Join）分组，从而保证它们仍然附接到分发树。最后，在发出一个剪枝之后，在出现新的下游组成员时，PIM-DM 使用可靠的嫁接机制使得先前发送的剪枝被删除。

由于 PIM-DM 使用 RPM，它对接收的所有分组执行反向通路检查。该检查验证收到的分组是否是在它向源的前缀发送分组将会使用的接口上到达的。由于跟 DVMRP 不同，PIM-DM 没有它自己的路由协议，因此它使用已经存在的单播路由协议针对看到的多播分组的源确定自己的位置。

3.3　稀疏方式 PIM

后来提出的一组多播路由协议是“稀疏方式”协议。与前面讨论的“密集方式”协议相比，它们的设计是从另一个不同的角度出发。它们通常都不是数据驱动，而是事先建立转发状态；并且不是面向可以宽松地使用带宽的 LAN 环境，而是采用一些适应带宽紧张、昂贵的大的 WAN 环境的技术。

这些路由协议包括稀疏方式 PIM 和基于核的树（CBT）。虽然它们的设计目的都是要在带宽珍贵、组成员可能稀疏分布的广域网络上运行，但是这并不意味着它们只适用于小的多播组。稀疏不是表示小，而是描写组在广大的范围内散布，因此，如果把它们的数据定期地在整个互联网络上洪泛就是一种浪费。

CBT 和 PIM-SM 的设计试图在稀疏分布的组成员之间提供高效的通信，而稀疏分布的组很可能是在广域互联网络上流行的通信类型。这些稀疏方式协议的设计人员注意到，参加多播会话的一些主机不必把它们的流量定期地在整个互联网络上广播。

随着多播应用的不断增长，已有的多播路由协议将面临扩展性的问题。为了应对潜在的扩展性挑战，PIM-SM 和 CBT 的设计让多播流量仅通过那些代表组成员显式地加入共享树的路由器。

如前所述，PIM 也定义了一个“密集方式”或基于源的树的变种。然而，除了控制报文，稀疏方式 PIM 和密集方式 PIM 很少有共同之处。注意，虽然 PIM 在稀疏方式和密集方式中集成了控制报文处理和数据分组转发，但 PIM-SM 和 PIM-DM 永远不能同一时间在同一个区域运行。基本上，一个区域（region）就是执行一个共同的多播路由协议的一组路由器。

稀疏方式 PIM 在两个主要的方面不同于已有的密集方式协议。

（1）有邻接或下游成员的路由器需要发送加入（join）报文显式地加入一个稀疏方式投递树。如果一个路由器不加入事先定义的多播组投递树，它将收不到发给该组的多播流量。与此相反，密集方式协议假定下游有组成员，在下游链路上转发多播流量，直到收到显式的剪枝报文为止。因此，密集方式路由协议的默认转发动作是转发所有的流量，而稀疏方式协议的默认动作是阻止流量，除非它被显式地请求转发。

（2）PIM-SM 是从基于核的树（Core Based Tree，CBT）的方法演变来的，它也采用“核”的概念，在 PIM-SM 的术语中，核被称作会合点（Rendezvous Point，RP，参见图 3-2），接收方接收的由源发送的多播流量都是经过核中转过来的。

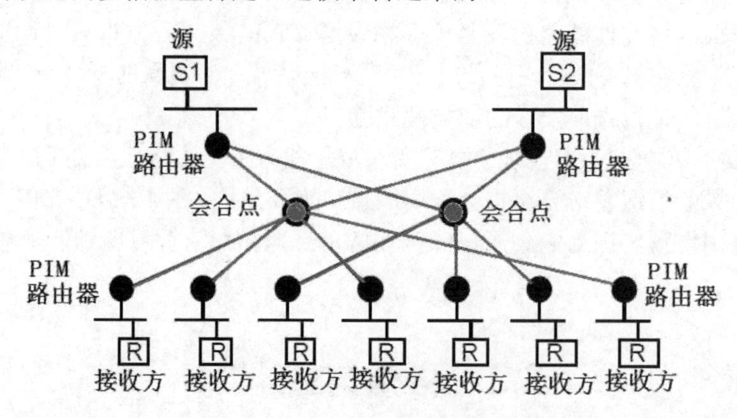

图 3-2　会合点

当加入一个组时，每个接收方使用 IGMP 通知它直接附接的路由器，后者又通过发送显式的“PIM-加入”（PIM-Join）报文逐跳地向多播组的 RP 方向传送。源使用 RP 宣告它的存在，并使用 RP 作为到达已经加入该组的成员的渠道。这个模型需要稀疏方式路由器在数据到达之前维持少量的状态，记录用于该稀疏方式区域的一组 RP。

每个稀疏方式域仅有一组 RP。通过使用一个哈希函数，每个 PIM-SM 路由器都可以把一个多播组地址唯一地映射到该 RP 组中的一个 RP，即确定该组的 RP。在任意一个给定的时间，每个组都有并且只有一个 RP。在有一个 RP 失效的情况下，会分配一个新的 RP 组，其中不包括失效了的 RP。

3.3.1　直接附接的主机加入一个组

当有多个 PIM 路由器连接到一个多路访问 LAN 时，具有最高 IP 地址的路由器被选为该 LAN 的指定路由器（Designated Router，DR）。该 DR 向 RP 发送加入/剪枝报文。

当 DR 接收到一个新组的 IGMP 报告报文时，它对该稀疏方式区域的一组 RP 执行一个确定性的哈希函数，唯一地确定该组的 RP。

在执行查询之后，DR 为该（*，组）对建立一个多播转发登记项，并向这个特定组的 RP 发送一个单播“PIM-加入”报文（参见图 3-3）。符号（*，组）表示一个（任何源，组）对。中间的路由器转发该单播“PIM-加入”报文，如果还没有对于该（*，组）对的转发登记项，就为其建立一个登记项。中间的路由器中必须有一个这样的登记项，它们随后才能够往下游向源发送“PIM-加入”报文的 DR 转发该多播组的流量。

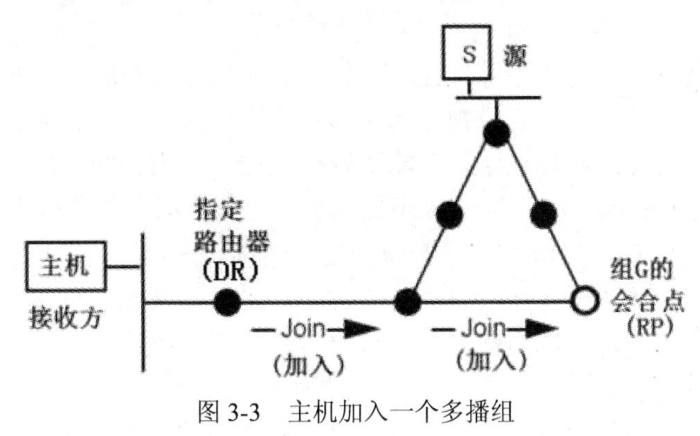

图 3-3　主机加入一个多播组

3.3.2　直接附接的源给一个组发送

当一个源开始给一个组发送一个多播分组时，它的 DR 把分组转发给 RP，接着 RP 把分组沿着该组的投递树分发（参见图 3-4）。DR 把初始多播分组封装在“PIM-SM-登记”分组中，单播传送给该组的 RP。

“PIM-SM-登记”分组通知 RP 一个新的源。然后 RP 可以选择往回向源的 DR 发送“PIM-加入”报文，加入这个源的最短通路树，允许源的 DR 随后向组的 RP 发送不需要封装的分组。

除非 RP 决定加入以源的 DR 为根的源的最短通路树，在源的 DR 和 RP 之间的所有路由器中不建立(源，组)状态。DR 向 RP 发送的源的多播 IP 分组必须继续用封装在单播“PIM-SM-登记”分组中的单播分组发送。一旦从组的 RP 接收到一个“PIM-登记-停止”报文，DR 就可以停止用这种方式转发封装的多播分组。如果 RP 的下游没有多播组的接收方，或者 RP 成功地加入了源的最短通路树，那么 RP 就可能发送“PIM-登记-停止”报文。

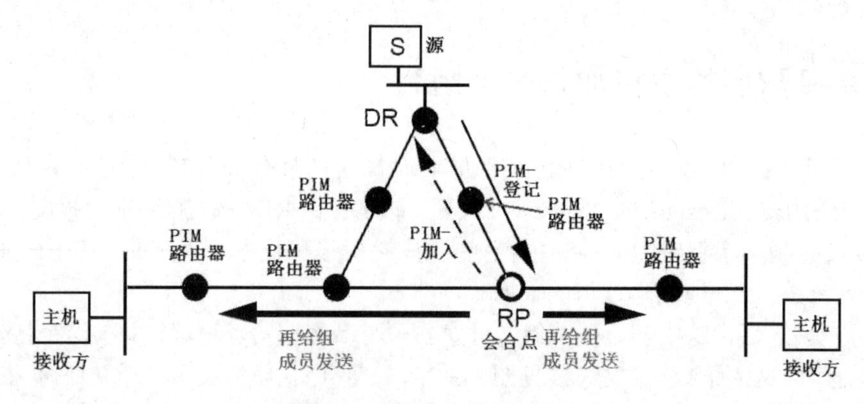

图 3-4　源给一个多播组发送

3.3.3　共享的会合点树和最短通路树

会合点树（RP-tree）为组成员提供连接性，但没有优化通过互联网络的投递通路。PIM-SM 允许路由器要么继续在共享的会合点树上接收多播流量，要么随后代表它们的附接接收方建立（即加入）一个基于源的最短通路树。除了减少在这个路由器和多播源之间的延迟（这有利于它的附接接收方），这个基于源的树还能减少在会合点树上的流量集中的效应。

一个具有本地接收方的 PIM-SM 路由器一旦开始接收来自源的数据分组，就可以有选择地转换到源的最短通路树（即基于源的树，参见图 3-5）。如果源的数据速率超过一个预先定义的门槛值，就可能触发这样的转换。本地接收方的最后一跳路由器通过向活动的源发送一个“PIM-加入”报文来实现转换。在基于源的最短通路树激活之后，协议机制允许向组的会合点发送针对那个源的剪枝报文，从而把这个路由器从该源的共享会合点树中删除。另外，DR 可以被配置成永远不会转换到基于源的最短通路树，或者可能使用某个其他的度量值来控制什么时候转换到基于源的最短通路树。

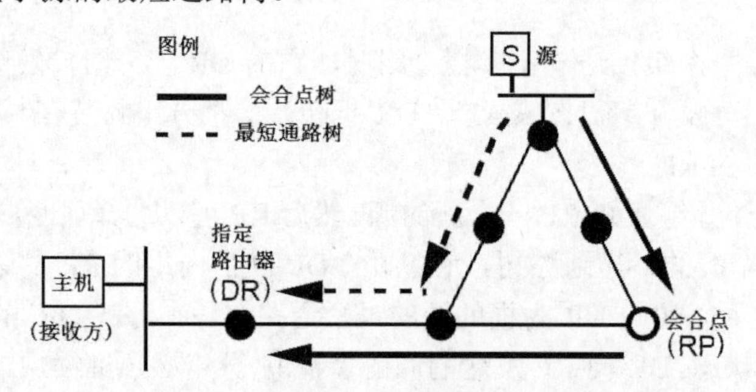

图 3-5　共享会合点树和最短通路树

除了最后一跳路由器能够转换到基于源的树，还可以让一个组的会合点转换到一个源的最短通路树。在会合点可以使用类似的控制（带宽门槛值和管理度量值等）来影响这些决定。仅当本地策略控制允许时，会合点才加入源的 DR 的最短通路树。

3.3.4　PIM-SM 树的建立和转发小结

PIM-SM 能够使用基于源的树和共享树。事实上，一个给定的组可以有一些路由器在它的共享树上，而同时其他的路由器在基于源的树上。在默认的情况下，PIM-SM 使用以会合点为根的共享树，但不管使用哪一种树，都没有对任何流量做的广播。感兴趣的接收方使用 IGMP 通知它们的本地 PIM-SM 路由器，然后该子网的 PIM-SM 指定路由器代表接收方向该组的会合点发送“PIM-加入”报文。这些加入报文在中间的路由器上建立随后用以做转发决定的转发状态。如果接收到一个分组，但没有对应的事先建立的转发状态，那么该分组将会被丢弃。

接收到的每个分组必须匹配一个已经存在的转发缓区登记项。如果匹配，就会知道在哪个接口上做反向通路检查了。这与密集方式 PIM 使用的转发技术一致，也类似于 DVMRP 使用的转发技术。单播路由表提供确定通往多播组会合点的最佳路径所需要的信息，分组必须在该路由器向组会合点发送流量将会使用的接口上到达。注意，由 PIM-SM 建立的转发状态是单向的，允许流量从源的 DR 流向 RP，或者从 RP 流向接收方。

3.4　基于核的树

基于核的树（Core Based Tree，CBT）是另一个基于共享投递树的多播体系结构。特别地，它试图解决在公用的因特网上支持多播应用所面临的重要的可扩展性问题，它也适用于专用的内部网络。

类似于 PIM-SM，CBT 是独立于协议的。CBT 采用包含在单播路由表中的信息建立它的共享投递树。它不在意单播路由表是如何得到的，仅关心是否有一个单播路由表，只要有就可以了。这个特征允许 CBT 的采用不必有一个特定的单播路由协议。

“独立于协议”不必意味着多播通路是单播路由使用的同一组路由器和链路。基础路由协议可以收集有关单播的信息，也可以收集有关多播的信息，因此单播路由可以基于单播信息计算，多播路由可以基于多播信息计算。如果单播和多播在任何两个网络结点之间所使用的通路（即所经过的路由器和链路）是相同的，那么就可以说该单播和该多播的拓扑结构（就这些通路而言）是重叠的。

在多播和单播的拓扑碰巧重叠的情况下，多播和单播的通路可以从一组信息（例如单播）计算。然而，对于多播和单播流量，如果在两个网络结点之间的一组路由器和链路不同，那么对于那个网络通路，单播和多播拓扑是不一致的。是否把单播和多播拓扑调整成对于任意一组网络链路是一致的是一个策略问题。

当前版本的 CBT 规范采取了类似于在 PIM-SM 中定义的称作“引导”（bootstrap）的机制。使用一种动态的或静态的机制来发现组到核的映射是一个实现的选择。发现哪个核服务于哪个组的过程就是所谓的引导过程。

每个组只有一个核，但一个核可能服务多个组。动态引导机制的使用仅可用于一个多播区域内，不是在区域之间。动态方法的优点是一个区域的 CBT 需要较少的配置。使用核的布局的缺点是对于某些接收方特别地欠优化。手工布局意味着将每个组的核相对于组成员做比较好的定位。CBT 的模块设计允许使用其他的核发现机制，如果这样的机制被认为更有利于满足 CBT 的需求的话。对于域间核（以及 RP）的发现，也可以使用一个通用的机制，其目标是任何共享树协议都能够使用它自己的协议报文类型来实现这个通用的域间发现结构。

作为与 PIM-SM 显著的不同点，CBT 维持自己的扩展性特征，它不提供从共享树（PIM-SM 的会合点树）切换到最短通路树（SPT）来优化延迟的选择。CBT 的设计人员相信，这是一个关键的决定，因为当多播被广泛实施时，路由器维护大量状态信息的需要将成为影响扩展性的主要因素。CBT 的状态信息（即它的转发缓区）由（组，输入接口，{输出接口列表}）构成。转发决定在使用组目的地址作为搜索键查询转发缓区后做出。

最后，不同于 PIM-SM 的共享树状态，CBT 状态是双向的。因此，数据可以沿着一个枝在任意一个方向上流动。这样发自一个直接附接到已有树枝的数据不需要再加一层封装。

3.4.1　加入一个组的共享树

加入一个多播组的主机发送 IGMP 主机成员关系报告。这个报文通知本地感知 CBT 的路由器它要接收发给该多播组的流量。在收到一个新组的 IGMP 主机成员关系报告时，本地 CBT 路由器发送一个“JOIN_REQUEST”（加入请求），该请求被逐跳处理（参见图 3-6），在每个通过的路由器中建立临时加入状态（输入接口，输出接口）。

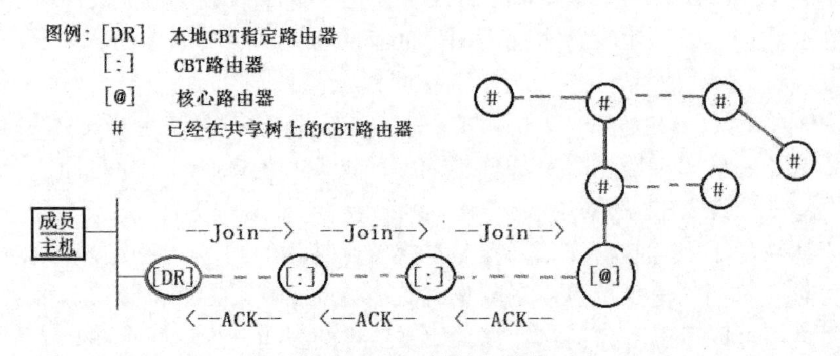

图 3-6　CBT 树加入过程

如果该 JOIN_REQUEST 在到达核路由器之前，遇到了一个已经在该组的共享树上的路由器，那么那个路由器往回向发送方路由器发送一个逐跳传输的“JOIN_ACK”（加入应答）。如果该 JOIN_REQUEST 在沿着它前往核的通路上没有遇到一个已经在树上的 CBT 路由器，那么核路由器负责用一个 JOIN_ACK 响应。无论是哪种情况，每个向核转发 JOIN_REQUEST 的中间路由器都需要建立一个临时的“join state”（加入状态）。这个临时的加入状态包括多播组，以及 JOIN_REQUEST 的输入和输出接口。这个信息允许一个中间的路由器沿着完全相反的通路，向源发 JOIN_REQUEST 的 CBT 路由器转发返回的 JOIN_ACK。

当 JOIN_ACK 向发送 JOIN_REQUEST 的 CBT 路由器传输时，每个中间的路由器建立这个组的新的“活动状态”。通过让中间的路由器记住哪个接口是上游、哪个接口是下游建立新枝。一旦建立了一个新枝，每个孩子路由器就用一种保持活动机制（CBT 回送协议）监视它的父路由器。孩子路由器给父路由器定期单播发送 ECHO_REQUEST（回送请求），然后父路由器需要用一个单播 ECHO_REPLY（回送应答）报文响应。

如果由于某种原因在树上的一个路由器和它的父路由器之间的链路失效了，或者父路由器不可达了，这个在树上的路由器就在它的孩子接口上发送一个 FLUSH_TREE（冲刷树）报文，开始删除该组所有的下游树枝。然后每个叶路由器负责将自己再附接到该组的核，从而重建共享投递树。仅当至少有一个直接附接的组成员时，叶路由器才会再加入共享树。

一个具有广播功能的子网的指定路由器(Designated Router, DR)通过执行 CBT 的“Hello”协议产生。它是使用那条链路的所有组仅有的上游路由器。DR 不必是通往每个多播组的核的最佳下一条路由器。这就意味着，在 LAN 上接收 JOIN_REQUEST 报文的 DR，可能需要把 JOIN_REQUEST 在同一条链路上往回重定向到前往一个给定组的核的最佳下一跳路由器。数据流量永远不会在一条链路上重复传输，仅仅 JOIN_REQUEST 报文可能重复传输，这应该是很少的微不足道的流量。

3.4.2　数据分组转发

当一个中间的路由器接收到一个 JOIN_ACK 时，它要么把在其上接收 JOIN_ACK 的接口加到已经存在的组的转发缓区登记项，要么在尚不存在该组登记项的情况下为它建立一个新的登记项。当一个 CBT 路由器接收到一个发给任意一个多播组的数据分组的时候，它简单地把该分组在由该组的转发缓区登记项指定的输出接口上转发。

3.4.3　非成员发送

类似于其他的多播路由协议，CBT 不需要多播分组的源是该多播组的成员。然而，为了多播分组能够到达该组活动的核，必须在非成员的发送方子网上至少存在一个具有 CBT 功能的路由器。具有 CBT 功能的本地路由器采用 IP 封装 IP 的方式把数据分组单播传送给活动的核，再投递给该多播组的其他成员。这样，在每个 CBT 区域中的每个具有 CBT 能力的路由器需要一个对应的《核，组》映射列表。

3.4.4　CBT 树的建立和转发小结

CBT 树是基于从源到核的转发通路构建的。任意一个多播组都只有一个活动的核。由于 CBT 是一个显式加入的协议，在一个 CBT 域内，除非有针对一个组的事先建立的活动接收方，否则任何路由器都不会转发发给该组的流量。

树是通过使用每个 CBT 路由器的单播路由表向一个组的核转发 JOIN_REQUEST 建立的。结果产生的非源特有的状态是双向的，这是一个 CBT 树特有的特征。如果任何组成员需要给该组发送，不需要建立附加的转发状态。每个可能的接收方也已经是一个潜在的发送方，当然了，在路由器中有额外的（源，组）形式的状态也不会被阻止。

3.5　边界网关多播协议

诸如 DVMRP、MOSPF、PIM 和 CBT 这样的多播路由协议适合在单个域中使用。DVMRP 的洪泛和剪枝机制肯定不适用于组成员稀疏分布的广域多播。MOSPF 受到 OSPF 的扩展性限制，支持的结点数不超过 200；这个数字远小于自治系统的个数。而且，MOSPF 依赖 OSPF，但并非所有的域都采用 OSPF 作为基础的单播路由协议。PIM-DM 有与 DVMRP 同样的限制因素。PIM-SM 的问题在于选择 RP 的方法。在一个域间环境中，如果使用 PIM-SM 算法选择一个组的 RP，可能会有下列问题。

（1）RP 可能位于离该多播组的任意一个成员都远的域里。

（2）RP 可能位于一个网络连接性差的域中，这会导致整个多播组坏的性能。

如果用在域间多播中，CBT 也会有下列问题。

（1）核可能位于一个网络连接性差的域中，这会导致整个多播组坏的性能。

（2）CBT 使用的双向共享树禁止使用“直通”（short-cuts）路径（或称捷径）输入多播流量。

由于上述原因，IETF 域间多播路由工作组决定设计一个称作边界网关多播协议（Border Gateway Multicast Protocol，BGMP）的新协议来解决域间多播路由的问题。BGMP 的中心思想可归纳如下。

（1）BGMP 在域边界路由器之间建立双向的共享多播树，提供对作为捷径的源特有的枝的附接，从而可避免共享树引起的长的延迟。

（2）BGMP 在中转或末端域中能够跟 DVMRP、PIM-DM、PIM-SM、CBT 和 MOSPF 等域内多播路由协议互操作。

（3）BGMP 基于多播组地址前缀选择一个根域。域的多播组地址前缀的分配可根据 MASC（Multicast Address-Set Claim，多播地址集声言）协议进行。在域的边界路由器之间多播组前缀信息的传播可根据 MBGP（Multiprotocol Extensions for BGP-4，BGP-4 的多协议扩展）协议进行。

3.5.1　BGMP 体系结构

BGMP 把各种域内多播路由协议粘在一起。因此，BGMP 应该是在跨越多个自治系统的情况下使用的多播路由协议。图 3-7 显示的是 BGMP 的体系结构，它由下列成分构成。

（1）域或自治系统。

（2）具有 BGMP 和 M-IGP（Multicast Interior Gateway Protocol，多播内部网关协议）两个成分的边界路由器。M-IGP 成分可以是 DVMRP、CBT、MOSPF、PIM-DM 或 PIM-SM 中的任意一个协议。

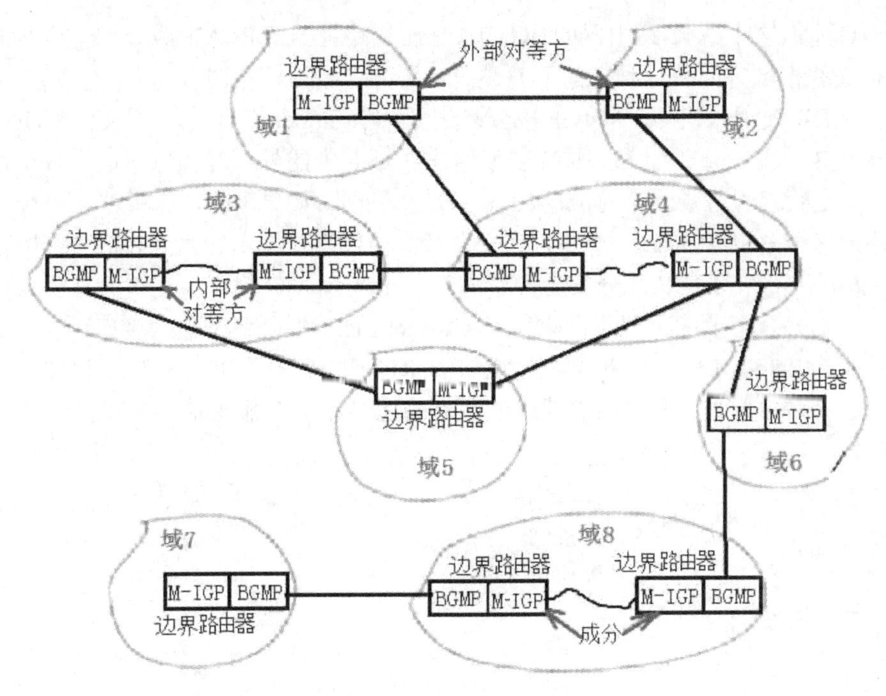

图 3-7　BGMP 体系结构

如果两个邻接的边界路由器属于两个不同的域，那么它们被称作外部对等方。然而，如果两个邻接的边界路由器属于同一个域，那么它们就被称作内部对等方。

3.5.2　BGMP 特征

BGMP 使用根域的概念，这一点在风格上类似于 PIM 中的 RP 和 CBT 中的核，但它是一个交流场所或一个域，而不是单个路由器。如果一个接收方要加入一个组，那么接收方的域的边界路由器生成一个组特有的加入报文，该报文通过边界路由器转发，直到它抵达根域或 BGMP 树中一个已有的枝为止。沿途所有的路由器都建立一个组特有的双向状态，使得随后任何发给该组的多播分组都会被转发到该 BGMP 树上除输入接口以外的所有接口。

BGMP 的一个有趣的特征是允许单向枝链接到双向树。因此，BGMP 继承了 PIM 和 CBT 两个协议的特征。有关 BGMP 的一些具体的细节将在本节的随后部分描述。

1. 建立双向 BGMP 树

BGMP 构建和维护跨越自治系统的双向共享树。它还提供把源特有的枝附接到这个双向共享树的机制。本小节阐述第一部分。

（1）加入（Join）

一个接收方或者发送方使用 IGMP 通知它的 DR 要加入一个组 G。DR 根据对应的 M-IGP 的规则把该加入请求传播到所在域的边界路由器。边界路由器的 M-IGP 成分产生一个

Join-alert(*,G)报文给同一个路由器的BGMP成分。该路由器的BGMP成分把一个BGMP-Join（*，G）报文往根域方向传播到它的下一跳段对等方。例如，在图3-8中，在域7中的接收方2通知它的DR要加入组G，M-IGP成分产生一个Join-alert（*，G）报文给BGMP成分，后者又把一个BGMP-Join（*，G）报文转发给它在域8中的外部对等方。这个下一跳段边界路由器检查它是否已经有了一个对应的（*，G）登记项，如果没有，它就建立一个（*，G）登记项，并把这个BGMP-Join（*，G）报文在域8内往根域方向转发到它的下一跳段邻居，其BGMP成分还给其M-IGP成分发送一个Join-alert（*，G）报文。在边界路由器的路由表中建立的（*，G）登记项在所谓的目标列表（Target List）中既包括输入接口，也包括输出接口。最终，BGMP-Join（*，G）报文到达根域的RP（即所有的BGMP-Join报文都被送往的根域的那个边界路由器），并且沿着通路的所有的边界路由器都建立了对应（*，G）登记项的路由表项。

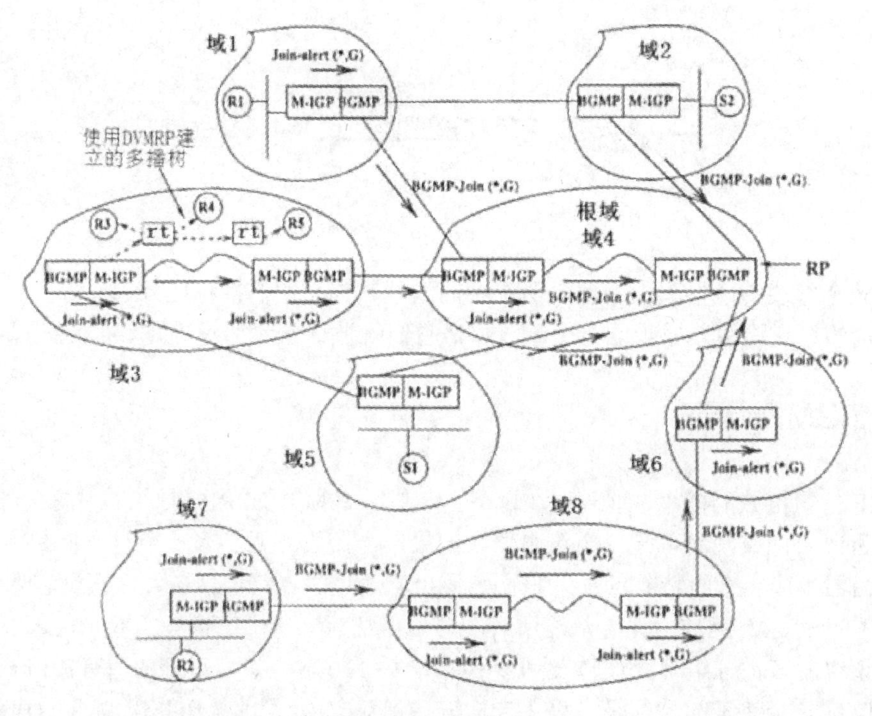

图3-8 BGMP加入

（2）数据流动（Data Flow）

当一个发送方给一个多播组G发送数据时，数据被使用M-IGP多播传送给在域内的组成员和边界路由器。该边界路由器是双向共享BGMP树的一部分，它简单地把分组在目标列表中除了输入接口之外的所有接口上转发。数据分组通过共享树流动，直到它们抵达目标域的边界路由器。在目标域内，分组被使用M-IGP分发。作为示例，在图3-9中，由两个发送方S1（在域5中）和S2（在域2中）产生的数据被使用共享树转发到有接收方的域1、3和7。域6和8被用作到达在域7中的接收方R2的中转域。注意，在域3中，边界路由器1把数据分组隧道传送到边界路由器2，边界路由器2使用DVMRP把分组多播传输到接收方R3、R4

和 R5。当 M-IGP 是 DVMRP 时可能需要使用隧道，因为接收对应一个源 S 的数据分组的边界路由器可能不满足针对那个源的 RPF（反向通路转发）检查条件。

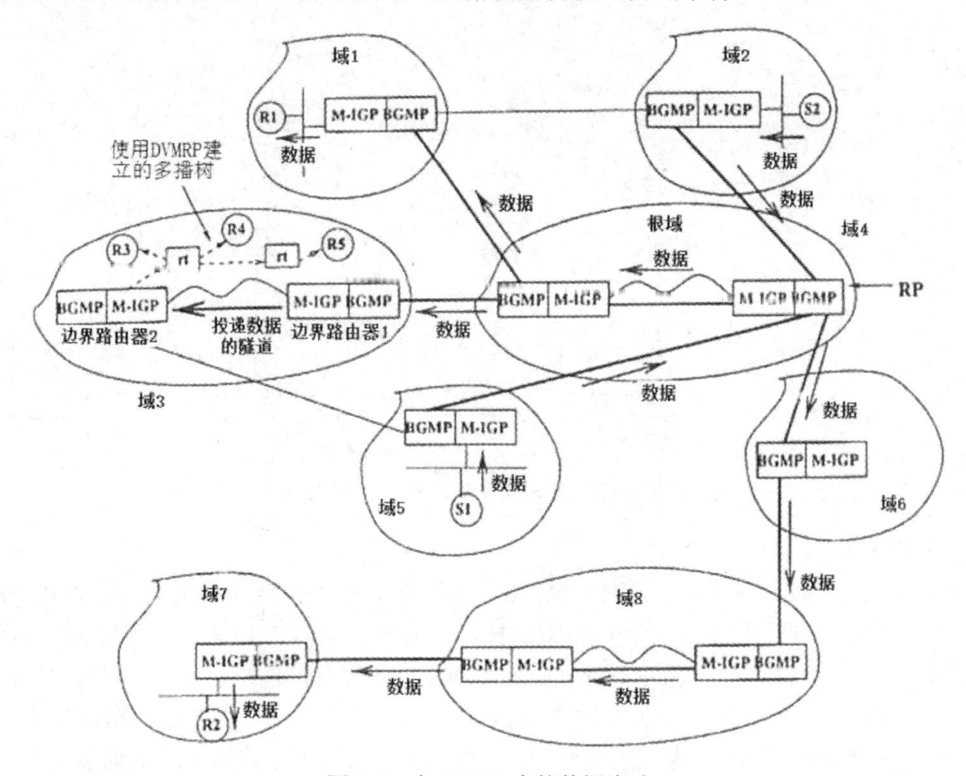

图 3-9 在 BGMP 中的数据流动

2. 附接源特有的枝

BGMP 的实力在于它既能利用 CBT 类双向共享树状态节省的好处，也能发挥 PIM 类源特有的枝的最小延迟的优点。对它所使用的嫁接源特有的枝的技术可描述如下。

（1）源特有的加入（Join）

当一个接收方从一个源通过一个长的共享树接收数据时，它可以建立一个到达源的捷径。具体做法如下。

对应的域的边界路由器向着源 S 的方向给下一跳段路由器发送一个 BGMP-Join（S，G）报文，同时把它的 SPT 位置成伪。这就意味着，该边界路由器将经过一个过渡阶段。下一跳段路由器做同样的事情，直到 BGMP-Join（S，G）报文到达在源 S 的域中的边界路由器。作为示例，在图 3-10 中的域 1 的边界路由器给域 2 的边界路由器发送一个 BGMP-Join（S2，G）报文，而域 3 的边界路由器给域 5 的边界路由器发送一个 BGMP-Join（S1，G）报文。

只是在数据开始使用源特有的枝流动之后，边界路由器才把 SPT 位置 1，并开始发送剪枝报文。注意，BGMP-Prune（S2，G）由在域 1 中的边界路由器发送给在域 4 中的边界路由器，而 BGMP-Prune（S1，G）由在域 3 中的边界路由器 2 发送给在域 3 中的边界路由器 1，后者又把该 BGMP-Prune（S1，G）报文转发给域 4 中的边界路由器。

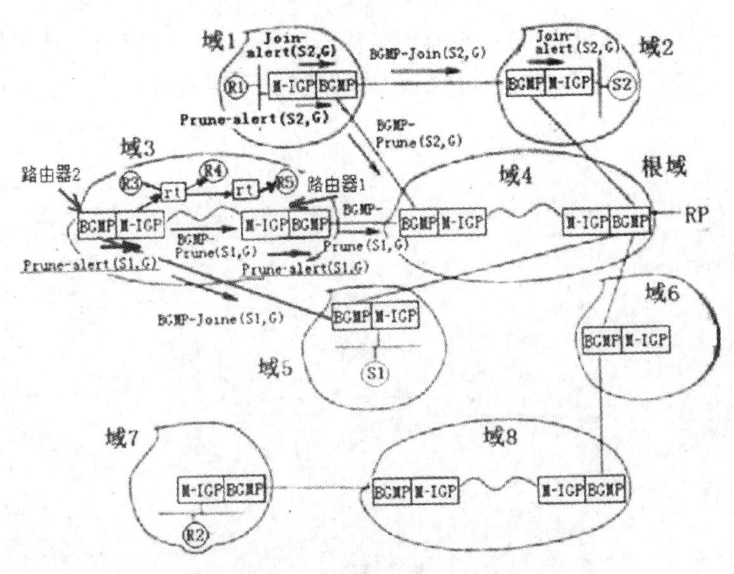

图 3-10　在 BGMP 中源特有的加入

（2）数据流动（Data Flow）

一旦源特有的枝被加到共享的双向树，数据流动开始按照存储在路由器中的新状态进行。作为示例，在图 3-11 中加入了两个源特有的枝，即从域 2 到域 1 和从域 5 到域 3。这样，从源 S2 发往组 G 的数据被使用源特有的枝投递到域 1，同时它也被投递到根域（域 4），以便分发到其他成员，例如在域 7 中的接收方 R2。类似地，来自源 S1 的数据分组被使用一个源特有的枝投递到域 3，同时它也被投递给根域（域 4），以便到达该组中的其他接收方。在一个域内，数据分组根据 M-IGP 规则进行多播传输。

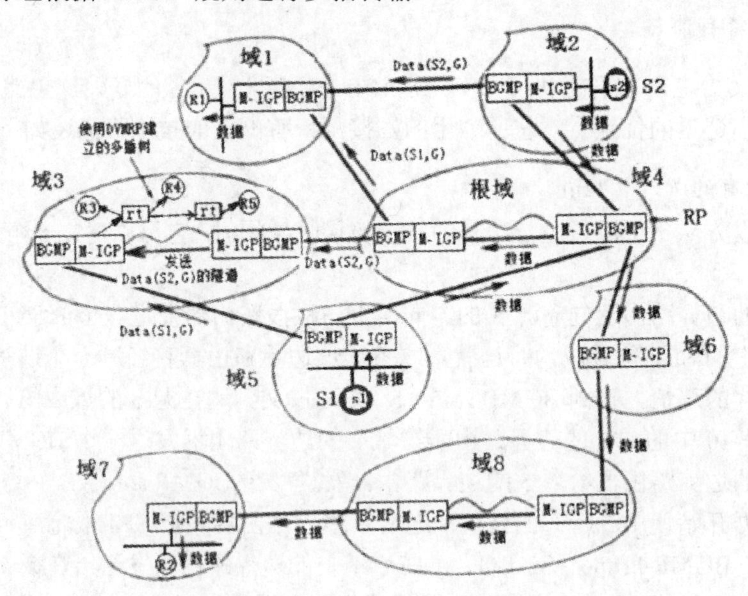

图 3-11　在 BGMP 中使用共享树和源特有的树的数据流动

3.5.3　小结

由于各种原因，已有的多播路由协议不能用于域间多播路由。不是选定一种已有的协议，将其修改成能够在域间环境下运行，而是认为专门为域间多播路由设计一个新的多播路由协议更为合适。这个新的协议就是边界网关多播协议（Border Gateway Multicast Protocol，BGMP），它是一个 CBT 和 PIM-SM 的混合体。BGMP 本身不足以保证域间多播路由选择。它需要借助 MASC（Multicast Address-Set Claim，多播地址集声言）协议把多播组地址分配给各种各样的域，借助 MBGP（Multiprotocol Extensions for BGP-4，BGP-4 的多协议扩展）协议提供跨域传播组地址前缀信息的机制。

第 4 章

多媒体信息的编码和压缩技术

从本章节可以学习到：

- 正文信息编码
- 多媒体文件格式
- 声音编码
- 静止图像编码
- 移动图像编码
- 信息压缩技术

多媒体网络需要存储和传输多媒体对象。在考察多媒体数据是如何传输之前，我们必须懂得这些多媒体对象在数字计算机中是如何表示和存储的。大多数现代计算机都是用数字电子元件建造的，因此，这些计算机中的数据也用数字格式表示。所有多媒体数据最终都表示成二进制数字序列。

随着我们所使用的信息类型从单纯的正文发展到包括图形、声音、动画和视频的多媒体信息，为存储和传输信息所需要的数据容量也在增长。为了能够在网络上传输某些类型的多媒体信息，例如音频和视频，数据压缩几乎是必需的。

在这一章，我们首先说明这些二进制数字是如何被用来表示多媒体信息的，然后介绍几种常用的数据压缩技术。

4.1　正文信息编码

正文信息通常包括字母表的字符以及其他可打印字符（例如标点符号和数字）。设计这些编码的主要动机是为了能在数据通信线路上发送编码信息。这些编码经历了演变过程，每种新编码的设计都克服了早期编码的缺点。

最早的信息交换码是莫尔斯码。莫尔斯码是伴随着电报系统的产生而发明的。后来，该编码经修改后称为国际莫尔斯码。表 4-1 显示的是国际莫尔斯码的一个子集。该莫尔斯码用于手工操作的电报系统。正文中通常出现频率最高的两个字母 E 和 T 分别用单个点和单个划表示。一般说来，与出现频率较低的字符相比，出现频率较高的字符使用较少的点和划，其宗旨是减少典型报文所需的键击时间。不同字符之间的分隔通过给予足够的间隙实现。

表 4-1　国际莫尔斯码的一个子集

A •–	B –•••	C –•–•	D –••	E •
F ••–•	G ––•	H ••••	I ••	J •–––
K –•–	L •–••	M ––	N –•	O –––
P •––•	Q ––•–	R •–•	S •••	T –
U ••–	V •••–	W •––	X –••–	Y –•––
Z ––••				
1 •––––	2 ••–––	3 •••––	4 ••••–	5 •••••
6 –••••	7 ––•••	8 –––••	9 ––––•	0 ––––
. •–•–•– （句号）	, ––••– （逗号）	: –––••• （冒号）	; –•–•–• （分号）	? ••––•• （问号）

在二进制中，点和划可以用 1 和 0 来表示。因此，看起来似乎莫尔斯码可以在现代数字通信系统中使用。但事实并非如此，主要因为莫尔斯码有如下缺点。

（1）在字符之间需要用间隙来划定每个字符的边界，使得它用于现代数字通信时效率很低。

（2）并非所有的字符都用相同数目的位表示，这可能导致把两个相继的字符读成一个字符。例如，E=•，A=•-，EA=• •-，如果在 E 和 A 这两个字符之间没有足够的间隙，它们就可能被错误地当作••-=U 。

ASCII（美国信息交换标准码）是当前最广泛使用的一种信息交换码。它是一种 7 位编码，共有 128 个不同的码值。ASCII 码既包括可打印的字符，也包括不可打印的字符。非打印字符也叫做控制码，用于控制通信过程的各个方面。表 4-2 显示的是 ASCII 编码集。3 个最高有效位（MSB）从最左列到最右列的变化范围是 000~111，4 个最低有效位沿着行从最上行至最下行的变化范围是 0000~1111。从这个表可以查得任意字符的二进制码值。

表 4-2　ASCII 编码集

比特位置 ->	765	765	765	765	765	765	765	765	4321
比特值 ->	000	001	010	011	100	101	110	111	
	NUL	DLE	SP	0	@	P	`	p	0000
	SOH	DC1	!	1	A	Q	a	q	0001
	STX	DC2	"	2	B	R	b	r	0010
	ETX	DC3	#	3	C	S	c	s	0011
	EOT	DC4	$	4	D	T	d	t	0100
	ENQ	NAK	%	5	E	U	e	u	0101
	ACK	SYN	&	6	F	V	f	v	0110
	BEL	ETB	'	7	G	W	g	w	0111
	BS	CAN	(	8	H	X	h	x	1000
	HT	EM	)	9	I	Y	i	y	1001
	LF	SUB	*	:	J	Z	j	z	1010
	VT	ESC	+	;	K	[	k	{	1011
	FF	FS	,	)	L	\	l	|	1100
	CR	GS	-	=	M	]	m	}	1101
	SO	RS	.	>	N	^	n	~	1110
	SI	US	/	?	O	_	o	DEL	1111

ASCII 码也可以写成等效的十进制或十六进制值。作为示例，表 4-3 列出了部分字符的二进制、十进制和十六进制编码值。

表 4-3 一些字符的 ASCII 编码值

字符	二进制码	十进制值	十六进制值
NUL	000 0000	0	00
BEL	000 0111	7	07
SP	010 0000	32	20
A	100 0001	65	41
a	110 0001	97	61
DEL	111 1111	127	7F

在设计 ASCII 码的时候，穿孔纸带在计算机和通信系统中曾被用作存储数据的介质。在纸带上，二进制 1 用一个孔表示，在一个位置上没有孔则表示 0。0000000 被选择表示字符 NUL，1111111 被选择表示字符 DEL（删除）。在穿孔纸带上的一个错误通常是通过在不正确的字符上穿孔 1111111 来将其擦除。

表 4-2 中列出的字符数量比正文所需要得多，其中的许多位模式表示控制字符。下面解

释这些控制字符的含义和用法。

（1）格式控制

BS（退格）——表示打印机械或显示光标回退一个位置的移动。

HT（水平制表）——表示打印机械或显示光标向前移动到下一个预先指定的“制表”或“停止”位置。

LF（换行）——表示打印机械或显示光标移动到下一行开头位置。

VT（垂直制表）——表示打印机械或显示光标移动到下一个预先指定的行。

FF（换页）——表示打印机械或显示光标移动到下一页、表格或屏幕的开头位置。

CR（回车）——表示打印机械或显示光标移动到同一行的开头位置。

（2）传输控制

SOH（头开始）——用以表示可能包含地址或路由信息的头开始。

STX（正文开始）——用以表示正文开始，也表示头结束。

ETX（正文结束）——用以终止以 STX 开始的正文。

EOT（传输结束）——表示可能包括一个或多个带有它们自己头的正文传输结束。

ENQ（询问）——得到远方站响应的请求。它可以是希望一个站标识它自己身份的“WHO ARE YOU”请求。

ACK（确认）——由接收设备发送的用作对发送方肯定应答的字符。它被用作对轮询报文的肯定响应。

NAK（否定回答）——由接收设备发送的用作对发送方做否定应答的字符。它被用作对轮询报文的否定响应。

SYN（同步/空闲）——被一个同步传输系统用以取得同步。当没有数据要发送时，同步传输系统可以连续地发送 SYN 字符。

ETB（传输块结束）——表示用于通信的一个数据块结束。它用于块结构不必跟处理格式相关的数据分块。

（3）信息分隔符

以可选的方式使用的信息分隔符，它们的等级是从包含最多的 FS 到包含最少的 US：FS（文件分隔符）、GS（组分隔符）、RS（记录分隔符）、US（单元分隔符）。

（4）杂类

NUL（空字符）——当没有数据时，该字符用于在时间上填充，或者在磁带上填充空间。

BEL（报警符）——当需要引起人注意时使用。它可以控制报警或引起注意的设备。

SO（移出）——表示后随的编码结合将不按照标准字符集解释，直到一个 SI 字符为止。

SI（移入）——表示后随的编码结合将按照标准字符集解释。

DEL（删除）——用以擦除不想要的字符。

SP（空格）—— 一个非打印字符，用以分隔单词，或者把打印机械或显示光标向前移动一个位置。

DLE（数据链路换码）——将要改变一个或多个相连的后随字符含义的字符。它可以提供辅助控制，或者允许发送由任意位结合的数据字符。

DC1，DC2，DC3，DC4（设备控制）——用以控制辅助设备或特殊终端特征的字符。

CAN（取消）——表示在一个报文或块中该字符前面的数据应该被忽略（通常因为检测到了一个错误）。

EM（介质终止）——表示一个磁带或其他介质的物理结束，或者请求的或使用的介质部分的末尾。

SUB（替换）——替换一个被发现是错误的或无效的字符。

ESC（转义）——用以提供编码扩展的字符，它给予后随的指定数目的相连字符另一种含义。

在 ASCII 编码集中，大写和小写字符之间有着组织有序的关系。从表 4-2 可以看出，如果我们把任一大写字符的 ASCII 编码的第 6 位从 0 变为 1，就可以得到同一字符的小写编码。这一转换也可以通过下列的运算操作完成：

小写编码 = 大写编码 + 32（十进制）

小写编码 = 大写编码 + 20（十六进制）

EBCDIC（扩展的二进制编码的十进制交换码）是一种主要用于 IBM 主计算机的编码。EBCDIC 使用 8 位编码（例如，字母 A 用 1100 0001 表示，字母 I 用 1100 1001 表示，字母 J 用 1101 0001 表示），因此它共有 256 个码值。并非 256 个码值都被使用，已被使用的部分编码值也不连续，而且并非连续顺序的字母都用连续的码值表示。

ASCII 使用了全部的 128 个码值，并且连续地按序分配。因此在 ASCII 码中，有可能对码值执行运算操作。例如，把 R 的码值加 1 就可以得到 S 的编码。由于在 EBCDIC 编码中存在缝隙，不可以对所有的字符都执行这类操作。

4.2 多媒体文件格式

正文和多媒体信息都以文件形式存储在计算机磁盘上。因此，除了信息编码外，在存储和传输这些信息的过程中，文件格式也起着重要的作用。存储和传输多媒体信息的常用格式有富文本格式（RTF）、标记图像文件格式（TIFF）、资源交换文件格式（RIFF）。

4.2.1 富文本格式

普通的正文文件仅包含信息编码，例如 ASCII 码或 EBCDIC 码，而格式化正文文件既包含信息编码，也包含格式化信息。不同的字处理程序使用不同的格式化信息存储技术。这就使得从一个系统到另一个不同系统的数据传送有时变得很困难，甚至不可能。富文本格式的目标就是要弥补不同文件格式之间的缝隙，这些文件格式是由不同的字处理系统和桌面出版系统使用的。富文本格式（RTF）的主要成分包括以下几项。

- 字符集。

- 字体表。
- 颜色表。
- 文档格式（页边距、段落等）。
- 节格式。
- 段落格式。
- 综合格式（脚注、书签、图书等）。
- 字符格式（粗体、斜体、下划线等）。
- 特殊字符：连字符、后斜杠等。

富文本格式的目标是瞄准在不同的字处理系统和桌面出版系统之间交换信息的通用格式。

4.2.2　标记图像文件格式

传统的文件结构使用顺序存储方法。文件开始有一个固定长度的头，包含关于数据格式的信息，接着才是数据。这种顺序存储方法对于小的文件工作得很好。当编辑一个顺序文件时，首先把头和数据都从盘装入主存，修改，然后再存回盘。然而，多媒体文件包含正文、声音、静止图像和活动图像，比简单的正文文件要大得多。而且，只使用单个头和固定长度的域对于修改多媒体对象建立附加的空间变得很困难。这一限制可以通过使用标记图像文件格式（ TIFF）而得以克服。

标记文件结构最重要的性质是借助指针来定位标记，因此，为寻找标记的位置，顺序搜索不再是必要的了。顺序搜索使得多媒体文件的编辑变得很慢。所以，顺序文件不适合存储多媒体信息。

在 TIFF 格式中，标记也被用来存储跟图像有关的信息，例如，设备分辨率、颜色、压缩方案，以及其他诸如日期、时间和捕获该图像的操作员一类的重要信息。

在 TIFF 格式中，用以存储信息的一组字节称作块。标记和块的概念也在资源交换文件格式（RIFF）中使用。

4.2.3　资源交换文件格式

资源交换文件格式（RIFF）为基于 Windows 的应用和其他应用提供封装多媒体文件的方法。一个客户文件格式可以通过将其封装在 RIFF 结构内而被转换成 RIFF 文件格式。

在 RIFF 文件格式中，块（chunk）被用来存储数据块。每个 RIFF 块都有唯一的标志。这个标志是一个 4 字符的 ASCII 串，用作这个块的标识符。在 RIFF 文件中，有各种各样的块类型，包括 RIFF 块、列表块和子块。

- RIFF 块——用以定义 RIFF 文件的内容。
- 列表块——用以存储关于日期、复制权限等信息。
- 子块——用以把信息加到一个主块。

许多编码技术也规定了文件存储格式。例如，JPEG 图像压缩标准不但规定了减少数据量的技术，而且也规定了存储压缩图像的结构。用户在大多数时间里都不必担心文件结构的细节，因为应用程序会自动地处理存储和检索功能。

4.3 声音编码

在多媒体系统中包括声音对象。声音可以是人或计算机产生的话音或音乐。声音由空气压力的变化产生，并且以声波的形式通过空气传播。这些声波被人的耳膜检测到，并被转换成大脑中的声觉。为了能够存储、再现或传送声音，我们需要把声波转换成某种易于操纵的形式。

最早存储声音的手段是爱迪生于 1877 年发明的留声机。他把声波转换成唱针的运动；然后再用唱针在以恒速转动的记录介质上刻出沟纹。沟纹的波形图案包含存储的声音。当唱片以同样恒定的速度转动时，另一个唱针通过沟纹就能把所存储的声音再生出来。唱针的运动被用来产生电信号，再从电信号产生声音信号。在留声机中产生的电波是模拟信号。

用以存储声音的另一个重要技术是磁带。在磁带系统中，首先通过一个称作话筒的转换器把声波转换成电信号，然后使用磁带把模拟的电信号存储为涂在磁带上变化的磁化强度。为重现声音，磁带上变化的磁化强度被转换成电信号，再通过称作扬声器的转换器把电信号转换成声音。

在由贝尔于 1876 年发明的电话系统中，声波首先被转换成模拟信号。这些电信号然后在电导体上传输。在电话线的另一端，电信号又被转换成人耳可以检测到的声波。结果电信号成了在许多存储和传输声波的设备中使用最普遍的能量形式。

4.3.1 模拟声音和信号

最基本的信号波形是正弦波。图 4-1（a）显示的是一个正弦波，信号重复出现相隔的时间长度叫做周期，在一个周期内信号传播的距离称为波长，频率则是周期的倒数。

$$F(\mathrm{Hz})=\frac{1}{T(s)}$$

图 4-1（b）显示的是一个方波，随时间变化的数字信号可以用这样的方波表示。术语波长仅适用于模拟信号，但频率与周期之间的倒数关系对于数字信号依然成立。

有一种称为傅立叶分析的数学技术指出，任何重复出现的波形都可以表示成若干正弦波的和。借助傅立叶分析，图 4-1（b）的方波可以由图 4-1（c）中显示的正弦波合成，主导信号是一个跟方波频率相同的正弦波，还包含许多较高频率的成分。为了处理（即接收、存储、传输或再生）方波信号，处理系统必须能够包含源发信号中所有的频率成分。

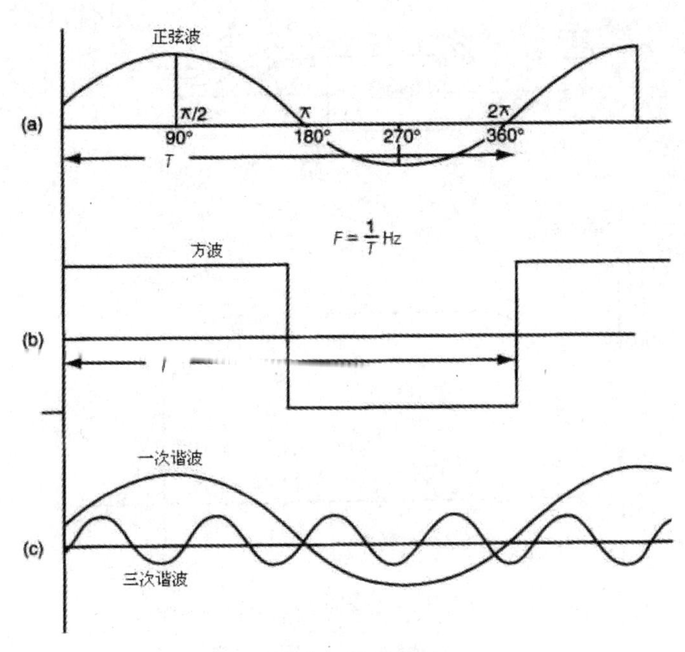

图 4-1　信号波形

（a）正弦波形　（b）方波（c）方波的一次和三次谐波

包含在一个信号中的频率范围叫做带宽。一个信号处理系统可以处理的频率范围也叫做带宽。人的耳朵能够听出 20~20000Hz 范围内的信号。据说在高保真音乐中包含这一范围内的全部频率，因此，高保真系统的所有部件都必须有等于或大于 20kHz 的带宽。然而，对于在通常会话中使用的话音信号，有一个小得多的频率范围就足够了。

人耳的带宽大约 20kHz，但电话系统的带宽通常只有 3kHz。因此，当一个信号在电话线上传送时，高于 3kHz 的频率成分不会到达另一端。你可能已经注意到，我们在电话里听到的声音跟平常的声音不同，这是因为高音调成分被电话系统截止或过滤掉了。一般说来，高带宽系统成本要高一些。在电话系统上限制带宽的主要目的是节省传输成本。

图 4-2（a）表示的是一个信号处理系统的框图。该系统的频率响应如图 4-2（b）所示。输入和输出信号幅度分别是 Si（f）和 So（f）。我们把输出信号的幅度对输入信号幅度的比例 So（f）/Si（f）称作系统在频率 f 的放大系数 a（f）。一个系统的频率响应是该系统的放大系数 a（f）对于频率 f 的曲线图。

对于图 4-2（b）所示的频率响应曲线的形状可以做如下解释：当一个非常低的频率（F_1）的输入信号被输入到信号处理系统时，在输出线路上不产生任何信号；当一个频率为 F_2 的输入信号被输入到系统时，在输出线路上产生一个其幅度仅等于输入幅度 20%的信号；当一个频率为 $F_{c\text{-lower}}$ 的信号输入到系统时，输出线路上信号的幅度等于输入幅度的 50%；对于在频率 F_3、F_4 和 F_5 范围内的信号，输出幅度大于输入幅度的 90%；但是，当输入信号频率增加到 $F_{c\text{-upper}}$ 时，输出幅度又等于输入幅度的 50%。对于高于 F_7 的频率，输出幅度几乎为 0，即系统不允许这些频率的信号通过。

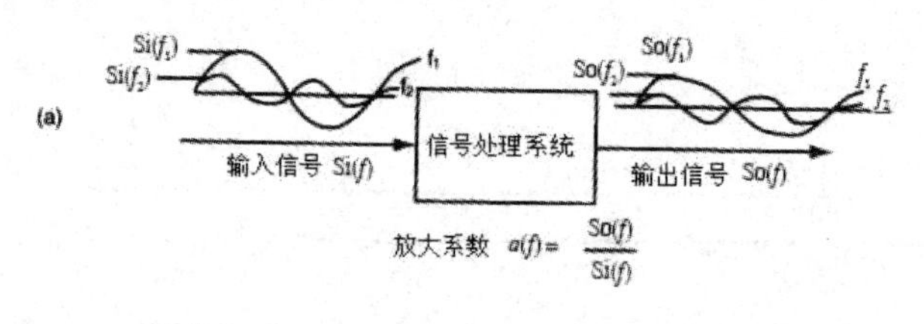

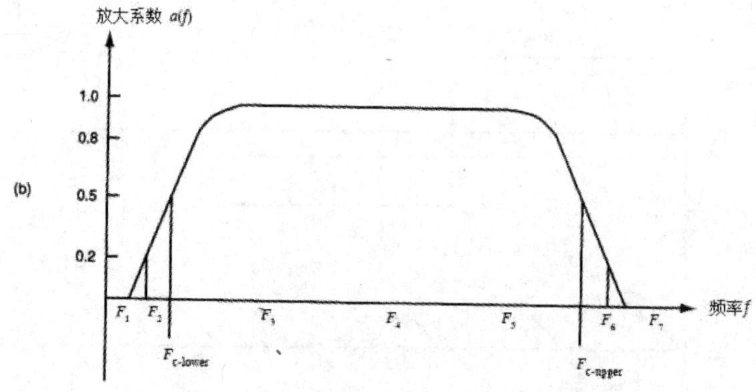

图 4-2　一个信号处理系统的框图和频率响应

（a）系统框图（b）频率响应

在 a（f）= 0.5 时的较低频率值称作低截止频率 $F_{c\text{-}lower}$。使得 a（f）= 0.5 的较高频率值称作高截止频率 $F_{c\text{-}upper}$。系统的带宽（BW）则是这两个截止频率之间的差值，即

$$BW = F_{c\text{-}upper} - F_{c\text{-}low}\ (\text{Hz})$$

放大系数（输出与输入幅度比）可以用对数函数来描述。我们将比率 So（f）/Si（f）取 10 为底的对数乘以 20 所得的积称作该放大系数的分贝值，即：

$$A(f) = 20\log_{10}[So(f)/Si(f)]$$

把放大系数表示成对数函数，其取值范围变得更加易于操作。两个串联系统的结合放大系数可以简单地把两个系统的放大倍数相加得到。例如，如果第一个系统的放大系数是+20dB，第二个系统的放大系数是-20dB（参见表 4-4），那么结合放大系数就等于 0（即无放大）。

表 4-4　用分贝表示的放大系数

比率 S_O（f）/Si（f）	A（f）（dB）
1000	+60
100	+40
10	+20
1	0
1/10	-20
1/100	-40
1/1000	-60

仅允许有限范围频率通过的信号处理系统叫做滤波器。滤波器通常被用来从电子信号中除去不想要的频率成分，主要类型有以下三种。

- 截止高频仅允许低频通过的滤波器称作低通滤波器。
- 仅允许高频通过截止低频的滤波器称作高通滤波器。
- 仅允许一定范围的频率（频带）通过的滤波器称作带通滤波器。

4.3.2　数字声音

为了能够在数字计算机上存储声波，或者在数字通信线路上传送它们，用以表示声波的模拟电子波形必须被转换成数字形式。图 4-3 显示的是把声音转换成数字形式的框图。一个称作模数转换器（ADC）的电子设备被用来把模拟信号转换成数字值。输入到 ADC 的模拟信号结果变成一个二进制代码序列。然后，这些二进制代码被存储在诸如硬盘、软盘、CD-ROM 或数字录音磁带这样的数字存储介质上。

这些数字化信号也可以在数字通信通道上传输。在通信通道的另一端，这些数据可以直接转换成原先的模拟形式，或者存储在某种数字存储介质上。一个数模转换器（DAC）被用来把数字化信号转换成它们原先的模拟形式。

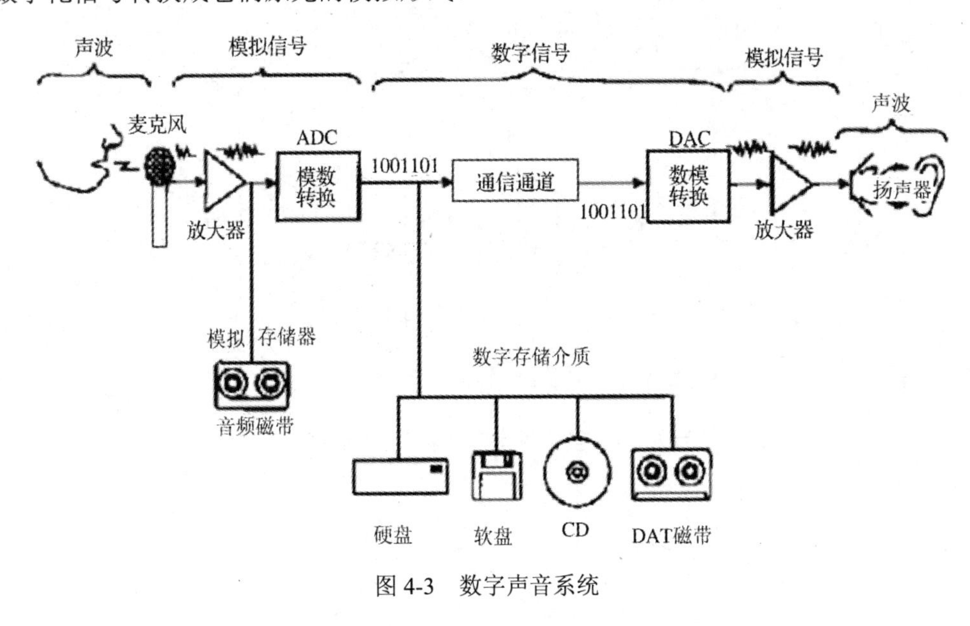

图 4-3　数字声音系统

4.3.3　脉冲编码调制

把模拟信号转换成数字形式的技术称作脉冲编码调制（PCM）。PCM 系统有两个重要的参数：采样速率和采样分辨率。

图 4-4（a）显示的是一个模拟信号。按照傅立叶分析，任何周期信号都可以看成是许多

不同频率信号的结合。向数字形式的转换是通过以规则的间隔时间采样信号而取得的。采样信号的频度由 Nyquist 在 1933 年发现的一个基本信息论原理给出。Nyquist 原理指出，为能精确地再生频率为 f 的信号，该信号必须以大于或等于 $2f$ 的速率采样。如果我们使用 10kHz 的采样速度（参见图 4-4（b）），那么等于或低于 5kHz 的频率成分可以从采样的数据恢复。

模数转换过程的分辨率指的是用以表示模拟信号的不同幅度级别的数目。图 4-4 显示的模数转换过程使用了 8 个幅度级别，因此它有一个 3 位的分辨率。如果一个 ADC 使用 8 位分辨率数字化音频信号，输出值将在-128~+127 范围内，即每个输出采样将被存储为 256 个可能电平中的一个。现在，音频信号可以存储为字节序列（每次采样一个字节）。这样我们就取得了模拟声音信号的数字表示。

为了再现存储的数字声音，必须借助 DAC 再把它转换回模拟形式。DAC 是一个电子系统，它取每个采样值的一字节编码，产生等效的输出电压。这一过程产生如图 4-4（c）所示的阶梯波形。将这种阶梯波形通过一个低通滤波器就可以产生一个如图 4-4（d）那样的接近原始波形的输出。低通滤波器必须设计成能够通过组成原始信号的较低频率，并且切除由数字化波形的阶梯特性所引入的频率成分。根据傅立叶分析，诸如在阶梯波形中出现的那样的信号幅度突变会导致非常高的频率成分。

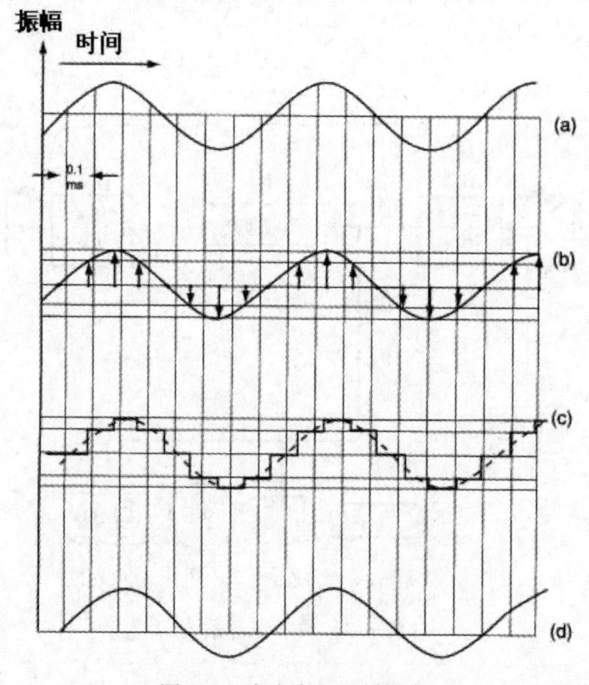

图 4-4　脉冲编码调制技术

位速率是一个应用或系统每秒处理的位数目。对于模拟系统，带宽通常以赫兹（Hz）表示；但在数字系统中，带宽被表示成位速率。

现在我们就来看一看数字音频所需要的位速率（或带宽）。采样速率和采样分辨率的值确定所需要的带宽。这些参数的选择则跟应用和所需的再现声音质量有关。一般说来，好的音质需要高的带宽。音频 CD 使用 44.1kHz 的采样速率、16 位分辨率和两个通道存储立体声，所需要的位速率是 16×44 100×2 = 1 411 200（bps），即 1.4Mbps。而对于电话，我们不需要这样高的音质，特别是高质量的数字化声音会导致对高传输速率的需求；通常认为 8kHz 的采样速率和 7 位的分辨率对于电话系统就足够了。因此，电话所需要的位速率是 7×8 000×1 = 56 000（bps），即 56kbps。可以看出，CD 所需要的位速率与电话所需要的位速率差别很大，前者是后者的 25 倍。

当模拟信号被转换成数字信号时，我们就说该信号被量化了。转换过程本身决定了数字化信号仅是原先模拟信号的近似表示。在每一次采样中可以引入的最大误差等于一个阶长。在模数转换过程的数字输出中，所引入的一个量化阶长的误差被称为量化误差或量化噪声。如果用 b 表示每次采样的比特数，那么量化电平级的数目为 $Q = 2^b$。如果 s 表示最大信号电平，那么量化误差 $q = s / Q = s / 2^b$。

信噪比（SNR）给出了系统中信号对于噪声的相对幅度。SNR 通常表示为分贝值。假定 S 和 N 分别是信号与噪声的强度，则信噪比

$$\mathrm{SNR} = 20\log_{10}(S/N)\ \mathrm{dB}$$

在数字化信号中由于转换过程所引入的噪声就是量化噪声，即

$$N = q = s / 2^b$$

所以

$$\mathrm{SNR} = 20\log_{10}(2^b) = 20b\log_{10}2 = 6b\ (\mathrm{dB})$$

4.4　静止图像编码

为了对图像进行数字化存储和操作，就必须把它转换成可以表示为二进制代码序列的格式。在图像的二进制表示方面有两种主要技术：向量图形和光栅扫描。这些技术使得使用阴极射线管（CRT）作为计算机的显示设备成为可能。CRT 技术是为电视开发的，到了 20 世纪 60 年代已经是一项成熟的技术，并开始用作计算机的显示系统。

4.4.1　向量图形

最初使用 CRT 作为显示系统的尝试是基于向量图形技术。在向量图形技术中，每一个图像都被表示成线条向量的集合。如图 4-5 所示，除了直线向量，也使用弧和其他类型的曲线。现在，向量图形虽然已不再是主导技术，但是仍然用于许多计算机图形应用。对于某些应用，例如制图，向量图形是实际可取的技术。向量在计算机中可以表示成数字的一个集合。这些数字指定诸如起点坐标、方向、长度以及线条的粗细。

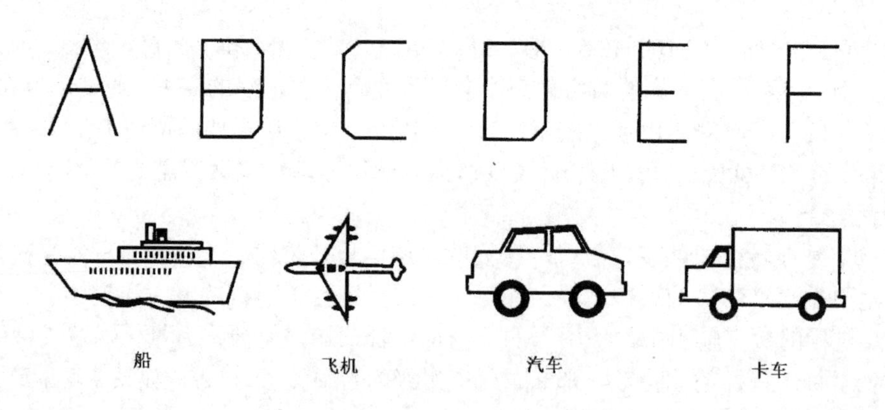

图 4-5　简单的向量图示例

4.4.2　光栅扫描

在基于光栅扫描的系统中，图像按照从左上角到右下角的顺序依次扫描。图像被划分成许多条水平线。在模拟光栅扫描方法中，当从左向右扫描时，每条线的强度连续变化。在 TV 照相机和显示系统中就采用这种模拟光栅扫描方法。

在数字光栅扫描方法中，每条水平线被划分成一系列的点（参见图 4-6）。我们把图像的每个点都叫做像素。在诸如监视器、打印机和扫描仪等计算机外部设备中，这种光栅扫描技术被广泛地用来进行图像的捕获和再生。

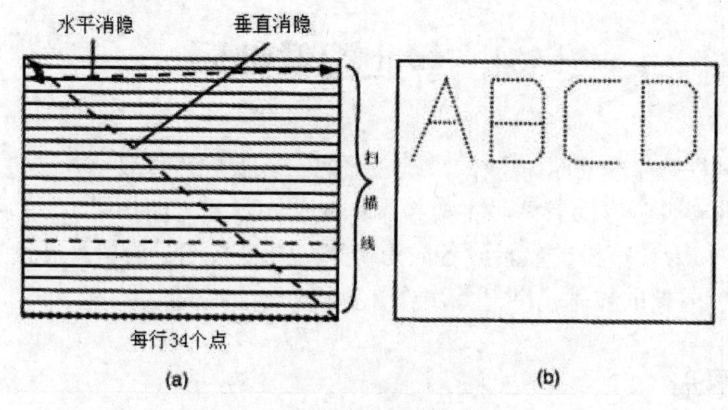

图 4-6　光栅扫描

一幅数字光栅扫描图像基本上是 $p \times s$ 像素矩阵，其中 p 是每个扫描行像素的数目，s 是水平扫描线的数目。s 和 p 的值决定图像清晰的程度。对图像清晰度的另一种度量是每英寸点的数目（dpi）。dpi 值经常用来描述打印机、传真和扫描仪的图像质量。具有 300~600dpi 分辨率的激光打印机用来打印质量好的文档。显示系统的分辨率在 100~250dpi 范围内。大多数扫描仪提供从 400~600dpi 范围的分辨率。

表示一幅光栅扫描图像最简单的方法是给每个像素分配 1 比特。如果像素的比特值是 1，则表明该像素在图像中存在；如果像素的比特值是 0，则表明该像素是空白。这种简单的二进制表示最常用于简单的正文显示屏面和点阵打印机。该类图像表示只能产生单色图像。如果每个像素可以有许多灰度色调，那么就可以产生灰度级图像。可提供的灰度色调范围取决于分配给强度值的比特数目。例如，如果每个像素的强度用 8 比特表示，那么它可以有 256 个灰度色调。彩色图像可以通过结合三种主要颜色（红、绿和蓝）的图像产生。对于彩色图像，像素强度值被替换为像素颜色值。8 比特的颜色值可以具有 3 个主要颜色的 256 个不同的色调。

4.4.3　彩色模型

人的视觉是通过 380~780nm 范围内波长的辐射才得以感知的。下面列出的是彩虹中主要颜色的波长范围：

紫外线——小于 380nm　　紫——380~450nm
蓝——450~490nm　　绿——490~560nm
黄——560~590nm　　橙——590~630nm
红——630~780nm　　红外线——大于 780nm

当光（在可见光谱中的辐射）照在物体上，被反射，然后被眼睛检测到的时候，我们就能够看见物体，并且感觉到它有某种颜色。不同波长的辐射产生不同颜色的感觉。当包含所有可见颜色的白光落在一个物体上的时候，被该物体反射的特别颜色就被认为是它的颜色。自然界出现的颜色由多个频率的辐射组成。每种颜色辐射都可以用亮度、色调和纯度三种性质描述。

亮度表示辐射的强弱。同一种颜色的不同色调由不同波长的辐射产生。当一种颜色被混合进较多的白光时，就认为它具有较低的纯度。例如，粉红色是通过把白色掺进红色产生的，它的纯度就比单纯的红色低。

把两种基本颜色加在一起或者减少颜色都可以产生新的颜色。例如，我们把红和绿混合在一起就得到黄色，把黄和品红混合则产生红色。因为黄色吸收蓝色辐射，品红色吸收绿色辐射，所以把黄和品红混合在一起后仅反射红光频率。

人的眼睛并非对所有的颜色都同样敏感。它对波长 575nm 的黄色最敏感，而对波长 630~780nm 的红色辐射和波长 380~450nm 的蓝色辐射的敏感程度就要比对黄色辐射的敏感程度低得多。而且，人的眼睛对图像亮度变化的反应比对颜色变化的反应要强烈得多。图像压缩往往要利用这两个因素，通过丢弃对视觉无关紧要的颜色成分来减少存储或传输的数据量。

彩色图像可以用 RGB（红绿蓝）模型表示，也可以用其他模型表示。RGB 模型最早是为电视图像的捕获和显示系统开发的。由于计算机监视技术借用了电视技术的知识，RGB 模型也渗透进了计算机显示领域。RGB 模型归类于加法模型，因为最后的图像是由红绿蓝 3 个成分的强度值相加产生的。

色度模型使用一个参数定义像素的亮度；两个其他参数被用来定义像素的颜色。一个像素的彩色成分也叫做色度。把这两个色度成分相加得到最后的颜色值。因此该模型也归类于加法模型。

CMYK 模型使用青、品红、黄和黑（Cyan，Magenta，Yellow and blacK）表示图像。它

是一个减法模型，涉及两个主要颜色成分的减法操作，适用于印刷和桌面出版系统。

在YUV模型中，Y代表亮度成分，U和V则是两个色度成分。Y成分等效于单色图像中的强度。两个色度成分携带颜色信息。CCIR 601标准定义了如何从RGB值导出Y、U和V成分：

亮度 $Y = 0.299R + 0.587G + 0.114B$

色度 $U = 0.596R - 0.247G - 0.322B$

色度 $V = 0.211R - 0.523G + 0.312B$

如果YUV成分的值已知，那么，RGB成分的值可以通过下列公式计算：

颜色成分 $R = 1.0Y + 0.956U + 0.621V$

颜色成分 $G = 1.0Y - 0.272U - 0.647V$

颜色成分 $B = 1.0Y - 1.061U - 1.703V$

从RGB到YUV的变换以及相反的变换是经常用到的，因为在照相机和CRT（阴极射线管）中，图像被分解成RGB成分，而在图像处理和传输的过程中使用YUV信号。

另一种称作YC_bC_r的模型广泛用于诸如图像压缩这样的图像处理操作中。Y的值跟在YUV模型中一样。C_b和C_r的值被限制在[0，1]范围内。C_b和C_r的值可以从U和V使用下列公式求得：

$$C_b = U/2 + 0.5$$

$$C_r = V/1.6 + 0.5$$

4.4.4 图像分辨率和点距

图像分辨率指的是显示细节的能力，分辨率越高，显示图像越精细。在光栅扫描图像中，分辨率$p \times s$意味着每个扫描行有p个像素，在图像中有s个扫描行。因此，具有1 024×768分辨率的SVGA显示器每个扫描行有1 024个点，屏面上共有768个水平扫描线。

基于CRT的彩色监视器使用红绿蓝荧光的点。这些点之间的距离称作点距。为了在CRT屏面上得到尽可能好的图像，点距和分辨率必须紧密地匹配。作为例子，下面给出对于SVGA图像格式的14英寸屏面图像质量和17英寸屏面质量的比较。

（1）14″监视器具有9.875″×7.125″的屏面

- 要求的水平点距 = 9.875 / 1024 = 0.009643″ ≈ 0.24 mm
- 要求的垂直点距 = 7.125 / 768 = 0.0092773″ ≈ 0.24 mm
- 14″监视器所实现的点距是0.28~0.30mm，因此当SVGA在14″屏面上显示时，将失去其精确性和质量。

（2）17″监视器具有12.901″×9.675″的屏面

- 要求的水平点距 = 12.901 / 1024 = 0.01259″ ≈ 0.32 mm
- 要求的垂直点距 = 9.675 / 768 = 0.01259″ ≈ 0.32 mm
- 大部分17″监视器所实现的点距是0.28~0.30mm，满足0.32mm的点距需求。因此SVGA在17″屏面上显示有好的显示效果。

4.5　移动图像编码

在早期的移动图像中，照相胶片就被用来记录和投影移动图像。今天的商业电影仍然使用照相胶片技术，这是因为它给出了最好的图像质量。当代多媒体技术的发展目标是用数字计算机产生高质量的移动图像。

移动图像可以用静止图像的序列表示。因此，前面描述的许多概念也适用于移动图像的编码方案。首先，我们还是介绍一些有关移动图像的基础知识。

4.5.1　视觉暂留

视觉暂留是人眼的一个性质，它允许通过结合静止图像建立移动图像的幻觉。投射到人眼的任何图像都要持续 40~50ms 的时间。眼睛的这一性质就叫做视觉暂留。因此，如果一系列描绘移动的进展阶段的静止图像以每秒 20~30 帧的速率投射到人的眼睛上，那么，眼睛就会把整个图像感觉成是连续移动的图像。当接近帧率的高端，比如说，每秒 30 帧的时候，图像看起来会非常光滑和稳定。但是，当帧率降低时，图像会变得越来越不稳定，跳动增多，特别是在低于每秒 15 帧的时候。

4.5.2　模拟视频图像

电视（TV）和盒式磁带录像机（VCR）把移动图像带进了家庭用户。如图 4-7 所示，TV 技术包括把移动图像转换成电信号，以无线电波的形式传输它们，再在 CRT 上把无线电波恢复成图像。图像以光栅扫描的形式被捕获和再生。不管是在发送端还是在接收端，都可以使用诸如 VCR 这样的磁带录像机来存储这种图像。

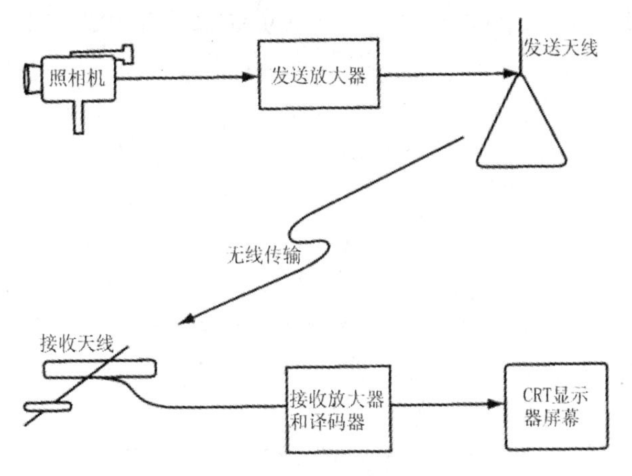

图 4-7　模拟电视和视频图像系统

CRT 的内面涂有称作磷光体的荧光材料，一个电子枪被用来把电子束射击到磷光体上。

当被电子束打击时，磷光体的一个点发光。在CRT屏面上产生的像点在电子束关闭后仍能持续 15~20ms。我们把这种现象称作显示余辉。发出的光强度取决于电子束的强度。当电子束以光栅扫描方式扫描屏面时，通过把电子束的强度调制成跟捕获的图像的强度成正比，从而在 CRT 的表面产生图像。

当从左向右扫描时，电子束是开通的，并且其强度被调制。在它从一行的右边快速回到下一行的左边期间，电子束被关断。从右边往左边的移动要比从左边往右边的移动快得多。人们把电子束从右向左移动的期间叫做水平消隐期。当电子束抵达一帧的底部一行右端时，它被关断，并返回到左上角开启一个新帧。电子束从右下角向左上角的对角线移动的期间叫做垂直消隐期。在图 4-6（a）中，水平和垂直消隐期被表示成虚线。

充满图像的每一个屏面都叫做一个帧。移动图像是通过以足够快的速率显示连续的帧建立起来的，由于视觉暂留，连续的帧在眼睛上产生的图像互相重叠。帧速率是在 1s 内显示的帧的数目。帧速率的选择取决于两个主要因素：人眼睛的视觉暂留和CRT磷光体的显示余辉。

利用视觉余辉需要每秒25~30帧的速率才能得到平滑的图像。利用CRT磷光体产生的余辉则需要每秒50~60帧的速率才能达到较好的图像效果。低的帧速率会引起图像闪烁，但是，每秒50~60帧的速率又会导致比较高的带宽需求。

一种称为隔行扫描的技术被用来在不增加带宽需求的条件下提供无闪烁的图像。每个图像帧都划分成两个场，它们由交替的水平行组成。偶数场（半帧）由所有的偶数号水平扫描行组成。奇数场由所有的奇数号水平扫描行组成。以每秒 25 帧的电视图像为例，每 40ms 刷新一次。先考虑不做隔行扫描的情况。假定在 t = 0ms 时开始扫描屏面，然后等待将会在 t = 40ms时发生的下一次刷新扫描。由于显示屏磷光体的余辉仅持续20ms，因此屏面将在t = 20ms时消隐。它将在 t = 40ms、t = 80ms 等时候再次被扫描。这将使得屏面看起来是闪烁的。避免这种闪烁的一种方法是每 20ms 刷新一次屏面，但这会使对传输系统的带宽需求增加一倍。如果使用隔行扫描，每一帧被分为两个场。比如说，奇数场在 t = 0ms 时扫描，偶数场在 t = 20ms时扫描。奇数场将在 t = 40ms 时再次扫描，等等。虽然每个帧要隔 40ms 才完全更新一次，但是两个场中有一个场每 20ms 就更新一次。这样在屏面上就减少了闪烁，因为当奇数场的行消隐时，偶数场就亮起来了，反之亦然。这样做的结果就是在不用加倍带宽需求的情况下免除了闪烁。

每秒 25 帧或 30 帧的选择取决于所使用的电源频率。现今世界上使用的频率主要有两种，即 50Hz 和 60Hz。电视标准使用这两个值作为场刷新的速率。

另外，在电视 TV 传输标准中，水平分辨率是指在显示屏上产生的不同的垂直的列数目。垂直分辨率是指在一帧中水平扫描行数目。特征比是显示的宽对高的比率。在模拟 TV 标准中使用的特征比是 4:3。隔行扫描比是帧速率对场速率的比率。所有的 TV 标准都使用 2:1 的隔行扫描。

在 TV 传输系统中，移动图像被转换成电子信号。VCR 提供了把 TV 信号存储在磁带上并可以回放磁带再现图像的一种途径。在电视传输中使用的视频信号有 3 个主要相关标准：NTSC、SECAM 和 PAL。

NTSC（国家电视标准委员会）标准是为在西半球的 TV 广播研制的，包括美国、加拿大、日本和韩国，但不包括阿根廷、巴西、巴拉圭和乌拉圭。NTSC 标准使用正交幅度调制，规定每帧 525 行，每秒 30 帧。由于偶数和奇数扫描行互相交织，1s 扫描 60 场。

SECAM（SEquential Couleur Avec Memoire）是用于法国和东欧的标准。跟 NTSC 和 PAL 不同，SECAM 是基于频率调制。它们用 25Hz 的移动频率，每帧 625 行。

PAL（Phase Alternate Line）标准用于西欧（法国除外）、联合王国（U.K.）、南美、澳大利亚和部分亚洲国家。PAL 标准使用正交幅度调制，规定每帧 625 行，每秒 25 帧。

视频录像标准有 VHS、BETA、VIDEO-8 和 S-Video。这些标准在磁带宽度、信号隔离和磁带速度等方面互相不同。但在任何情况下，从一个 VCR 输出的信号都遵从一种 TV 标准。

4.5.3　数字视频图像

模拟电视和录像系统已经有五十多年的历史了，并且还在被广泛地使用着。但是，随着数字技术的进步，人们开始考虑数字 TV 和视频图像系统。由摄像机捕获的原始图像总是一个模拟实体。因此，这种模拟图像必须借助模数转换器（ADC）转换成数字格式。然后，这种数字图像可以作为数字数据进行存储、处理和传输。模数转换过程可以在外接设备中进行，也可以在照相机内部或计算机内部执行。

图 4-8 是一个外接 ADC 系统的例子。视频信号被一台模拟摄像机捕获，使用外接 ADC 转换成数字形式，然后通过通信接口传送。在接收端，一个数模转换器（DAC）又把数字编码的信号转换成模拟视频信号。

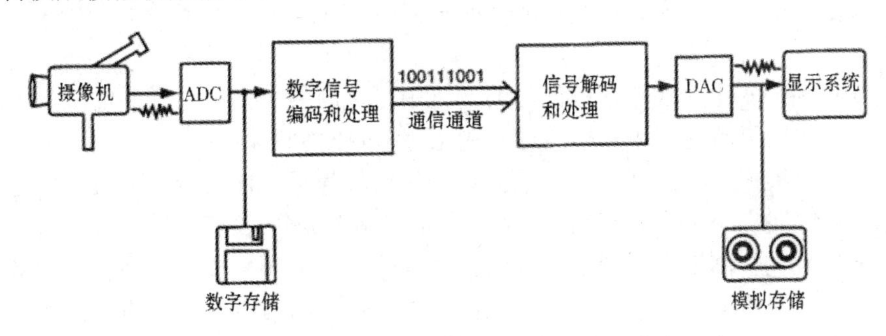

图 4-8　使用外接 ADC 的数字视频系统

在如图 4-9 所示的端到端的数字视频处理系统中，一个数字摄像机被用来捕获图像。数字摄像机使用电荷耦合器件（CCD）阵列捕获图像，并使用内建的 ADC 把信号转换成数字格式。这种数字图像可以存储在磁盘上，或者通过一个接口电路传送到一台计算机。该系统主要用于捕获和存储静态图像。

图 4-10 显示的是一个基于视频帧抓取卡的系统，在计算机的母板上插了一块视频帧抓取卡。该视频帧抓取卡的一个主要功能就是取得来自模拟视频摄像机的模拟视频信号，并借助 ADC 把它转换成数字形式。被转换成数字形式后，每个帧首先存储在抓取卡的帧缓冲区中，然后再被存放到主存储器或磁盘的帧缓冲区中；主存储器和磁盘可以存储许多帧。为了在计算机屏面上给出生动的图像，必须给监视器提供连续的帧流。

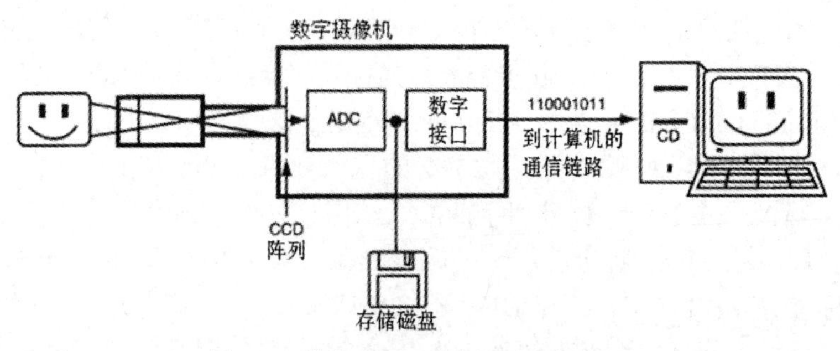

图 4-9　带有内建 ADC 的数字摄像机

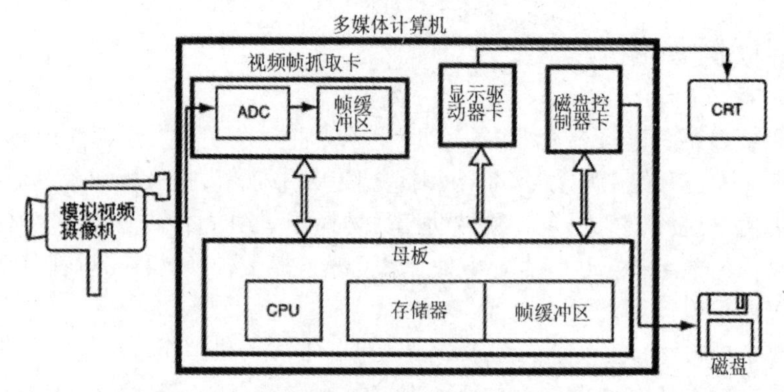

图 4-10　把模拟视频摄像机连接到视频帧抓取卡

为了能够以最小的信息损失执行转换，ADC 必须具有适当采样速率、分辨率、线性度和转换速度。

图像亮度和颜色变化反映在视频信号的变化中。逐渐的变化产生低频信号，快速变化产生高频信号。人们把图像亮度和颜色信号的变化速率叫做空间频率。

采样速率可以根据采样定理确定。采样定理指出，为了采样信号且不丢失信息，采样必须以 Nyquist 频率进行，该频率等于信号中最高空间频率成分（包括谐波）的两倍。

如果一个信号包含高于采样频率一半的谐波成分，这些频率会在采样过程中被消除。被消除的频率（非原始信号成分）是在再现的输出中不想要的信号。由低的采样速率（不足采样）在输出中所引入的不希望有的频率叫做假信号。为了避免假信号，采样速率必须足够高。假信号会在输出图像中引起模糊性。作为例子，下面列出以 25Hz 速率刷新的 SVGA（1024×768）显示屏面所需要的采样速率。

- SVGA 有一个 1024×768 的屏面，刷新速率 25Hz。
- 为每一帧提供的时间 = 1/25s = 40ms。
- 为每一行提供的时间 = 40/768ms = 52.083μs。
- 为每一个像素所提供的时间 = 52.083/1024μs = 0.05086μs。
- 所需要的采样速率 = 1/0.05086Hz = 19.66MHz ≈ 20 MHz。

数字化过程的分辨率是表示像素值所使用的位数的函数。8 位分辨率对于单色图像意味着 256 种灰度，对于彩色图像则意味着 256 种颜色。16 位分辨率给出 64 000 种颜色，24 位分辨率给出 16.7×10^6 种颜色。

ADC 的线性意味着模拟值和它的数字表示之间的关系是线性（直线）的。在执行数模转换重构图像时，ADC 的失配或非线性函数会导致颜色改变。

转换速度是 ADC 把单个模拟值转换成它的数字等效值所花的时间。该时间取决于构建 ADC 所使用的电子硬件的速度。转换速度必须高于采样速度，否则会丢失一些信息。

4.5.4　动画图像

移动图像可以取自真实的世界，也可以通过使用动画技术建立。动画是通过以每秒 15~20 帧的速率放映手工描绘或计算机产生的图像建立移动图像的过程。

从移动图像的早期开始，动画技术就一直被用来产生卡通片。传统的动画制作方法需要一个动画艺术家手工画出连续的帧。近来，动画制作的工作大部分都交给计算机来做。动画艺术家仍然是需要的，但现在艺术家是使用多媒体计算机来产生动画帧。

简单的动画可以通过仅仅以循环的方式在几个帧之间交换显示产生。这种简单动画的例子包括当计算机忙于完成一项操作时显示在计算机屏面上的沙漏。

增量帧动画技术通过对相继帧做小的改变来产生新的画面，而不是重画每一帧。该技术可以减少对存储器的需求，并且增加了操作速度。

4.5.5　高清晰度电视

为传送比模拟电视质量更高的画面而设计的电视系统叫高清晰度电视（HDTV）。HDTV 标准是基于信号的数字编码。因此，除了改善画面质量外，HDTV 系统还提供数字信号处理所具有的所有优越性。

数字画面可以采用两种类型的编码方案：组合编码和成分编码。

在组合编码中，组合的视频信号被转换成数字形式。组合编码的 TV 信号存在下列问题。

- 在亮度和颜色信号之间存在交叉干扰。
- 编码的信号依赖于标准。
- 尽管亮度更重要，但亮度和颜色采用同样的采样速率和分辨率。

在成分编码中，对各种图像成分分别进行编码。现在就有可能以 13.5MHz 速率采样亮度信号，而以 6.75MHz 速率采样颜色信号（R-Y，B-Y）；采样值被量化成 8 位分辨率。

有三种 HDTV 标准，分别用于美国、欧洲和日本。表 4-5 列出了这些标准的显示特征。HDTV 标准使用顺次的（非隔行扫描的）屏面编码，这就避免了在模拟电视标准中由隔行显示所产生的闪烁。

表 4-5　HDTV 标准的重要参数

HDTV 标准	总行数	活动行数	垂直分辨率	水平分辨率	特征比率	通道带宽
在美国	1050	960	675	600	16:9	9.0MHz
在欧洲	1250	1000	700	700	16:9	12.0MHz
在日本	1125	1080	540	600	16:9	30.0MHz

还有另外两个增强 TV 画面的标准：IDTV 和 D2-MAC。IDTV（改善分辨率的电视）标准试图使用 1050 行代替 525 行来改善 NTSC 图像的画面质量。它被用作从当前的 NTSC 传输向 HDTV 画面传输过渡的标准。D2-MAC（双倍复用的模拟成分）标准被设计成从当前的欧洲模拟标准向 HDTV 标准过渡的中间标准。

总之，HDTV 标准每帧所使用的水平行和垂直列的数目差不多是标准 TV 系统的两倍。增加了的画面分辨率导致总的带宽等于在普通彩色 TV 系统中所使用带宽的 5 倍。

4.6　信息压缩技术

对于一组给定的多媒体信息对象，数据压缩的目的是减少必须存储或传输的数据量。为了能够在网络上传输某些类型的多媒体信息，例如音频和视频，数据压缩几乎是必需的。

随着我们所使用的信息类型从单纯的正文发展到包括图形、声音、动画和视频的多媒体信息，为存储和传输信息所需要的数据容量也在增长。表 4-6 列出了不同类型多媒体对象所需要的数据量相对大小。

表 4-6　不同类型的多媒体信息的数据量大小

信息	编码	大小和带宽
正文	ASCII/EBCDIC	2kB（千字节）/页
图形	位映射图形，静态图片，传真	64kB/图像（黑白），7.5MB/图像（彩色）
音频	单路输音 8 位，每秒 8kHz 采样 16 位立体声，每秒 44.1kHz 采样	64kbps 1.4Mbps
动画	图像，每帧 640×329 像素，每个像素 16 位，每秒 16 帧	6.7MBps
视频	数字图像，每帧 640×560 像素，每个像素 24 位，每秒 30 帧	32MBps

在现今的网络条件下，某些应用程序往往需要以定时方式发送比网络所能够支持的带宽还要多的数据。例如，一个视频应用可能有一个 10Mbps 的视频流要发送，而它却仅有一个 1Mbps 的网络接口速率。因此，它首先必须在发送方压缩数据，然后在网络上传送，最后在接收方做解压缩工作。

在许多方面，压缩都是与数据编码紧密相关的。比如说，你要以一串位的形式编码一块数据，那么你总是希望位的个数尽可能地少。假定你要传送的数据块仅由 A 到 Z 这 26 个字母元素构成，如果这 26 个元素符号在数据块中出现的频率相同，你就可以用 5 位编码每一个符号，因为 2^5=32 是大于 26 的 2 的最低幂。然而，当符号 R 出现的概率是 50%的时候，使用较少的位（与其他符号相比）编码符号 R 就是一个好的办法。一般说来，如果你知道每个符号在数据中出现的相对概率，那么你就可以为每个可能的符号分配不同的位数。实际上，这就是 Huffman 编码（在早期的数据压缩中所采用的重要形式之一）的基本思想。

压缩算法可以划分为两个类别。第一类是无损压缩，它保证从压缩/解压缩过程恢复的数据和原先的数据完全一样。无损压缩算法用以压缩诸如可执行代码、正文文件、数字数据这样的文件数据，因为处理这些文件数据的程序不能允许数据中有错。相反，有损压缩不承诺接收到的数据和发送的数据完全相同。这是因为，有损压缩丢失了一些信息，而在接收方也不可能恢复这些丢失了的信息。有损算法用以压缩静态图像、视频和音频信息。这些数据通常包含比人的眼睛或耳朵所能感受到的还要多的信息，尽管压缩过程产生错误或不完整性，但人的大脑可以对其进行补偿。另外，在典型情况下，有损算法可以取得比无损算法更好的压缩率。

乍看起来，数据在发送之前先做压缩总是一个好办法，因为网络对压缩数据的投递所花的时间比非压缩数据少。然而实际情况未必如此。压缩/解压缩算法通常会引入耗时的计算。所以，压缩和解压缩的工作是否值得去做取决于主机的处理器速度和网络带宽这类因素。特别是，如果 B_c 是数据可以通过压缩和解压缩过程（串行）的平均带宽，B_n 是对于非压缩数据的网络带宽（包括网络处理代价），r 是平均压缩率，并假定所有数据在发送之前都被压缩，那么发送 x 字节的非压缩数据所花的时间等于 x/B_n，而压缩数据并发送压缩后的数据的时间等于 $x/B_c + x/（rB_n）$。因此，如果 $x/B_c + x/（rB_n）< x/B_n$，即 $B_c > r（r\text{-}1）\times B_n$，那么压缩是有意义的。例如，压缩率等于 2，为了使得压缩有意义，必须让 B_c 大于 $2\times B_n$。

对于许多压缩算法，我们不必等到把整个数据集合压缩完再开始发送（如果那样做，视频会议就不可能实施），而是需要先收集某个数量的数据（也许是几个视频帧）。在这种情况下，需要“填满管道”的数据量就可以用作上述方程中 x 的值。

当然，就有损压缩而言，处理资源不是唯一的因素。取决于具体应用，用户需要在带宽（或延迟）和由压缩引起的信息丢失程度之间做非常不同的折中。例如，一个放射科专家在读 X 光影像图片时宁愿花长一点的时间用于在网络上检索一个图像，也不愿意容许图像质量损失。与此相反，许多人对于长途电话中话音质量的一些问题都可以采取容忍的态度。

4.6.1　无损压缩算法

现在我们开始介绍三种无损压缩算法，它们分别是行程编码、差分脉冲编码调制和基于字典的方法。我们不打算详细描述这些算法，而是只给出基本的思想，因为在今天的网络环境中为压缩图像和视频数据使用得最多的还是有损算法。

1. 行程编码

行程编码是一种非常简单的压缩技术。其思想是对连续出现的一个给定符号用该符号的一个拷贝加上该符号出现的次数替换。这也正是行程编码这个名字的由来。许多数据中都会出现重复的符号（比特、数字等），它们可以用一个在该数据中不会出现的特殊标记表示，后随一个行程符号，再后随该行程符号出现的次数。如果这个特殊标记出现在原数据中，就将它双写，就像在字符填充法中所做的那样。例如，考虑如下的十进制数字串：

315000000000000845871111111111111635467400000000000000000000065

如果引入标记 A，并使用两位数作为重复计数，则可将上面的数字串编码为：

315A01284587A1136354674A02265

在这里，行程编码将数字串长度减少了一半。行程在多媒体中很普遍。在音频中，无声常被表示为一串 0。在视频中，天空、墙壁和许多平坦表面经常出现相同颜色的行程。所有这一类的行程都能被大大压缩。例如，对于扫描的正文图像，行程编码普遍地可以达到 8:1 的压缩率。行程编码对这类文件工作得很好，因为它们通常都包含大量的空白。事实上，行程编码是用以发送传真的主要压缩算法。然而对于有局部变化的图像，该压缩算法可能会增加图像字节尺寸，因为它用两个字节表示非重复的单个符号。

2. 差分脉冲编码调制

另一个简单的无损压缩算法是差分脉冲编码调制（DPCM）。其思想是首先输出一个参考符号，然后对于数据中的每个符号都输出它与参考符号的差别。例如，使用符号 A 作为参考符号，字符串 AAABBCDDDD 将被编码为 A0001123333，因为 A 与参考符号相同，B 与参考符号的差是 1，C 与参考符号的差是 2，等等。注意，当差比较小时，它们就可以用比符号本身要少的位编码。在我们的例子中，差的范围 0~3 可以用 2 位表示，而不是一个完整字符所需要的 7 位或 8 位。当差变得太大的时候，就要选择一个新的参考符号。

对于大多数数字图像，DPCM 工作得都要比行程编码好，因为它利用了相邻的像素通常都相似的事实。由于这种相关性，相邻像素之间的差的动态范围可以显著地小于原先图像的动态范围，因此可以用较少的位表示。

DPCM 的基本原理是基于图像中相邻像素之间具有较强的相关性，每个像素可通过前面几个已知像素来做预测。因此我们可以采用预测编码，即编码和传输的并不是像素采样值本身，而是这个采样值的预测值与其实际值之间的差值。

一个称作增量编码的稍微不同的方法简单地把一个符号编码成跟前一个符号的差，例如，AAABBCDDDD 将被表示成 A001011000。注意，增量编码对于编码相邻像素是类似的图像有可能工作得很好。在增量编码之后还可能执行行程编码，因为如果有许多相似的邻接符号，那么就有可能出现长串的 0。

3. 基于字典的方法

我们要考察的最后一个无损压缩方法是基于字典的方法，其中最有名的是 Lempel-Ziv（LZ）压缩算法。UNIX compress 命令所使用的就是 LZ 算法的一个变种。

基于字典的压缩算法的思想是建立一个在数据中会出现的可变长的串（把它们看成是普通词汇）的字典（表），然后当这些串中的每一个在数据中出现时，将其替换为对应的字典索引。例如，在正文数据中，不是用一个个字符工作，而是可以把每个单词当作一个串，并且输出那个单词在字典中的索引。作为对这个例子的进一步说明，假定单词“compress”在一个特别的字典中具有索引 4978，它是在/usr/share/dict/words 中第 4978 个单词。为了压缩一个正文体，每当串“compress”出现时，它将被 4978 替换。由于这个特别的词典仅具有 25 000 多个单词，所以编码索引值需用 15 个比特，这就意味着，串“compress”可以用 15 位表示，而不是使用 7 位的 ASCII 码所需要的 77 位。这是一个 5:1 的压缩率！

当然，这就引出了如何产生字典的问题。一种选择是定义一个静态字典，最好经过剪裁后再用于正在被压缩的数据。一个更加通用的方案（LZ 压缩所采用的方案）是自适应地基于被压缩的数据内容定义字典。然而在这种情况下，在压缩期间所建立的字典必须跟数据一起发送，以便解压缩算法可以完成它自己的工作。

在图形交换格式（GIF）中，使用 LZ 算法的一个变种压缩数字图像。在压缩之前，GIF 首先把 24 位彩色图像简化成 8 位彩色图像。这可以通过识别图像中所使用的颜色（典型地要比 2^{24} 少得多），然后选取最能近似表达图像中所使用颜色的 256 种颜色来实现。可以把这些颜色存储在一个可以用 8 比特数字表示的索引表中，并把每个像素的值用适当的索引替换。值得注意的是，对于任一个具有多于 256 个颜色的图画来说，这是一个有损压缩的例子。GIF 然后对这个结果运行一个变种的 LZ，把普通的像素序列当作组成字典的串对待。使用这一方法，GIF 有时能够取得 10:1 的压缩率，但仅当图像由相对少的数量的离散彩色组成时才有效。自然风景图像通常包括比较连续的色谱，不可以使用 GIF 以这样的比率压缩。另外，当把基于 LZ 的 UNIX compress 命令用于网络协议的源代码时，我们可以得到 2:1 的压缩率。

4.6.2　图像压缩 JPEG

随着数字图像应用的日益增加，ISO 制定了一个称为 JPEG 的数字图像格式，它的命名来自设计该格式的联合摄影专家组，这里的联合指的是 ISO 和 ITU 的共同努力。

在描述 JPEG 压缩方法之前，需要说明的是 JPEG、GIF 和 MPEG 都不只是压缩算法，它们也定义图像或视频数据的格式，类似于 XDR 和 ASN.1 对数字和串数据格式的定义。然而我们在这里将集中讨论这些标准的压缩方面。

JPEG 压缩过程包括三个阶段（参见图 4-11）。在压缩方图像以一次一个 8×8 块的形式馈入并通过这三个阶段的处理。第一阶段对 8×8 块执行离散余弦变换（Discrete Cosine Transform，DCT）。如果你把图像看成是空间域里的信号，那么 DCT 就把该信号变换成空间频域的等效信号。这是一个无损操作，但它是下一个有损步骤的一个必需的前奏。在离散余弦变换之后，第二阶段对所产生的信号进行量化处理，在此过程中会丢失包含在信号中的一些最少有效的信息。第三阶段编码最后的结果，但在此过程中会把无损压缩的成分加到在前两个阶段中取得的有损压缩中。解压缩遵从同样的三个阶段，但取相反的顺序。

图 4-11　JPEG 压缩方块图

下面我们详细讨论这三个阶段。在讨论中我们只考虑灰度级图像，彩色图像放到这一节的末尾再讨论。在灰度级图像情况下，图像中的每个像素用一个 8 位的值表示，说明该像素的亮度，其中 0 等于白，255 等于黑。

1. DCT 阶段

DCT 是与快速 Fourier 变换（FFT）紧密相关的一种变换。它取一个 8×8 的像素值矩阵作为输入，输出一个 8×8 的频率系数矩阵。你可以把输入矩阵看成一个在两维空间（x 和 y）中定义的一个 64 点信号，破译成 64 个空间频率。为了对空间频率有一个直观的感觉，想象你自己在 x 方向上沿一幅图画移动。你会看到每个像素的值作为 x 的某个函数而变化。如果这个值随 x 的增加变化缓慢，那么它具有低的空间频率；如果它变化迅速，它就有一个高的空间频率。因此，低频对应于图画的总特征，而高频对应于细节。DCT 所基于的思想是把总特征（对于观看图像是基本的）与细节（不那么重要，在一些情况下眼睛几乎感觉不到）分开。

余弦变换及在解压缩期间执行的反变换由下面的公式定义：

$$\mathrm{DCT}(i,j)=\frac{1}{\sqrt{2N}}C(i)C(j)\sum_{x=0}^{N-1}\sum_{y=0}^{N-1}\mathrm{pixel}(x,y)\cos\left[\frac{(2x+1)i\pi}{2N}\right]\cos\left[\frac{(2y+1)j\pi}{2N}\right]$$

$$\mathrm{pixel}(x,y)=\frac{1}{\sqrt{2N}}\sum_{x=0}^{N-1}\sum_{y=0}^{N-1}C(i)C(j)\mathrm{DCT}(i,j)\cos\left[\frac{(2x+1)i\pi}{2N}\right]\cos\left[\frac{(2y+1)j\pi}{2N}\right]$$

$$C(x)=\begin{cases}\dfrac{1}{\sqrt{2}} & \text{if} \quad x=0\\ 1 & \text{if} \quad x>0\end{cases}$$

这里，pixel（x，y）是被压缩的 8×8 块中位置（x，y）处像素的灰度值，而且在这种情况下 N=8。

第一个频率系数位于输出矩阵的（0，0）位置，称作 DC 系数。直观地，我们可以把 DC 系数理解为对 64 个输入像素的平均值的度量。输出矩阵的其他 63 个元素被称作 AC 系数，它们把较高的空间频率信息加到这个平均值。因此当你从第一个频率系数向第 64 个频率系数移动时，你就是从低频信息向高频信息移动，从图像的宏观粗线条向微观细节移动。在移动方向上，这些高频系数对于所能感受到的图像质量的影响越来越小。在 JPEG 的第二阶段将决定哪些系数的哪个部分要被抛弃。

2. 量化阶段

JPEG 的第二阶段是使该压缩变成有损的过程。DCT 本身没有丢失信息，它只是把图像转换成使其易于知道应除去什么信息的形式。量化易于理解，它就是丢掉频率系数的微不足道的位。

为明白量化阶段是如何工作的，假定你要压缩一些小于 100 的数，例如 45、98、23、66 和 7。如果你确定截短这些数字为近似的 10 的倍数就足够精确了，那么你可以使用整数运算以定量 10 去除每一个数，得到 4、9、2、6 和 0。这些数字中的每一个都可以用 4 位编码表示，而原先的数字则需要使用 7 位编码。

并非对所有 64 个系数都使用同样的定量（quantum），JPEG 使用的是一个量化表，列出每个系数所使用的定量值。你可以把这个表（定量）看成一个参数，它的设置控制丢失信息的数量，以及相应可以取得的压缩率大小。在实践中，JPEG 标准指定一组在数字图像压缩中被证明是有效的量化表。表 4-7 给出了一个示例量化表。在这一类表中，低系数有一个接近 1 的定量值（意味着低频信息很少丢失），高系数有一个较大的值（意味着更高频率的信息将被丢失）。值得注意的是，作为这样的量化表所产生的结果，许多高频系数在量化处理后会被置成 0，使得它们准备好接受在第三阶段的压缩。

表 4-7　示例 JPEG 量化表

$$\text{定量值}=\begin{bmatrix}3 & 5 & 7 & 9 & 11 & 13 & 15 & 17\\ 5 & 7 & 9 & 11 & 13 & 15 & 17 & 19\\ 7 & 9 & 11 & 13 & 15 & 17 & 19 & 21\\ 9 & 11 & 13 & 15 & 17 & 19 & 21 & 23\\ 11 & 13 & 15 & 17 & 19 & 21 & 23 & 25\\ 13 & 15 & 17 & 19 & 21 & 23 & 25 & 27\\ 15 & 17 & 19 & 21 & 23 & 25 & 27 & 29\\ 17 & 19 & 21 & 23 & 25 & 27 & 29 & 31\end{bmatrix}$$

基本的量化过程是：

量化值（i，j）= 舍入成整数（DCT（i，j）/ 定量（i，j））

其中

$$\text{舍入成整数}=\begin{cases}[x+0.5] & \text{如果}\quad x\geqslant 0\\ [x-0.5] & \text{如果}\quad x<0\end{cases}$$

然后，解压缩可以简单地定义为：

$$\text{DCT}(i,j)=\text{QuantizedValue}(i,j)\times\text{Quantum}(i,j)$$

例如，如果对于一个特别的块的 DC 系数（即 DCT（0，0））等于 25，那么使用表 4-7 对这个值进行量化的结果将是

$$[25/3+0.5]=8$$

在解压缩期间这个系数将被恢复成 8×3=24。

3. 编码阶段

JPEG 的最后阶段以密集的形式编码量化了的频率系数。这又产生附加的压缩，但是这种压缩是无损的。从位置（0，0）的 DC 系数开始，这些系数以图 4-12 中显示的锯齿形顺序处理。沿着这个锯齿形，使用一种形式的行程编码，而且该行程编码仅用于 0 系数。这样做是有意义的，因为靠后的系数中有许多是 0。然后，对一个个系数值进行 Huffman 编码。JPEG 标准也允许实现者使用算术编码代替 Huffman 编码。

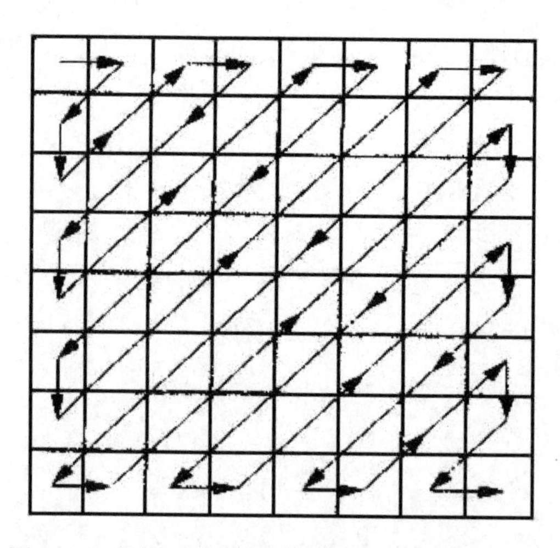

图 4-12　量化了的频率系数按锯齿形的顺序处理

此外，由于 DC 系数含有来自源图像的 8×8 块的较大百分比信息，并且典型地图像从一块到另一块变化缓慢，每个 DC 系数编码为与前一个 DC 系数之差。这也就是我们前面描述过的增量编码方法。

4. 彩色图像

在前面的讨论中，我们假定每个像素被赋给单个灰度值。在彩色图像情况下，对于每个像素的表示有许多不同的选择。一种表示叫做 RGB，它把每个像素用红、绿、蓝三个颜色成分表示。RGB 是典型图形输入输出设备支持的颜色表示形式。另一种表示叫做 YUV，它也有三个成分，即一个亮度（Y）和两个色度（U 和 V）。和 RGB 类似，YUV 是一个三维坐标系统。然而，与 RGB 相比，它的坐标被旋转以更好地匹配人的视觉系统。这是一个优点，因为人的视觉系统对各种颜色的敏感程度是不均匀的。例如，和色调相比，我们更容易区分像素亮度。

在上述两种表示中都有三个成分。在任一种表示中，三个成分相结合可以产生能够接受的颜色。为什么呢？简单的回答是这两种颜色坐标系统已经被定义了，但在充分再现人能够感觉到的颜色方面它们被证明是不够的。重要的是，彩色图像中的每个像素被赋给三个单独的值。为了压缩这样的一个图像，三个成分中的每一个都和单个灰度值一样地被独立处理。换句话说，你可以把一个彩色图像想象成三个独立的图像，在显示的时候它们被互相堆叠在一起。注意，一般说来，JPEG 不限于三成分图像，使用 JPEG 也可以压缩多谱图像。

JPEG 包括若干个变量，这些变量控制相对于一定的图像保真度所能够取得的压缩率。例如，我们可以使用不同的量化表。这些变量，再加上不同的图像具有不同特征这一事实，使得我们不可能使用 JPEG 来取得任意精确度的压缩。然而，普遍的看法是，JPEG 能够以大约 30:1 的压缩率压缩 24 位的彩色图像。该压缩过程首先通过把 24 位颜色简化为 8 位颜色取得压缩因子 3，然后再使用前面叙述的方法取得另一个压缩因子 10。

4.6.3　视频压缩 MPEG

现在让我们把注意力转向 MPEG 格式。MPEG 名字来自定义它的活动图像专家组。粗略地讲，活动图像是以某种视频速率显示的一个称作帧或图画的静态图像序列。这些帧中的每一个都可以采用和 JPEG 中相同的基于 DCT 的技术进行压缩处理。然而，仅仅停留在这一点的认识是不够的，因为它没有除去存在于视频序列中相邻帧之间的冗余信息。例如，如果在景象中没有多少移动，那么两个相继的视频帧将包含几乎相同的信息，因此不必把同样的信息发送两次。即使有移动，也会有大量的冗余信息，因为一个移动目标从一个帧到另一个帧可能并不改变；在某些情况下，仅仅它的位置改变了。MPEG 考虑了这种帧间冗余。MPEG 还定义了一种机制，在编码视频信息的同时也编码音频信息，我们在这一节里仅讨论 MPEG 的视频方面。

1. **帧类型**

MPEG 取一个视频帧的序列作为输入，把它们压缩成三种类型的帧，分别称作 I 帧（图像内部）、P 帧（预测图像）和 B 帧（双向预测帧）。I 帧可以看成是参照帧，它们是自我包含的，不依赖前面的和后面的帧。粗略地讲，I 帧就是在视频源处对应帧的 JPEG 压缩版本。P 帧和 B 帧不是自我完善的，它们描述了与某个参照帧的相对差别。具体地讲，一个 P 帧描述和前面的 I 帧的差别，而 B 帧给出了前面的和后随的 I 帧或 P 帧之间的插值。

图 4-13 显示的是由七个视频帧组成的一个序列，经过 MPEG 压缩后产生了 I 帧、P 帧和 B 帧。两个 I 帧是独立的，每一个都可以在接收方独立于其他帧做解压缩处理。P 帧依赖于前面的 I 帧，它在接收方仅当前面的 I 帧也到达时才可以解压缩。每个 B 帧既依赖于前面的 I 帧或 P 帧，也依赖于后随的 I 帧或 P 帧。在 MPEG 可以解压缩 B 帧重新产生原先的视频帧之前，这两个参照帧必须已到达接收方。

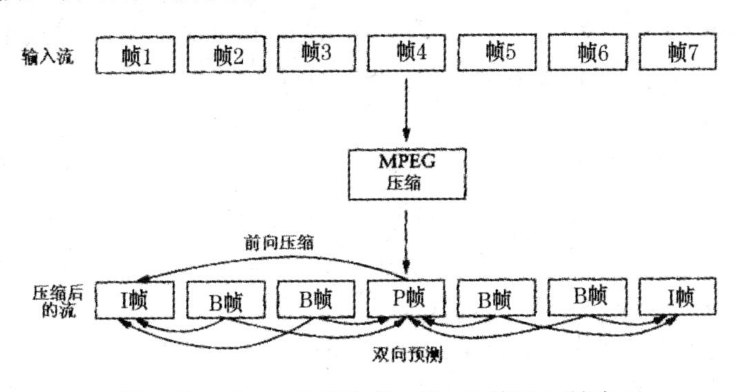

图 4-13　由 JPEG 产生的 I 帧、P 帧和 B 帧序列

注意，因为 B 帧依赖于序列中在它后面的一个帧，所以压缩帧不是按顺序传送的。例如，图 4-13 中显示的帧序列 IBBPBBI 以 IPBBIBB 的次序传送。而且，MPEG 并不规定 I 帧对 P 帧和 B 帧的比率；这个比率可以根据所需要的压缩和图像质量而变化。例如，允许仅发送 I 帧，这类似于用 JPEG 压缩视频图像。

由于 MPEG 编码通常都是比较耗时而又耗资源的,因此一般都离线处理(即非实时处理)。解码则稍微容易一些，比较多的是在线执行。例如，在视频点播系统中，视频信息被事先编码和存储在磁盘上，当一个用户要观看视频节目时，MPEG 流再传送到用户机器上，该机器实时地解码和显示视频信息。

现在我们再仔细地考察一下上述三种帧类型。I 帧近似地等同于原始帧的 JPEG 压缩版本，主要差别是 MPEG 以 16×16 宏块为单元操作。对于一个用 YUV 表示的彩色视频图像，每个宏块中的 U 和 V 成分被向下采样成一个 8×8 块。也就是说，宏块中每一个 2×2 子块被赋给一个 U 值和一个 V 值，它们都是 4 个像素值的平均值。子块仍然有 4 个 Y 值。之所以可以这样处理，是因为不太精确地传送 U 和 V 成分不会破坏图像的视觉效果，人的眼睛对于颜色不如亮度那样敏感。图 4-14 给出了一个帧和对应的宏块之间的关系。

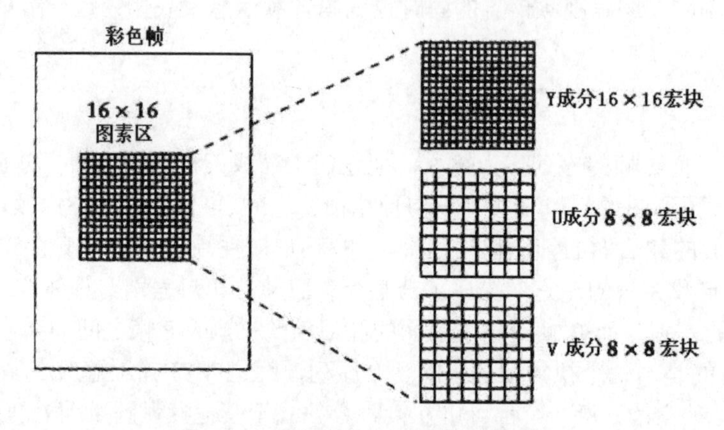

图 4-14　把每个帧表示成宏块的集合

P 帧和 B 帧也以宏块为单元处理。直观地，我们可以看到它们为每个宏块所运载的信息捕获了视频运动，也就是说，它示明在什么方向上宏块相对于参照帧移动了多大距离。下面我们将说明在解压缩期间如何使用一个 B 帧来重构一个帧。P 帧是以类似的方式处理，所不同的是它们仅依赖一个参照帧，而不是两个。

在具体讨论如何解压缩 B 帧的细节之前，我们首先要明确的是，B 帧中的每个宏块不必都同时相对于早先的和随后的两个帧来定义（就像前面所建议的那样），而是可以只相对于其中的一个或另一个来定义。事实上，B 帧中一个给定的宏块可以使用和 I 帧中相同的内部编码。之所以存在这样的灵活性，是因为当移动图像改变得太迅速时给出图像内部编码来替代向前或向后预测编码是有意义的。因此，B 帧中的每个宏块包括一个类型，指明对那个宏块采用了哪种编码。然而，在下面的讨论中，我们将只考虑一般的情况，即宏块都使用双向的预测编码。

在这种情况下，一个 B 帧中的每个宏块都用一个四元组表示。

（1）帧中的宏块的坐标。

（2）相对于前一个参照帧的移动向量。

（3）相对于后随参照帧的移动向量。

（4）宏块中每个像素的增量（δ）（表示每个像素相对于两个参照像素改变了多少）。

对于在宏块中的每个像素，首要的任务是找到过去和未来参照帧中对应的参照像素。在这里可以使用和该宏块关联的两个移动向量。然后再把像素的增量加到这两个参照像素的平均值上。更准确地讲，如果我们用 F_p 和 F_f 分别表示过去帧和未来帧，用（x_p，y_p）和（x_f 和 y_f）表示过去/未来移动向量，那么当前帧（用 F_c 表示）在坐标（x，y）的像素可以用公式

$$F_c(x, y) = (F_p(x+x_p, y+y_p) + F_f(x+x_f, y+y_f))/2 + \delta(x, y)$$

来计算。这里的 δ 是在 B 帧中为该像素指定的增量，这些增量用和 I 帧中相同的方式编码。也就是说，它们通过 DCT 处理，然后再量化。由于增量典型地较小，因此在量化后大多数 DCT 系数是 0，它们可以被有效地压缩。

在压缩期间产生一个 B 帧或 P 帧的时候，MPEG 还必须决定把宏块放在什么位置。例如，在 P 帧中的每个宏块是相对于 I 帧中的宏块定义的，但是 P 帧中的那个宏块不必放在和 I 帧中对应宏块同样的部位，位置上的差别通过移动向量给出。你要选取一个移动向量，使得 P 帧中的宏块和 I 帧中的对应宏块尽可能地相似，以便那个宏块的增量尽可能地小。这就意味着，你需要推断从一个帧到另一个帧图像中的对象移动到了什么位置。这就是所谓的移动计算问题，对于这个问题的解答现在已经提出了多种技术方案（杂凑法）。这个问题的难度也正是为什么 MPEG 编码比在同样硬件平台上的解码要花更长时间的原因之一。MPEG 并没有指定任何一种特别的技术，而只是定义了在 B 帧和 P 帧中编码这类信息的格式以及如前所述的在解压缩期间重建像素的算法。

2. 效率和性能

MPEG 典型地可以得到 90:1 的压缩率，尽管也听说过有 150:1 那样高的比率。就单个帧类型而言，对于 I 帧我们可以得到大约 30:1 的压缩率（和先把 24 位彩色简化成 8 位的 JPEG 取得的比率一致），而 P 帧和 B 帧的压缩率典型地要比 I 帧小 3~5 倍。如果不把 24 位彩色转换成 8 位，那么 MPEG 可以取得的压缩率典型地是在 30:1 和 50:1 之间。

MPEG 引入昂贵的计算。在压缩方，它典型地是以离线方式执行，这对视频点播准备影片说来不是一个问题。现在，视频可以用硬件来压缩，并且软件实现的缝隙也在迅速弥合。在解压缩方，已经有低价格的 MPEG 视频板可提供，它们所做的也就是颜色查找，不过这恰巧也是最耗时的步骤。现实中的 MPEG 解码大多数都是以软件形式实现的，采用 400MHz 的处理机结构解码 MPEG 可以跟上以每秒 20 帧运行的 640×480 的视频流速度。对于每秒 30 帧的视频速率，解码 MPEG 流则需要性能更高的处理机。

3. 其他视频编码标准

MPEG 并非编码视频信息的唯一标准。例如，ITU-T 还定义了编码实时多媒体数据的 H 系列标准。总的来说，H 系列包括视频、音频、控制和多路复用（例如在单个位流上混合音频、视频和数据）的标准。与面向 1.5Mbps 数量级位速率的 MPEG 不同，H.261 和 H.263 的目标是 ISDN 速率。也就是说，它们在以 64kbps 递增的带宽的链路上支持视频传输。原则上，H.261 和 H.263 都与 MPEG 很类似，它们使用 DCT、量化和帧间压缩。H.261/H.263 和 MPEG 之间的差别表现在细节方面。

4. MPEG 的网络传送

MPEG 不但指定了如何压缩视频帧，而且也指定了经 MPEG 压缩的视频信息的格式。类似地，JPEG 和 GIF 定义静态图像的格式。就 MPEG 而言，我们要明确的第一件事是它定义了视频流的格式，但它不指定如何把这个流划分成网络分组。因此，使用 MPEG 可以在磁盘上存储视频信息，也可以在像 TCP 提供的那样的面向流的网络连接上传送视频。

MPEG 格式是到目前为止我们所讨论过的协议中最复杂的一个。这种复杂性来自于对编码算法在编码给定的视频流方面各种可能的自由度的追求，也来自于随着时间的推移该标准的演变（例如 MPEG-1 和 MPEG-2）。下面我们将描述 MPEG 视频流的主模板。你可以把一个 MPEG 模板看成类似于“版本”的东西，接收方必须从它所看到的头段的结合推断出模板。

一个主模板 MPEG-2 流有一个如图 4-15 所示的嵌套结构。在最外层，该视频包含一个画面组（GOP）系列，用 SeqHdr 分隔。该序列用 SeqEndCode（0×b7）终止。放在每个画面组前面的 SeqHdr 的作用之一是指定该画面组中每个画面（帧）的尺寸（以图素和宏块计）、画面间周期（以微秒计）以及用于这个画面组内的宏块的两个量化矩阵——一个用于帧内编码宏块（I 块），而另一个用于帧间宏块（B 块和 P 块）。这一信息是为每个画面给出的，而不是对整个视频流仅给出一次，这样就可以在通过该视频的画面组边界改变量化表和帧速率。这也就使得随时间改变视频流成为可能。

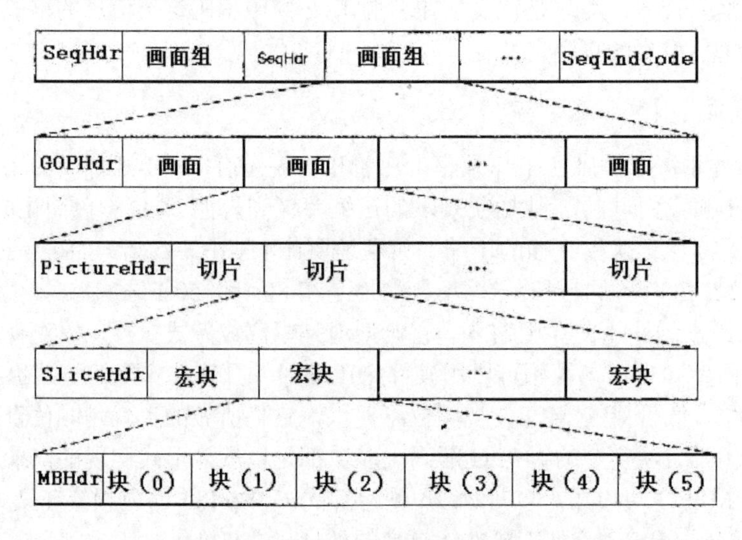

图 4-15 MPEG 压缩的视频流格式

每个画面组由一个 GOPHdr 给出，后随一组形成该画面组的画面。GOPHdr 指定画面组中的画面数量，也指定该画面组的同步信息（也就是该画面组在相对于视频开始位置的什么时候显示）。每个画面又由一个 PictureHdr 和组成该画面的一组切片给出。切片是画面的一个区域，例如一条水平线。PictureHdr 标识画面的类型（I，B 或 P），也定义一个画面特有的量化表。SliceHdr 给出切片的垂直位置，加上改变量化表的另一个机会，这时候是通过一个常数比例换算因子，而不是给出一个全新的表。SliceHdr 后随一个宏块序列。最后，每个宏块包括指定画面内块地址的一个头，也包括宏块内 6 个块的数据：一个用于 U 成分，一个用于 V 成分，4 个用于 Y 成分。注意，Y 成分为 16×16，而 U 和 V 成分为 8×8。

MPEG 的优点之一是它给予编码器随时间改变编码的机会。它可以改变帧速率、分辨率、定义一个画面的帧类型的混合、量化表和用于一个个宏块的编码。结果，我们就能够通过牺牲画面质量求得网络带宽来修改在一个网络上发送的视频。网络协议怎样才能满足这种可适配性是当前网络研究的一个重要课题。

在网络上发送 MPEG 流的另一个有趣的方面是如何把这种流划分成分组。如果是在 TCP 连接上发送，分组化不是一个问题；当 TCP 确定有足够的字节要发送的时候，它就发送下一个 IP 数据报。然而，在交互式地使用视频的时候，很少有在 TCP 上发送的，因为 TCP 对丢失报文段的重传可能引起不可接受的延迟。如果我们采用 UDP 发送视频，那么在仔细挑选的点上（比如说在宏块的边界）把流断开是有意义的。这是因为，我们希望把一个丢失分组的影响限制到单个宏块，而不希望由于单个分组丢失影响到好几个宏块。这是应用级成帧的一个典型例子。

流的分组化只是网络传送 MPEG 压缩的视频的第一个问题。另一个复杂性是对丢失分组的处理。一方面，如果有一个 B 帧被网络丢弃，那么简单地重放前一帧也不会严重地降低视觉效果；30 个帧中的一个帧所占的比例不大。另一方面，一个丢失的 I 帧会产生严重的后果，没有它，随后的 B 帧和 P 帧都处理不了。因此，丢失一个 I 帧会引起多个视频帧的丢失。虽然你可以重发丢失的 I 帧，但是产生的延迟在实时的视频会议中可能是不可接受的。对于这个问题的一种解决办法是使用有差别的服务技术，以相对于其他分组较低的丢弃概率来标记包含 I 帧的分组。

最后一个问题是如何对视频信息编码，这不但取决于可提供的网络带宽，而且还要看应用的延迟限制。我们在前面已经提到过，像视频会议这样的交互式应用需要小的延迟。关键的因素是画面组中 I 帧、P 帧和 B 帧的结合。考虑下面的画面组：

IBBBBPBBBBI

这个画面组给视频会议带来的问题是，发送方必须推迟 4 个 B 帧的发送，直到后随的 P 帧或 I 帧可提供为止。这是因为，每个 B 帧都依赖于后随的 P 帧或 I 帧。如果视频以每秒 15 帧的速度放映（即每 67ms 一帧），这就意味着开头的 B 帧要延迟 4×67ms（大于 1/4s），还要加上网络传播所产生的延迟。1/4s 要大于人可以感觉到的 100ms 的门槛值。正是由于这一原因，许多视频会议应用都采用 JPEG 编码，并称相应的 JPEG 为移动 JPEG。然而，值得注意的是，仅依赖于前面的帧而不依赖于后面的帧的帧间编码不是一个问题。因此，一个由 IPPPPI 构成的画面组对于交互式视频会议可以工作得很好。

4.6.4　音频压缩 MP3

MPEG 不但定义了如何压缩视频，而且也定义了一个压缩音频的标准。这个标准可以用来压缩一部电影的音频部分（在这种情况下 MPEG 标准定义如何把压缩音频和压缩视频交织在单个 MPEG 流中），也可以用来压缩独立的音频（例如，音频 CD）。

为了理解音频压缩，我们需要从数据开始讨论。CD 质量的音频（高质量音频的实际的数字表示）以 44.1kHz 的速率采样（大约每 23μs 采样一次）。每个采样 16 位，这就意味着立体声（2 声道）音频流产生的位速率是：

$$2\times44.1\times1\,000\times16\text{bps}=1.41\text{Mbps}$$

作为比较，电话质量的语音是以 8kHz 的速率采样，每个采样 8 位，结果产生 64kbps 的位速率，这刚好是一条 ISDN 链路的速率。

很明显，比如说，在一对 128kbps 容量的 ISDN 数据/话音的链路上传送 CD 质量的音频是需要一定程度的压缩的。更糟糕的是，同步和错误纠正的开销需要使用 49 位来编码每个 16 位采样，结果产生的实际位速率是：

$$49\div16\times1.41\text{Mbps}\approx4.32\text{Mbps}$$

如表 4-8 所示，MPEG 是通过定义三级压缩来满足这一需求的。在这三个层次中，第三层（广泛地称为 MP3）使用得最普遍。

表 4-8　MP3 压缩速率

编码	位速率	压缩因子
第一层	384kbps	4
第二层	192kbps	8
第三层	128kbps	12

为取得这些压缩率，MP3 使用了类似于 MPEG 压缩视频的技术。首先，它把音频流分割成一定数目的子频带，粗略地可比成 MPEG 分别处理 Y、U、V 视频流的方式。其次，每个子带被划分成一个块序列，类似于 MPEG 的宏块，但它们在长度上从 64 到 1 024 个采样可变。最后，每块使用修改的 DCT 算法变换、量化和 Huffman 方法编码，就像在 MPEG 视频中所做的那样。

MP3 技巧在于选择使用多少个子带，以及它给每个子带分配多少个位。要记住，它是要针对目标位速率产生尽可能高质量的音频。具体的分配方法已超出本书讨论的范围，但基本思想是在压缩男性话音时分配更多的位给低频子带，而在压缩女性话音时分配更多的位给高频子带。在操作方面，MP3 动态地改变每个子带所使用的量化表，以取得所需要的效果。

一旦完成了压缩，子带就被包装成固定大小的帧，并附上一个头。这个头包括同步信息，也包括解码器为决定有多少位用于编码每个子带所需要的位分配信息。如前所述，这些音频帧然后可以和视频交织形成完整的 MPEG 流。一个值得注意的附带问题是，虽然在发生拥挤时网络上丢弃 B 帧仍可以工作，但经验表明，丢弃音频帧却不是一个好办法，因为用户比较能够容忍坏的视频，但不能容忍坏的音频。

第5章

综合服务和资源预留机制

从本章节可以学习到：

- 应用需求
- 实时应用分类
- 综合服务类别
- 实现机制
- 流规格
- 准入控制
- 资源预留协议
- 分组分类和调度

多年来，人们一直在致力于让分组交换网络支持多媒体应用的工作，希望在一旦数字化以后，话音和视频信息也能够跟其他任何类型的数据一样以位流的形式在网络上传输。实现这一目标的一个障碍是需要高带宽的链路。近年来由于一方面链路速率已经有了较大的增加，另一方面编码技术的改善又减少了对音视频应用的带宽需求，因此现在这个障碍已经可以被克服。

然而，在网络上传送话音和视频图像需要有比带宽更多的参数指标。以电话为例，对话任一方都要求能够对另一方所讲的内容立即做出响应，并且能够立即被对方听到。因此，投递的实时性是非常重要的。我们把对数据传输的时延敏感的应用称作实时应用。话音和视频是典型的实时应用，但也有其他的例子，比如说工业控制，我们总是在机器人的手臂可能会做出错误的动作之前就要给它发命令并让其及时到达和执行。即使是对于文件传送这样的应用也有可能有时间上的限制条件，例如要求网络数据库更新必须在夜间完成，以便能够在第二天继续进行常规的事务处理。

实时应用的显著特征是它们需要从网络得到某种保证，使得数据可以按时到达目的地。虽然非实时应用可以使用端到端的重传策略，保证数据正确到达，但这样的策略不能提供及时性，相反，如果数据晚到了，重传只能增加网络的总体延迟。按时到达的性能必须由网络本身（路由器）提供，而不是仅由网络边缘设备（主机）来支持。因此，传统的尽力而为网络模型不适合实时应用。我们需要的是一种新的服务模型，在这种模型中，具有较高的实时性需求的应用可以要求网络提供相应的保证。网络对此要求的应答可以是答应提供保证的承诺，也可以是暂时不能满足请求的拒绝。值得注意的是，这种服务模型可以覆盖当前的模型。对尽力而为服务满意的应用也可以使用新的服务模型，只是它们的要求条件较低。这就意味着网络对不同应用的分组有不同的处理方式。人们把可以提供这些不同级别的服务的网络称作是支持 QoS（Quality of Service，服务质量）的网络。

显然，在网络资源有限的条件下，对不同的应用区别对待和进行划分优先级的实时处理是非常重要的。IETF 综合服务工作组提出了一个增强型的因特网服务模型，该模型包含尽力而为服务和实时服务；这个模型与资源预留协议（Resource Reservation Protocol，RSVP）相结合，为在因特网上的实时应用提供了一个综合解决方案。

5.1 应用需求

我们可以把应用划分为两种类型：实时和非实时。后者有时也称作“传统数据”应用，因为到目前为止，它们一直是数据网络上的主要应用。它们包括诸如 Telnet、FTP、电子邮件和 Web 浏览等最流行的应用。所有这些应用都可以在数据没有及时投递保证的条件下工作。用于这些非实时类应用的另一个术语是弹性，因为它们遇到延迟增大的情况能够从容应对，在处理时间上可以伸缩。值得注意的是，这些应用可以从短的延迟条件得到益处，但当延迟增大时也不会变得不能使用。而且，它们对延迟条件的需求差别很大，从交互式应用（例如 Telnet）到异步接收（例如电子邮件），像 FTP 那样的交互式大块传送则属于中间类型的应用。

作为实时应用的一个具体示例，我们考虑一个音频应用的过程。在话音输入端，使用模数转换器（ADC）从拾音器收集采样，数字化后产生源数据。该数字采样被放进分组，然后通过网络传送，在另一端被接收。在接收端主机上，数据必须以某个适当的速率重放。如果话音采样是以每 125 微秒一个采样的速率收集的，那么它们就应该以同样的速率重放。因此，我们可以认为每一个采样都有一个特别的回放时间，即需要在此之前到达接收主机的一个时间点。在这个话音示例中，每一个采样都有一个比相继的前一个采样晚 125 微秒的重放时间。如果数据在网络中被过度延迟了，或者由于被丢弃随后又重发，那么迟到的数据基本上是无用的。这种迟到数据全无价值的属性是实时应用的主要特征。在弹性应用中，数据及时到达是好现象，但即使不能按时到达我们也仍然可以使用它们。

使得话音应用能够正常运行的一个方法是保证所有的采样都以准确的相同时间跨越网络。然后，由于采样是以每 125 微秒一个的速率进入网络的，它们将以同样的速率在接收端出现，因而可以立即重放。然而一般说来，保证所有的数据都以严格的相同延迟通过一个分组交换的网络是很困难的。分组必须进出交换机或路由器的队列，这些队列的长度随时间变化，导致延迟也随时间变化，结果使得音频流中每个分组的延迟都可能不同。在接收端解决这一问题的一条途径是缓存一定量的数据，因此总是提供一个分组储库，等待在合适的时间重放。如果一个分组延迟的时间短，它就进入缓冲区，等待重放时间的到来。如果分组被延迟的时间较长，那么在被重放之前它将不必在接收端的缓冲区中呆很长的时间。这样作为一种保险形式，我们就对所有分组的重放时间有效地加上了一个恒定的偏置值。我们把这个偏置值称为重放点。现在仅当分组在网络中延迟太长的时间，以至于在它们的回放时间之后才到达的情况下才会有麻烦的问题，此时，重放缓冲区可能会出现枯竭现象。

就音频应用而言，对于我们可以把再放数据延迟多长时间有一个限制。如果在你讲话和被对方听到之间的时间长于 300ms，那么对话就很难进行。因此在这种情况下我们对网络的要求是所有的数据都必须在 300ms 时间内到达目的地。如果数据早到了，我们就把它缓存到正确的再放时间为止。如果数据晚到了，那么我们将因为它们已无用而必须把它们丢弃。在因特网上针对一个典型的通路在 1 天时间内的测量统计表明，有 97%的分组具有小于或等于 100ms 的延迟。这就意味着在我们的音频应用示例中，如果把再放点设置成 100ms，那么平均地讲，每 100 个分组中将有 3 个分组会因迟到而变得无用。另外，延迟分布曲线的尾部较长，为了保证所有的分组都及时到达，我们不得不把再放点设置在 200ms 以上。

5.2　实时应用分类

我们可用其把应用分类的第 1 个特征是它们对丢失数据的容忍度。这里的“丢失”可能是因为分组到得太晚以致不能再放所引起，也可能是由于网络的异常状况而发生。一方面一个丢失的音频采样可以用与其相邻的采样替代插入，结果对感受到的话音不会有多大影响。仅当越来越多的采样丢失的时候，话音质量才会降低到不可理解的程度。另一方面，机器人控制程序也许就是一个不允许分组丢失的实时应用的例子，在这里，丢失包含指挥机械臂停止的命令的分组是不可接受的。因此，根据它们是否容忍偶发的分组丢失，我们可以把实时应用划分为容忍的或不容忍的不同类别。

特征化实时应用的第二个方法是依据它们的适应性。例如，音频应用也许能够适应分组通过网络所经历的不同延迟量。如果我们观察到分组几乎总是在发出后 300ms 时间内到达，那么我们就可以相应地设置再放点以缓冲任何在不到 300ms 时间内到达的分组。假如我们随后又观察到所有的分组都在发出 100ms 的时间内到达。如果此时我们把再放点移到 100ms，那么该应用的用户就有可能感受到服务质量的改善。这种移动再放点的过程实际上会需要我们在某一段时间内以增加到比较高的速度再放采样。在话音应用的情况下，这种适应性处理可以用几乎让人感受不出的方式进行，只要简单地缩短在词语之间的无音间隔就行了。事实上，在诸如音频远程会议程序（称为 vat）等话音应用中已经有效地实现了这种机制。值得注意的是，再放点调节在两个方向上都可以进行，但在调节期间实际上会引起再放信号的失真。这种失真的影响在很大程度上将依赖于用户使用该数据的方式。一般说来，非容忍类应用在不能容忍丢失的同时也不能容忍这种失真。

如果我们先假定所有的分组都会在 100ms 时间内到达，后来发现某些分组稍晚一点才能到达，我们不得不把它们抛弃。可是如果我们当初让再放点一直保持在 300ms，我们就不会把这部分分组丢弃。因此仅当可以提供能够感受得到的性能改善，或者我们有证据表明，迟到的分组将会相当少时，我们才应该把再放点往小值的方向移动。一般来说，我们是从最近观察到的历史记录或者是从网络得到的某种保证做出调整再放点的决定。我们把可以调节再放点的应用称作延迟自适应的应用。

另一类自适应应用是速率自适应。例如，许多视频编码算法可以在位速率和质量之间折中。因此，如果我们发现网络可以支持某个数量的带宽，可以以此设置相应的编码参数。如果后来有更多的带宽可提供，我们还可以改变参数以提高质量。虽然非容忍的应用不能容忍延迟自适应的失真，但它们有可能利用速率自适应的优点。

总之，我们有如图 5-1 所示的应用类别。首先，我们有弹性的和实时的类别。在弹性应用范围内也有相当不同的目标延迟值。在实时应用中，我们又有非容忍的应用和可以容忍的应用的区别，前者不能接受数据的丢失或晚到，后者则比较容忍。我们还发现，实时应用有自适应和非自适应两种情况，前者又可以是速率自适应或延迟自适应。今天的因特网和大多数其他网络所提供的是仅能满足弹性应用需求的服务模型。我们所需要的是一个更为丰富的服务模型，它能满足上述所有类别中任何应用的需求。这就把我们引向一个新的服务模型，该模型不只具有尽力而为一个类别，而是具有若干个类别，每一个类别都可以满足一组应用的需求。

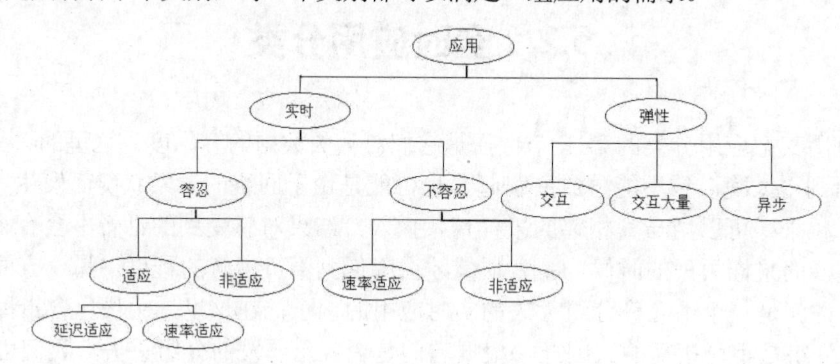

图 5-1　应用类别

术语综合服务指的是 IETF 在 1995—1997 年期间产生的一个工作文本。综合服务工作组制定了若干为满足一些我们在前面描述的应用类型需求而设计的服务类型的规范。它还定义了如何能够使用 RSVP 为这些服务类别做资源预留。在本章的随后部分，我们将综述这些规范以及用以实现它们的主要机制。

5.3　综合服务类别

综合服务的一个类别是为非容忍应用设计的，这些应用要求分组永远不会迟到。网络应该保证任何分组将会经历的最大延迟都有某个指定的值，那么应用就可以设置其再放点，使得没有分组会在再放时间之后到达。我们假定分组的较早到达总可以通过缓冲得到处理，这种服务被称作有保证的服务。

除了有保证的服务，IETF 还考虑了若干其他的服务，但最终选定了满足容忍的自适应服务的需求。该类服务被称作受控负载，观察的结果表明，这种类型的现有应用在负载不是很重的网络上都运行得相当好。比如说，音频应用程序 vat 在网络延迟变化时会调节再放点，并且只要丢弃率保持在 10%或更少的量级，就能产生合理的声频质量。

受控负载服务的目标是为请求该服务的那些应用仿真一个轻负载的网络，尽管事实上作为整体的网络可能是重负载的。实现这一目标的技巧是使用诸如加权公平队列（WFQ）这样的排队机制把受控负载流量跟其他流量隔离，以及其他形式的准入控制限制在一条链路上受控负载流量的总量，使得该负载保持在合理的低水准。

显然，这两个服务类别是可能被提供的所有类别中的一个子集。随着综合服务的被采用，这两个类别是否满足上面描述的所有类型的需求还有待于进一步的考察。

5.4　实现机制

既然我们已经用一些新的服务类别扩充了尽力而为的服务模型，那么下一个问题就是如何实现一个能够向应用提供这些服务的网络。

首先，对于尽力而为的服务，我们只要告诉网络要把我们的分组送往何处就可以了，而实时服务则涉及要告诉网络的更多关于我们所需要的服务类型的内容。我们可以给出诸如“使用受控负载服务”这样的定性信息，或者是给出诸如“我需要 100ms 的最大延迟”这样的定量信息。除了描述我们想要什么外，我们还需要告诉网络关于我们将向它注入什么的一些事情，因为低带宽应用将需要比高带宽应用要少的网络资源。我们向网络提供的这组信息被称作流规格。跟单个应用相关联并且具有共同的需求的一个分组系列叫做一个流。

第二，当我们请求网络为我们提供一个特别的服务的时候，网络需要确定它实际上是否能够提供那个服务。如果有 10 个用户请求一个服务，每个都要持续地使用 2Mbps 的链路容量，并且它们都共享一条具有 10Mbps 容量的链路，那么网络将不得不拒绝其中的一些用户的请求。这种决定何时拒绝的过程被称作准入控制。

第三，我们需要一个机制，网络用户和网络成分本身可以用它来交换诸如服务请求、流规格和准入控制决定这类信息。这在传统的电话网络世界里叫做信令，但由于这个词有多种含义，因此我们把这一过程叫做资源预留，并且使用一个资源预留协议来实现。

最后，当流和它们的需求已被描述并且准入控制决定已被做出时，网络交换机和路由器需要满足这些流的需求。满足这些需求的关键是在交换机和路由器中管理分组排队和它们被调度发送的方式，后一种机制也叫做分组调度。

5.5 流规格

流规格有两个部分，一部分描述流的流量特征（称作 TSpec，这里的 T 表示 traffic，即流量），另一部分描述向网络请求的服务（称作 RSpec，这里的 R 表示 reserve，即预留）。RSpec 是具体的服务，相对容易描述。例如，对于一个受控负载服务，应用程序只需请求受控负载服务就可以了，不需要附加参数。对于一个有保证的服务，你可以指定一个延迟目标或范围。

TSpec 就比较复杂了。我们需要给予网络关于流所使用的带宽的足够信息，以允许它能够做出智能的准入控制决定。然而，对于大多数应用而言，带宽不是单个数字，它是不断变化的。例如，在视频应用的情况下，景物快速变化时要比静止时产生更多的比特。仅仅知道长时间的平均带宽是不够的。

假定有 10 个流到达一个交换机的不同输入端口，并且都在同一个 10Mbps 的链路上输出。再假定在适当长的时间内每个流都不会以高于 1Mbps 的速率发送。你可能以为这不会发生什么问题。然而，如果它们是可变位速率的应用，比如说压缩视频，它们偶尔地会以高于平均速率的速率发送。如果有足够多的源的发送速率高于平均速率，那么到达交换机的总速率将大于 10Mbps。这些额外的数据在可以在链路上发送之前将被放在缓冲区中排队。这种情况维持的时间越长，队列也就会变得越长。至少当数据待在队列中的时候，它们停止了向目的地的移动，因此它们被延迟了。如果延迟的时间足够长，那么所请求的服务质量就可能得不到满足。此外，随着队列长度的增长，在某个点上缓冲区空间可能被耗尽，一些分组必须被抛弃。

很显然，在这里我们需要知道一些关于发送源的带宽如何随时间变化的情况。描述发送源带宽特征的一个方法是使用令牌桶过滤器。过滤器有两个参数，一个是令牌速率 r，另一个是桶的深度 B。要能够发送一个字节，必须有一个令牌。发送长度为 n 字节的分组需要 n 个令牌。假定开始时没有令牌，并且以每秒 r 个的速度积累。所积累的令牌数最多不超过 B 个。这就意味着，我们可以用想要的且可能有的任意快的速率发送数据（迸发性）。但是在充分长的时间段内，每秒发送的字节数不可能超过 r 个。当准入控制算法考虑网络是否可以接受新的服务请求时，这些信息是非常有帮助的。

图 5-2 显示的是如何能够用令牌桶来特征化一个流的带宽需求。为简便起见，假定每个流都以字节（B）的方式发送数据。流 A 以稳定的每秒 1MB 的速率产生数据，因此它可以用具有速率 r=1MBps 和桶深 B=1B 的令牌桶过滤器来描述。这就是说，它以每秒 1MB 的速率接收令牌，但它储蓄的令牌数不可能多于一个，它们被立即消耗掉了。在长的时间段上观察，

流 B 也以平均每秒 1MB 的速率发送，但它以每秒 0.5MB 的速率发送 2 秒，然后又以每秒 2MB 的速率发送 1 秒。因为在某种意义上令牌桶速率就是长时间的平均速率，所以流 B 可以用具有速率每秒 1MB 的令牌桶来描述。然而，跟流 A 不同，流 B 需要至少 1MB 的令牌桶深度，使得在它以低于 1Mbps 的速率发送时，能够储蓄令牌，以备在它以 2MBps 的速率发送时使用。在这个示例中，开头 2 秒以 1MBps 的速度接收令牌，但仅以 0.5MBps 的速度消耗令牌，因此它可以积蓄 2×0.5=1MB 的令牌，这些令牌在第 3 秒内与新接收的令牌一起，被以每秒 2MB 的速度消耗掉。在第 3 秒的末尾，桶内已无令牌，它再次以 0.5MBps 的速率发送，从而再次储蓄令牌。

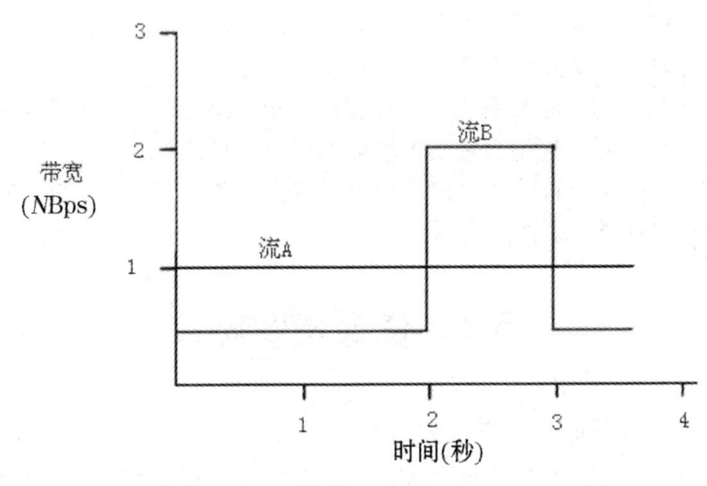

图 5-2　具有相同的平均速率但有不同的令牌桶描述的两个流

有趣的是，单个流有可能用不同的令牌桶来描述。事实上，在前面的例子中，流 A 也可能被描述成跟流 B 相同的令牌桶，即速率为 1MBps，桶深 1MB。流 A 从不需要储蓄许多令牌的事实并不会使得该不准确的描述无效。准确地讲，我们知道，流 A 对带宽的需求持续地表现为一个常量。一般地说，我们应该尽可能清楚地说明一个应用的带宽需求，这样可以避免在网络中过多地分配像缓冲区这样的宝贵资源。

5.6　准入控制

准入控制的思想很简单。当某个新的流需要一个特别水平的服务时，准入控制察看流的 TSpec（描述流的流量特征）和 RSpec（描述向网络请求的服务），以针对给定的当前可用的资源，决定在不影响先前已准入的流的服务质量的前提下，是否能够为所申请的服务提供相应的流量。如果网络可以提供这样的服务，该流就被准入；如果不可以，该流就被拒绝。困难的问题是什么时候说同意，什么时候说不同意。

准入控制依赖于所请求的服务类型以及在路由器中采用的排队规则。对于有保证服务，你需要有一个好的算法来做明确的是或否的决定。如果采用加权公平排队规则，那么该决定是相当直接的。对于一个受控负载服务，该决定可以基于启发式的方法，比如说，“上次我曾准入一个具有这个 TSpec 的流进入这一类别，该类别的延迟超过了能够接受的限额，我最好说不同意”，或者是，“我的当前延迟离限额还远着呢，我准入另一个流应该不会有什么问题。”

不要把准入控制跟监察混淆起来。前者是针对每个流的决定，即是否准入一个新的流进入。后者则是基于每个分组所执行的功能，以保证一个流遵从用以做资源预留的 TSpec。如果一个流不遵从它的 TSpec，每秒发送的字节数相当于在它的 TSpec 中所说明的 2 倍，那么它很有可能会干扰为其他流提供的服务，因此必须采取某种纠正动作。此时有多种选择，明显的一种就是丢弃违犯的分组。另一种选择是看一看这些分组是否真的干扰其他流的服务。如果实际上没有干扰，那么还可以把它们继续发送，但要加上一个标记，说明“这是一个非遵从协定的分组，如果你要丢弃任何分组，那么首先把我抛弃。”

准入控制跟所执行的策略紧密相关。例如，一个网络管理员可能会准入他的公司的首席执行官所做的预订，而同时拒绝由级别比较低的雇员所做的预订。当然，在所请求的资源不可提供的情况下，首席执行官的预订请求也可能遭到失败。因此在做准入控制决定的时候可能要同时考虑策略和资源可用性的问题。

5.7 资源预留协议

一旦我们为一个流制定了一条特别的路径，就有可能沿着该路径预留资源，以保证它能够得到所需要的容量。可能被预留的资源潜在地有三个不同的种类：带宽、缓冲区空间、CPU 周期。

作为第一种的带宽是显然的。如果一个流需要 1Mbps，而输出线路的容量是 2Mbps，那么试图让三个流同时前往那条线路是行不通的。因此预留带宽意味着不要超载任何输出线路。

第二种常常短缺的资源是缓冲区空间。当一个分组到达时，它通常被硬件本身放到网络接口卡上，然后路由器软件必须把它复制到在 RAM 中的一个缓冲区，让它在那个缓冲区中排队等待在选择的输出线路上传输。如果没有缓冲区可用了，那么分组必须被抛弃，因为没有存放它的地方。为了取得好的服务质量，可以为一个特别的流预留一些缓冲区，使得该流不必跟其他的流争用缓冲区。当它需要的时候，总是有一个缓冲区可提供。

最后，CPU 周期也是一个稀有的资源。处理一个分组花路由器的 CPU 时间，因此，一个路由器每秒只能处理一定数量的分组。为了让每个分组都能得到及时的处理，需要保证 CPU 不被超载。

资源预留协议（Resource Reservation Protocol，RSVP）是 IETF 为综合服务体系结构制定的一个主要的协议，用于做预留工作。它使得网络应用对于它们的数据流能够得到有区别的服务质量（Quality of Service，QoS）。RSVP 的意图就是要为 IP 网络提供支持不同应用类型的各种性能需求的能力。

主机使用 RSVP 代表一个应用数据流向网络请求特别的服务质量。RSVP 运载请求通过网络，访问用以运载流的每个网络结点。在每个结点，RSVP 试图为流做资源预留。

RSVP 建立在 IPv4 或 IPv6 之上，在协议栈中占据相当于传输协议的位置。然而，RSVP

不传输应用数据，而是像 ICMP、IGMP 或路由协议那样，只是一个互联网控制协议。类似于路由和管理协议的实现，RSVP 的实现典型地在后台执行，而不是在数据转发的通路上。

需要注意的是，RSVP 本身不是一个路由协议，但它跟当前的和未来的单播和多播路由协议一起运行，沿着由路由协议计算的路径安装等同于动态访问列表的控制软件。因此在现有网络中实现 RSVP 不需要转向一个新的路由协议。

RSVP 进程查询本地的路由数据库，得到路由。在多播的情况下，主机发送 IGMP 报文加入一个多播组，然后发送 RSVP 报文，沿着该组的投递通路预留资源。当路由选择为了适应拓扑变化改变通路时，RSVP 会自适应地在新的通路上做预留。路由协议确定分组往哪儿转发，而 RSVP 仅关心根据路由协议转发的分组的服务质量。

RSVP 是单工的，它仅在单个方向上请求资源。也就是说为从主机 a 到主机 b 的数据流预留的资源，对于从主机 b 到主机 a 的数据流是不起作用的。因为在当前的 IP 网络中，双向的路由是不对称的：从主机 a 到主机 b 的通路并不一定是从主机 b 到主机 a 的通路的反向；另外，两个方向的数据传输特征和申请预留的资源也未必相同。因此，在逻辑上 RSVP 的发送方有别于接收方，虽然同一个应用进程可能同时包含发送方和接收方两种角色。

RSVP 是面向接收方的，即一个数据流的接收方发起和维护为该流所做的资源预留。RSVP 请求由信息的接收方（信宿机）提出，该请求包括了对服务质量的要求，通过一个或多个路由器的验证，到达信息的发送方（信源机），从而建立一条具有一定服务质量的信息通路，该通路上的路由器负责提供预定的资源来保证传输的服务质量，并维护该数据通路的状态。

RSVP 协议涉及主机、路由器以及路由器之间的通信，因此，为了在 TCP/IP 网络上实现 RSVP 功能，必须配置支持 RSVP 的路由器。

图 5-3 显示的是在主机和路由器上实现带宽资源预留的 RSVP 协议结构，其中的流量控制部分包括了分类器、准入控制和分组调度器。分类器根据信息分组决定信息传送的类别和路由。分组调度器用以确定分组什么时候转发；对于每个输出接口，分组调度器实现所承诺的 QoS。准入控制判断是否有足够的资源满足 RSVP 请求。策略控制决定用户是否有权限预留资源（受费用等影响），RSVP 没有对该控制部分做详细的规定。

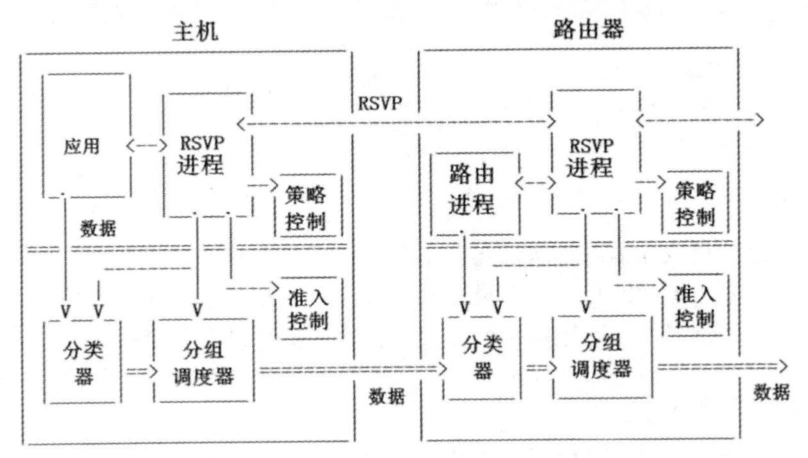

图 5-3　主机和路由器上的 RSVP 协议结构

为了在一个结点做资源预留，RSVP 进程跟准入控制和策略控制模块通信。准入控制确定该结点是否有足够的可用资源提供所请求的 QoS。策略控制确定该用户是否有权预留资源。如果任一检查失败了，RSVP 进程就给最初发请求的应用进程返回一个差错通知。如果两项检查都成功了，RSVP 进程在分类器和分组调度器中设置参数，以便实现所承诺的 QoS（在数据传输阶段，分类器负责确定分组的 QoS 类别，分组调度器负责给分组传输安排次序）。然后，该结点把请求传送给下一结点。

在最简单的形式中，RSVP 使用基于分发树的多播路由选择。每一组被分配一个组地址。为了给一个组发送，发送方把组地址放在它的分组中。标准的多播路由选择算法建立一个分发树覆盖所有的组成员。路由选择算法不包含在 RSVP 协议中。跟通常的多播相比，RSVP 仅有的差别是有一些附加的信息，定期地播送给组，告诉路由器在它们的存储器中维持某些数据结构。

作为例子，考虑下面图 5-4（a）所示的网络。主机 1 和 2 是多播发送方，主机 3、4 和 5 是多播接收方。在这个示例中，发送方和接收方是分开的，但一般说来，这两个集合可以重叠。图 5-4（b）和（c）分别给出了源自主机 1 和主机 2 的多播树。

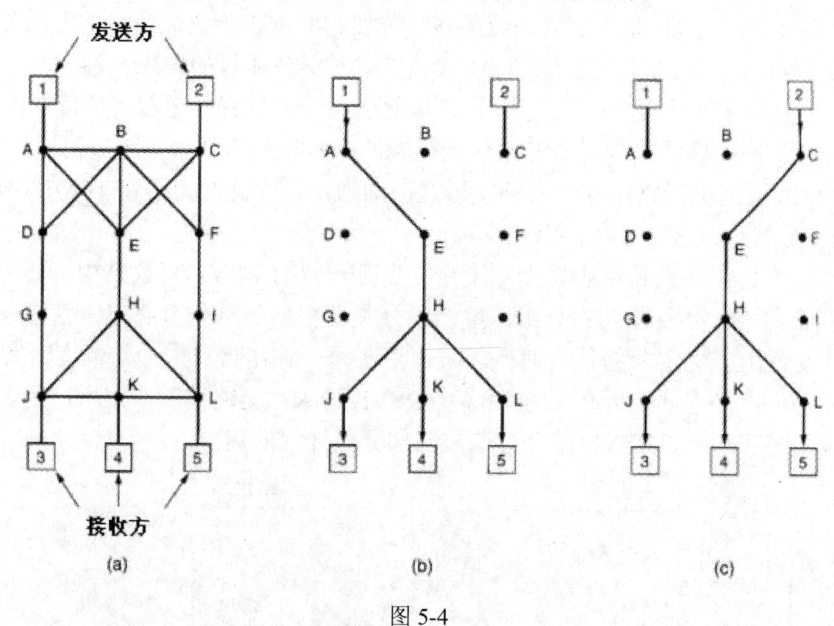

图 5-4

（a）一个网络；（b）源自主机 1 的多播分布树；（c）源自主机 2 的多播分布树

为了取得更好的接收和消除拥塞，在一个组中的任一接收方都可以把一个预留报文沿着树上行发送给发送方。RSVP 使用反向通路转发算法把该报文沿着树向上传播。在每一跳段的路由器都记录该预留，并实际地预留所需要的带宽。如果没有足够的带宽可以提供，它就往回报告失败的消息。当报文返回到源时，在沿着分发树从发送方到做预留请求的接收方的整个通路上就都预留了带宽。

RSVP 支持多播传送（一个发送方，多个接收方），而且可以用于非常大的多播组，因为它使用面向接收方的预留请求。当多个接收方的请求沿着多播树向上传播时，可以把它们合并（参见图 5-5）。单个接收方的预留可以不必传播到多播树的根，有可能到达该树的一个已经做过预留的分枝就可以了。这样，接收方发送的 RSVP 请求就可能在某个路由器处和其他数据接收方的资源预留请求合并，并返回预留请求成功的消息，这样可以减少网络的传输负载。

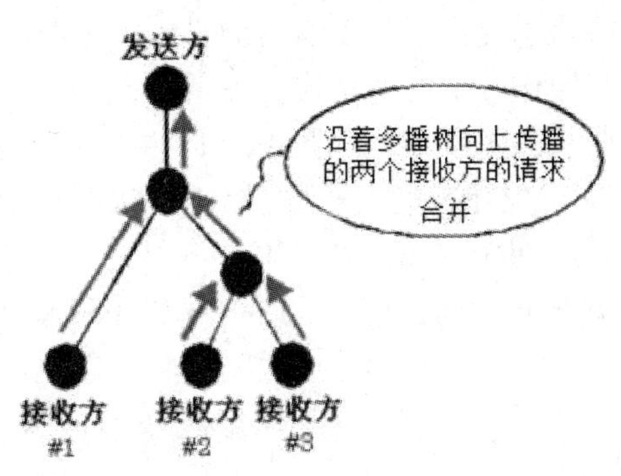

图 5-5　可以把沿着多播树向上传播的多个接收方的请求合并

作为例子，图 5-6（a）给出了一个这样的预留。在这里主机 3 请求到主机 1 的一个通道。一旦该通道建立起来了，分组就可以无阻塞地从主机 1 流到主机 3。现在考虑主机 3 再预留到达另一个发送方即主机 2 的通道，使得用户可以同时观看两个电视节目。如图 5-6（b）所示，第二个通道被预留。值得注意的是，从主机 3 到路由器 E 需要两个分立的通道，因为要传输两个独立的流。

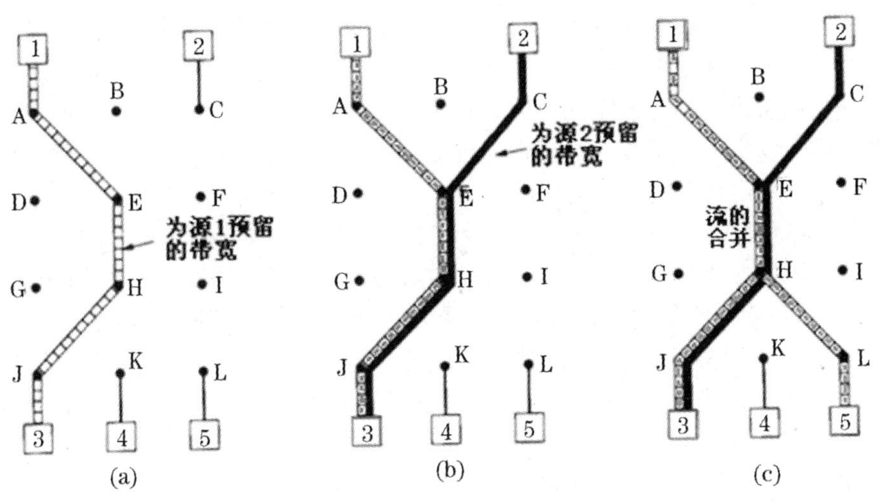

图 5-6　资源预留

（a）主机 3 请求到主机 1 的一个通道；（b）主机 3 又请求第二个通道，到主机 2；（c）主机 5 请求到主机 1 的一个通道

最后，如图 5-6（c）所示，主机 5 决定要观看由主机 1 发送的节目，并且也做了一个预留。首先，从主机 5 直到路由器 H 处预留专有的带宽。然而对于来自主机 1 的流量，路由器 H 注意到，如果已经预留了所需要的带宽，它就不必再做预留。需要指出的是，主机 5 和主

机 3 可能请求不同数量的带宽（例如主机 5 有一台黑白电视机，因此它不需要彩色信息），因此预留的容量必须足够大，以满足最大的接收方。

虽然 RSVP 是特别为多播应用设计的，但是它也可以做单播预留。事实上，单播可以看成是多播的一个特例，只是它仅有一个组成员而已。RSVP 协议机制为在单播或多播的投递通路上建立和维护分布式预留状态提供了一个通用的设施。RSVP 本身把 QoS 和策略控制参数作为非透明数据进行传送和操作，把它们传递给流量控制和策略控制模块去解释。

由于一个大的多播组的成员关系和由此产生的多播树拓扑很可能随时间变化，RSVP 的设计假定在路由器和主机中 RSVP 的状态和流量控制的状态是增量建立和删除的。为此，RSVP 建立软状态（soft state），也就是说，RSVP 周期性地刷新报文，以维持沿着预留通路的状态。在没有刷新报文的情况下，状态自动超时，并被删除。这样，尽管多播工作组的成员和网络拓扑结构都可能变化，而 RSVP 的数据通路的软状态也可以动态地更新。

5.7.1 RSVP 数据流

在 RSVP 中，数据流是具有同样的源、目的地（可以是一个或多个主机）和服务质量的数据报序列。QoS 需求通过一个流规格在网络上传播，流规格是互联网主机用以向网络请求特定服务的数据结构，它阐明那个数据流所要求的服务级别。

跟路由协议不同，RSVP 管理数据流，而不是针对每个数据报做转发决定。数据流由在特定的源机器和目的机器之间的会话构成。会话用下列数据标识：目的地址、协议 ID 和目的端口。RSVP 同时支持单播和多播单向会话。在一对机器之间的双向数据交换实际上是由两个分立的 RSVP 单向会话组成的。

多播会话把由单个发送方发出的每个数据报的一个拷贝传送给多个目的地。单个主机也可以包含多个逻辑发送方和接收方，它们通过端口号加以区分，每个端口号对应一个不同的应用。通过对这些应用特有的信息的跟踪，人们就可以把单个会话产生的数据转发到同一目的主机上的多个应用。

一个预留的数据流规格应该包括应用程序的服务类型、要求的服务质量（RSpec）和数据流量（TSpec）的说明，应该包括带宽分配、最大延迟、分组丢失概率等信息。

就 RSVP 而言，服务质量是在流规格中指定的一个属性，用以确定参与实体（路由器，接收方，发送方）控制数据交换的方式。主机使用 RSVP 代表一个应用数据流向网络请求 QoS 级别。路由器使用 RSVP 向在流通路上的其他路由器传递 QoS 请求。主机和路由器维持和更新有关流的状态信息，以提供已经承诺的服务。

5.7.2 RSVP 会话和预留方式

一个 RSVP 会话通常用三元组 <目的地址，协议标识，目的端口>定义。目的地址通常是一个多播组地址。目的端口通常是一个 UDP 或 TCP 的端口。RSVP 允许将任意值用于协议标识，但端点系统的 RSVP 实现应该知道用于这个域的约定值，特别是用于 UDP 和 TCP 的值

（分别是 17 和 6）。

为起动一个 RSVP 多播会话，接收方首先使用因特网组管理协议（The Internet Group Management Protocol，IGMP）加入由一个 IP 组地址指定的多播组。IGMP 功能的实现需要使用单播路由服务，并辅以协议无关的多播树算法（PIM）。在接收方加入一个组以后，潜在的发送方开始给这个 IP 多播地址发送 RSVP 通路（Path）报文。接收方进程接收 Path 报文，并开始发送预留请求（Resv）报文，使用 RSVP 指定所需要的流描述字（flow descriptor）。流描述字包括一个“流规格”和一个“分组过滤器规格”。“流规格”说明所要求的质量，用以设定分组调度器的参数。“分组过滤器规格”决定接收何种数据分组及何种参数。在发送方进程接收到一个 Resv 报文后，发送方就开始发送数据分组。

预留请求可以通过选项来设定不同的预留方式。一个选项是选择如何处理每个会话中的数据发送方，有两种方法：一种是为每个发送方的会话分别安装一个预留（各别），另一种是选定的多个发送方共享一个预留（共享）。

另一个选项选择以何种方式指定每个会话中的数据发送方，可以是显式地列出要选择的发送方（显式），也可以是通配表示所有的发送方（通配）。

上述两个选项的组合能够产生三种预留方式（见表 5-1）。

表 5-1　预留方式

发送选项	各别法	共享法
显式	固定过滤器（FF）方式	共享显式（SE）方式
通配式	未定义	通配过滤器（WF）方式

共享和通配组合形成了通配过滤器（Wildcard Filter，WF）方式。WF 方式让所有的发送方共享一个预留。预留的大小是所有预留的最大值。该预留方式可以表示成：WF（*{Q}），星号代表通配选项，即所有的发送方，“Q”代表流规格。在这里，可以把预留想象成一个共享管道，它的尺寸是对来自所有接收方关于相关链路的资源请求中的最大值，独立于发送方的数目。该预留往上游向着所有发送主机传播，并自动扩展到新出现的发送方。

各别和显式的组合形成了固定过滤器（Fixed Filter，FF）方式。该预留方式可以表示成 FF（S{Q}），“S”代表发送方。一个 RSVP 请求可以包括多个流描述字，例如：

FF（S1{Q1}，S2{Q2}，S3{Q3}，…）Q

FF 方式为每个发送方建立一个预留。预留范围由一个显式的发送方列表确定。在一条链路上对于一个给定会话的总预留是所有被请求的发送方的 FF 预留的总和。然而，不同接收方请求的选择相同发送方的 FF 预留必须合并，以便在给定结点处共享单个预留。

共享和显式可以组合成共享显式（Shared Explicit，SE）方式。一个预留可以包括多个用显式说明的发送方。对一个包含流说明 Q 和发送方 S1、S2、S3 的预约请求，该方式可以表示为 SE（S1，S2，S3…）Q。该方式把来自显式指定的多个发送方的流合并，建立共享的单个预留。预留的大小是所有预留的最大值。

共享和各别由于本质上不兼容，因此 RSVP 不能把它们合并；同样，RSVP 也不能合并通配和显式。WF（共享和通配组合的通配过滤器方式）、SE（共享显式方式）、FF（各别和显式组合的固定过滤器方式）也是互相不兼容的，但是可以用 SE 来模拟 WF。RSVP 以后可以扩充其他的选项和方式。

对于电话会议等多播传送情况，由于不太可能有多个发送方同时发送数据（说话），所以可以采用共享预留方式来节省带宽。而对于视频会议，因为多个发送方在发送视频数据，所以采用个别预留方式能保证数据传送的实时性。在不能确定发送方的情况下，最好采用通配方式，而对于发送方确定的情况，可以使用显式方式。

5.7.3 RSVP 操作过程

RSVP 为单向数据流预留资源，接收方负责请求资源预留，这种通用的操作环境如图 5-7 所示。

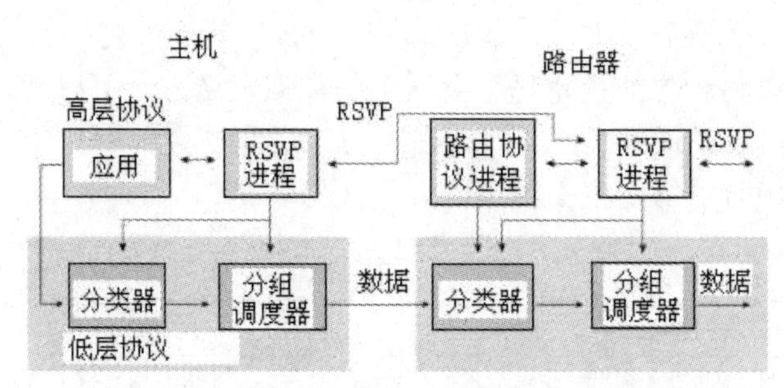

图 5-7　RSVP 为单向数据流预留资源的操作环境

主机发送 IGMP 报文事先加入一个多播组。在 RSVP 预留过程开始时，RSVP 进程根据路由协定取得路由。主机发送 RSVP Resv 报文在所加入的那个组的传输通路上预留资源。在数据传输阶段，能够参与资源预留的每个路由器将把进入的数据分组传递给分组分类器，然后在必要时再把它们放到分组调度器的队列中。如果数据链路层介质有自己的 QoS 管理能力，那么分组调度器也将跟数据链路层协商，以实现 RSVP 承诺的 QoS。分组调度器还将负责分配其他的系统资源，例如 CPU 时间和缓冲区。在预留经过的每一个结点上，一个典型的源于接收主机应用的 QoS 请求被传送给作为本地 RSVP 进程的本地 RSVP 实现。

资源预留请求被传给沿着前往数据源的反向数据通路上的所有结点（路由器和主机）。在每一个结点处，RSVP 程序使用称作准入控制的本地决策过程确定它是否能够提供所请求的 QoS。如果准入控制成功，RSVP 就设置分组分类器和调度器参数，承诺并准备执行所提出的 QoS 要求。如果准入控制在任一结点失败，那么 RSVP 进程给最初发请求的应用返回一个错误指示。

每个接收主机往上游向发送方发送 RSVP 预留请求（Resv）报文。这些报文必须严格遵循与数据分组相反的通路向上游传输到达包括在发送方选择中的所有发送主机。它们沿着通路在每个结点中建立和维护“预留状态”。Resv 报文最后必须投递给发送主机本身，以便主机可以为第一跳段建立适当的流控制参数。

每个 RSVP 发送主机向下游沿着由路由协议提供的单播或多播路由传输 RSVP 通路（Path）报文。Path 报文走与数据相同的通路，沿途在每个结点存储通路状态。这个通路状态至少要包括前一跳段结点的单播 IP 地址，该地址被用来在相反方向上逐跳地路由 Resv 报文。

基本的 RSVP 预留模型是“1 次传递”：一个接收方向上游发送预留请求，在通路上的每个结点要么接受请求，要么拒绝请求。这个方案没有为接收方了解结果所能产生的端到端的服务效果提供方便的途径。因此，RSVP 还支持对“1 次传递”服务的一种增强，称作“使用通告的 1 次传递”（One Pass With Advertising，OPWA）。采用 OPWA，RSVP 控制报文沿着数据通路向下游传送，收集可用来预测端到端的 QoS 的信息。其结果（advertisements，通告）被 RSVP 投递给接收主机，也可以传递给接收方应用程序。然后，接收方可以使用该通告构建（或动态调节）适当的预留请求。

在建立一个会话之前，必须分配会话标识<目的地址，协议标识，目的端口>，并借助某个其他机制告知所有的发送方和接收方。当建立 RSVP 会话时，在端点系统发生下列事件。

- H1：一个接收方使用 IGMP 加入用目的地址指定的多播组。
- H2：一个潜在的发送方开始向目的地址发送 RSVP Path 报文。
- H3：一个接收方的应用接收一个 Path 报文。
- H4：一个接收方开始发送适当的 Resv 报文，指定想要的流描述字（flow descriptor）。
- H5：一个发送方的应用接收一个 Resv 报文。
- H6：一个发送方开始发送数据分组。

在每个中间结点，预留请求触发两类常规的动作。

（1）在一条链路上做预留。结点设置分组分类器，以便选择由过滤器规格定义的数据分组；并跟适当的链路层交互，以便实现由流规格定义的服务质量。

（2）往上游转发请求。预留请求往上游向着发送方的方向传播。一个预留请求向其传送的一组发送主机被称作该请求的范围（scope）。

RSVP 的一个重要功能是支持多播传送，支持数据流的合并。流的合并包括在输入物理端口的合并和在输出物理端口的合并。路由器的一个输入物理端口可能接收来自下游结点的多个 RSVP 请求（例如图 5-8 中路由器的 b 接口）。如果这些请求是为了同一个会话，并有同样的分组过滤描述，RSVP 会为这个接口分配一个预留，这个预留是该接口上申请的预留的最大值。相似地，路由器的一个输出物理端口（例如图 5-8 中路由器的 d 接口）同样会合并来自不同下游接口的多个资源申请，从而产生一个最大的资源申请和相应的资源预留。

当一个接收方启动一个预留请求时，它还可以请求一个确认（confirmation）报文，表明它的请求已在网络中安装了。一个成功的预留请求沿着多播树向上游传播，直到它抵达这样的一个结点为止，该结点已经有了一个预留，而且该预留等于或大于所请求的预留。在该点，到达的请求跟已经存在的预留合并，并不再进一步转发。该结点可以往回给接收方发送一个预留确认报文。

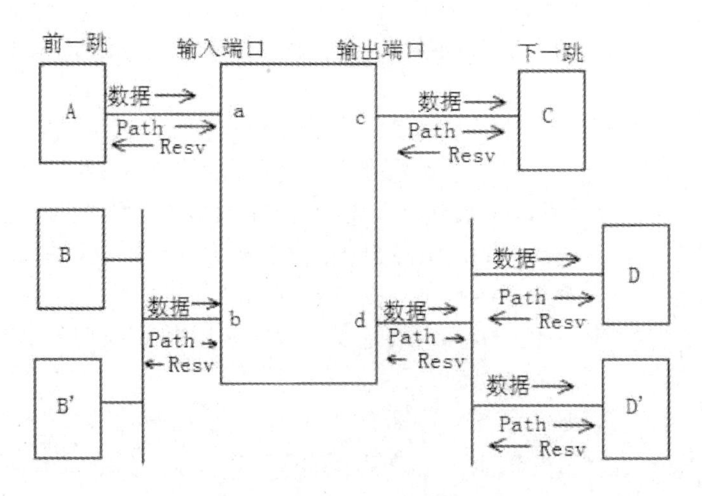

图 5-8　使用 RSVP 的路由器

5.7.4　预留方式示例

本节给出每种预留方式的示例，并展示合并的效果。

图 5-9 显示的是一个路由器配置图。它有两个输入接口（a）和（b），流通过它们到达。它有两个输出接口（c）和（d），数据通过它们转发。来自发送方 S1 的分组通过（a）到达，来自发送方 S2 和 S3 的分组通过（b）到达。下游有 3 个接收方，前往 R1 的分组被路由到（c），前往 R2 和 R3 的分组被路由到（d）。我们还假定，输出接口（d）连接到一个广播型 LAN，并且 R2 和 R3 又各自通过一条点到点链路分别连接到不同的下一跳段路由器（图中未标示）。

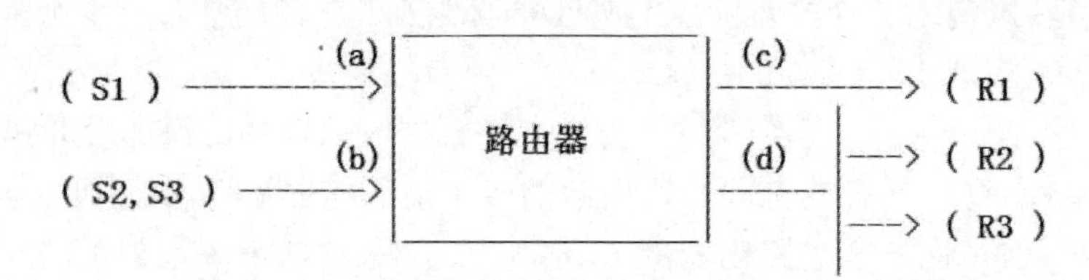

图 5-9　路由器配置

下面描述在该结点内部的多播路由。首先假定来自每个 S_i 的数据分组都被同时路由到两个输出接口。在这个前提下，图 5-10、图 5-11 和图 5-12 分别显示了通配过滤器、固定过滤器和共享显式的预留。为简明起见，在给出的 3 种预留中，假定流规格都是某个基本资源量 B 的整数倍，“接收”列表示该结点在输出接口（c）和（d）上接收的 RSVP 预留请求，“预留”列表示该结点为每个接口所产生的预留状态，“发送”列表示该结点向上游往前一跳段（a）和（b）发送的预留请求。在“预留”列，每个方框表示该结点在一个输出链路上用对应的流描述字列出的一个预留“管道”。

图 5-10 展示的是通配过滤器方式预留，在（d）接口上的两个下一跳段中的每一个都产生一个单独的 RSVP 预留请求 。这两个请求必须合并成有效的流规格 3B（在广播型共享 LAN 上），它被结点用来在接口（d）上做预留。而在接口（c）和（d）上的预留必须合并（假定

这些请求是为了同一个会话），以便结点向上游转发预留请求；结果结点把比较大的流规格 4B 向上游转发到每个前一跳段。

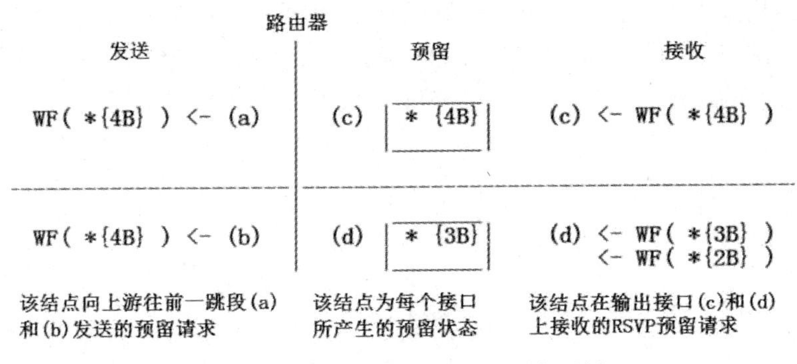

图 5-10　通配过滤器（WF）预留示例

图 5-11 展示的是固定过滤器（FF）方式预留。对于每个输出接口，针对被请求的每个源都有一个单独的预留，但这个预留将在做请求的所有接收方之间共享。通过输出接口（c）和（d）接收的针对发送方 S2 和 S3 的流描述字被封装（但没有合并）进请求，转发给前一跳段（b）。在另一方面，指定发送方 S1 的三个不同的流描述字被合并成单个请求 FF（S1{4B} ），发送给前一跳段（a）。

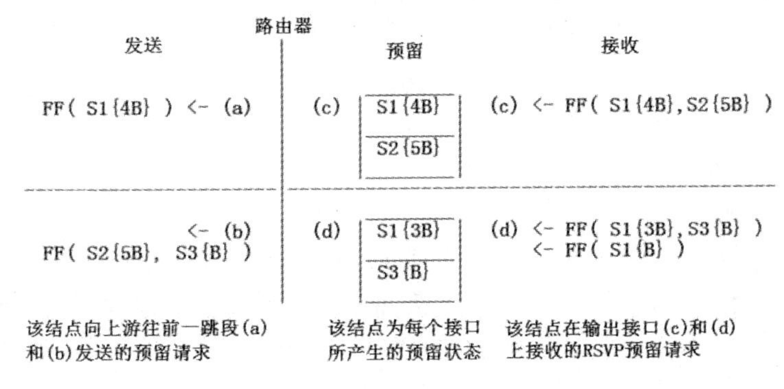

图 5-11　固定过滤器（FF）预留示例

图 5-12 展示了一个共享显式（SE）方式预留的示例。当 SE 方式预留合并时，所产生的过滤器规格是原先过滤器规格的并集（union），所得到的流规格是最大的流规格。

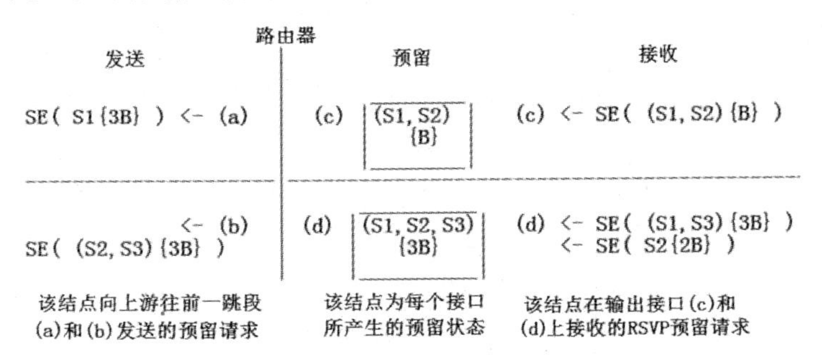

图 5-12　共享显式（SE）预留示例

上面给出的三个例子假定来自 S1、S2 和 S3 的数据分组都被路由到两个输出接口。图 5-13 的顶部给出了另一个路由假定：来自 S2 和 S3 的数据分组不被转发到接口（c）。例如，因为网络拓扑结构提供了一种比较短的通路，使得这些发送方前往 R1 的路径不经过我们考察的这个路由器。图 5-13 的底部给出了在这个假设下的通配过滤器（WF）方式预留。由于没有从（b）到（c）的路由，在接口（b）上转发出去的预留仅考虑在接口（d）上的预留。

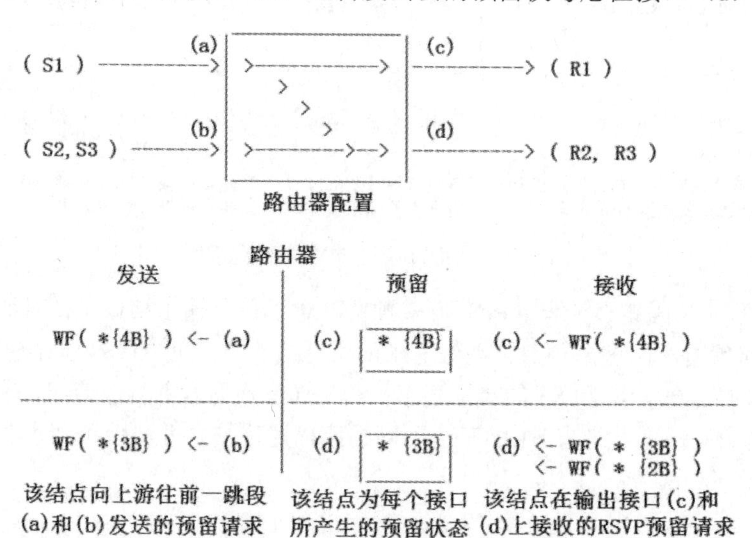

图 5-13　部分路由配置的通配过滤器（WF）方式预留示例

5.7.5　RSVP 报文

RSVP 报文被封装在 IP 分组中（协议号等于 46），在具有 RSVP 能力的路由器之间逐跳传输。载有 RSVP 报文的 IP 分组也在端点系统和第 1 跳或最后一跳路由器之间传输。

RSVP 有两个基本的报文类型：通路（Path）和预留请求（Resv）。Path 报文的发送使用与数据同样的源和目的地址，源地址必须是它所描述的发送方的一个地址，而目的地址则必须是会话的目的地址。而在另一方面，Resv 报文则逐跳发送，每个支持 RSVP 的结点都把 Resv 报文转发给 RSVP 的一个前一跳段的单播地址。

资源预留的过程从应用程序的流的源结点发送 Path 报文开始，该报文会沿着流所经过的通路传到流的目的结点，并沿途建立通路状态；目的结点收到该 Path 报文后，会向源结点回送 Resv 报文，沿途建立预留状态，如果源结点成功收到预期的 Resv 报文，则认为在整条通路上资源预留成功。

每个接收主机都向发送主机发出 RSVP 预留请求（Resv）报文，这类报文沿着和数据传送正好相反的路径，传到发送主机。它在路径的每个结点上产生并维护“预留状态”。预留报文包括称作流规格（flowspec）的对象，这个对象被用来确定流所需要的资源。

每个发送主机沿着数据传送的路径定时发送 Path 报文。这些 Path 报文在路径的每个结点上存储“路径状态”（Path State），并被路由器传送到下一个结点。“路径状态”保存前一个结点的 IP 地址。

除了前一跳段地址，Path 报文还包含下列以对象（object）的形式给出的信息。

（1）发送方模板（SENDER_TEMPLATE）对象

Path 报文需要携带一个发送方模板对象，它描述发送方将源发的数据分组的格式。该对象采用过滤器规格的形式，接收方可用以在同一链路上的同一会话中选择这个指定的发送方而不是其他发送方的分组。

发送方模板对象具有与在 Resv 报文中出现的过滤器规格对象完全相同的功能和格式。因此，一个发送方模板可以仅仅指定发送方的 IP 地址以及发送方 UDP/TCP 端口（可选的）。这里假定已经为会话指定了协议标识。

（2）发送方流规格（SENDER_TSPEC）对象

Path 报文需要携带一个发送方流规格对象，它定义发送方将产生的数据流的流量特征。路由器可用它来防止过度预留，避免可能发生的不必要的准入控制失败。

（3）通告规格（ADSPEC）对象

Path 报文可以携带一个 OPWA（One Pass With Advertising，使用通告的 1 次传递）包裹，通告称作 ADSPEC（通告规格）对象的信息。ADSPEC 对象描述路由器能够提供的支持，路过的路由器都会对该项进行更新。在一个 Path 报文中收到的 ADSPEC 被传递给本地流量控制，后者返回一个更新的 ADSPEC，然后更新版本的 ADSPEC 将被放到 Path 报文中向下游转发。

Resv 和 Path 报文都有超时机制，超时后，路径上的结点所保存的相应状态会被删除。由发送方和接收方负责网络上的状态的定时刷新。

除了通路（Path）和预留请求（Resv）报文，RSVP 还包括下列几种报文。

- 通路错误报文

通路错误报文（PathErr）从 Path 报文产生，向着发送方传递。通路错误报文使用路径状态逐跳选路。在每一跳段，IP 目的地址都是前一跳段结点的单播地址。

- 预留请求错误报文

预留请求错误报文（ResvErr）从 Resv 报文产生，向着接收方传递。预留请求错误报文使用预留状态逐跳选路。在每一跳段，IP 目的地址都是下一跳段结点的单播地址。在错误报文中运载的信息可以包括准入失败、带宽不可提供、不支持服务、坏的流描述和具有二义性的通路等。

- 预留请求确认报文

发送预留请求确认报文（ResvConf）是出现在资源请求报文中的预留确认对象的结果。该确认报文包含预留确认对象的一个拷贝。确认报文发送给接收主机的单播地址，该地址从预留确认对象得到。需要把预留请求确认报文逐跳转发（提供逐跳的完整性检查机制）给接收方。

- RSVP 删除报文

RSVP 删除报文（Teardown）不用等待清除超时期到达就能够删除路径和预留状态。删除报文可以由一个端系统（发送方或接收方）或路由器作为状态超时的结果或因某种原因需要取消预留而发送。RSVP 支持两种类型的删除报文。

①通路删除报文（PathTear）删除从该报文发出的结点到所有的接收者路径上的通路状态和预留状态，选路同于 Path 报文。

②预留请求删除报文（ResvTear）删除从该报文发出的结点到所有发送方路径上的预留状态，选路同于对应的 Resv 报文。

一个 RSVP 报文由一个通用头后随由可变数目、可变长度的具有类型的对象组成的报文体构成。对于每一个报文类型都有一套允许对所包含的对象类型进行选择的规则。一个 RSVP 实现应该按照规定的对象排列顺序建立报文。下面介绍通用头、标准对象头以及 Path 报文和 Resv 报文的格式。

1. 通用头

通用头的格式如图 5-14 所示。其中各个域的含义如下。

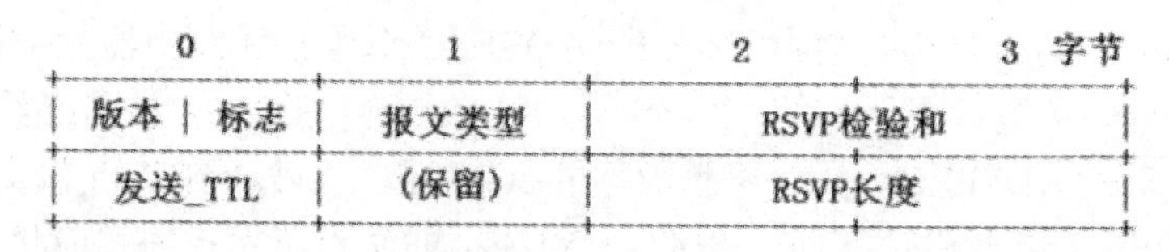

图 5-14　通用头格式

（1）版本 4 位，协议版本号，现在是 1。

（2）标志 4 位，尚无标志位定义。

（3）报文类型 8 位，具体赋值如下：

1 = Path　　2 = Resv　　3 = PathErr　　4 = ResvErr

5 = PathTear　　6 = ResvTear　　7 = ResvConf

（4）RSVP 检验和 16 位，报文的 1 的补码和的 1 的补码。为计算检验和，先把该域用 0 代替。全 0 值意味着没有发送检验和。

（5）发送_TTL 8 位，发送该报文的 IP 分组的 TTL 值。

（6）RSVP 长度 16 位，以字节计的 RSVP 报文总长度，包括通用头及后随的可变长度的对象。

2. 对象格式

每个对象都由一个或多个 32 位字构成，其中包括一个字的头（参见图 5-15）。

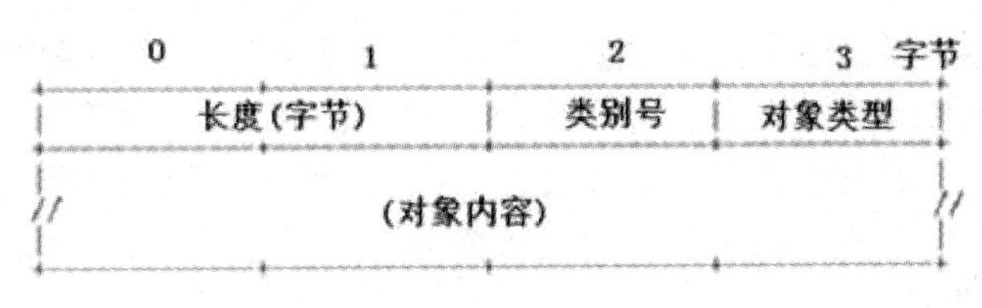

图 5-15 对象格式

下面阐述的是在一个字的头的格式中每个域的含义。

（1）长度 16 位，以字节计的总的对象长度。它必须是 4 的整数倍，并且至少是 4。

（2）类别号（Class-Num）8 位，标识对象类别。每个类别除了被赋给用 8 位表示的一个值，还有一个用大写表示的名字。RSVP 的实现必须能够识别下列类别。

- NULL（空）类别号等于 0，它的对象类型（C-Type）被忽略。它的长度必须至少是 4，但可以是 4 的任意整数倍。NULL 对象可以出现在一个对象序列的任何位置，它的内容将被接收方忽略。
- SESSION（会话）类别号等于 1。它包含 IP 目的地址（DestAddress）、IP 协议标识以及某种形式的广义目的端口，用以定义后随的其他对象所属于的特定的会话。在每个 RSVP 报文中都需要有 SESSION 对象。
- RSVP_HOP（RSVP 跳段）类别号等于 3，载有发送这个报文的具有 RSVP 能力的结点的 IP 地址和一个逻辑输出接口句柄（logical outgoing interface handle，LIH）。这里的 RSVP 跳段，对于往下游传送的报文（downstream message）来说是 PHOP（previous hop，前一跳段），对于往上游传送的报文（upstream message）来说是 NHOP（next hop，下一跳段）。
- TIME_VALUES（时间值）类别号等于 5，含有报文的创建者使用的刷新周期 R 的值。在每个 Path 和 Resv 报文中都需要有 TIME_VALUES 对象。
- STYLE（方式）类别号等于 8，定义预留方式，并包含在 FLOWSPEC 或 FILTER_SPEC 对象中所没有的方式特有的信息。在每个 Resv 报文中都需要有 STYLE 对象。
- FLOWSPEC（流规格）类别号等于 9，在一个 Resv 报文中定义想要的服务质量。
- FILTER_SPEC（过滤器规格）类别号等于 10，在一个 Resv 报文中定义应该得到在 FLOWSPEC 对象中定义的服务质量的会话数据分组子集。
- SENDER_TEMPLATE（发送方模板）类别号等于 11，含有一个发送方 IP 地址，或许还有一些附加的标识发送方的解复用信息。在 Path 报文中需要有 SENDER_TEMPLATE 对象。
- SENDER_TSPEC（发送方流量规格）类别号等于 12，定义发送方数据流的流量特征。在 Path 报文中需要有 SENDER_TSPEC 对象。
- ADSPEC（通告规格）类别号等于 13，它在 Path 报文中载有 OPWA 数据。这里的 OPWA 指的是“One Pass With Advertising（使用通告的 1 次传递）”。基本的 RSVP 预留模型是“one pass（1 次传递）”，即接收方向上游发送一个预留请求，在通路上的每个结点要么接受、要么拒绝该请求。该方案没有为接收方提供端到端服务水平的途径。

鉴于此，RSVP 支持对“1 次传递”进行增强的一种机制，即 OPWA。采用 OPWA，RSVP 控制分组沿着数据通路向下游传输，收集可用以预告端到端服务质量的信息。所产生的结果（即所谓的“通告”）被 RSVP 投递给接收方主机（也许也投递给接收方应用程序）。然后接收方使用这个通告建立或动态调节适当的预留请求。因此，一个 Path 报文可能承载称作 Adspec 的 OPWA 通告信息。

- ERROR_SPEC（差错说明）类别号等于 6。它在 PathErr 或 ResvErr 报文中具体说明一个差错，或在一个 ResvConf 报文中表示一个确认。
- POLICY_DATA（策略数据）类别号等于 14，载有允许一个本地策略模块确定一个预留在管理上是否被允许的信息。POLICY_DATA 对象可能出现在 Path、Resv、PathErr 或 ResvErr 报文中。
- INTEGRITY（完整性）类别号等于 4，载有对始发结点做身份验证和验证这个 RSVP 报文的内容的加密数据。
- SCOPE（范围）类别号等于 7，载有一个显式的发送方主机列表，该报文中的信息将向这些发送方转发。SCOPE 对象可能出现在 Resv、ResvErr 或 ResvTear 报文中。
- RESV_CONFIRM（预留确认）类别号等于 15，载有请求一个确认的接收方的 IP 地址。RESV_CONFIRM 对象可能出现在 Resv 或 ResvConf 报文中。

（3）对象类型（C-Type）8 位，说明在一个类别内的对象类型。它在一个类别号内具有唯一性。例如，SESSION class = 1。

- IPv4/UDP SESSION object：class=1，C-Type=1
- IPv6/UDP SESSION object：class=1，C-Type=2

对象内容的最大长度是 65 528B。可以把类别号（Class-Num）和对象类型（C-Type）作为 16 位二进制数一起使用，定义每个对象具有唯一性的类型。类别号（Class-Num）的高序两位被用来确定如果一个结点不能识别该对象的类别号（Class-Num），它应该采取什么样的动作。

3. Path 报文

每个发送方主机为它源发的每个数据流定期地发送 Path 报文。Path 报文包含一个定义数据分组格式的 SENDER_TEMPLATE 对象（object）和一个详细说明流的流量特征的 SENDER_TSPEC 对象。可选地，也许它还可能包含一个载有关于流的通告（OPWA）数据的 ADSPEC 对象。

Path 报文沿着与数据分组使用的同样的通路从发送方向接收方传输。Path 报文的 IP 源地址必须是它所描述的发送方的一个地址，而目的地址则必须是会话的 DestAddress（目的地址）。这些地址保证报文将被正确地路由通过非 RSVP 云 。

Path 报文的格式如下：

```
<Path 报文>：：=<通用头> [ <INTEGRITY> ] <SESSION> <RSVP_HOP> <TIME_VALUES>
```

```
[ <POLICY_DATA> ... ] [ <发送方描述字>]
<发送方描述字>：：= <SENDER_TEMPLATE> <SENDER_TSPEC> [ <ADSPEC> ]
```

如果存在 INTEGRITY 对象，那么它必须被放在紧随通用头之后的位置。对发送顺序没有其他要求，虽然我们推荐使用上列顺序。另外，可能出现任意多个 POLICY_DATA 对象。

每个 Path 报文的 PHOP（即 RSVP_HOP）对象包含前一跳段地址，即最近从其发送该 Path 报文的接口的 IP 地址。它还载有一个逻辑接口句柄（logical interface handle，LIH）。

沿着通路的每个有 RSVP 能力的结点都捕获一个 Path 报文，并对它进行处理，为用 SENDER_TEMPLATE 和 SESSION 对象定义的发送方建立通路状态。POLICY_DATA、SENDER_TSPEC 和 ADSPEC 对象也被保存在通路状态中。如果在处理 Path 报文时遇到差错，就向该 Path 报文的源发方发送一个 PathErr 报文。

在一个结点中的 RSVP 进程定期地扫描通路状态，建立新的 Path 报文向接收方转发。每个报文都包含一个定义一个发送方的发送方描述字，并载有作为它的 IP 源地址的源发方 IP 地址。Path 报文最终到达在所有接收方主机上的应用；然而，它们永远不会回环给跟发送方在同一应用进程中运行的接收方。

RSVP 进程使用从适当的单播或多播路由进程得到的路由信息，转发 Path 报文，并在多播会话需要时对它们进行复制。路径取决于会话 DestAddress；对于某些路由协议，路径也依赖于源（发送方 IP）地址。路由信息一般包括零或多个输出接口的列表，Path 报文将向这些输出接口转发。因为每个输出接口有不同的 IP 地址，在不同接口上发送的 Path 报文包含不同的 PHOP（前一跳段）地址。此外，对于不同的输出接口，在 Path 报文中承载的 ADSPEC 对象一般也不同。

4. Resv 报文

Resv 报文沿着与会话的数据流相反的通路运载从接收方到发送方的逐跳预留请求。Resv 报文的 IP 目的地址是从通路状态得到的前一跳段结点的单播地址。IP 源地址是发送该报文的结点的地址。

Resv 报文格式如下：

```
<Resv 报文>：：= <通用头> [ <INTEGRITY> ] <SESSION>  <RSVP_HOP>  <TIME_VALUES>
[ <RESV_CONFIRM> ]  [ <SCOPE> ] [ <POLICY_DATA> ... ]  <STYLE>
<流描述字列表>
<流描述字列表>：：=  <空> |<流描述字列表> <流描述字>
```

如果存在 INTEGRITY 对象，那么它必须被放在紧随通用头之后的位置。后面有流描述字列表跟随的方式对象必须放在报文的末尾；在流描述字列表内的对象必须遵从在报文格式中给出的定义<流描述字列表>的 BNF（巴科斯范式）。对发送顺序没有其他要求，虽然我们推荐使用上列顺序。

Resv 报文的 NHOP（即 RSVP_HOP）对象包含在其上发送该 Resv 报文的接口的 IP 地址，以及需要在其上做预留的逻辑接口的 LIH。

RESV_CONFIRM 对象的出现标示对预留确认的请求，并载有 ResvConf 报文应该发往的接收方的 IP 地址。可能出现任意多个 POLICY_DATA 对象。

前面列出的 BNF（巴科斯范式）把流描述字列表简单地定义成一个由流描述字组成的列表。下面给出的依赖于方式的规则更详细地为每个预留方式说明有效的流描述字列表的组成。

（1）通配过滤器（WF）方式

```
<流描述字列表>：：＝ <WF 流描述字>
    <WF 流描述字>：：＝<FLOWSPEC>
```

（2）固定过滤器（FF）方式

```
<流描述字列表>：：＝<FLOWSPEC> <FILTER_SPEC> | <流描述字列表> <FF 流描述字>
<FF 流描述字>：：＝[ <FLOWSPEC> ] <FILTER_SPEC>
```

每个基本的 FF 方式请求都用单个（FLOWSPEC，FILTER_SPEC）对来定义，并且多个这样的请求可以被包装进单个 Resv 报文的流描述字列表。如果一个 FLOWSPEC 对象跟最近在该列表中出现的一个对象相同，那么它可以被忽略；但第一个 FF 流描述字必须包含一个 FLOWSPEC。

（3）共享显式（SE）方式

```
<流描述字列表>：：＝<SE 流描述字>
<SE 流描述字>：：＝<FLOWSPEC> <过滤器规格列表>
<过滤器规格列表>：：＝<FILTER_SPEC> | <过滤器规格列表> <FILTER_SPEC>
```

预留范围，即（在合并之后）一个特别的预留将向其转发的一组发送方，由下列因素决定。

（1）显式发送方选择

预留被转发给满足下列条件的所有发送方：记录在通路状态中的该发送方的 SENDER_TEMPLATE 对象匹配在预留中的一个 FILTER_SPEC 对象。

（2）通配符发送方选择

带有通配符发送方选择的预留请求将匹配其路径指向给定的输出接口的所有发送方。

每当带有通配符发送方选择的一个 Resv 报文被转发到多个前一跳段时，在该报文中必须包括一个 SCOPE 对象；转发预留的范围仅限于在 SCOPE 对象中明确列出的那些发送方 IP 地址。

一个结点转发的 Resv 报文一般都是合并一组没有被阻塞的输入 Resv 报文的结果。如果被合并的报文中的一个报文包含一个 RESV_CONFIRM 对象，并且该报文还有一个 FLOWSPEC，该 FLOWSPEC 大于其他被合并的预留请求的 FLOWSPECs，那么这个 RESV_CONFIRM 对象在输出 Resv 报文中继续转发。如果在其他被合并的请求（其 FLOWSPECs 等于、小于或可比于已经合并的 FLOWSPEC，并且没有被阻塞）中的一个请求含有 RESV_CONFIRM 对象，那么将触发产生一个含有 RESV_CONFIRM 对象的 ResvConf

报文。在一个请求中被阻塞的 RESV_CONFIRM 对象（如果让该预留请求并入已有的预留，其结果将被准入控制拒绝）不会被转发，也不会被返回，它将在当前结点中被丢弃。

5.7.6 RSVP 软状态的实现

就支持 RSVP 的网络而言，软状态指的是在路由器和端结点的一个状态，它可以被一些 RSVP 报文更新。软状态特征允许 RSVP 网络支持动态组成员变化，自适应路由选择的改变。

为了维护一个预留状态，RSVP 跟踪在路由器和主机结点中的软状态。RSVP 软状态由 Path 和 Resv 报文建立，并且必须定期刷新。如果在清除超时间隔期满之前没有匹配的刷新报文到达，那么该状态就要被删除。一个显式的删除报文也可以删除该软状态。RSVP 定期地扫描软状态，建立并转发通路和预留请求刷新报文到后继跳段。

当一条路径改变时，下一个 Path 报文初始化在新的路径上的通路状态。以后的 Resv 报文建立预留状态。当前不使用的网段的状态是超时的。RSVP 规范要求在拓扑改变之后 2 秒内起动通过网络的新预留。

当状态改变发生时，RSVP 立即端到端地在 RSVP 网络内传播这些改变。如果接收到的状态不同于存储的状态，就更新存储状态。如果结果要修改将要产生的刷新报文，那么立即产生和转发刷新报文。

RSVP 设计的一个重要前提是不丢失今天的无连接网络的鲁棒性。无连接网络很少依赖或不依赖在网络中存储的状态，路由器可能崩溃或重引导，链路可能因故障而暂时断开，但端到端的连接性依然可以很好地维持着。RSVP 试图使用软状态的思想来维持这样的鲁棒性。跟在面向连接的网络中的硬状态不同，软状态在不再被需要时不必显式地删除。取而代之的是，如果它没有被定期地刷新，那么在一个相当短的时间（比如 1 分钟）之后它将会超时。

RSVP 的另一个重要特征是它可以像支持单播流一样有效地支持多播流。大多数多播应用的接收方个数要大于发送方个数，例如，在 MBONE（Multicast Backbone，多播主干网）上举行的讲演典型地是有大量的听众和一个演讲人。而且，接收方可能有不同的需求，例如，一些接收方可能仅需要从一个发送方接收数据，而另一些接收方可能需要从所有的发送方接收数据。在这里，与其让发送方跟踪潜在的大量接收方，还不如让接收方提出它们自己的需求。这种考虑导致 RSVP 采用了面向接收方的设计。与此相反，面向连接的网络通常都把资源预留的工作让发送方去做，就像在电话网络中那样，都是由呼叫发起方产生在网络中的资源分配。

RSVP 的软状态和面向接收方的特征使得它具有明显的优越性。增加或减少分配给一个接收方的资源级别都是很直接的。由于每个接收方定期地发送刷新报文才能保持软状态继续存在，这就使得请求新的资源级别的新预留变得很容易。在一个主机崩溃的情况下，由那个主机为一个流做的资源预留将自然地超时和被释放。为了说明路由器或链路失效时将会发生什么样的情况，需要仔细考察一下 RSVP 做资源预留的机制。

假定有一个接收方试图对在它和一个发送方之间流动的流量做资源预留。在该接收方可以做预留之前，需要做好两方面的准备工作。首先，它需要知道发送方可能发送什么样的流量，以便它可以做恰当的预留请求。也就是说，它需要知道发送方的 TSpec。第二，它需要知道数据分组从发送方到它这里将走什么样的通路，以便它能够在该通路上的每个路由器处建立一个预留状态。这两个条件可以通过让发送方给接收方发送一个包含 TSpec 的 Path 报文得以满足。显然，这就可以让 TSpec 到达接收方。同时，在该 Path 报文传递的过程中，沿途的每个路由器都察看它，并推算出接收方给发送方发送 Resv 报文时要用的方向路径，从而可以让预留在沿途的每一个路由器中都建立起来。

接收到一个 Path 报文后，接收方沿着多播树向上传输 Resv 报文。这个报文包含发送方的 TSpec 和描述这个接收方的需求的 RSpec。沿途的每个路由器都察看该预留请求，并试图分配必需的资源来满足请求。如果预留被建立了，Resv 请求就被传递到下一个路由器。如果一个结点不能够满足预留请求，它就给做请求的接收方返回一个错误报文。如果一切都进行得很顺利，那么在发送方和接收方之间的每一个路由器中就都安装了正确的预留。随后，只要接收方想保持预留，它就要每隔大约 30 秒发送一次同样的 Resv 报文。

现在假定有一个路由器或链路失效了。路由器将会对故障做自适应处理，并建立一条从发送方到接收方的新路径。Path 报文大约每 30 秒发送一次，在发现转发表有改变的情况下，路由器将尽快发送 Path 报文。在新的路径稳定以后，第一个 Path 报文将在新的通路上到达接收方。接收方的下一个 Resv 报文将走新的通路，并在新的通路上建立新的预留。同时，不再位于新通路上的那些路由器将收不到 Resv 报文，相应的预留将超时和被释放。因此 RSVP 可以相当好地处理拓扑的改变，只要路由不会过于频繁地改变。

5.7.7 RSVP 隧道

跟任何新的协议一样，RSVP 不可能同时在整个因特网上实施。因此，当两个支持 RSVP 的路由器通过任意非 RSVP 的路由器云互连时，RSVP 必须也能提供正确的协议操作。不支持 RSVP 的中间云不能够执行资源预留，因此不能够提供服务质量保证。然而，如果这样的一块云具有足够的过剩能力，那么它也可以提供可接受的有用的实时服务。

为了通过非 RSVP 网络建立 RSVP 网络连接，RSVP 支持隧道，并且可以通过非 RSVP 云自动发生。隧道需要 RSVP 和非 RSVP 路由器使用本地路由表向着目的地址转发 Path 报文。当 Path 报文通过一片非 RSVP 云时，包含在隧道封装中的 Path 报文载有前一个具有 RSVP 能力的路由器的 IP 地址。Resv 报文则被转发给下一个具有 RSVP 能力的上游路由器。

图 5-16 显示的是一个在两个基于 RSVP 的网络之间采用了隧道的 RSVP 环境。需要建立隧道的缘由在于 RSVP 将会被分散地而不是普遍实施。在拥塞是一个已知问题的情况下，通过实现拥塞控制，隧道可以被做得更有效。当流量瓶颈位于一个非 RSVP 域内时，建立隧道可能冒有一定的风险。

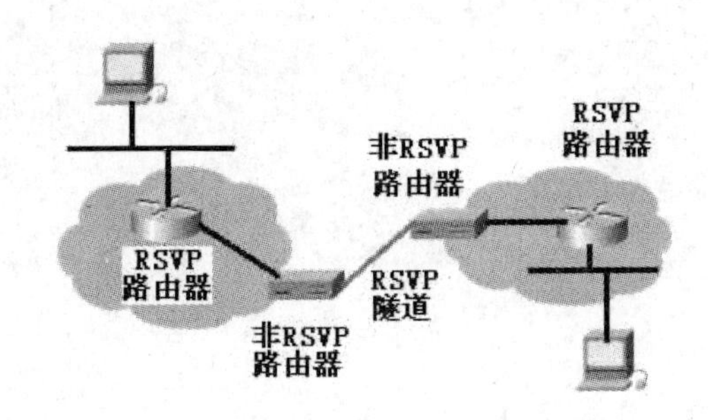

图 5-16　一个在两个基于 RSVP 的网络之间采用了隧道的 RSVP 环境

5.8　分组分类和调度

在描述了流量和想要的服务并且在沿通路的所有路由器上都安装了适当的预留之后，剩下的问题就是路由器如何向数据分组实际地提供所请求的服务了。这里有两件事情必须要做。

（1）把每个分组跟适当的预留相关联，以便它能得到正确的处理，我们把这一过程称作分组分类。

（2）管理在队列中的分组，以便它们接受所请求的服务，我们把这一过程称作分组调度。

第一件事需要察看在分组中的 5 个段（最多）：源地址，目标地址，协议号，源端口和目标端口。在 IPv6 中只需检查流标记段就可以了。基于这类信息，可以把分组划分进适当的类别。例如，它可以被划分进受控负载类别，也可能是一个有保证流的一部分，需要跟其他的有保证流分开处理。简言之，我们要把分组中流特有的信息影射成单个类别标识，该标识将决定该分组在队列中如何处理。对于有保证的流，这可能是一对一的影射，而对于其他服务，则可能是多对一的影射。具体的分类方法跟队列管理的细节有关。

很显然，在路由器中像先进先出（FIFO）这样简单的队列机制不足以提供许多不同的服务，在每种服务内部也不可能实现不同级别的延迟。在路由器中需要使用比较复杂的队列管理机制。

分组调度的细节不属于服务模型的描述内容。这是一个服务实现者的领域，他们需要通过创造性的工作来有效地实现这个服务模型。实践表明，在有保证服务的情况下，加权公平排队规则（按照此规则，每个流都有属于自己的队列）能够提供有保证的端到端延迟限额。对于受控负载，则可以采用比较简单的机制。一种可能是把所有的受控负载流量当作单个的聚合流（仅就调度机制而言）来处理，并且基于受控负载类中准入的总流量为聚合流设置权值的大小。在单个路由器中同时提供许多不同的服务，并且每种服务都可能需要不同的调度机制时，这个问题会变得比较复杂。因此还需要有总的队列管理算法来管理不同服务之间的资源。

第 6 章

会话通告和实时传输协议

从本章节可以学习到：

- SAP
- RTP
- SCTP

会话通告协议（Session Announcement Protocol，SAP）是 IETF 制定的一种通知协议，用以辅助对多播多媒体会议和其他多播会话的通告，向潜在的参与者传达建立会话的相关信息。为此，可以使用一个分布式目录，让这样的一个会话目录的实例以通告的方式定期地多播传输包含一个会话描述的多播分组。这些通告还可以被其他的会话目录接收，使得潜在的远程参与者也能够使用该会话描述起动参加会话所需要的工具。

SAP 典型地使用会话描述协议（Session Description Protocol，SDP）作为对以实时传输协议（Real-time Transport Protocol，RTP）传输多媒体数据的会话的描述格式。在下层 SAP 使用 IP 多播和 UDP（User Datagram Protocol，用户数据报协议）。

为了满足多媒体对应用层协议的需求，IETF 研制了实时传输协议 RTP，并得到了广泛的应用。RTP 标准实际上定义了一对协议，即 RTP 和 RTCP（RTP Control Protocol，RTP 控制协议）。前者用于多媒体数据交换，后者在通信的参与方之间提供反馈信息，可用以评估会话和传输质量。当在 UDP 上运行的时候，RTP 数据流和相关的 RTCP 控制流使用相继的传输层端口。RTP 数据使用一个偶数端口号，RTCP 控制信息使用下一个较高的（奇数）端口号。

RTP 包含相当多的多媒体应用特有的功能，它跟应用程序一起被放在用户空间运行，典型地运行在 UDP 之上，但它可以为多个应用程序提供通用的传输服务。因此就层次而言，可以说，RTP 是一个在应用层实现的传输层协议。

RTP 为诸如交互式音频和视频这样的具有实时特征的数据提供端到端的投递服务。这些服务包括载荷类型标识、顺序编号、时间印记和投递监视。应用程序典型地是在 UDP 的顶部之上运行 RTP，使用 UDP 的多路复用和检验和服务。RTP 和 UDP 都提供部分的传输协议功能，UDP 提供一些独立于应用的功能，RTP 则提供若干多媒体应用通用的功能。如果基础网络可以提供多播功能，RTP 支持使用多播分发方式到达多个目的地的数据传输。

SCTP（Stream Control Transmission Protocol，流控制传输协议）是 IETF 新定义的一个传输层协议（2000 年），提供基于不可靠的数据报协议的可靠的数据传输服务。

SCTP 最初是被设计用于在 IP 上传输电话，把 SS7（Signaling System No.7，七号信令系统）信令网络的一些可靠特性引入 IP。作为一个传输层协议，SCTP 兼有 TCP 及 UDP 两者的特点。SCTP 实际上是一个面向连接的协议，但 TCP 提供的是字节流传输服务，而 SCTP 则是提供报文流传输服务。另外，SCTP 的设计包括适当的拥塞控制、防止洪泛和伪装攻击、更优的实时性能和多归属支持。未来 SCTP 可能成为一个事实上的传输层。

本章先讨论会话通告协议 SAP，接着重点阐述实时传输协议 RTP，最后介绍流控制传输协议 SCTP。

6.1　SAP

这一节描述与多播通告会话描述信息相关的事宜，定义使用的通告协议。会话使用会话描述协议描述。

一个 SAP 通告方定期地向一个周知的多播地址和端口多播一个通告分组。该通告具有跟它所通告的会话同样的范围，保证通告的接收方在该通告描述的会话的范围内。这对于该协议的可扩展性也是重要的，因为它把本地的会话通告维持在本地。

一个 SAP 倾听者可以使用多播范围区域通告协议（Multicast-Scope Zone Announcement Protocol）获悉它所在的多播范围，并在用于这些范围的周知 SAP 地址和端口上倾听。以这种方式它最终将获悉所有在被通告的会话，并允许加入这些会话。

6.1.1 会话通告

一个 SAP 通告方定期地向周知的多播地址和端口发送通告分组。在这里，没有会合点机制，SAP 通告方不感知 SAP 倾听者的存在与否，而且，通告是在标准的尽力而为的 UDP/IP 传输机制上投递，不提供附加的可靠性。

通告包含一个会话描述，并且应该包含一个身份验证头。会话描述可以被加密，但并不推荐这样做。

SAP 通告的多播传输具有与它通告的会话同样的范围，保证通告的接收方在该通告描述的范围之内。在这方面有多种可能性。

（1）IPv4 全球范围会话使用在 224.2.128.0 ~ 224.2.255.255 范围的地址，SAP 通告被发送给 224.2.127.254。注意，224.2.127.255 被用于过时了的 SAPv0，必须不再使用。

（2）IPv4 管理范围会话使用在 RFC 2365（Administratively scoped IP multicast）中定义的管理范围 IP 多播。用于通告的多播地址是在相关的管理范围区域（scope zone）中最高的多播地址。如果范围区域是 239.16.32.0 ~ 239.16.33.255，就把 239.16.33.255 用于 SAP 通告。

（3）IPv6 会话在地址 FF0X:0:0:0:0:0:2:7FFE 上通告，其中的 X 是 4 位范围值。例如一个用于被分配地址 FF02:0:0:0:0:0:1234:5678 的链路本地会话的通告应该被发送到 SAP 地址 FF02:0:0:0:0:0:2:7FFE。

SAP 通告必须在端口 9875 上发送，并将 IP 生存时间（time-to-live，TTL）设置成 255。不主张使用 TTL 作为限定范围的途径。

如果一个会话使用在多个管理范围区域中的地址，那么通告方需要给每个管理范围区域发送同样的内容。由倾听方确定如何把这样的多个通告解析成是为同一个会话发送的，例如，可以通过 SDP 的发送源域进行识别。对于每个管理范围区域的通告速率必须分别计算，就像多个通告是不同的那样。

可以让多个通告方通告单个会话，这在一个或多个通告方有分组丢失或失效的情况下有助于提高鲁棒性。每个通告方重复其通告的速率必须减少到使得总的通告速率等于如果仅使用单个服务器将会选择的速率。以这种方式所做的通告必须是相同的。

如果多个通告是为一个会话而做的，那么每个通告必须都运载一个用同一个密钥签署的身份验证头，否则就会被倾听者作为完全不同的通告处理。

一个 IPv4 SAP 倾听者应该在 IPv4 全球范围 SAP 地址上倾听，以及在它所在的每个 IPv4 管理范围区域（scope zone）的 SAP 地址上倾听。在一个特别的范围区域内的每个 SAP 倾听者都应该能够感知那个范围区域。一个支持 IPv6 的 SAP 倾听者应该倾听 IPv6 SAP 地址。

在重复通告之间的周期时间的选择应该使得单个 SAP 组的所有通告使用的总带宽保持在

一个预先配置的限额之下。如果没有指定，那么该带宽限额应该被假定为每秒 4000 比特。

每个通告方也倾听其他通告，以确定在一个特别的组上被通告的会话的总数。会话用 SAP 头的报文标识符哈希（message identifier hash）域和发送源（originating source）域的结合唯一标识。注意，SAP v0 通告方总是把报文标识符的哈希值置成 0，如果收到这样的一个通告，必须比较整个报文才能确定唯一性。

通告被周期性地多播到组。在通告之间的基本间隔（base interval）从在那个组中做的通告的数目、通告的大小和配置的带宽限额衍生。实际的传输时间按照以下方法从这个基本间隔衍生出来。

（1）通告方把变量 t_p 初始化成等于上一次传输一个特别的通告的时间。如果这是首次做这个通告，就初始化成当前的时间。

（2）给出一个以 bps 为单位的配置的带宽限额（limit）和一个 ad_size 字节大小的通告，如果把每秒发送的通告的数目用 no_of_ads 表示，那么以秒计的基本间隔（interval）是：

```
interval =max（300；（8*no_of_ads*ad_size）/limit）
```

（3）一个偏移量（offset）是根据基本通告间隔计算的：

```
offset= rand（interval* 2/3）-（interval/3）
```

（4）所衍生的下一次通告传输时间是：

$$t_n = t_p + interval + offset$$

然后通告方设置一个在 t_n 期满的定时器并等待。在时间 t_n，通告方应该再次计算下一次的传输时间。如果新的 t_n 值是在当前时间之前，那么通告被立即发送，否则传输被再次调度到新的 t_n 进行。这样的重复计算可以防止在起动时和在网络分隔愈合时的短暂的分组迸发。

6.1.2　会话删除

会话可能以下列方式中的一种方式删除。

（1）显式超时删除

会话描述载荷可能包含时间戳信息，指定会话的开始和结束时间。如果当前的时间比会话的结束时间晚，那么该会话应该从接收方的会话缓冲区中删除。

（2）隐式超时删除

对于每个会话描述，在接收方的会话缓区中应该定期接收到会话通告报文。接收方可以从当前正在被通告的一组会话预测通告的周期。如果在 10 倍的通告周期时间或者一小时的时间（取二者中较长的时间）内没有收到会话通告报文，就从接收方的会话缓区中删除该会话。一小时的保持时间最小值是要允许短时间的网络分隔。

（3）显式删除

收到了一个指定删除一个会话的会话删除分组时，从接收方的会话缓冲区中删除被指定的会话。会话删除分组应该有一个有效的身份验证头，匹配用以对以前的通告分组做身份验证的数据。如果没有身份验证头，那么应该忽略该删除报文。

6.1.3　会话修改

一个先前通告的会话可以通过通告经过修改的会话描述被修改。在这种情况下，必须改变在 SAP 头中的版本哈希值，向接收方表示应该解析（在加密的情况下是解密和解析）分组内容。会话本身不同于该会话通告，用载荷而不是在头中的报文标识符哈希值唯一标识。

用于会话删除的规则也同样适用于会话修改。

- 修改的通告必须包含一个用跟它在修改的缓存会话通告中使用的同样的密钥签署的身份验证头。
- 或者缓存会话通告必须不包含身份验证头，并且会话修改通告的源必须是来自跟它在修改的会话同样的主机。

如果收到一个包含一个身份验证头的通告，而缓存的通告不包含身份验证头，或者它包含一个不同的身份验证头，那么该修改的通告被当作一个新的不同的通告处理和显示，并被显示为未经身份验证的通告。如果从一个与原先的通告不同的源收到一个没有身份验证的修改分组，那么也应该做同样的处理。

这些规则可防止一个通告有一个被恶意用户加上的身份验证头，然后又被用这个头删除；也可防止某个人发送一个伪造的通告，并由于合法分组的丢失，使得该伪造的通告在源发通告之前到达一些参与方，从而有可能进行拒绝服务攻击。注意，在这样的情况下，能够对报文的源发方做身份验证时发现哪个会话是正确的会话的唯一途径。

6.1.4　分组格式

SAP 数据分组具有如图 6-1 所示的格式。

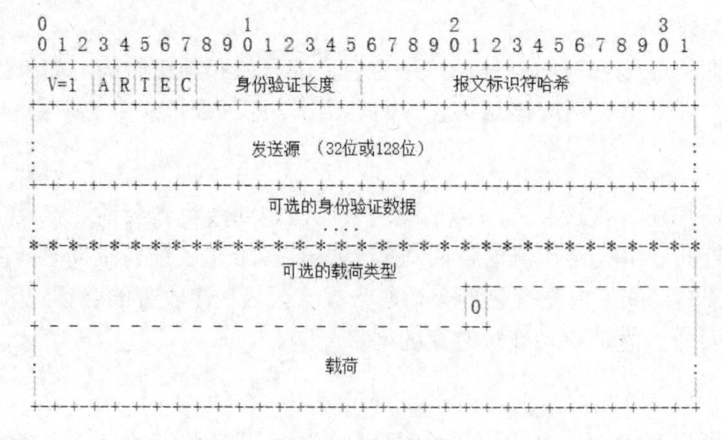

图 6-1　分组格式

- V：版本号

版本号必须置成 1。如果 SAPv2 通告仅仅使用 SAPv1 特征，那么是向后兼容的；使用新特征的 SAPv2 通告，可以通过其他途径检测出来，因此 SAP 版本号不需要改变。

- A：地址类型

如果 A 位置成 0，那么发送源域包含一个 32 位的 IPv4 地址。如果 A 位置成 1，那么发送源域包含一个 128 位的 IPv6 地址。

- R：保留

SAP 通告方必须把该位置成 0，SAP 倾听方必须忽略这个域的内容。

- T：报文类型

如果 T 域置成 0，那么这是一个会话通告分组。如果 T 域置成 1，那么这是一个会话删除分组。

- E：加密位

如果加密位置成 1，那么 SAP 分组的载荷是加密的。如果这个位置成 0，那么分组没有加密。

- C：压缩位

如果压缩位置 1，那么载荷使用 zlib 压缩算法压缩。如果要压缩并加密载荷，那么必须先执行压缩。

- 身份验证长度

该域是一个 8 位的无符号量，给出后随 SAP 主头包含身份验证数据的 32 位字的数目。如果它是 0，那么没有身份验证头。

- 身份验证数据

该域包含对分组的数字签名，其长度由身份验证长度头域指定。

- 报文标识符哈希

该域是一个 16 位的值，用以跟发送源结合，提供表示这个通告的精确版本的具有全局唯一性的标识符。对这个域的值的选择不在本协议中指定，但它对于由一个特别的 SAP 通告方通告的每个会话必须是唯一的，并且如果会话描述被修改了，它也必须改变，并且对老版本会话发送一个会话删除报文。

较早版本的 SAP 把该域设置成 0 意味着该哈希值应该被忽略，载荷应该总是被解析。这样做有一个不幸的负面效应，SAP 通告方必须研究载荷数据才能确定有多少个唯一的会话在被通告，使得通告间隔时间的计算比较复杂。为了解除会话通告处理跟这些通告内容的耦合，SAP 通告方不应把报文标识符哈希设置成 0。

如果报文标识符哈希被设置成 0，SAP 倾听者可以静静地丢弃该报文。

- *发送源*

这个域给出报文发送源的 IP 地址。如果 A 域设置成 0，这是一个 IPv4 地址；否则这是一个 IPv6 地址。该地址以网络字节顺序存储。SAPv0 曾允许把发送源域设置成 0，如果报文标识符哈希也是 0 的话。现在这样做已经不再合法，SAP 通告方不应把发送源置成 0，SAP 倾听者可以静静地丢弃发送源被置成 0 的分组。

在头后面是一个可选的载荷类型域和载荷数据本身。如果在头中的 E 或 C 被置位，那么载荷类型和载荷就都被加密或压缩了。

- *载荷类型*

该域指定 MIME 内容类型，描述载荷的格式。这是一个可变长的 ASCII 正文串，后随单个零字节（ASCII NULL）。在所有的分组中都应该包括载荷类型，不过如果载荷类型是“application/sdp”，那么载荷类型以及它的终止符零字节都可以被省略。

省略载荷类型域可以被注意到，因为这样的一个分组的载荷部分将以一个 SDP 'v=0'域开头，而这不是一个合法的 MIME 内容类型指定符用语。

所有的实现都必须支持载荷类型“application/sdp”。也可以支持其他的格式，不过因为在 SAP 中对于载荷类型没有协商，选择使用一个非 SDP 会话描述格式的发送方不能够知道倾听方是否能够理解使用该描述格式的通告。在通告中载荷类型的增生有可能导致严重的互操作问题。由于这个原因，不推荐使用非 SDP 的载荷。

- *载荷*

如果分组是一个通告分组，那么载荷包含一个会话描述。

如果分组是一个会话删除分组，那么载荷包含一个会话删除报文。如果载荷格式是“application/sdp”，那么删除报文是单个 SDP 行，由要被删除的通告的源域构成。

载荷希望是足够小，使得 SAP 分组不会被下层网络分片。分片有一种丢失乘法因子效应，会显著地影响通告的可靠性。建议 SAP 分组在长度上小于 1KB，不过如果知道下层网络的 MTU（Maximum Transmission Unit，最大传输单元）比这个值还要小，那么这应该被用作推荐的最大分组尺寸。

6.2 RTP

RTP 标准协议包括以下两个互相紧密联系的部分。

（1）承载具有实时性质的数据的实时传输协议（RTP）。

（2）在进行的会话中监视服务质量并传达关于参与者信息的 RTP 控制协议（RTCP）。

需要说明的是，RTP 在传达关于参与者信息方面的功能对于松散控制的会话（没有显式的成员关系控制和建立）可能是够用的，但 RTCP 的设计目标并非要支持一个应用通信的所有控制需求。这样的控制功能可以完全地或部分地由一个单独的会话控制来执行。

RTP 遵从应用级成帧和集成的层次处理原则。为了提供特别的应用所需要的信息，它被设计成是具有可塑性的，并且通常都被集成进应用处理过程，而不是实现成一个单独的层次。

RTP 是一个协议构架，它被有意地做成是不完全的。其规范描述那些对于所有适合使用 RTP 的应用来说是通用的功能。因此，对于一个特别的应用的 RTP 的完整描述，除了 RTP 文档本身，将需要一个或多个伙伴文档。

（1）一个配置文件（profile），定义一组载荷类型编码和它们到载荷格式（例如媒体编码）的映射。配置文件可能还定义对 RTP 的扩展或修改，这些扩展或修改是一个具体类别的应用所特有的。在典型的情况下，一个应用仅运行在一个配置文件之下。

（2）载荷格式描述文档，定义一个具体的载荷，例如一个音频或视频编码，如何在 RTP 中承载。

虽然 RTP 也可以运行在其他低层协议上，但是通常都运行在 UDP 上，这就导致如图 6-2 所示的协议栈的实现。

应用
RTP
UDP
IP
子网

图 6-2　使用 RTP 的多媒体应用的协议栈

6.2.1　基本需求

对通用多媒体协议最基本的要求是它允许相似的应用互操作。例如，两个独立实现的音频会议应用可以互相对话。这就意味着这些应用最好使用同样的方法编码和压缩话音，否则，由一方发送的数据就不可能被另一方理解。由于存在着相当多的编码话音的方案，每一个都有它自己对于在质量、带宽需求和计算代价之间的折中，规定只使用一种方案可能不是一个好办法。协议应该提供一个途径，让发送方告诉接收方它想使用哪一种编码方案，并且双方可以协商，直到确定一个双方都可以使用的方案为止。

跟音频类似，视频也有许多不同的编码方案。因此 RTP 可以提供的第一个通用功能是交流对编码方案选择的能力。这也可以服务于标识应用类型（例如音频或视频）的目的，一旦知道了所使用的编码方法，也就知道了被编码数据的类型。

对 RTP 的另一个重要需求是能够让数据流的接收方确定在所接收的数据中的定时关系。实时应用需要把接收到的数据放到回放缓冲区中，以平滑在通过网络传递期间可能引入数据流的抖动。因此需要某种时间印记使得接收方能够在适当的时间重放。

跟单个媒体流定时有关的问题是在会议中多个媒体的同步。这方面明显的例子是同步来自同一发送方的音频和视频流。这比对于单个流的重放时间的确定要稍微复杂一些。

RTP 需要提供的另一重要功能是分组丢失指示。具有严格的时延限制的应用一般地不能使用像 TCP 这样的可靠传输协议，因为为了纠正丢失而重传可能引起分组到达得太晚而变得无用。因此，应用必须能够处理丢失的分组，但它首先需要知道哪个分组丢失了。同时，作为一个例子，使用 MPEG 编码的视频应用在有一个分组丢失时需要根据该分组是来自 I 帧、B 帧还是 P 帧而采取不同的动作。

由于多媒体应用一般都不在 TCP 上运行，它们也就不具备 TCP 的拥塞避免功能。不过，许多多媒体应用都能够对拥塞做出响应，例如通过改变编码算法的参数来减少对带宽的消耗。显然，为了能够这样做，接收方需要告知发送方所发生的传输丢失情况，从而发送方才能够调节它的编码参数。

支持多媒体应用的另一个通用功能是帧的边界指示。这里所说的帧是应用特有的。例如告诉一个视频应用哪几个分组对应某一个帧对于该应用可能是有帮助的。在一个音频应用中，标记由一组话语后随一段沉默组成的话音突发段的开始位置对于这个应用也是会有帮助的。然后，接收方可以识别在突发段之间的沉默，并使用它们作为移动回放点的机会。在此之后，稍微缩短或加长在话语之间的间隔，用户是察觉不了的；而缩短或加长话语本身，用户是能够察觉的，也是令人烦恼的。

我们可能需要RTP提供的最后一个功能是在协议中包括某种能够比IP地址更友善地标识发送方的途径，例如可以显示像是 user@domain.com 这样的名字字符串。因此所设计的协议应该支持这样的名字与数据流的关联。

除了对协议的功能有上述要求，我们还会希望它能够合理有效地使用带宽。也就是说，我们不希望在发送的每个分组中以长的头的形式引入大量的附加比特。作为多媒体数据最常见的类型的音频分组一般都倾向于使用小的尺寸，以减少用采样填满它们所花的时间。长的音频分组意味着由于分组化所产生的大的延迟，这对于所感受到的会话质量有负面的影响。长的头意味着相对大的数量的带宽被头使用了，因而减少了可提供给有用数据的容量。因此 RTP 的设计应该尽可能使用短的分组头。

6.2.2 协议机制

RTP（RFC 3550）被设计成支持广泛种类的应用，它提供了一种灵活的机制，使用该机制可以开发新的应用而不用反复修改 RTP 协议本身。对于每一类应用（例如音频），RTP 都定义了一个配置文件以及一个或多个格式。配置文件提供一个范围的信息，保证那类应用对 RTP 头中的各个域有共同的理解。格式说明应当怎样解释后随 RTP 头的数据。例如，RTP 头的后面可能只是一个字节序列，每个字节表示在规定的间隔时间取的单个音频采样。数据的格式也可能复杂得多，例如，MPEG 编码的视频流将需要大量的结构来表示所有不同类型的信息。

RTP 的设计包含着一种称作应用级成帧（ALF）的体系结构原则。该原则认为，现有的传输层协议（TCP 和 UDP）不能够很好地服务于多媒体应用，也不太可能有一种新的传输协议适合所有的多媒体应用。该原则的核心思想是相信应用本身最理解自己的需求。例如，MPEG 视频应用知道怎样从丢失的帧恢复最好，知道如何对 I 帧和 B 帧的丢失做出不同的反应。同样的应用也知道如何把发送的数据分段比较恰当，例如，最好把来自不同帧的数据放到不同的数据报中，使得丢失的分组仅破坏单个帧，而不是两个帧。出于这样的考虑，RTP 把许多协议的细节放到了应用特有的配置文件和格式文档中。

每个 RTP 载荷可以包含多个采样，并且可以用应用选择的任意方式编码。为了允许互操作，RTP 定义了若干个配置文件，并且对于每个配置文件都允许多个编码。例如，可以把单个音频流编码成 8kHz 的 8 位 PCM 采样，也可以采用差值编码和预测编码，以及 GSM（全球移动通信系统）编码、MP3（Moving Picture Experts Group Layer-3 Audio——audio file format/extension）等。RTP 在其头部提供了一个载荷类型域，源可以在其中指定编码方案。

在 RTP 流中发送的每个分组都被标上一个号码（顺序号），在其后发送的分组的号码依次以增量值 1 递增。这种编号允许目的地确定是否有分组丢失。如果有一个分组丢失了，那么对于目的地来说，最好的做法就是为替代该丢失的值插入一个近似值。重传的做法是不可取的，因为被重传的分组可能会由于到达得太晚而变得无用。RTP 没有流控制，没有错误控制，没有确认应答，也没有请求重传的机制。

许多实时应用需要的另一个设施是时间印记。其思想是允许源把一个时间印记跟在每个分组中的第一个采样相关联。时间印记是相对于流的起始而言的，因此仅仅在时间印记之间的差值是有意义的。绝对值并没有意义。该机制允许目的地做少量的缓存，在流开始后把每个采样播放正确长度的时间，独立于包括该采样的分组的到达时间。时间印记不但减少抖动的影响，而且允许多路的流互相同步。例如，数字电视节目可能有一个视频流和两个音频流。两个音频流可能是为立体声广播设计的，也可能是为了处理具有一个原始语音声道和另一个配音成地方语音的声道的影片，从而让观众有一个选择。每个流都来自不同的物理设备，但它们如果都根据单个计数器做时间印记，那么即使流的传输不是稳定的，它们也可以同步地回放。

到目前为止，我们都假定所有的场点都要用同样的格式接收媒体数据。然而，这样做可能不是总是恰当的。考虑这样一种情况，在一个区域的一些参与者通过一条低速链路连接到享有高带宽网络接入的大多数会议参与者，为了不要强使每个人都使用低带宽低质量的音频编码，可以把一个称作混合器的 RTP 级中继设备放在接近低带宽区域的位置。这个混合器重新同步输入音频分组，重构由发送方产生的恒定的（比如说 20ms）的采样间隔，并把这些重构的音频流混合成单个流，把音频编码转换成较低带宽的另一种编码，然后转发低带宽分组通过低带宽链路。这些分组可能是用单播传送给单个接收方，或者是用多播传送给多个接收方。RTP 头包括一个工具，允许混合器标识贡献于一个混合分组的源，以便在接收方可以提供正确的讲话人的标示。

该音频会议的一些有意参加者可能使用高带宽的链路连接，但通过 IP 多播可能不是直接可达。例如，他们可能位于不让任何 IP 分组通过的应用级防护墙的后面。对于这些场点，可能不需要混合，而是可能要使用称作翻译器的另一种类型的 RTP 级中继器。这种情况需要安装两个翻译器，在防火墙的两边各安装一个。位于防火墙外边的翻译器把接收到的所有多播分组通过一个安全连接，经过安全过滤后传送给位于防火墙内侧的翻译器。后者再把它们作为多播分组传送给限定在该场点的内部网络中的一个多播组。

混合器和翻译器可用于多种目的。一个例子是一个视频混合器从多个个人的图像生成多个分立的视频流，并把它们复合进一个视频流来模拟一个组场景。另一个属于翻译的例子包括把一组仅支持 IP/UDP 的主机连接到一组仅懂得 ST-II（Experimental Internet Stream Protocol Version 2，试验的因特网流协议第 2 版）的主机；或者是没有再同步或混合，只是对来自源的视频流执行分组到分组的编码翻译。

RTP 为实时应用提供端到端的传输，但不提供任何服务质量保证。RTP 的基本功能是把若干个实时数据流多路复用成单个的 UDP 分组流。该 UDP 流可以被发送给单个目的地（单播）或多个目的地（多播）。因为 RTP 只是使用常规的 UDP，所以路由器对其分组不做特别处理，除非路由器启用了某种常规的 IP 服务质量特征。总之，RTP 对于投递和时延、抖动等没有特别的保证，而是依赖其下层网络提供这样的功能。RTP 分组中的顺序号使接收方按顺序重组信息成为可能。如果把 RTP 和 RSVP 协议配合使用，就可以为在 Internet 上传输多媒体数据提供一个切实可行的解决方案。

6.2.3 RTP 头格式

RTP 依赖下层网络多路传输 RTP 数据流和 RTCP 控制流，对于 UDP 而言，RTP 使用一个偶数编号的传输端口，相应的 RTCP 控制流使用紧接下来的奇数号的传输端口。RTP 数据分组没有包含长度段或者其他界标，因此它依赖下层网络提供信息块的长度指示。RTP 分组的最大长度仅受下层网络限制。RTP 对其下层网络没有任何假设，虽然设计 RTP 的初衷是用在 Internet 上的，但它实际上与下层协议无关。例如，基于 ATM AAL5 和 IPv6 的 RTP 传输已经被证明是成功的。事实上，任何端到端的传输协议都有可能被 RTP 利用。

RTP 的分组头的格式如下：

<2 位的版本号>.<1 个填充位>.<1 个扩展位>.<4 位的贡献源计数>.<1 位标记>.<7 位载荷类型>.<16 位顺序号>.<32 位时间印记>.<32 位同步源标识符>.<最多可以有 15 段（每段 32 位）的贡献源标识符列表>

开头 12 个字节在每个 RTP 分组中都存在，而贡献源标识符列表仅在被一个混合器插入时才存在。在这个头之后可以有可选的头扩展。最后是 RTP 载荷，载荷的格式依赖于应用。

下面解释每个字段的含义。

- 版本号（2 位）：表示 RTP 的版本。当前的 RTP 版本是 2，版本 1 用于 RTP 的第 1 个草案，版本 0 用于在流行的音频工具"vat"中早期实现的协议。
- 填充位（1 位）：如果该位置 1 就表示在分组的末尾包含一个或多个不属于载荷的填充字节。填充的最后一个字节包含一个计数值，表示应该被忽略的包括它自身的填充字节的个数（参见图 6-3）。一些使用固定长度块的加密算法可能需要填充；或者在一个低层协议数据单元中承载多个 RTP 分组的情况下，由于对数据单元结束位置的边界整齐的要求，也可能需要填充。

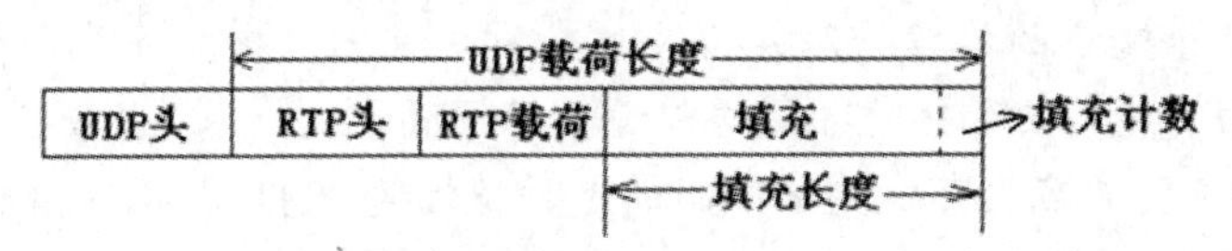

图 6-3 RTP 分组的填充

- 扩展位（1 位）：如果扩展位被设置成 1，表示存在一个扩展头。扩展头的格式和含义都没有定义。唯一定义了的是扩展项的第 1 个字给出长度。这就为任何不可预见的需求对扩展项的不同目的的使用留有余地。扩展头紧随主头之后，它是为特别的应用定义的。但实际上，这样的头很少使用，因为对于一个特别的应用一般都可以把载荷特有的头定义成载荷格式的一部分。
- 贡献源计数（4 位）：定义本分组头部包含的贡献源（Contributing Source，CSRC）标识符的数目，在不存在贡献源时的值为 0。
- 标记（1 位）：其解释由配置文件定义。设置该位的目的是允许在分组流中为像是帧的边界这样的显著事件做标记，例如表示一个分组的数据是某种类型的应用数据帧的开头或结尾；再如可以在迸发连续话音段的开始位置的分组中将该位置 1。
- 载荷类型（7 位）：标识 RTP 载荷的格式，由应用确定对它的解释。配置文件可以指定载荷类型编码对载荷格式的默认静态映射。可以使用非 RTP 工具动态定义附加的载荷类型编码。一个 RTP 源可以在一个会话期间改变载荷类型，但该域不应该用于多路复用多个分立的媒体流的目的。对该域的一种可能的使用是根据在网络中可用资源的信息或对于应用质量的反馈从一种编码方案转换到另一种编码方案。

  值得注意的是，载荷类型一般不服务于不同应用（或者单个应用内的不同流，例如一个视频会议的音频流和视频流）解复用的目的。这是因为解复用的功能典型地是由一个低层协议（例如 UDP）提供。因此，使用 RTP 的两个媒体流一般都使用不同的 UDP 端口号。

  一个接收方必须忽略接收到的不懂得其载荷类型的任何分组。
- 顺序号（16 位）：源端每发出一个 RTP 分组，顺序号加 1。顺序号可以被接收方用来检查分组的丢失和恢复分组的顺序。顺序号的初始值应该是随机的（不可预测的）。如果分组在发送的过程中被加密，那么不可预料的顺序号初始值会使得对密文的攻破变得更加困难。跟 TCP 不同，RTP 在检测到一个分组丢失时不做任何纠正动作，既不做重传，也不把此当作拥塞指示而减少发送量。取而代之的是，它把这些事情都留给应用程序来做怎样处理的决定，因为这类决定很可能是高度依赖于应用的。例如，一个视频应用可能决定当一个分组丢失时最好的做法是重放前一个正确收到的帧。对于分组丢失，某些应用也可能决定修改编码方案以减少带宽需求，但这不是 RTP 的功能。让 RTP 做减少发送速率的决定是没有意义的，因为这可能使得应用数据变得无用。
- 时间印记（32 位）：表示 RTP 分组中数据的第一个字节的采样时间。采样时间必须从一个在时间上是单调、线性增加的时钟得到，以允许做同步和抖动计算。时钟分辨率对于要达到的同步精度和进行的分组到达抖动的测量必须是足够精确的，典型地，每个视频帧 1 个嘀嗒的计数是不够的。

时间印记的功能是使得接收方能够以适当的间隔重放样本，并使得不同的媒体流可以同步。因为不同的应用可能要求不同的定时颗粒度，RTP 本身不指定测量时间的单位。取而代之的是，时间印记只是一个“嘀嗒”计数器，在嘀嗒之间的时间依赖于所使用的编码方案。例如，音频应用每隔 125μs 采样一次数据，它可以使用这个时间值作为它的时钟分辨率。时钟颗粒度是一个由一个应用的 RTP 配置文件或载荷格式指定的一个细节。

如果 RTP 分组周期性地产生，那么将使用由采样时钟确定的采样时间，而不是设备的系统时钟的读数。例如，对于固定速率的音频，时间印记时钟可能是每个采样周期增加 1。如果一个音频应用从输入器件读取包含 160 个采样的数据块，那么每读 1 个这样的数据块，时间印记的值都增加 160，而不管该数据块是在一个分组中被传输了，还是被静静地丢弃了。

时间印记并不反映一天的某个时间，它所关注的只是时间印记之间的差值。例如，如果采样间隔是 125μs，在分组 n+1 中的第一个样本和在分组 n 中的第一个样本之间相差 10ms，那么在这两个样本之间的采样数目将等于两个分组之间的时间除以每个样本的时间（即（10×10^{-3}）÷（125×10^{-6}）=80）。假定时钟颗粒度跟采样间隔相同，那么在分组 n+1 中的时间印记将比在分组 n 中的时间印记大 80。由于可能采用了压缩技术并且对无声部分进行了处理，实际发送的样本可能少于 80，然而时间印记允许接收方以正确的时序关系进行准确回放。

跟序列号一样，时间印记的初始值应该是随机的。多个连续的 RTP 分组，如果是一次产生的，例如属于同一个视频帧，那么它们将具有同样的时间印记。如果数据不是按照采样的顺序发送，就像 MPEG 插值视频帧那样，那么连续的 RTP 分组可能包含非单调的时间印记。但所发送的分组的顺序号仍然是单调的。

来自不同媒体流的 RTP 时间印记可能以不同的速率推进，并且通常会有独立的随机的偏移量。因此虽然这些时间印记对于重建单个流的定时是足够的，但直接比较来自不同媒体的 RTP 时间印记对于同步是无效的。取而代之的是，对于每个媒体，RTP 时间印记通过把自己跟一个表示数据被采样的时间的参考时钟（挂钟）配对来与采样时间关联。该参考时钟被将要同步的所有媒体共享。时间印记配对（(time stamp pairs)）不是在每个数据分组中发送，而是以较低的速率在 RTCP SR（发送方报告）分组中发送。

采样时间被选为 RTP 时间印记的参考点，因为它为该发送端点所知，并且对所有媒体都有共同的定义，独立于编码延迟或其他处理。其目的是要允许同时采样的所有媒体的同步再现。

发送存储数据而非实时采样数据的应用典型地使用一个从挂钟时间得到的虚拟再现时间表来确定在存储数据中的每个媒体的下一个帧或其他单元应该在什么时候呈现。在这种情况下，RTP 时间印记反映每个单元的再现时间。也就是说，每个单元的 RTP

时间印记与在虚拟再现时间表上变成当前回放的单元的挂钟(wall-clock)时间相关联。描述对事先录制的视频的现场音频解说的例子表明了选择采样时间作为参考点的意义。在这种情况下，视频在本地呈现给讲解员观看，并同时使用 RTP 传送。在 RTP 中传送的一个视频帧的采样时间通过让它的时间印记参考那个视频帧呈现给解说员时的挂钟时间来建立。包括解说员的讲解的音频 RTP 分组的采样时间参考同样的挂钟在音频被采样时的时间建立。音频和视频甚至可以由不同的主机发送，如果在两个主机上的参考时钟是通过像是 NTP 这样的机制同步的话。然后接收方可以通过使用在 RTCP SR 分组中的时间印记对（times tamp pairs）把它们的 RTP 时间印记相关联，从而可以同步音频和视频分组的呈现。

- 同步源标识符（32 位）：该域给出同步源（synchronization source，SSRC）的标识符，表示 RTP 的单个源。同步源是指像话筒、摄像机这样的信号源，也可以是一个 RTP 混合器。混合器是从一个或多个源中接收 RTP 分组的中间设备。它混合这些分组，并形成新的 RTP 分组，赋给一个新的同步源标识符。

  由一个同步源产生的所有分组使用相同的定时和顺序编号空间，以便于接收方在重放时组合属于一个同步源的分组。同步源标识符随机选取，其用意是在同一个 RTP 会话内任意两个同步源都不会有同样的同步源标识符，也就是说，同步源标识符在一个 RTP 会话中具有全局唯一性。

  一个参与方在多媒体通信中，不必为所有的 RTP 会话使用同样的同步源标识符。同步源标识符的绑定通过 RTCP 提供。如果一个参与方在一个 RTP 会话中产生多个流，例如来自分立的多个视频照相机，那么每个流都必须使用一个不同的同步源标识符。

  通过不使用网络层或传输层地址作为源标识符，RTP 保证对低层协议的独立性。它也使得具有多个源的结点（例如有多个照相机）可以区别这些不同的源。当单个结点产生不同的媒体流(例如音频和视频)时，在每个流中也使用不同的 SSRC，并且在 RTCP 中有媒体间同步的机制。如果一个源改变它的源传输地址，那么它必须也选择一个新的同步源标识符。

- 贡献源标识符列表：如果存在，该列表给出包含在这个分组中的载荷的贡献源。该字段仅在有多个 RTP 流通过一个混合器的情况下使用。贡献源标识符的个数由前面的贡献源计数段给出。如果有多于 15 个的贡献源，那么仅有 15 个可以被标识。

  贡献源标识符由混合器使用贡献源的同步源标识符插入，标识贡献于由一个 RTP 混合器产生的一个 RTP 数据流的各个源。贡献源是不同步的源，每个贡献源都表示由一个 RTP 混合器产生的结合流中一个 RTP 分组流的源。混合器混合多个贡献源形成一个独立的 RTP 分组流，新的流必须使用一个新的同步源标识符。

  混合器把贡献于一个特别的分组的多个源的同步源标识符列表插入该分组的 RTP 头，这个列表就被称作贡献源标识符列表，列表中的同步源标识符在此处被称作贡献源标识符。一个示例应用是音频会议，他们的讲话被结合在一起产生输出分组，混合器列出被混合在一起建立一个分组的所有源的同步源标识符，从而允许在接收方标示正确的讲话人，尽管所有音频分组都包含同样的同步源标识符，即混合器的同步源标识符。

通过从多个源接收数据并把这些数据作为单个流发送，混合器可以减少一个会议的带宽需求。例如可以把来自多个交叉发言人的音频流解码，并重新编码成单个音频流。在这种情况下，混合器在分组中把它自己列为同步源，而把这个分组中所涉及的讲话人的同步源标识符列为贡献源。

作为一个中间系统，混合器从一个或多个源接收 RTP 分组，可能改变其数据格式，并以某种方式结合这些分组，然后转发一个新的 RTP 分组 。由于来自不同源的流一般有不同的定时，因此它们不是同步的。混合器典型地在流之间调节定时，并在结合这些流之后发出一个具有它自己的定时的流。在图 6-4 中，混合器结合两个输入流（SSRC=53 和 SSRC=77）产生单个输出流（SSRC=19）。

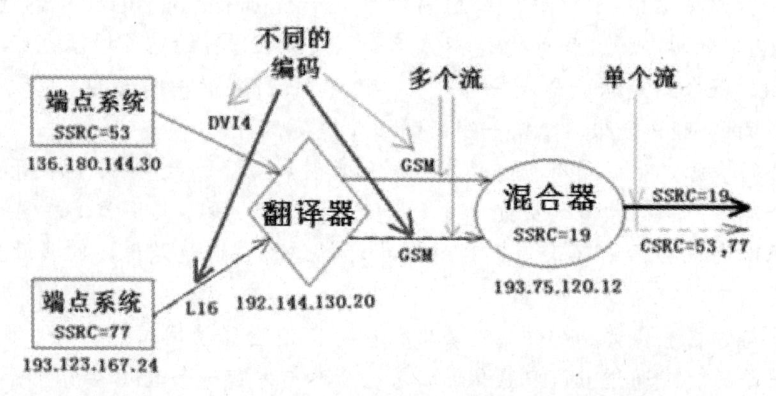

图 6-4　RTP 实体：端点系统、翻译器和混合器

RTP 利用混合器和转换器执行实时数据的传输。转换器是指在 RTP 分组传输过程中的一个中间设备，它不改变输入流的定时，做编码操作但不执行混合功能。例如，在传输过程中通过网关时进行的编码格式转换操作。在图 6-4 中，翻译器把分别采用 DVI14 和 L16 编码格式的两个输入流都改变成了采用不同的编码格式（GSM）的输出流。图 6-5 显示了一个典型的 RTP 分组传输流程。

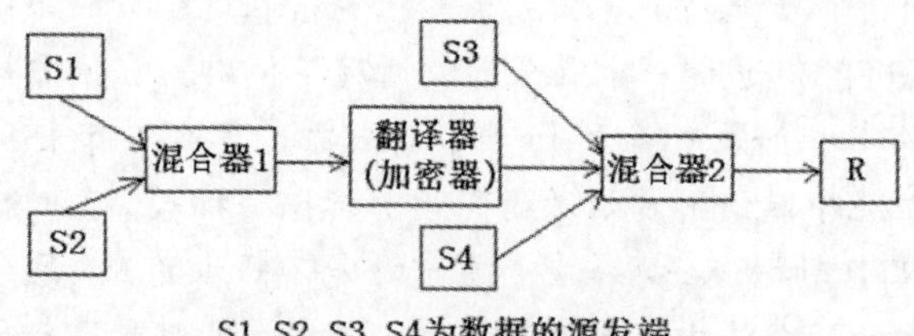

图 6-5　典型的 RTP 分组传输流程

虽然 RTP 可以被看成是一个传输协议，但 RTP 和 RTCP 不是被直接封装在 IP 分组中的。取而代之的是，RTP 被当作应用程序处理，用 UDP 数据报封装。然而，跟其他应用程序不同，没有固定的周知口分配给 RTP。端口可以根据需要选择，不过有一个限制条件，RTP 端口号必须是偶数，下一个端口号（奇数）分配给 RTP 的伙伴协议。也就是说 RTCP 的端口号必须

是紧随 RTP 端口号之后的一个号码，必须是奇数。

6.2.4 信息源的同步

RTP 提供了足够的机制来适应实时数据的传输，例如，用时间印记及相关的控制机制对一些具有时间特征的信息流进行同步。

RTP/RTCP 对于单个媒体流的传输是有效的，但它不会自动对多个媒体流同步，所以我们必须在应用层做同步工作，可以采取下列两种方法。

（1）开辟一个足够大的缓冲区来补偿所有媒体流的延迟抖动。

（2）采用一个类似 RTCP 的管理流，它仅仅给出独立媒体流之间相关到达时间的反馈信息，并且只用了一个相关的较低的带宽。媒体流发送方可以根据到达时间延迟的差异来相应延迟其他相关媒体流或使其他所有的媒体流与一个选定的“主流”相适应。

有的时候上述两种方法都是适合的，但是究竟采用何种方法要视具体应用而定。

为了取得更高层次的同步和为了同步不是周期传输的媒体流，RTP 使用了一个线性单调的时钟，它的增长速度比媒体流的最小数据块的发送速度还要快，例如，大于音频的采样速率。初始时钟值是随机的，一些串行的 RTP 分组的时间印记如果在时间上是同时发生的，就应该相等，例如那些属于同一个视频帧的分组；一些串行的 RTP 分组的时间印记也可以是非单调的（不按顺序发送），例如 MPEG 的交插帧就是这样，但是它们的顺序号必须是单调的。

事实上，我们不能直接利用 RTP 时间印记，但是我们需要分析每个媒体流的 RTCP 分组中的 NTP（网络时间协议）时间信息和 RTP 时间印记。

6.2.5 层次式编码

多媒体应用应该能够调节传输速率，匹配接收方的能力或适应网络拥塞的状态。许多实现都把速率适配的责任放到源。这对于多播传输，效果是不好的，因为不同类别的接收方有互相冲突的带宽需求。其结果往往是最小公分母选择，在网络结构中的最小管道主宰着多媒体实时传输的整体质量和保真度。

作为一个替代的方法是通过把一种层次式编码与层次式传输系统相结合，把速率适配的责任放到接收方。就在 IP 多播上的 RTP 而言，具体的做法是结合两种技术：等级式编码和相对优先级。其思想是多媒体源要发送标有不同优先级的多个分组。在拥塞的情况下，中间的路由器会自动丢弃那些标着较低优先级的分组，使得接收方在当前的网络条件下总能得到可能的最好的接收。

作为示例，假定要在支持对分组做划分优先级的传输的网络（例如 IPv6 网络）上发送一个声音信号。声音用高保真的麦克风捕获并且以 16 位精度 44kHz 频率采样。可以把传输组织成等级式分组。

（1）1 个基本分组，包含以 5.5kHz 做的信号子采样。

（2）1 个补充分组，包含以 5.5kHz 和 11kHz 采样之间的差值。

（3）2 个更多的分组，包含在 11kHz 和 22kHz 采样之间的差值。

（4）4 个分组，包含在 22kHz 和完全精度的 44kHz 采样之间的差值。

如果使用源相关的优先级，每个分组将有一个不同的优先级编码，因此，如果链路拥塞，44kHz 分组被首先丢弃，然后是 22kHz 分组，再往后是 11kHz。通过这种方式保证：

- 即使网络很快地改变其状态，该用户的带宽份额也总是被比较重要的数据占用。
- 即使一个多播组的成员有非常不同的容量，它们也都将得到适配其本地通路的最好的服务质量。

简言之，等级式编码使得应用程序能够把它们的数据划分优先级，使得最有意义的数位最后丢弃。

在基础网络（例如大多数的 IPv4 网络）不支持对分组做划分优先级的传输的情况下，还可以采用另外一种方案，为每一优先级使用一个分立的多播地址。

- 以低速率连接的站加入组 G0，仅接收高优先级数据。
- 以中等速率连接的站同时加入组 G0 和组 G1，既接收高优先级数据，也接收低优先级数据。
- 以最高速率连接的站同时加入组 G0、组 G1 和组 G2，接收完全的信号。

实践表明，这是一个很好的解决方案，因为把数据分裂成多个组的做法取得了两个非常重要的结果。

（1）仅当至少有一个接收方请求时数据才会在一个网络链路上传送。

（2）把站分配到组的工作可以通过端到端的过程自动完成，而不用请求中间路由器介入。

第（1）条是映射过程的直接结果。多播路由选择的设计是把分组仅仅传送给组成员。因此，在前述例子里，发送给组 G2 的高速流仅到达通过 IGMP 协议明确地加入那个组的站。仅有的条件是站能够发现它们应该加入哪个组。业已提出的解决方案是结合在会话目录中所有组地址的完全列表和端到端的评估算法。

加入高速组的低速会话立即会发现，它仅仅收到高速分组的一部分。事实上，加入这个组的做法也会破坏所有其他较低速率组的接收。当接收完这个加入请求后，上游的路由器开始转发高速数据，这样就拥塞了在前往接收方的通路上的所有低速链路。拥塞会给所有的组带来明显的丢失速率。为了加速收敛，已经提出了一种在组成员之间的同步协议（RTCP，RSVP）。然而，有一点很明显，就是要评估一个指定站应该加入哪个组不是一件困难的事情。

6.2.6 RTCP

RTP 有一个称作 RTCP（RTP 控制协议）的伙伴协议。它是一个与 RTP 配合使用的协议，实际上，RTCP 也是 RTP 不可分割的一部分。

RTCP 主要负责服务质量的监视与反馈、媒体间的同步（如某一个 RTP 发送的声音和图像的配合），以及多播组中成员的标识。RTCP 分组也使用 UDP 来传送，但不传输任何数据。

由于 RTCP 分组很短，因此可将多个 RTCP 分组封装在一个 UDP 数据报中。

为了能够对 RTCP 有比较具体的概念，下面给出一个例子，说明在实时应用通信中一些可能的事件以及控制程序对它们的反应。

- 一个新成员通过一个低速 Modem 访问视频会议，那么发送方就可能需要改变其格式来降低会话使用的带宽。
- 使用一个仅仅接收和分析 RTCP 分组的监控程序，全局服务提供者就可以检测到全局和局部的网络资源争用的状况，并及时地做出相应的反应来防止更严重的分组丢失情况的发生，例如通过资源预留协议（RSVP）。
- 一个媒体流的接收方检测到不断降低的分组到达速率，就可以用 RTCP 分组通知信息的发送方，这样，发送方可以采取适当的改进措施，例如改变媒体的格式，或者采用一个新的压缩算法。

1. RTCP 功能

RTCP 提供跟一个多媒体应用的数据流相关的控制流。这个控制流的主要功能如下。

（1）提供对于应用和网络的性能的反馈。

RTCP 分组周期性地在网上传送，它带有发送端和接收端对服务质量的统计信息报告，内容包括已发送的分组数和字节数、分组丢失率、分组到达时间间隔的抖动等。

该功能对于速率自适应的应用是有用的，这些应用可以使用性能数据决定使用比较恰当的压缩方案来减少拥塞，或者在不发生拥塞的时候发送高质量的流。它对于诊断网络问题也可能是有帮助的。

（2）提供把来自同一个发送方的不同媒体流互相关联和同步的途径。

单个结点的多个照相机可能具有不同的 SSRC 值，而且不是让来自同一结点的音频和视频流使用同样的 SSRC。RTCP 把一个规范名（CNAME）赋给一个发送方，然后该发送方跟各种 SSRC 值相关联；通过 RTCP 机制，发送方可以使用这些值。

把两个流互相关联仅仅是媒体间同步问题的一部分。由于不同的流可能具有完全不同的时钟（不同的颗粒度，甚至不同的误差或飘移），因此需要有一种方法让多个流精确地互相同步。可以使用 RTCP 使它们保持同步。

（3）提供传递可在用户接口上显示的发送方身份的途径。

RTCP 提供了一种命名多种多样的源的方法。事实上，同步源标识符的绑定就是通过 RTCP 提供的，它在一个特定的 RTP 会话中具有全局唯一性。这一信息可以显示在接收端的屏幕上表明当前谁在演讲。

2. RTCP 分组类型

如图 6-6 所示，RTCP 有 5 个分组类型，在每个方框旁边的数字定义分组类型码。

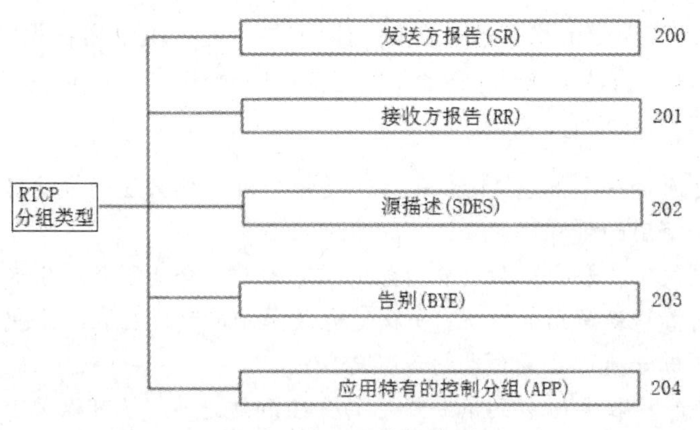

图 6-6　RTCP 分组类型

（1）发送方报告（sender report，SR）：使得一个会话的主动发送方能够报告发送和接收的统计数据。

（2）接收方报告（receiver report，RR）：由通信的被动参与方即不发送 RTP 分组的参与方发送，它向发送方和其他的接收方报告接收统计数据。

（3）源描述（source description，SDES）：运载规范名和其他有关发送方的描述信息。源定期地发送源描述报文，给出关于它自身的附加信息。这类信息可以是名字、电子邮件地址、电话号码、源的拥有者或控制器的地址等。

（4）告别（BYE）：源发送一个告别（BYE）报文关闭一个流。它允许源宣告它离开会议。虽然其他的源可以检测到一个源的缺席，但这个报文是一个直接的通告。它对于混合器也是很有用的。

（5）应用特有的控制分组（application-specific，APP）：应用特有的控制分组是为要使用新应用（即标准中未定义的）的应用定义的。它允许定义新的报文类型。

这些不同的 RTCP 分组类型在低层协议（典型的是 UDP）上发送。多个 RTCP 分组可以包装在单个低层协议的 PDU 中。在每个低层 PDU 中至少要发送两个 RTCP 分组：一个是报告分组，另一个是源描述分组。还可以包括其他的分组，上限是由低层协议规定的最大尺寸。

让一个多播组的每个成员都定期发送控制流量会有过度消耗带宽的问题。除非采取一些步骤对它进行限制，这类控制流量会消耗显著数量的带宽。例如，在一个音频会议中，任一时刻都不会有两个或三个以上的发送者发送音频数据流，因为每个人都同时讲话将会产生混乱。然而，对于每个人都发送控制分组的问题在社交上并没有限制，这在有数千人参与的会议中可能是一个严重的问题。为了应对这个问题， RTCP 有一套机制，使得当参与者数目增加时能够降低他们的报告频率。这些规则比较复杂，但基本的目标是把 RTCP 流量的总量限制到 RTCP 数据流量的一个小的百分比（典型的是 5%）。

为了实现这一目标，参与者应当知道可能使用的数据带宽有多大（比如说发送了 3 个音频流的数量）以及参与者的数目。前者可以从 RTP 之外的途径（会话管理）获悉，后者则可以从其他参与者的 RTP 报告知晓。由于 RTCP 报告可能以非常低的速率发送，仅可以得到关于当前接收方数目的近似计数值，但是在通常情况下这也就足够了。标准建议把比较多的 RTCP 带宽分配给主动的发送方，因为大多数参与者希望看到来自他们的报告，比如说想了解究竟谁在讲话。

一旦一个参与者确定它可以把多少带宽消耗在 RTCP 流量上，它就开始以适当的速率定期发送报告。发送方报告跟接收方报告仅有的差别是前者包括一些关于发送方的附加信息。两类报告都包含关于在最近的报告期内从所有的源接收到的数据的信息。

在发送方报告中的附加信息由下列内容构成。

（1）包含产生这个报告的某一天实际时间的时间印记。

（2）与该报告产生时间对应的 RTP 时间印记。

（3）该发送方从开始传输以来发送的分组和字节计数。

注意，开头两个量可以用于从同一个源发出的不同媒体流的同步，尽管这些流在它们的 RTP 数据流中可以使用不同颗粒度的时钟，因为它们给出了把某一天的时间转换成 RTP 时间印记的关键参数。

发送方和接收方报告都包含描述从上次报告以来所听到的每个源的情况的一块数据。每一块数据都包含相关源的下列统计信息。

（1）它的 SSRC。

（2）从发送上一次报告以来来自该源的数据分组的丢失比例。该比例通过把已接收到的分组数目跟期待接收到的分组数目比较得出，期待接收到的分组数目可以从 RTP 序列号确定。

（3）从首次听到这个源以来来自这个源的分组丢失的总数。

（4）从这个源接收到的分组最高序列号（32 位循环计数值）。

（5）对于这个源的分组到达间隔时间抖动的估算值，该值通过把接收到的分组的到达间隔跟期待的传输间隔比较得出。

（6）通过 RTCP 接收到的该源的最近一次实际时间印记。

（7）从上一次通过 RTCP 接收到发自该源的发送方报告以来的延迟时间。

显然，上述信息的接收方可以得知该会话状态各个方面的参数，特别地，就从某个发送方接收而言，它可以了解到，是否有其他的接收方获得了比它自己所得到的要好得多的质量。如果是这样的话，那就表明需要做适当的资源预留，或者网络中有故障需要解决。此外，如果一个发送方发现许多接收方都经历着高的分组丢失率，它就可以决定减少自己的发送速率，或者使用一种对丢失更具鲁棒性的编码方案。

对于 RTCP 需要予以关注的最后一个方面是源描述分组。一个这样的分组至少要包含发送方 SSRC 和发送方规范名称（canonical name，CNAME）。从同一个发送方产生的需要同步的多个媒体流尽管选用不同的 SSRC 值，但它们都选用同一个 CNAME。这就使得一个接收方能够识别来自同一个发送方的媒体流。CNAME 最通用的格式是“用户@主机”，其中主机是发送方机器的完全域名。因此，由运行在机器 cicada.cs.princeton.edu 上的用户名是 jdoe 的用户发起的应用将使用字符串 jdoe@cicada.cs.princeton.edu 作为它的 CNAME。在这个表示中的长的可变数目的字节串不适合用于 SSRC 的格式，因为 SSRC 要随着每一个数据分组发送，而且必须实时处理。允许在定期发送的 RTCP 报文中把 CNAME 捆绑到 SSRC 值使得 SSRC 的格式可以紧凑而有效。

在源描述分组中还可以包括其他一些条目，例如用户的真名和电子邮件地址。这些条目用于用户接口显示和用以联系参与者，但跟 CNAME 相比，它们对于 RTP 的操作不是那么重要。

3. 用于发送方报告和接收方报告的 RTCP 分组

服务质量监视和反馈的基础是由 RTP 数据分组的发送方和接收方所提供的报告。下面首先给出发送方报告（sender report，SR）RTCP 分组的格式：

<2 位的版本号=2><一个填充位><5 位的接收报告计数（RC）><8 位的分组类型=200><16 位长度><32 位的发送方同步源><32 位的 NTP 时间印记—最高有效字>< 32 位的 NTP 时间印记—最低有效字><32 位的 RTP 时间印记><32 位的发送方分组计数><32 位的发送方字节计数> <32 位表示的接收报告块针对的同步源 SSRC_1><8 位的丢失率><24 位表示的累计的丢失分组数><32 位表示的扩展的接收最大顺序号><32 位表示的到达间隔抖动><32 位表示的最近的发送方报告的时间印记><32 位表示的自上次发送方报告以来的时延><32 位表示的接收报告块针对的同步源 SSRC_2>…<配置文件特有的扩展>

该发送方报告分组由 3 部分组成，如果需要还可以根据具体应用加上扩展部分。

（1）第一部分是头部，8 字节。

- 版本号（2 位）：标识 RTP 的版本，与 RTP 数据分组中的该域相同，现在的值是 2。
- 填充位（1 位）：如果该位置 1，那么这个 RTCP 分组在末尾包含一些附加的填充字节，它们不是控制信息的内容，但被包括在长度域中。所加填充的最后一个字节是应该被忽略的填充字节的数目，该数目包括最后一个字节本身，而且应该是 4 的整数倍。
- 接收报告计数（reception report count，RC，5 位）：包含在该分组中的接收报告块的数目，值 0 也是有效的。
- 分组类型（packet type，PT，8 位）：包含常数 200，标识这是一个 RTCP 发送方报告分组。
- 长度（16 位）：以 32 位为单位计算的 RTCP 分组的长度减 1 的值；分组长度包括头和可能有的填充；偏差 1 使得 0 也是有效的长度域的值，以 32 位字为单位可避免对 4 的整数倍的检查。
- 发送方同步源（32 位）：标识这个发送方报告（SR）分组的源发方的同步源标识符。

（2）第二部分是发送方信息，共 20 字节长，存在于每个发送方报告分组中，它归纳这个发送方的数据发送情况。相关的域具有下列含义。

- NTP 时间印记（64 位）：表示本报告分组的发送时间，可用以与在来自其他接收方的接收报告（reception report）中返回的时间印记相结合，估算到达这些接收方的往返传输时延。
- RTP 时间印记（32 位）：与上面的 NTP 时间印记相对应，但与数据分组中的 RTP 时间印记有同样的单位和同样的随机偏移量。它可以从 NTP 时间印记使用 RTP 时间印记计数器与实际时间之间的关系计算出来。
- 发送方分组计数（32 位）：发送方从开始发送直到产生本发送方报告的时候为止共发送的 RTP 数据分组的总数。如果发送方改变了它的同步源标识符，那么该计数值应该重置成 0。

- 发送方字节计数（32 位）：发送方从开始发送直到产生本发送方报告的时候为止在 RTP 数据分组中共发送的载荷字节（不包括头或填充）的总数。如果发送方改变了它的同步源标识符，那么该计数值应该重置成 0。该域可被用来估算平均载荷数据速率。

（3）第三部分包含 0 个或多个接收报告块，报告块的数目取决于该发送方自发送上一个报告以来所听到的其他源的数目。每个接收报告块都传达从单个同步源接收 RTP 分组的统计信息。这些统计信息包括以下几项。

- SSRC_*n*（源标识符，32 位）：表示本接收报告块统计的同步源，后随各字段的描述都指这个同步源。
- 丢失率（8 位）：自发出上一个发送方报告或接收报告后从源 SSRC_*n* 接收 RTP 分组的丢失比例，表示为丢失的分组数除以期望得到的分组数，得到丢失率，乘以 256 后再放入本字段。
- 累计的丢失分组数（24 位）：接收开始后来自源 SSRC_*n* 的 RTP 数据分组的丢失总数，它等于期望收到的分组数减去实际收到的分组数，这里实际收到的分组数包括迟到的和重复的分组。期望得到的分组数被定义为所收到的最后顺序号减去初始顺序号。
- 扩展的接收最大顺序号（32 位）：低 16 位记载接收的来自源 SSRC_*n* 的 RTP 数据分组的最大顺序号，高 16 位用作对最大顺序号的扩展。
- 到达间隔抖动（32 位）：对于 RTP 数据分组到达的间隔时间的统计式变化的估算，以时间印记的单位计量，表示成一个无符号整数。该抖动 J 被定义为对于一对分组在接收方分组间隔与在发送方分组间隔的差 D 的平均偏移。如下面的等式所表示的那样，它等同于两个分组相对传输时间的差。相对传输时间是以同样的单位度量的在一个分组的 RTP 时间印记与分组到达接收方时的时钟之间的差。

如果 S_i 是分组 i 的 RTP 时间印记，R_i 是分组 i 以 RTP 时间印记单位计量的到达接收方时间，那么对于两个分组 i 和 j，到达时间差别 D 可以表示为：

$$D(i, j) = (R_j - R_i) - (S_j - S_i) = (R_j - S_j) - (R_i - S_i)$$ 。

当源 SSRC_*n* 接收到每个数据分组 i 时，应当使用该分组和到达顺序中的前一个分组 $i-1$ 之间的差 D 根据下列公式连续地计算到达间隔抖动：

$$J(i) = J(i-1) + (|D(i-1, i)| - J(i-1)) / 16$$

每当发送一个接收报告时，就采样当前的 J 值。

- 最近的发送方报告的时间印记（Last SR time stamp，LSR，32 位）：接收到的来自源 SSRC_*n* 的最近的 RTCP 发送方报告分组中的 NTP 时间印记 64 位中的中间 32 位。如果还没有收到过发送方报告，则该域置 0。

- 自上次发送方报告以来的时延（delay since last SR，DLSR，32 位）：以 1/65 536 秒为单位，表示从源 SSRC_*n* 收到最后一个发送方报告分组到发这个接收报告块之间的延迟时间。让我们用 SSRC_r 表示发送这个接收报告的接收方，源 SSRC_*n* 通过记录接收到这个接收报告块的时间 *A*，可以计算到达 SSRC_r 的往返传播延迟。它使用最近的发送方报告的时间印记（LSR）域计算总的往返时间为 *A*–LSR，然后减去这个域（DLSR）得到往返传播延迟为（*A*–LSR–DLSR）。

下面列出的是接收方报告（sender report，SR）RTCP 分组的格式：

<2 位的版本号=2><一个填充位><5 位的接收报告计数（RC）><8 位的分组类型=201><16 位长度><32 位的分组发送方同步源><32 位表示的接收报告块针对的同步源 SSRC_1><8 位的丢失率><24 位表示的累计的丢失分组数><32 位表示的扩展的接收最大顺序号><32 位表示的到达间隔抖动><32 位表示的最近的发送方报告的时间印记><32 位表示的自上次发送方报告以来的时延><32 位表示的接收报告块针对的同步源 SSRC_2>…<配置文件特有的扩展>

可以看出，除了分组类型域包含的是常数 201 以及 5 个发送方信息字（它们是 2 个字的 NTP 时间印记、1 个字的 RTP 时间印记，以及各 1 个字的发送方分组和字节计数）被删除以外，接收方报告（receiver report，RR）分组的格式与发送方报告（SR）分组相同。这些域也具有跟发送方报告分组同样的含义。

接收质量反馈不仅对于发送方是有用的，而且对于其他接收者和第三方监视者也是有用的。发送方可以基于反馈修改它的发送。接收方可以确定问题是局部的、区域的还是全局的。网络管理者可以使用独立于配置文件的监视器仅接收 RTCP 分组、不接收对应的 RTP 数据分组来评估他们的网络执行多播分发的性能。

在发送方信息和接收方报告块中都使用了累积计数，因此可以计算任意两个报告之间的差值，既可以在短时间上也可以在长时间上做评测，从而为评测提供了鲁棒性。最后收到的两个报告之间的差值可用来评估最近的分发质量，包括 NTP 时间印记使得可以从相差一段时间的两个报告之间的差值计算速率。由于该时间印记独立于数据编码的时钟速率，因此有可能实现独立于编码和配置文件的质量监视器。

一个示例计算是在两个接收报告之间的一段时间上的分组丢失速率。累计的丢失分组数的差值给出了在那段时间内丢失的分组数。扩展的接收最大顺序号的差值给出了在那个期间内期待接收的分组数。这两个数的比值就是在那段时间的分组丢失率。如果这两个报告是相继的报告，那么该分组丢失率就是丢失率域的值，否则就可能不是。每秒丢失率可以通过把该丢失率除以用秒表示的 NTP 时间印记的差值得到。接收到的分组数等于期待的分组数减去丢失的分组数。期待的分组数也可用来评判任何丢失估计的统计有效性。例如，与 1000 个分组中丢失 200 个相比，5 个分组中丢失 1 个具有较少的显著性。

从发送方信息，一个第三方监视器不用接收 RTP 数据就可以计算在一段时间上的平均载荷数据速率和平均分组速率。用发送方字节计数域的值除以发送方分组计数域的值就得到平均载荷大小。如果可以假定分组丢失独立于分组大小，那么把一个特定的接收方接收到的分组数目乘上平均载荷大小（对应的分组尺寸）就得到可以提供给接收方的表面吞吐量。

除了累积计数允许使用在报告之间的差值计量长时间段的分组丢失，丢失率域还提供了从单个报告进行的短时间段的计量。当会话的规模足够大以致不可能所有的接收方都持有接收状态信息，或者报告之间的时间间隔足够长从一个特定的接收方可能只收到 1 个报告时，这样的计量会变得更加重要。

到达间隔抖动域提供了第二个关于网络拥塞的短时间段的计量。分组丢失跟踪持续的拥塞，而抖动计量跟踪短暂的拥塞。抖动计量可能在导致分组丢失之前指示拥塞。到达间隔抖动域只是在一个报告时的一个快照，而不是试图定量获取。它不是要比较随着时间的推移来自一个接收方的若干个报告，而是要比较同时来自（例如单个网络内的）多个接收方的报告。为了允许进行跨越多个接收方的比较，所有的接收方都使用同一个公式来计算抖动是很重要的。

因为抖动计算是基于 RTP 时间印记的，而该时间印记所表示的又是在分组中第 1 个数据的采样时间，所以在采样时间和分组发送时间之间的延迟的任何变化都会影响计算所得到的抖动。这样的延迟变化会发生在时间长短变化的音频分组，也会发生在视频编码，因为对于一个帧的所有时间印记是相同的，但这些分组不是同时发送。直到发送为止的延迟变化不减少抖动计算本身作为一种网络性能计量的精确性，但考虑接收方缓冲区必须为它提供相应的空间是恰当的。

6.3　SCTP

作为 Internet 重负荷的马达，TCP 一直被许多应用程序使用，并且随着时间推移而被扩展，在广大范围的网络上给出了好的性能。在具体的实现中，许多版本采用了与经典算法略有不同的机制，特别是在拥塞控制和可靠性方面。看来 TCP 将会继续随着 Internet 的发展而演变。

TCP 作为在 IP 网络中进行可靠数据传送的主要途径提供着广泛的服务，然而近年来数目不断增长的应用发现 TCP 有很大的局限性，并且在 UDP 的顶部结合进它们自己的可靠数据传输协议。

TCP 本身明显地存在两个特别的问题。

第一，TCP 不能提供所有应用想要的传输语义。例如，一些应用对于发送的报文或记录想要保留它们的边界；另外一些应用需要使用一组相关的会话，比如一个 Web 浏览器从同一个服务器接收多个对象，同时传输包括音频和视频的多个流；还有一些应用希望能够更好地控制它们使用的网络通路。

第二，使用标准的套接字接口，TCP 不能很好地满足上述需求，主要的问题在于应用本身必须承担对 TCP 没有解决的问题的处理工作。这就导致了新协议的提出，这些新协议都提供了略有不同的接口。例如，SCTP（Stream Control Transmission Protocol，流控制传输协议）。

SCTP 是 IETF 新定义的一个传输层协议（2000 年），兼有 TCP 及 UDP 两者的特征。一方面，它在两个端点之间提供稳定、有序的数据传递服务，并带有拥塞控制机制(类似于 TCP)；另一方面，它又是面向报文的，可以保留数据报文的边界（类似于 UDP）。然而与 TCP 和

UDP 不同，SCTP 可以用多归属（Multi-homing）和多流的方式提供这些服务，从而提高了可用性。实际上，SCTP 是一个面向连接的协议，它把连接称作关联（association）。不过 SCTP 关联要比 TCP 连接具有更宽广的概念。SCTP 针对 TCP 的缺陷进行了一些完善，使得信令（即控制信息）传输具有更高的可靠性，并且支持多归属配置。

SCTP 的最初设计是用于在 IP 网络上传输公用交换电话网络（PSTN）信令（SS7 信令）报文，但能够支持广泛的应用。IETF 在这方面的工作被称作 SIGTRAN（信令传输）。

SCTP 是运行在 IP 这样的无连接分组网络之上的可靠传输层协议，它向用户提供的服务包括以下几项。

- 对用户数据有确认的无错和无重复传输。
- 数据分段以适配发现的通路最大传输单元（MTU）的大小。
- 对多个流中的每个流的用户报文的有序传送；可选的旁路有序投递的机制，让报文到达时就立即投递给用户，即按照到达的顺序投递报文。
- 可选地把多个用户报文捆绑到单个 SCTP 分组。
- 通过在关联的一端或两端支持多宿主来实现网络故障容错。

SCTP 的设计还包括适当的拥塞避免举措和抵御洪泛及假冒攻击的机制。

总的来说，可以把 SCTP 称作是 TCP 的改进协议，然而在它们之间也存在着较大的差别。

首先 SCTP 的连接可以是多归属连接的，而 TCP 则是单地址连接。在进行 SCTP 建立连接时，双方均可以声言若干个 IP 地址，通知对方本端所有的地址。若当前的连接失效，则协议可切换到另一个地址，而不需要重新建立连接。

其次，SCTP 是基于报文流，而 TCP 是基于字节流。所谓基于报文流，是指发送数据和应答数据的最小单位都是报文块（chunk）。一个 SCTP 关联可同时支持多个流（stream），每个流包含一系列的报文块；而 TCP 则只能支持一个流。

在对接收到的数据的应答方面，TCP 采用的是累积式确认的 ACK 机制，而 SCTP 采用的是选择性确认的 SACK 机制。

在网络安全性方面，SCTP 采取了防止恶意攻击的措施。不同于 TCP 连接采用的三次握手机制，SCTP 连接执行四次握手过程（INIT，INIT ACK，COOKIE ECHO，COOKIE ACK），可有效地防止类似于 SYN Flooding（洪泛）的拒绝服务攻击。SCTP 的一个主要贡献就是对多重外连线路的支持，一个端点可以在关联中使用多个 IP 地址，使得在主机间的传输可以具有透明的网络容错备援，从而提升了可靠性。

第7章

呼叫建立和控制技术

从本章节可以学习到：

- H.323 协议
- 会话起始协议

虽然 RTP 和 RTCP 为多媒体应用提供了广大范围的功能，但它们在支持多媒体会议方面没有包括足够的控制功能，这一方面通常被称作会议控制。为理解这一问题，让我们先考虑下面的问题。假定你要在某个时间召开一个视频会议，并将它提供给大量的参与者。也许你已决定要使用 MPEG-2 标准编码视频流，并使用多播 IP 地址 224.1.1.1 传输数据，在 UDP 端口号 4000 上采用 RTP 发送。你如何使得所有这些信息都可以被所希望的参与者知晓？一种办法是把所有这些信息都放在一个电子邮件中发送出去，但在理想情况下应该有一个标准格式和协议来传播这类信息。

目前，各个标准化组织对在 IP 网络上承载实时业务（话音、视频等）的方式大体相同，均是利用源自 IETF 的 RTP 协议，但是在呼叫建立和控制方面则有着不同的方案，其典型代表就是 ITU 提出的关于在分组网络上开展多媒体通信的 H.323 建议书和 IETF 制定的描述如何建立因特网电话呼叫、视频会议和其他多媒体连接的会话起始协议（Session Initiation Protocol，SIP）。

H.323 是第一个广泛流行的因特网会议系统的基础，直到现在它仍然是被最广泛采用的解决方案。SIP 是基于文本的协议，它不像 H.323 那样提供所有的通信协议，而是仅提供与呼叫建立和控制功能相关的协议。与 H.323 建议相比，SIP 具有简单、灵活的特点。

7.1　H.323 协议

关于在分组网络上开展多媒体通信的主要 ITU 建议书被称作 H.323，它是发展 IP 电话和基于互联网的视频会议系统的基础，是一种兼顾 PSTN（公用电话交换网）呼叫流程和 IP 网特点而开发的开放标准体制。

7.1.1　基本结构

H.323 为基于分组网络的通信系统定义了四个主要的组件（参见图 7-1）：终端（Terminal）、关守（Gatekeeper）、网关（Gateway）和多点控制单元（Multipoint Control Units，MCU）。

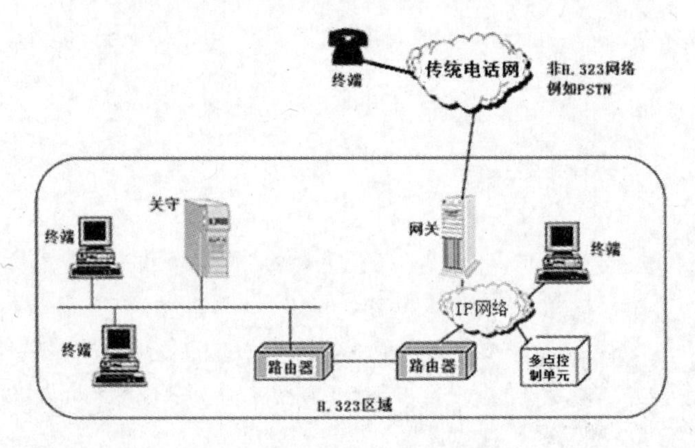

图 7-1　一个简单的 H.323 拓扑图

在分组网络中，起始或终止呼叫的设备称作 H.323 终端，这可以是一个运行 Internet 电话应用的工作站，或者是一个特别设计的电器，例如具有联网软件和一个以太网端口的类似于电话的设备。

H.323 终端是分组网络中的用户设备，是能够提供实时、双向通信的结点，可以和网关、多点接入控制单元通信。所有的 H.323 终端都必须支持 H.245 标准，H.245 标准用于控制。所有终端都必须支持语音通信，视频和数据通信可选。在 H.323 终端中的其他可选成分有 T.120 协议以及 MCU 功能。其中，T.120 协议主要提供数据会议、白板和共享图片等功能。

H.323 规定了不同的音频、视频或数据终端协同工作所需的操作模式，它将是未来因特网电话、音频会议终端和视频会议技术的主要标准。H.323 终端可以互相直接通话，但呼叫通常要经过关守设备的控制。

关守是 H.323 系统的一个可选组件，其功能是向 H.323 结点提供呼叫控制服务。当系统中存在 H.323 关守时，它提供注册控制、地址解析、带宽管理、路由控制和区域管理等功能。例如，关守可以控制在给定的时间可以准许多少个呼叫，以限制该 H.323 应用所使用的带宽。再如，两个 H.323 端点之间要能够进行通信，必须先向关守注册，然后关守就可以从它们提交的注册信息中获取两个端点之间的路由。

网关也是 H.323 的一个可选组件。它把 H.323 网络连接到其他类型的网络。对网关最常见的使用是把一个 H.323 网络连接到公用交换电话网（Public Switched Telephone Network，PSTN）。这就使得在一个计算机上运行 H.323 应用的一个用户能够跟在 PSTN 上使用传统电话的用户讲话。网关提供很多服务，其中包含 H.323 结点设备与其他 ITU 标准兼容的终端之间的转换功能。这种功能包括传输格式和通信规程的转换。另外，在因特网这样的分组网络和传统电话网这样的电路交换网络之间，网关还执行语音和图像编解码的转换工作，以及参与呼叫建立和拆除工作。

在此需要提及的是，前面叙述的关守所执行的一个有用的功能就是帮助一个 H.323 终端找到一个网关，也许要做一种选择，从多个网关中确定一个比较靠近呼叫的最终目的地的网关。这个功能在今天这个传统电话还远远多于基于 PC 的电话的世界里显然是有用的。

H.323 是 ITU 多媒体通信系列标准 H.32x 的一部分，它的基本组成单元是“区域”。在 H.323 系统中，所谓区域是指一个由关守管理的网关、多点控制单元（MCU）和所有终端组成的集合。一个域最少包含一个终端，而且必须有且只有一个关守。其中终端、网关、多点控制单元（MCU）是 H.323 中的端点设备（end point），是网络中的逻辑单元。端点设备是可呼叫和被呼叫的，而有些实体是不被呼叫的，如关守。H.323 涉及 H.323 终端与其他终端之间的、通过不同网络的、端到端的连接。

当在一个 H.323 区域中不存在关守时，两个端点设备不需要经过注册就能直接通信。不过，这不便于运营商开展计费服务，而且把对两个端点的地址解析等任务分散到网关中，无疑会加大网关的复杂度。

当一个 H.323 终端呼叫一个属于传统电话的端点设备时，网关就成为该 H.323 呼叫的有效端点，并负责在两个网络之间执行对信令信息和媒体信息的翻译。

多点控制单元（MCU）支持有三个以上结点设备参与的会议，在 H.323 系统中，一个多点控制单元由一个多点控制器（Multipoint Controller，MC）和可以是多个的多点处理器（Multipoint Processor，MP）组成。

使用 MCU，能够在 3 个或更多的远程场点之间举行实时的视频会议。MCU 是一种桥接设备，它互连来自多个源的呼叫。所有的参与方都要呼叫 MCU，MCU 也能够顺次地呼叫将要参加会议的各个参与方。MCU 的性能特征包括它可以同时支持的呼叫个数、进行数据速率和协议转换的能力以及提供同时显示的能力，后者指的是一次可以显示会议的多个参与方的功能。

作为 MCU 的组件，多点控制器在信令层面上控制会议，它是系统管理会议建立、端点信令和会议中控制的组件。多点控制器跟网络中的每个端点（endpoint）协商参数。多点处理器则运行在媒体层面上，接收来自每个端点的媒体流，然后从来自每个端点的媒体流产生输出流，并把该媒体流重定向到在会议中的其他端点。

H.323 普遍用于 Internet 电话，我们在这里也不妨考察一下该应用。图 7-2 给出了因特网电话的 H.323 结构模型。在该模型的中心是一个网关，它把因特网连接到电话网。它在因特网这边执行 H.323 协议，在电话网那边执行 PSTN（Public Switched Telephone Network，公用交换电话网）协议。通信设备被称作终端。一个局域网可以有一个关守，在称作区域（zone）的管辖范围内控制端点设备（end point）。

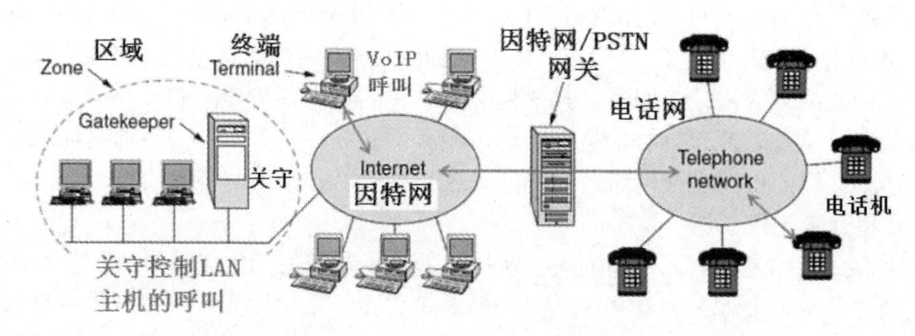

图 7-2　支持在因特网计算机和 PSTN 电话之间的呼叫的因特网电话的 H.323 结构

在本单元的其余部分，我们将继续以 Internet 电话为例，介绍和解释 H.323 的协议栈和工作过程。

7.1.2　H.323 协议栈

电话网需要执行多个协议。首先要有一个编码和解码音频和视频的协议。在 ITU 建议书 G.711 中，标准的单个话音通道被表示成 64kbps 的数字音频（每秒采样 8000 次，每个采样 8 比特）。所有的 H.323 系统都必须支持 G.711。也允许采用压缩话音的其他编码，但不是必需的。它们使用不同的压缩算法，在质量和带宽之间做不同的折中。对于视频，H.323 支持 MPEG 形式的视频压缩，其中包括 H.264。

由于允许多个压缩算法，就需要用一个协议来让终端（terminals）协商它们将使用哪一个算法。这个协议就是 H.245。该协议也协商连接的像是位速率这样的其他方面的属性。还需要用一个协议来建立和释放连接，提供拨号音，产生振铃声，以及执行标准电话的其他功能。在这里使用的是 Q.931 协议。如果存在关守，H.323 终端需要用一个协议跟关守对话。H.225 协议就是用于这个目的的。该协议管理的 PC 到关守的通道被称作 RAS（Registration/Admission/Status，注册/许可/状态）通道。这个通道允许 H.323 终端加入和离开管辖区，请求和返回带宽，提供状态更新。最后需要用一个协议执行实际的音频和视频数据传输。在 UDP 上的 RTP 用于这个功能。该协议使用 RTCP 管理，后者作为控制和伙伴协议与其配套运行，主要用来监视和反馈服务质量。图 7-3 给出了这些协议在 H.323 协议栈中的位置。

<table>
<tr><td>音频</td><td>视频</td><td colspan="5">控制</td></tr>
<tr><td>G.7xx</td><td>H.26x</td><td rowspan="2">RTCP</td><td rowspan="2">H.225
(RAS)</td><td rowspan="2">H.225
(呼叫)</td><td rowspan="2">Q.931
(信令)</td><td rowspan="2">H.245
(呼叫
控制)</td></tr>
<tr><td colspan="2">RTP</td></tr>
<tr><td colspan="4">UDP</td><td colspan="3">TCP</td></tr>
<tr><td colspan="7">IP</td></tr>
<tr><td colspan="7">链路层协议</td></tr>
<tr><td colspan="7">物理层协议</td></tr>
</table>

图 7-3　H.323 协议栈

H.225 RAS 信令用来实现端点（end point）向关守注册的过程。它是通过 RAS 报文来交互的。RAS 信令提供如下功能。

（1）允许关守管理端点。

（2）允许端点向关守提出各种请求，如注册请求、准许请求和带宽调整等。

（3）允许关守响应端点的请求，接受或拒绝提供某项服务，如注册许可、带宽调整和地址解析等。

H.225 呼叫信令用来在两个端点间建立或释放一个呼叫信令连接。它部分地采用了 Q.931（电话网呼叫信令），并加上了一些适合分组交换网的特定内容。H.225.0 呼叫信令的交互也是通过呼叫信令报文实现的。呼叫信令的交互过程就是两个端点之间交流呼叫信令报文的过程。

Q.931 是一个网络层呼叫控制协议，用以建立、维持和终止网络逻辑连接，它定义了呼叫控制报文和过程，包括报文类型、格式、语义和交互等。

H.323 的一个重要部分是 H.245 控制协议。当 H.323 终端要呼叫另一终端时，它使用 H.245 协商呼叫的特性。它可能列出它能够支持的多个不同的音频编解码标准。呼叫的远方端点将用一个它自己所支持的编解码列表应答。然后这两个端点可以选取一个双方都能使用的编码标准。H.245 还被用来通知将要被用于媒体流（一个呼叫可能同时包括音频和视频的多个流）的 RTP 和 RTCP 的 UDP 端口号。在此之后，RTP 被用来传输媒体流，RTCP 则承载相关的控制信息。

在 H.323 多媒体通信系统中，控制信令和数据流的传送利用了面向连接的传输机制，在

IP 协议栈中，IP 与 TCP 协作，共同完成面向连接的信息传输。可靠的传输机制保证了信息分组传输时的有序性、正确性和流量控制，但也会产生较长的传输时延和占用较多的网络带宽。

H.323 将可靠的 TCP 用于 H.225 呼叫信令通道、H.245 呼叫控制通道和支持数据会议的 T.120 数据通道。而视频和音频信息的传输采用非可靠的无连接协议，即用户数据报（UDP）协议和实时传输协议（RTP）。

在像 Internet 这样的大型网络中，为一个多媒体呼叫保留足够的带宽是很重要的。另一个 IETF 协议——资源预留协议（RSVP）允许接收端为某个特定的数据流申请一定数量的带宽，并可以得到一个答复，确认申请是否被批准。虽然 RSVP 不是 H.323 标准的正式组成部分，但大多数 H.323 产品都支持它，因为带宽的预留对 IP 网络上多媒体通信的成功至关重要。RSVP 需要得到终端、网关、多点控制装置（MCU）以及中间路由器或交换机的支持。

7.1.3 工作过程

为了说明在图 7-3 中显示的各个协议是怎样协同工作的，考虑在一个 LAN（带有关守）上的一个 PC 终端呼叫一个远程电话的过程。PC 必须首先找到关守，因此它向 UDP 1718 号端口发送一个“关守发现”广播分组。当关守响应时，PC 就知道了关守的 IP 地址。现在 PC 通过给关守发送一个用 UDP 数据报封装的 H.225 RAS 报文在关守上注册。在注册被接受以后，PC 给关守发送一个请求带宽的 H.225 RAS 许可报文。仅在被准许带宽之后，PC 才可以开始建立呼叫。预先请求带宽的用意是允许关守限制呼叫的个数。做这样的限制的目的是为了避免对输出线路的过度使用，从而有助于提供必要的服务质量保证。

顺便说一下，传统的电话系统对呼叫数量也会做类似的限制。当你拿起电话时，一个信号被发送到称作端局的本地电话局。如果该电话局的交换机有服务于另一个呼叫的空余能力，它就会产生一个拨号音。如果该交换机已经没有剩余的容量，你就听不到拨号音。不过在今天各个电话局所配置的交换机通常都具有很大的冗余容量的情况下，这种情况的发生已经是非常少见的了。

现在我们还是回到对 PC 呼叫过程的描述。此时，PC 着手建立一条到达关守的 TCP 连接。H.225.0 呼叫信令通道建立在 TCP 上，PC 使用 H.225 呼叫信令开始呼叫建立。H.225 呼叫建立使用已有的 PSTN 电话网络协议 Q.931。因为后者是面向连接的，因此需要 TCP。不过，PSTN 电话系统不会使用像 RAS 这样的协议来让电话机宣告它们的存在（注册），因此 H.323 的设计人员对于 RAS 可以自由选择使用 TCP 还是 UDP，结果如前所述，他们选择了低开销的 UDP。

现在 PC 已经被分配了带宽，并已经建立了到关守的 TCP 连接，接着它就可以在 TCP 连接上发送 Q.931 SET UP 报文了。这个报文指定了被呼叫的常规电话号码（如果被呼叫的是另一台计算机，则指定 IP 地址和端口号）。关守用一个 Q.931 CALL PROCEEDING（呼叫进行中）报文响应，确认对呼叫请求的正确接收。然后关守把该 SETUP 报文转发到网关。

一半是计算机、一半是电话交换机的网关，然后给目的地的传统电话做一个普通的电话呼叫。电话所连接的端局振铃被呼叫的电话，并往回发送一个 Q.931 ALERT（警示）报文，告诉呼叫方 PC 已经开始振铃。当另一端的人拿起电话时，端局往回发送一个 Q.931 CONNECT（连接）报文，告知 PC 已经有了一条连接。

在此需要指出的是，跟 IP 网络不同，PSTN 电话网络是一个网络设备（交换机）相当复杂而终端（电话）非常简单的系统，主要功能和协议都在交换机上实现，通信设备参数也主要由交换机控制。因此我们在下面阐述的通信双方的能力宣告和参数协商等信令交互都是在 PC 终端和代表传统电话终端的一半是交换机的网关之间进行。

一旦建立了连接，关守不再存在于传输回路中。当然了，网关仍然留在回路中。随后的分组旁路关守，直接前往网关的 IP 地址。现在 H.245 协议被用来协商呼叫参数。它使用 H.245 呼叫控制通道，该通道总是开放着的。每一边都开始宣告它的能力，例如它是否能够处理视频（H.323 能够处理视频）或会议呼叫，以及它支持哪种编码等。这种交互在 H.323 应用为可视电话、数据会议和视频会议的情况下是重要的。

一旦每一边都知道了另一边的能力，就可以在它们之间建立起两个单向的数据（可以是音频，也可以是视频或数据，或者是它们的结合）通道，并把一种编解码和其他参数赋给每一方。由于每一边都可能有不同的设备，完全可能在正向和反向通道上使用不同的编解码。

在所有的协商都完成之后，就可以在两个 H.323 端点设备之间（在我们使用的 PC 呼叫的例子中是在 PC 和网关之间）开始进行采用 RTP 的数据流动了。RTP 数据流使用 RTCP 管理，后者在拥塞控制方面起作用。如果同时使用视频，RTCP 还处理音视频的同步。图 7-4 展示了前述的各种通道。

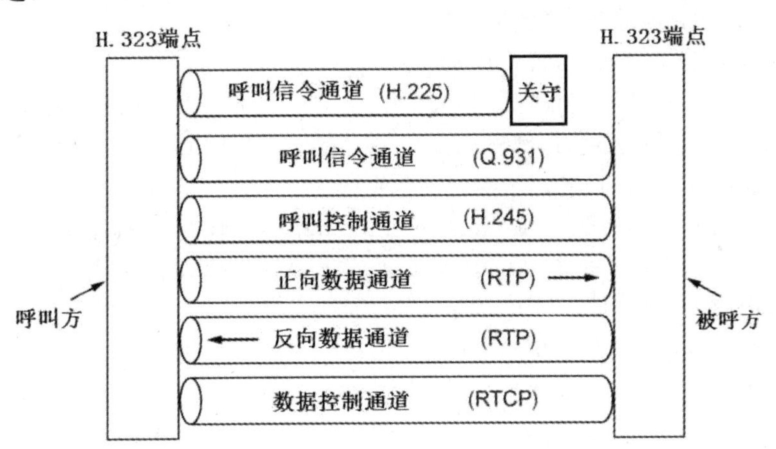

图 7-4 呼叫期间在呼叫方和被呼方之间的 H.323 逻辑通道

在我们给出的 PC 呼叫的示例中，到现在，在通话的两个人之间已经有了一个传输管道了。RTP 把从 PC 产生的音频数据流传送到网关，网关再把该音频数据流在 PSTN 电话线路上以传统电话的信号形式传送到作为通话的另一方的电话机。在相反的方向上，从电话机产生的话音信号被传送到网关的交换机一侧，然后网关再把该话音信息以二进制位流的形式用 RTP 分组传输到 PC。这实际上就相当于承载比特流的一条物理层连接，不过在通信的过程中，无论哪一边都不知道另一边操作的实现细节。

当任一端挂断电话时，Q.931 信令通道被用来拆除连接，从而在呼叫完成后释放不再需要的资源。当呼叫终止时，呼方 PC 再次用一个 RAS 报文联系关守，释放分配给它的带宽。此时它也可以做另一次呼叫。

需要指出的是，服务质量保证不在 H.323 协议的范围之内，尽管它对于实时通信的成功是重要的。事实上，如果基础网络能够从呼方 PC 到网关建立一条稳定的无抖动的连接，那么呼叫的服务质量将是好的；否则就将是不好的。然而在 PSTN 电话一边的任何部分都将是无抖动的，因为采用电路交换的电话网络就是这样设计的。

7.2 会话起始协议

H.323 是 ITU 设计的。因特网团体的许多人把它看成是典型的电信产品，大而复杂，不灵活。因此 IETF 成立了一个委员会，设计一个较为简单的更加模块化的方法来实现在 IP 上的话音。其工作的主要成果是 SIP（Session Initiation Protocol，会话起始协议），它的最新版本是 RFC3261，于 2002 年发布。该协议描述如何建立因特网电话呼叫、视频会议和其他的多媒体连接。

与 H.323 复杂的协议序列不同，SIP 是单个模块，但被设计成能够跟已有的因特网应用互操作。例如，它把电话号码定义成 URI（Uniform Resource Identifier，统一资源标识符），因此，Web 页面可以包含它们，允许单击一个链接（link）起始一个电话呼叫，就像 mailto 机制允许单击一个链接就能调用一个程序发送电子邮件报文那样。

SIP 能够建立两方会话（例如普通的电话呼叫）、多方会话（例如每个人都能听到别人讲话，自己也可以讲话）和多播会话（一个发送方，多个接收方）。会话可以包含音频、视频和数据，后者对于多方参与的实时游戏是有用的。SIP 只是处理会话的建立、管理和终止。像是 RTP/RTCP 这样的其他协议被用来做音视频数据传输。

SIP 还有一个配套协议 SDP（Session Description Protocol，会话描述协议）。SDP 为会话通告、会话邀请以及其他形式的多媒体会话起始的目的描述多媒体会话。该描述可以包括会话名和目的，组成会话的媒体，以及接收这些媒体的信息（地址、端口号和格式）等内容。在媒体描述方面，它可以包括媒体类型（视频和音频等）、传输协议（例如 RTP/UDP/IP）和媒体格式（例如 MPEG 视频）等内容。对于 IP 多播会话，SDP 传达用于媒体的多播地址和传输端口，该地址和端口是多播流的目的地址和目的端口。对于 IP 单播会话，SDP 传达媒体的远方地址和传输端口，一般指数据被发往的地址和端口。

SDP 在电话会议的情况下特别重要，因为电话会议的参加者是动态地加入和退出的。SDP 详细地描述媒体编码、传输层协议的端口号和多播地址。

参与会话的成员可以通过多播或单播的形式进行通信。用以建立会话的 SIP 邀请（INVITE）承载采用 SDP 协议的会话描述，通过会话描述的交换，参与者可以就使用的媒体类型以及接收媒体的地址、端口和格式等达成一致。SIP 使用称作代理服务器的成分帮助把请求路由到用户的当前位置，认证和授权请求服务的用户，为提供者实现呼叫路由策略，为用户提供会话控制功能。SIP 还提供注册功能，允许用户上传他们的当前位置，供代理服务器使用。

除了基本的控制呼叫建立和终止的过程，SIP 还支持多种多样的服务，其中包括定位被呼方（此时被呼方可能不在其办公室或住处等常驻地的机器旁）和确定被呼方的能力。在最简单的情况下，SIP 建立一个从呼叫方计算机到被呼方计算机的会话，我们不妨先考察一下这种情况。

SIP 使用一种机制把电话号码表示成 URI（Uniform Resource Identifier，统一资源标识符），例如用 sip: ilse@cs.university.edu 表示在以 DNS 域名 cs.university.edu 指定的主机上的一个称作 ilse 的用户。SIP URI 也可以包含 IPv4 地址、IPv6 地址或实际的电话号码。

SIP 协议是一个按照 HTTP 模型设计的基于文本的协议。一个通信方用 ASCII 正文发送一个报文，其第一行包括一个方法名，随后的附加行包含用以传递参数的头。其中的许多头都取自 MIME（Multipurpose Internet Mail Extension，通用因特网邮件扩展），允许 SIP 跟已有的因特网应用互操作。表 7-1 给出了其核心规范定义的 6 个方法（method）。

表 7-1　SIP 方法

方法	描述
INVITE	请求起始一个会话
ACK	确认会话已经起始
BYE	请求终止会话
OPTIONS	查询一个主机的能力
CANCEL	取消一个已经在进行中的请求
REGISTER	告知重定向服务器该用户的当前位置

为了建立一个会话，呼叫方要么跟被呼方建立一条 TCP 连接，在其上发送一个 INVITE（邀请）报文，要么在一个 UDP 数据报中发送该 INVITE 报文。不管是哪种情况，在报文的第二行和随后的行都描述报文体的结构，包含呼叫方的能力、媒体类型以及格式。 如果被呼方接受呼叫，它就用一个类似 HTTP 类型的应答码应答。该应答使用在表 7-2 中给出的应答状态码组的 3 个数字（例如 200）表示接受。后随应答码行，被呼方也可以提供关于它的能力、媒体类型以及格式的信息。

表 7-2　应答的状态码组

代码	类别	描述
1xx	暂时	请求被接受，继续处理请求
2xx	成功	该动作被成功接收、理解和接受
3xx	重定向	为完成请求，需要采取进一步的动作
4xx	客户方错误	该请求包含语法错误，或不能够在这个服务器上完成
5xx	服务方失败	该服务器没有完成一个明显是有效的请求
6xx	全局失败	该请求不能在任何服务器上完成

连接使用 3 次握手建立，因此呼叫方用一个 ACK 报文响应，从而结束协议，并确认对 200 报文的接收。

任一方都可以使用 BYE 方法发送一个报文，请求终止会话。当另一方确认对该报文的接收时，会话终止。

OPTIONS 方法被用来查询一个机器的能力，典型地是在会话起始之前确定那个机器是否能支持在 IP 上的话音，以及期待是什么类型的会话。

REGISTER 方法与跟踪和连接到一个当前不在常驻地的用户的能力有关。来自用户的 REGISTER（注册）报文被发送到一个 SIP 位置服务器（location server）。位置服务器保持跟踪用户的当前位置，通过对它进行查询可得到用户的当前位置。图 7-5 展示了重定向的操作。

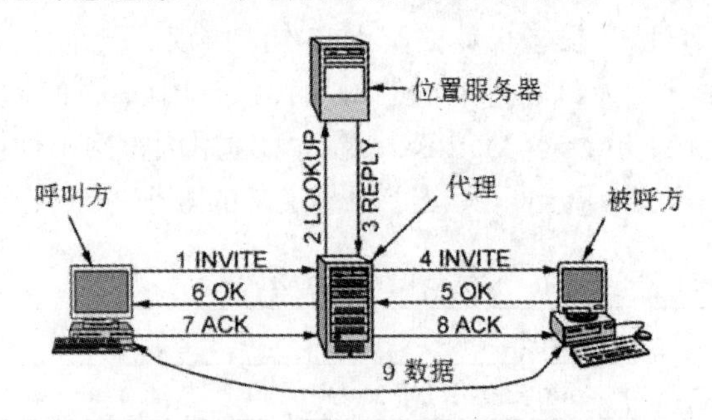

图 7-5　代理服务器的使用和 SIP 的重定向

呼叫方给一个代理服务器发送 INVITE 报文，在这里隐藏了可能的重定向。代理服务器查找被呼用户的位置，并向那里发送该 INVITE 报文。对于 3 次握手的随后报文，代理服务器起着一个中继的作用。LOOKUP 和 REPLY 不在 SIP 标准的范围之内，取决于所使用的位置服务器的种类，可以使用任何方便的协议。

SIP 还有多种其他的功能，包括呼叫等待、呼叫筛查、加密和身份认证。如果在因特网和电话系统之间有适当的网关，它还能够把呼叫从一个计算机转到一个普通电话。

7.2.1　功能特征

SIP 是一个应用层控制协议，能够建立、修改和终止多媒体会话。SIP 还能够邀请用户参加已经存在的会话，例如多播会议。媒体可以被加到一个已经存在的会话，也可以被从该会话删除。SIP 透明地支持名字映射和重定向服务，后者支持个人移动性，用户可以维持单个外部可见的标识符，而不管他们的网络位置。

SIP 从 5 个方面支持多媒体通信的建立和终止。

（1）用户位置：确定用于通信的端点系统。

（2）用户可提供性：确定被呼方参与通信的意愿。

（3）用户能力：确定将使用的媒体和媒体参数。

（4）会话建立：执行类似传统电话的“振铃”，在呼叫方和被呼方之间建立诸如端口号这样的会话参数。

（5）会话管理：包括会话的转移（例如实现呼叫转发）和终止，以及修改会话参数等。

SIP 没有定义新的寻址类型，而是使用类似于电子邮件的地址寻址用户。每个用户通过一个等级式的URI标识，后者是用诸如用户的电话号码或主机名这样的元素建立的，例如 sip：user@company.com。这就意味着，把一个人重定向到另一部电话就像把一个人重定向到一个网页那样容易。

SIP 跟 HTTP 的重要不同点是它主要用于人对人的通信。因此重要的不是定位机器，而是定位具体的用户。SIP 跟电子邮件的不同点在于后者只要能够定位服务器就可以了，用户可以在随后的某个时间检查和转储报文，而 SIP 则需要知道用户现在位于哪里，因为只有这样才能够跟他做实时通信。更为复杂的是用户可能选择使用几个不同的设备通信，例如当他在办公室时使用桌面 PC，当他旅行在外时使用手持设备。多种设备可以同时处于活动状态，并且具有相当不同的能力，例如一部手机和一个基于 PC 的可视电话。在理想的情况下，其他用户的报文应该能够在任何时间都可以跟踪到他，并投递给适当的终端设备。而且该用户还应该能够对于什么时间、在何处以及从谁那里接收实施控制。

SIP 不是一个垂直集成的通信系统，而是一个能够通过与其他的 IETF 协议集成来建立一个完全的多媒体架构。在典型的情况下，这些架构将包括用以传输实时数据和提供服务质量反馈的实时传输协议（RTP，包括 RTCP）和用以描述多媒体会话的会话描述协议（SDP）。因此，为了向用户提供完全的服务，应该把 SIP 和其他协议结合使用。然而，SIP 的基本功能和操作不依赖这些协议中的任何协议。

SIP 不提供服务。确切地说，SIP 仅提供可以用来实现不同服务的原始性事务(primitives)。例如，SIP 可以定位一个用户，并把一个不透明的对象（opaque object ）投递到他当前的位置。如果使用该事务，比如说，投递一个用 SDP 写的会话描述，那么相关端点就能够就会话参数问题达成一致。如果使用同样的事务投递一个呼叫方的照片和会话描述，那么就容易实现来电显示服务。正像这个例子所表明的那样，单个事务典型地被用来提供不同的服务。

SIP 不提供诸如发言权控制（floor control）和投票表决这样的会议控制服务，不规定如何管理一个会议。SIP 可以被用来起始一个使用某个其他会议控制协议的会话。由于 SIP 报文和它们建立的会话可以通过完全不同的网络，SIP 不提供也不能够提供任何种类的网络资源预留功能。

SIP 所提供的服务的这种特性使得安全性特别重要。为此，SIP 提供一系列的安全服务，其中包括防止拒绝服务攻击、身份认证（用户到用户和代理到用户）、完整性保护以及加密和隐私保护服务。

7.2.2 基本结构

SIP 实体用 SIP URI 标识。在典型的情况下，一个 SIP URI 具有 sip：username@domain 的形式，例如 sip：joe@company.com。可以看到，它由用户名部分和域名部分构成，两部分之间用@（at）字符分隔。SIP URI 与电子邮件地址相似，同样的地址既能用于电子邮件通信，也能用于 SIP 通信。这样的 URI 易于记忆。

在 SIP 内部有两个基本的成分：SIP 用户代理和 SIP 网络服务器。SIP 用户代理又称 SIP 终端，是 SIP 系统中的最终用户，在 RFC 3261 中被定义为一个用户程序。SIP 服务器是网络设备，处理可能是跟多个呼叫相关的信令。根据所执行的功能的不同，SIP 服务器又可分成多种不同的类型，包括 SIP 代理服务器、SIP 注册服务器和重定向服务器。

注意，在本节中所介绍的成分通常只是逻辑实体，不一定是一个单独的物理设备。例如，为了提高处理速度，人们往往会对它们进行适当的组合，把不止一个成分放在一个设备里，但这取决于具体的实现和配置。

1. **用户代理**

用户代理是使用 SIP 互相寻找并协商会话特征的因特网端点。用户代理通常以一个应用的形式驻留在用户计算机上，这是当前最广泛采用的形式；但用户代理也可以是蜂窝电话、PSTN 网关、PDA 和自动的交互语音响应（Interactive Voice Response，IVR）系统。

SIP 用户代理包含 UAC（User Agent Client，用户代理客户）和 UAS（User Agent Server，用户代理服务器）两个部分。它们都只是逻辑实体，每个用户代理都包含一个 UAC 和一个 UAS。UAC 是用户代理中发送请求和接收响应的部分，而 UAS 则是用户代理中接收请求和发送响应的部分。

正因为一个用户代理既包含 UAC，也包含 UAS，所以人们常会说一个用户代理的行为像是一个 UAC 或 UAS。例如，当呼叫方用户代理发送一个 INVITE 请求并接收对该请求的响应时，我们说它的行为像是一个 UAC；而当被呼方用户代理接收该 INVITE 请求并发送响应时，我们说它的行为像是一个 UAS。

然而当被呼方决定发送一个 BYE 终止会话时，情况就改变了。在这种情况下，发送 BYE 的被呼方用户代理的行为像是一个 UAC，对 BYE 发送响应的呼叫方用户代理的行为像是一个 UAS。

图 7-6 给出了三个用户代理和一个有状态的分叉代理。每个用户代理都包括 UAC 和 UAS。代理中从呼叫方接收 INVITE 的部分起着一个 UAS 的作用。当转发该请求时，该代理建立了两个 UAC，每个负责一个分支。

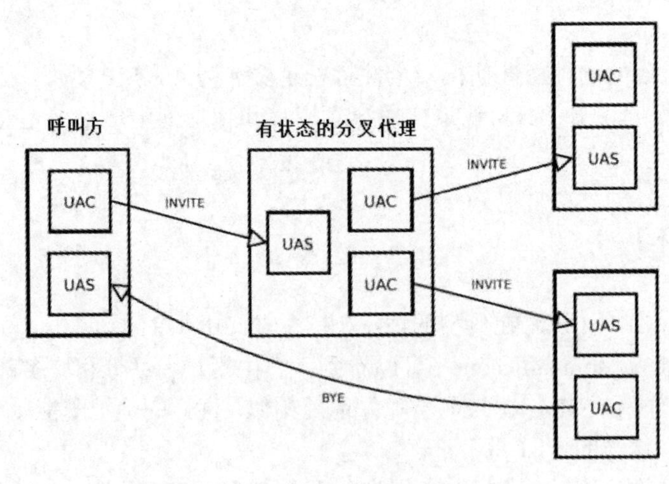

图 7-6　UAC 和 UAS

在我们的例子中，被呼方提起话筒，并且后来当他要终止呼叫时，它发送一个 BYE。此时先前是 UAS 的用户代理变成一个 UAC，反之亦然。

2. 代理服务器

SIP 允许建立一个由称作代理服务器（proxy server）的网络主机组成的基础结构。用户代理可以给代理服务器发送报文。代理服务器是 SIP 基础结构中非常重要的实体。它们按照被邀请方的当前位置执行会话邀请的路由选择，并执行身份认证、计账以及许多其他的重要功能。

代理服务器最重要的任务是把会话邀请路由到接近被呼方的位置。会话邀请通常要通过一组代理服务器，直到它找到一个知道被呼方实际位置的代理服务器。这样的一个代理服务器将把会话邀请直接转发到被呼方，被呼方将接受或拒绝该会话邀请。

SIP 代理服务器是一个中间元素，它既是一个客户又是一个服务器，具有解析名字的能力。它接受来自呼叫用户的请求（实际上是来自用户代理客户的呼叫请求），并能够代表前面的用户使用下一跳路由协议把呼叫请求传递给下一跳服务器，最后把呼叫请求转发给被呼用户（实际上是转发给用户代理服务器）。

SIP 代理服务器有两个基本的类型：无状态和有状态。两种方式之间的差别是有状态服务器记住它接收的进入请求、发回的响应以及接着发送的外出请求；无状态服务器一旦在它发出请求之后就忘掉所有这些事情。这些无状态服务器很可能是 SIP 基础结构的主干，而有状态服务器则可能是接近用户代理的本地设备，它们控制用户域。

无状态服务器是简单的报文转发器，它们互相独立地转发报文。虽然报文通常都被安排进事务（transaction），但无状态代理服务器不关照事务。

无状态代理服务器简单，但执行速度比有状态代理服务器快。它们可被用作负载平衡器、报文转换器和路由器。无状态代理服务器的一个缺点是它们不能吸收重发的报文，不能执行比较高级的路由选择，不能把呼叫分叉。

有状态代理服务器则比较复杂。在收到一个请求时，它建立一个状态，并把该状态一直保持到该事务结束。有些事务，特别是由 INVITE 建立的那些事务，可能持续相当长的时间（直到被呼方提起话筒或拒绝呼叫）。因为有状态代理服务器必须在事务期间维持状态，所以它们的性能是受限的。

把 SIP 报文与事务相关联的能力给了有状态代理服务器一些有趣的功能。有状态代理服务器能够执行分叉，这就意味着在收到一个报文时会发出两个或更多的报文，使得多个位置同时振铃。

有状态代理服务器能够吸收掉重传的报文，因为它们可以从事务状态得知，它们是否已经收到过同样的报文；对比之下，无状态代理服务器则不能够做这样的检查，因为它们没有存储状态。

有状态代理服务器能够执行比较复杂的寻找用户的方法，比如说，它可能试图让呼叫到达用户的办公电话，此时，如果用户没有提起话机，那么它就可以把呼叫重定向到用户的蜂窝电话。

今天大多数的 SIP 代理服务器都是有状态的，因为它们的配置通常都是非常复杂的。它们通常执行计账、分叉、某些类别的 NAT（网络地址转换）通行辅助，而所有这些功能都需要一个有状态的代理。

作为一个典型的配置示例，假定有两个公司 A 和 B，每一个公司都有它自己的 SIP 代理服务器，该服务器被公司里的所有用户代理使用。图 7-7 展示的是来自在公司 A 中的雇员 Joe 的一个会话邀请是如何到达在公司 B 中的雇员 Bob 的。

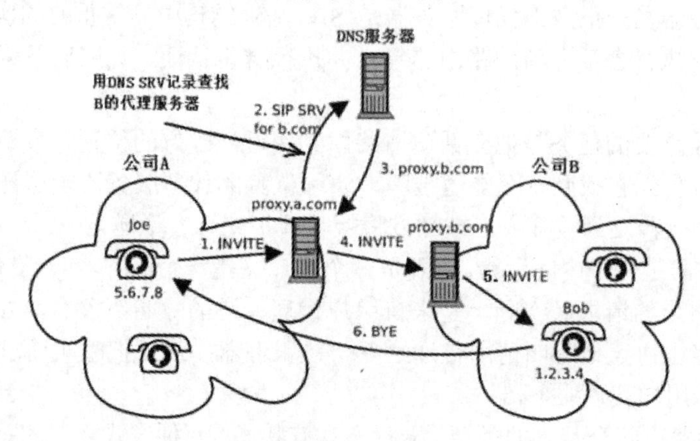

图 7-7 会话邀请

用户 Joe 使用地址 sip：bob@b.com 呼叫 Bob。Joe 的用户代理自身不知道如何路由该邀请，但它被配置成把所有的外出流量发送到公司的 SIP 代理服务器 proxy.a.com。该代理服务器断定，用户 sip：bob@b.com 是在一个不同的公司里，因此它将查找 B 的 SIP 代理服务器，并把邀请往那里发送。在 proxy.a.com 上要么预先配置好 B 的代理服务器，要么代理服务器 proxy.a.com 使用 DNS SRV 记录查找 B 的代理服务器。现在邀请到达 proxy.b.com。该代理服务器知道现在 Bob 坐在他的办公室里，使用在他的桌面上的电话可以到达，该桌面电话具有 IP 地址 1.2.3.4，因此该代理服务器将把邀请发送到那里。

3. **注册服务器**

前面叙述在 proxy.b.com 处的 SIP 代理服务器知道 Bob 的位置，但没有说明一个代理服务器是如何获知一个用户的当前位置的。Bob 的用户代理（SIP 电话）必须向一个注册服务器注册。注册服务器是一个特别的 SIP 实体，它接收来自用户的登记，抽出关于他们当前位置（在该例中是 IP 地址、端口号和用户名）的信息，并把该信息存储到位置数据库。位置数据库的目的是把 sip：bob@b.com 映射成像是 bob@1.2.3.4：5060 这样的地址。然后这个位置数据库被 B 的代理服务器使用。当该代理服务器接收一个发往 sip：bob@b.com 的邀请时，它搜索该位置数据库。它找到 sip：bob@1.2.3.4：5060，并把邀请发送到那里。一个注册服务器通常只是逻辑实体。由于跟代理服务器耦合得很紧密，因此注册服务器一般都跟代理服务器一起放在一个设备中。

SIP 注册服务器完成对 UAS（用户代理服务器）的登记，在 SIP 系统中，所有 UAS 都要在某个注册服务器中登记，以便用户通过该服务器能找到它们。在 SIP 中有时也提到位置服务器的概念，但是位置服务器不一定属于 SIP 服务。虽然 SIP 本身含有注册服务器和位置数据库，但它也可以利用其他位置服务器如 DNS、LDAP（Lightweight Directory Access Protocol，轻量级目录访问协议）等提供的位置服务来增强其定位功能。

图 7-8 显示了一个典型的 SIP 注册过程。一个含有记录地址（Address of Record）sip：jan@iptel.org 和联系地址（contact address）sip：jan@1.2.3.4：5060（1.2.3.4 是电话的 IP 地址）的 REGISTER 报文被发往注册服务器。注册服务器抽出这一信息，并把它存储到位置数据库。如果一切都进行得顺利，那么该注册服务器给该电话发送一个 200 OK 响应，注册过程结束。

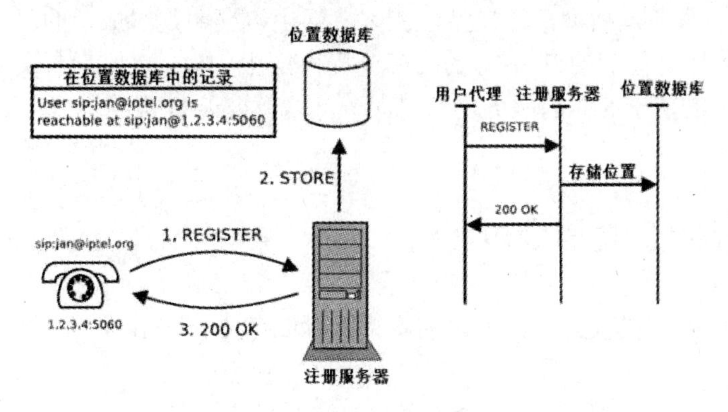

图 7-8　典型的注册过程

每个注册都有一个有限的生命期。期满头域或联系头域的期满参数确定该注册的有效期长度。用户代理必须在生命期内刷新该注册，否则它将期满，用户会变得不可达。

4. 重定向服务器

接收一个请求返回一个包含一个特定的用户当前位置的列表的应答的实体被称作重定向服务器。一个重定向服务器接收请求，在由注册服务器建立的位置数据库中查找请求想要的接收方。然后它建立该用户当前位置的列表，并将其用一个在 3xx 类别内的响应发送给请求的源发方。

然后，请求的源发方抽出列表中的那些目的地，并直接向它们发送请求。图 7-9 显示了一个典型的重定向。

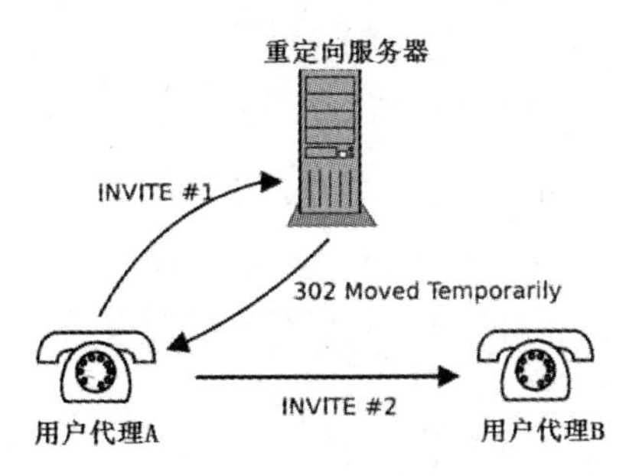

图 7-9　SIP 重定向

本质上，重定向服务器是一个规划 SIP 呼叫路径的服务器，它不接收呼叫，但通过响应告诉查询用户下一跳代理服务器的地址，由该查询用户决定如何按此地址向下一跳代理服务器发出请求，而自己则退出对这个呼叫的控制。

把前述各个成分组合在一起就形成了 SIP 基础结构。由这些成分给端点用户投递 SIP 服务，应用服务器可以位于这些成分之上。应用服务器提供诸如网上聊天的即时消息传送、第三方呼叫控制和用户框架文件这样的服务模块。它们还跟其他的媒体服务器交互，可以负责在分布式结构中的负载平衡。应用服务器还包含接口管理。

客户服务可以通过使用 API（应用程序接口）访问在应用服务器中建立的子程序。把各种服务模块结合使用，能够提供服务的潜力是巨大的。

SIP 遵从客户/服务器模型，该模型已在因特网上被证明是很成功的。主干服务提供者可以把 SIP 基础结构作为他们的 IP 服务的一部分提供给服务提供者。后者又可以在这个基础结构上提供他们自己的基于 SIP 的服务。人们甚至可以像今天的 Web 应用那样让端点用户编写应用程序。

7.2.3 SIP 呼叫建立信令过程

SIP 基于请求-响应模式。下面列出的序列是呼叫建立信令过程的一个典型的例子（参见图 7-10）。

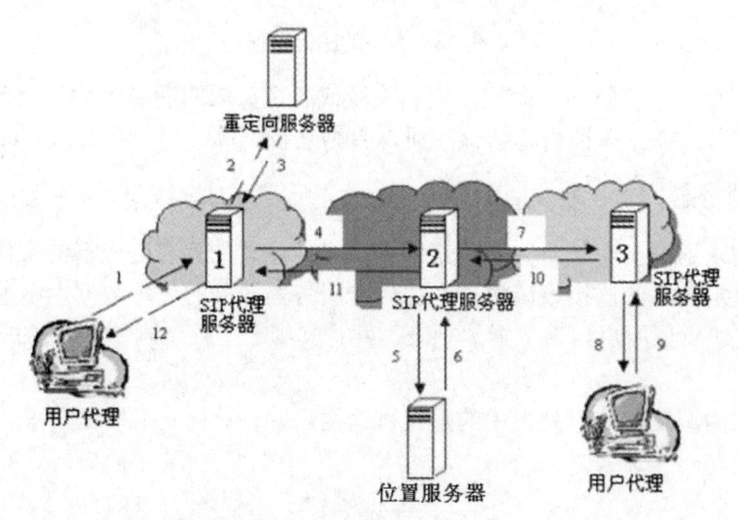

图 7-10 典型的呼叫建立过程

（1）为了起动一个会话，呼叫方（用户代理客户）用被呼方的 SIP URI（统一资源标识符）发送一个请求。如果该用户代理知道另一方的位置，那么它可以把请求直接发送给该地址；否则它就把请求发送到一个本地配置的 SIP 网络服务器。在这里的情况假定是后者，所以用户代理客户向 SIP 代理服务器（1 号）发送呼叫建立请求（INVITE）。

（2）SIP 代理服务器（1 号）向重定向服务器发送呼叫建立请求。

（3）重定向服务器返回重定向信息。

（4）SIP 代理服务器（1 号）向重定向服务器指定的 SIP 代理服务器（2 号）发送呼叫建立请求。

（5）被请求的 SIP 代理服务器（2 号）使用非 SIP 协议（例如域名查询或者 LDAP 等）到位置服务器查询被呼方位置。

（6）位置服务器返回被呼方位置（被呼 SIP 代理服务器：3 号）。

（7）被请求的 SIP 代理服务器（2 号）向被呼 SIP 代理服务器（3 号）发送呼叫建立请求。

（8）被呼 SIP 代理服务器（3 号）向用户代理（被呼方）发呼叫建立请求（被呼方振铃或显示）。

（9）被呼用户代理向被呼 SIP 代理服务器（3 号）发同意或拒绝。

（10）被呼 SIP 代理服务器（3 号）向主呼代理服务器所请求的代理服务器（2 号）发同意或拒绝。

（11）主呼代理服务器所请求的代理服务器（2 号）向主呼代理服务器（1 号）发同意或拒绝。

（12）主呼代理服务器（1 号）向主呼用户代理指示被呼方是否同意呼叫请求。

呼叫建立后双方根据协商得到的媒体和压缩算法等参数相互通信。呼叫拆除过程类似于建立过程。

对于上面叙述的呼叫建立过程序列，有一些细节还需要加以说明。在定位用户的过程中，一个 SIP 网络服务器可能需要把呼叫重定向到另外的服务器，直到该呼叫到达一个知道被呼用户的位置的服务器为止。在实际的网络中可能有比在这里示出的还要多的跳段数。

一旦找到了用户的位置，请求就被发送给该用户，并且有多种可能的情况发生。在最简单的情况下，用户代理接收请求，用户电话振铃。如果用户接受该呼叫，用户代理就用软件的“指定功能”响应邀请，连接建立成功。如果用户拒绝呼叫，会话可以被重定向到一个语音邮件服务器或另一个用户。这里所说的“指定功能”指的是用户希望引入的功能。例如，尽管软件可能支持视频会议，但用户现在可能仅想使用音频会议。不过，用户总是可以在随后再增加功能，例如视频会议、白板，或者通过给链路上的另一个用户发送邀请来支持第三方用户。

SIP 有两个显著的附加功能。第一个是有状态服务器分裂或叉生进入呼叫的能力，使得多个扩展终端可以同时振铃。这一特征可以给用户提供方便性。例如，一个用户可以工作于两个位置之一（实验室或办公室），或者一个人可以同时让一个老板和他的秘书的电话振铃。第二个显著功能是 SIP 在单个会话内返回不同媒体类型的能力。例如，一个用户可以呼叫一个旅行代理商，他可以观看介绍度假地的视频片段、填写登记表、汇寄货币，并且所有这些都在同一个会话内进行。

7.2.4　SIP 命令和响应

SIP 使用的命令也称作方法（method）。SIP 定义了下列命令。

（1）INVITE：邀请一个用户（通常称作被呼方）参加会话。为保证会话建立的可靠性，会话建立过程采用三次握手的方式完成，会话发起方收到对方的最终响应即“200 OK”后，再向对方发送一个 ACK，以表示对会话建立的确认。

（2）ACK：呼叫方收到对 INVITE 报文的最后响应后所做的肯定确认。由于邀请的非对称性，一个会话的建立使用三次握手。在被呼方接受或拒绝呼叫之前可能会有一段时间，因此被呼方用户代理周期地重传一个肯定的最后响应，直到它接收到一个 ACK（它表示呼叫方仍然在那里，并准备好通信）为止。

（3）BYE：终止一个会话。要终止一个会话的一方向另一方发送一个 BYE，另一方用“200 OK”响应。

（4）CANCEL：取消还没有完全建立起来的会话。当被呼方还没有用最后响应应答而呼叫方要中止呼叫时使用该方法。

（5）OPTIONS：查询一个 SIP 服务器或客户的能力。例如通过 OPTIONS 方法询问对方是否支持特定类型的媒体。

（6）REGISTER：该命令在 SIP 注册服务器上登记一个用户的当前位置，以便能够将用户的记录地址映射到联系地址。关于可用以到达一个用户的当前位置的 IP 地址和端口号信息在 REGISTER 报文中承载。注册服务器抽出这一信息，并把它放进位置数据库。

响应码是一个从 100 至 699 的整数，表示响应的类型。SIP 定义了 6 个响应类别。

（1）1xx：暂时的信息性响应。该响应告诉它的接收方，相关的请求已经收到，但处理结果尚未知。暂时的响应仅在处理没有立即结束的时候发送。当收到一个暂时的响应时，发送方必须停止重传请求。在典型的情况下，代理服务器在开始处理一个 INVITE 报文时，使用代码 100 发送响应，表示正在尝试；用户代理使用代码 180 发送响应，表示被呼用户电话正在振铃。

（2）2xx：肯定的最后响应，即成功响应。该最后响应是请求的源发方将收到的最终响应，因此它表示相关请求的处理结果。最后响应也终止事务。肯定响应意味着请求被成功处理和接受。例如，当一个用户接受一个会话邀请（INVITE 请求）时，就用表示 OK 的代码 200 发送响应。

一个 UAC 对于单个 INVITE 请求可能接收多个 200 报文。这是因为一个分叉代理服务器可能把该请求分叉，因此它将到达多个 UAS，并且每个 UAS 都接受该邀请。在这种情况下，每个响应用其报文中的 To 头域互相区别。每个响应用无二义性的对话标识符表示一个不同的对话。

（3）3xx：重定向响应。它被用来重定向一个呼叫。重定向响应给出关于用户新位置或关于可能满足呼叫的可供选择的服务信息。重定向响应通常由重定向服务器发送，它给请求方发送一个重定向响应，并把请求方可能要尝试的另一个位置放进响应。它可能是另一个代理服务器的位置或者被呼方的当前位置（从注册服务器建立的位置数据库查获）。然后由请求方负责把请求再次发送到新的位置。3xx 响应是最后的响应，例如 302 响应表示被呼方暂时移动了，并在响应中包含一个新的 URI（通常称作联系地址），请求方接收到响应后向新地址重新发送请求。

（4）4xx：否定的最后响应。该响应意味着问题出在发送方一边，请求不能够处理，因为它包含坏的语法，或者不能在那个服务器上完成。4xx 响应被用来向请求发送方报告请求失败的原因，例如 404 表示未找到（Not Found，典型地，如果给出的记录地址在 Request-URI 所在的域中不是有效的地址，注册服务器就会发送一个 404 响应），482 表示检测到回路（Loop

Detected，一个成分在转发一个请求之前可能检查是否存在转发回路，发现一个回路，该成分就会返回一个 482 响应）。

（5）5xx：服务器失败。5xx 意味着问题出在服务器一边。请求显然是有效的，但服务器不能够完成它。例如 501 表示没有实现的功能（Not Implemented，通常由于服务器不支持完成请求所需要的功能）。

（6）6xx：全局失败。6xx 意味着请求不能够在任何服务器上完成。例如 603 表示拒绝（Decline，通常由于用户不想参加该会话）。

可以看出，它们跟 HTTP 的响应非常类似。图 7-11 表示的是一个简单的呼叫建立过程的命令和响应序列。图 7-12 显示的则是会话建立后呼叫内传输的媒体和信令通路。

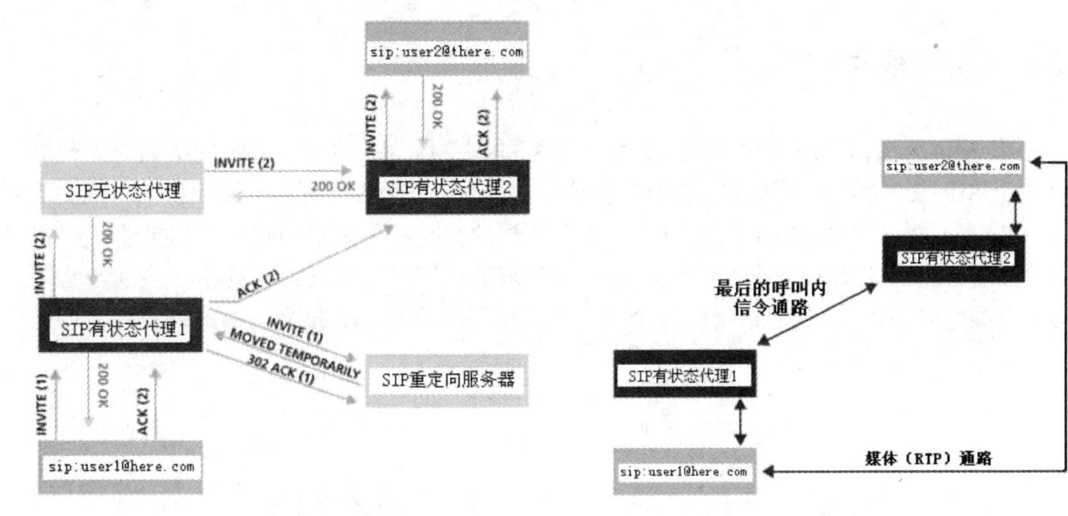

图 7-11　一个简单的呼叫建立过程的命令和响应序列　　　图 7-12　呼叫内传输的媒体和信令通路

为清晰起见，图中省略了所有暂时性的响应（1xx）。ACK 通过的路径以及在随后的呼叫内信令的路径在实践中可能有变化。在两个用户代理交换了 INVITE 和“200 OK”报文后，它们已经互相都知道对方实际的目的地址，并可以端到端地发送报文。然而，在会话的初始信令通路中被使用的任何代理服务器都有可能被要求在呼叫过程的其余部分信令通路中继续存在。

在这个示例中，驻留在 here.com 域的用户 1 要呼叫用户 2 。用户 1 知道用户 2 ，因为他们通常驻留在同一个域内。因此用户 1 把一个目的地是 sip：user2@here.com 的 INVITE 报文发送给一个本地代理服务器，该服务器就是在图 7-11 和 7-12 中显示的有状态代理服务器 1 。该代理服务器再把 INVITE 发送给一个重定向服务器，试图寻找 sip：user2@here.com 的当前位置。重定向服务器确定用户 2 当前不在 here.com 域中，但可以在 there.com 域中找到。重定向服务器在一个 302 moved temporarily 响应中把这一信息返回给代理服务器 1 ，该响应列出了用户 2 的新地址 sip：user2@there.com。

由于这个响应是对 INVITE 的最后响应，代理服务器确认该响应。然后代理服务器 1 有不同的选择，它可以把 302 响应直接返回到用户 1，让用户 1 尝试会话建立；或者它本身代表用户 1 尝试所建议的目的地。在本例中代理 1 自己尝试定位 sip：user2@there.com，修改原先的 INVITE，继续向前发送。由于代理 1 不知道由哪个代理服务器控制着域 there.com，因此它选择把INVITE转发到一个无状态代理，后者应该知道如何为INVITE选择下一步的路由。这个无状态代理又把 INVITE 转发到另一个有状态服务器，后者控制 there.com 域。当然在实际的网络中可能经过比这里显示的还要多的跳段。然后，有状态代理 2 确定了用户 2 的位置，从而完成了对 INVITE 的路由选择。用户 2 通过 200 OK 应答报文接受该呼叫。响应 200 OK 走跟 INVITE 同样的通路到达用户 1。为了完成呼叫的建立，用户 1 必须通过发送一个 ACK 确认它收到了对它的 INVITE 请求的响应。在呼叫期间所涉及的两个有状态服务器依然在现在的信令通路中。结果，ACK 被路由通过这两个代理服务器。实际上随后的任何跟该呼叫有关的报文（比如呼叫释放）都要经过这两个代理服务器。

7.2.5 SIP 报文

使用 SIP 的通信（通常称作信令）由一系列的报文构成。报文可以被网络独立地传输。通常每个 SIP 报文都在一个单独的 UDP 数据报中传输。每个报文都由“第一行”、报文头和报文体组成。第一行标识报文的类型。有两个类型的报文——请求和响应。请求通常用来起始某个动作或告知对某种请求的接收。响应被用来确认请求已经收到、被处理并包含处理的状态。下面结合在图 7-13 中给出的一个报文交换的例子介绍 SIP 报文的格式以及对它们的使用。

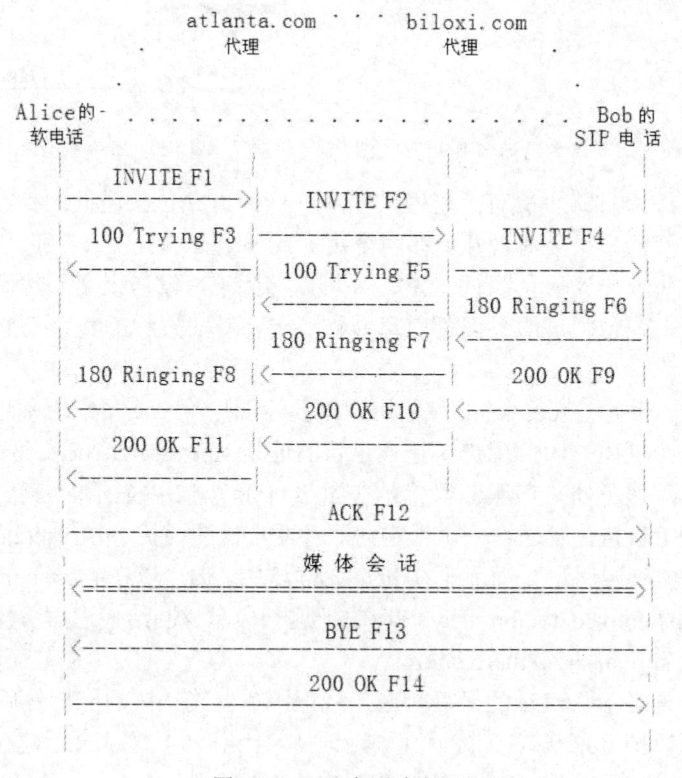

图 7-13　SIP 会话建立示例

在这个例子中，Alice 使用在她的 PC 上的一个称作软电话的 SIP 应用在因特网上呼叫使用 SIP 电话的 Bob。每个报文都用字母 F 和一个数字编号。有两个 SIP 代理服务器分别代表 Alice 和 Bob 辅助会话的建立。Alice 使用 Bob 的 SIP URI（sip：bob@biloxi.com）呼叫 Bob，其中 biloxi.com 是 Bob 的 SIP 服务提供者的域名。Alice 自己的 SIP URI 是 sip：alice@atlanta.com。

SIP 是基于类似 HTTP 的请求-响应式事务模型。一个 SIP 事务由单个请求和对那个请求的响应构成，后者又包括可能暂时的响应和最后的响应。事务可分成客户方和服务器方两个类别。前者称作客户事务，后者称作服务器事务。客户事务发送请求，服务器事务发送应答。

在本例中，事务以 Alice 的软电话给 Bob 的 SIP URI 发送 INVITE 请求开始。INVITE 是 SIP 方法的一个例子，它指定请求方（Alice）想要服务器方（Bob）采取的动作。INVITE 请求包含若干个头域。头域提供关于一个报文的附加信息。在 INVITE 中的头域包括具有唯一性的呼叫标识符、目的地址、Alice 的地址，以及 Alice 要建立的跟 Bob 会话的类型。

INVITE 的格式可以是像下面列出的样式：

```
INVITE sip：bob@biloxi.com SIP/2.0
Via：SIP/2.0/UDP pc33.atlanta.com；branch=z9hG4bK776asdhds
Max-Forwards：70
To：Bob <sip：bob@biloxi.com>
From：Alice <sip：alice@atlanta.com>；tag=1928301774
Call-ID：a84b4c76e66710@pc33.atlanta.com
CSeq：314159 INVITE
Contact：<sip：alice@pc33.atlanta.com>
Content-Type：application/sdp
Content-Length：142

（Alice 的 SDP 略）
```

这个用正文编码的报文的第一行是必须存在的请求行，包含方法（INVITE）、Request-URI（sip：bob@biloxi.com）和协议版本（SIP/2.0。）。初始的 Request-URI 应该设置成在 To 域中的值。

随后几行是头域。一个由 UAC 建立的有效的 SIP 请求至少要包含下列头域：Via，Max-Forwards，To，From，Call-ID 以及 CSeq。这些头域在所有的 SIP 请求中都是必需的。这 6 个头域是 SIP 报文的基本构筑块，因为它们共同为大多数的关键报文提供包括报文寻址在内的路由服务、响应的路由、受限的报文传播、报文顺序，以及具有唯一性的事务标识。

Via 包含用于该事务的传输层协议（UDP）、标识 Alice 准备在哪里接收对该请求的响应地址（pc33.atlanta.com）、协议名（SIP）和版本（2.0）。它还包含标识这个事务的 branch 参数（branch=z9hG4bK776asdhds），用以标识该请求所建立的事务，该参数在由 Alice 发送的所有请求中必须具有唯一性。

Max-Forwards 包含限制一个请求报文可以经过的最大跳段数（70）。它由一个整数构成，每经过一个跳段减 1。

To 包含一个显示名（Bob）和一个 SIP URI（sip：bob@biloxi.com），后者表示该请求要前往的目标用户的 URI。

From 也包含一个显示名（Alice）和一个 SIP URI（sip：alice@atlanta.com），表示该请求的发起方用户的 URI。该头域还有一个 tag 参数，它是一个随机串（1928301774），用作标识对话（dialog）的一个机制。对话的标识结合使用了 Call-ID 和两个 tag 参数；其中的两个 tag 分别来自请求的发送方和响应方。当一个用户代理发送一个请求报文时，它仅在 From 头域中包含一个 tag，提供对话标识的一部分。通信对方在对该请求发送响应报文时，它在 To 头域中包含一个 tag，提供对话标识的另一部分。SIP 请求的分叉功能意味着可以从单个请求建立多个对话。这就解释了采用双边对话标识的必要性。没有接收方提供的 tag，源发方就难以区分从单个请求建立的多个对话。

Call-ID 包含该呼叫具有全局唯一性的标识符，由一个随机串（a84b4c76e66710）和 Alice 软电话的主机名（pc33.atlanta.com）或 IP 地址结合而成（a84b4c76e66710@pc33.atlanta.com）。把 To 的 tag、From 的 tag 和 Call-ID 结合起来就可以完全地定义在 Alice 和 Bob 之间称作对话的对等 SIP 关系。

CSeq（Command Sequence，命令序列）包含一个整数（314159）和一个方法名（INVITE），用于标识和排序的目的。对于在一个对话中的每个新请求，CSeq 的号码都递增 1。实际上，它就是一个传统的序列号。

Contact 包含联系该请求发送方 Alice 的 SIP URI（sip：alice@pc33.atlanta.com）通常由一个带有全称域名的用户名构成。由于有些用户没有注册域名，因此使用 IP 地址也是允许的。Via 头域是要告诉其他成分往哪儿发送响应，而 Contact 头域则是要告诉其他成分以后往哪儿发送请求。

Content-Type 包含一个对报文体的描述（application/sdp），表明内容是 SDP（会话描述协议）报文。该报文在本例中没有显示，它描述 Alice 要跟 Bob 交换的媒体类型（音频、视频等）以及会话的其他性质（比如所支持的编码解码器类型、采样速率等）。值得注意的是，SIP 中的 Content-Type 域提供了把任何协议用于这一目的的能力，尽管最常见的是 SDP。SDP 报文就像在电子邮件报文中的附件和 HTTP 报文中的 Web 页面那样被运载在 SIP 报文中传送。

Content-Length 包含报文体的字节计数（142 字节）。

Alice 的软电话不知道 Bob 的位置，也不知道在 biloxi.com 域中的 SIP 服务器的位置，就把 INVITE 发送到负责 Alice 所在域（atlanta.com）的 SIP 服务器。在 Alice 的软电话中可能已经配置了 atlanta.com 域 SIP 服务器的地址，也可能是使用 DHCP（动态主机配置协议）发现该地址的。atlanta.com 域 SIP 服务器是一个代理服务器。该代理服务器接收 INVITE 请求，给 Alice 的软电话发回一个 100（Trying）响应。该响应表示代理已经收到 INVITE，并代表她把报文向着目的地路由。这个响应包含跟 INVITE 同样的 To、From、Call-ID、CSeq 参数和同样的 Via 中的 branch 参数，这就允许 Alice 的软电话把这个响应跟发送的 INVITE 相关联。atlanta.com 域代理服务器确定 biloxi.com 域的代理服务器（可能通过执行一个特别类型的 DNS 查询）的位置。结果它得到了 biloxi.com 域的代理服务器的 IP 地址，并把 INVITE 请求转发到那里。在转发请求之前，atlanta.com 域代理服务器又给报文附加了一个包含它自己的地址的 Via 头域（INVITE 在第一个 Via 中已经包含 Alice 的地址）。biloxi.com 域的代理服务器接收 INVITE，并给 atlanta.com 域代理服务器发回一个 100（Trying）响应。该代理服务器查询一个包含 Bob 当前 IP 地址的数据库。biloxi.com 域的代理服务器在 INVITE 报文中又加上一个包含自己的地址的 Via 头域，并把请求传递给 Bob 的 SIP 电话。Bob 的 SIP 电话接收 INVITE、Bob 的电话振铃。此时，Bob 的 SIP 电话用 180（Ringing）响应（图 7-13 中的 F6：180 Ringing Bob -> biloxi.com 代理），其格式如下：

```
SIP/2.0 180 Ringing
Via：SIP/2.0/UDP server10.biloxi.com；branch=z9hG4bK4b43c2ff8.1
；received=192.0.2.3
Via：SIP/2.0/UDP bigbox3.site3.atlanta.com；branch=z9hG4bK77ef4c2312983.1
；received=192.0.2.2
Via：SIP/2.0/UDP pc33.atlanta.com；branch=z9hG4bKnashds8
；received=192.0.2.1
To：Bob <sip：bob@biloxi.com>；tag=a6c85cf
From：Alice <sip：alice@atlanta.com>；tag=1928301774
Call-ID：a84b4c76e66710
Contact：<sip：bob@192.0.2.4>
CSeq：314159 INVITE
Content-Length：0
```

该响应在跟 INVITE 相反的方向上路由通过两个代理服务器。每个代理使用响应的 Via 头域确定把响应发往何处，并从顶部除去自己的地址。结果虽然路由初始的 INVITE 时需要使用 DNS 和定位服务，但是在把 180（Ringing）响应返回给呼叫方时不需要做这样的查询，也就是说，在代理服务器中不必维持相关的状态信息。

当 Alice 的软电话接收该 180（Ringing）响应时，它使用振铃返回音把信息传达给 Alice。

在本例中，Bob 接受呼叫。他的 SIP 电话发送一个“200 OK”响应表示呼叫被应答。“200 OK”包含一个报文体，描述 Bob 愿意跟 Alice 建立的会话的类型。结果就在两个方向上各发送了一个 SDP 报文。这个两阶段交换提供了基本的协商能力，并且是基于简单的提出/应答模型。

“200 OK”报文（图 7-13 中的 F9）可以像下面这样。

```
SIP/2.0 200 OK
Via：SIP/2.0/UDP server10.biloxi.com
；branch=z9hG4bKnashds8；received=192.0.2.3
Via：SIP/2.0/UDP bigbox3.site3.atlanta.com
；branch=z9hG4bK77ef4c2312983.1；received=192.0.2.2
Via：SIP/2.0/UDP pc33.atlanta.com
；branch=z9hG4bK776asdhds；received=192.0.2.1
To：Bob <sip：bob@biloxi.com>；tag=a6c85cf
From：Alice <sip：alice@atlanta.com>；tag=1928301774
```

```
Call-ID：a84b4c76e66710@pc33.atlanta.com
CSeq：314159 INVITE
Contact：<sip：bob@192.0.2.4>
Content-Type：application/sdp
Content-Length：131

Bob 的 SDP（略）
```

响应的第一行包含响应码（200）和原因词语（OK）。其余行包含头域。Via、To、From、Call-ID 和 CSeq 头域是从 INVITE 请求复制来的。这里有三个 Via 头域分别是 Alice 的软电话、atlanta.com 代理服务器和 biloxi.com 加在 INVITE 中的。Bob 的 SIP 电话给头域 To 加了一个 tag 参数，该 tag 将被双方端点结合进对话，并包括在该呼叫以后所有的请求和响应中。

"200 OK"报文被反向路由通过两个代理服务器，并被 Alice 的软电话接收，然后该报文停止振铃返回音，表示呼叫已被应答。最后 Alice 的软电话发送一个确认报文 ACK（图 7-13 中的 F12：ACK Alice -> Bob）。该报文的格式如下：

```
ACK sip：bob@192.0.2.4 SIP/2.0
Via：SIP/2.0/UDP pc33.atlanta.com；branch=z9hG4bKnashds9
Max-Forwards：70
To：Bob <sip：bob@biloxi.com>；tag=a6c85cf
From：Alice <sip：alice@atlanta.com>；tag=1928301774
Call-ID：a84b4c76e66710
CSeq：314159 ACK
Content-Length：0
```

在本例中，ACK 直接从 Alice 的软电话发送到 Bob 的 SIP 电话，旁路了两个代理服务器。这是因为端点设备已经从 INVITE/200（OK）交换中的 Contact 头域互相都知道了对方的地址。由两个代理服务器执行的查询已不再被需要，因此代理服务器退出了呼叫流。到此就完成了 INVITE/200/ACK 三次握手，建立了 SIP 会话。

Alice 和 Bob 的媒体会话现在可以开始了，他们使用在交换 SDP 的过程中协定的格式发送分组。一般说来，端到端的媒体分组取跟 SIP 信令报文不同的通路。

在呼叫结束时，Bob 先挂机，产生一个 BYE 报文（图 7-13 中的 F13：BYE Bob -> Alice），其格式如下：

```
BYE sip：alice@pc33.atlanta.com SIP/2.0
Via：SIP/2.0/UDP 192.0.2.4；branch=z9hG4bKnashds10
Max-Forwards：70
From：Bob <sip：bob@biloxi.com>；tag=a6c85cf
To：Alice <sip：alice@atlanta.com>；tag=1928301774
Call-ID：a84b4c76e66710
CSeq：231 BYE
Content-Length：0
```

这个 BYE 也直接路由到 Alice 的软电话，旁路了两个代理服务器。Alice 用一个“200 OK”响应确认对 BYE 的接收，这就终止了会话和 BYE 的事务。

在本小节的最后，再给出一个关于注册报文的示例（参见前面的图 7-8）。Bob 的 SIP 电话给在 biloxi.com 域中一个称作 SIP 注册服务器的服务器发送 REGISTER 报文。该 REGISTER 报文把 Bob 的 SIP URI（sip：bob@biloxi.com）跟他当前使用的计算机（在 Contact 头域中的 SIP URI）相关联。注册服务器把这个关联（也称作绑定）写进一个可以被在 biloxi.com 域中的代理服务器使用的称作位置服务的数据库。从 Bob 发往注册服务器的 REGISTER 报文可以是下面的样式：

```
REGISTER sip：registrar.biloxi.com SIP/2.0
Via：SIP/2.0/UDP bobspc.biloxi.com：5060；branch=z9hG4bKnashds7
Max-Forwards：70
To：Bob <sip：bob@biloxi.com>
From：Bob <sip：bob@biloxi.com>；tag=456248
Call-ID：843817637684230@998sdasdh09
CSeq：1826 REGISTER
Contact：<sip：bob@192.0.2.4>
Expires：7200
Content-Length：0
```

在一个 REGISTER 请求中，除了 Contact，所有其他的头域都是必含的。Contact 头域可选。

第 1 行除了方法名和 SIP 及其版本外，还给出该注册所使用的位置服务的域(biloxi.com)，包含 registrar，但不可以包括用户名和@元素。

To 头域包含注册要建立的记录地址（sip：bob@biloxi.com）。记录地址中包括一个用户名（bob）。

From 头域包含对该注册负责的人的记录地址（sip：bob@biloxi.com），该值与 To 头域相同，除非是一个第三方所做的注册。

Call-ID：一个用户代理客户在一个特定的注册服务器上所做的所有注册应该都使用同样的 Call-ID 头域。如果同一个客户使用不同的 Call-ID 值，那么注册服务器就不能够检测出一个迟到的 REGISTER 请求是否失序。

CSeq 头域值保证 REGISTER 请求的适当排序。用户代理对于使用同一个 Call-ID 的每个 REGISTER 请求，必须把 CSeq 值递增 1。

Contact：REGISTER 请求可以包含（也可以不包含）一个 Contact 头域，带有一个或多个地址绑定。

Expires 头域的值（7200）表明，该次注册两个小时后超时。

从注册服务器发往 Bob 的 200 OK 响应报文可以是如下示出的样式：

```
SIP/2.0 200 OK
Via：SIP/2.0/UDP bobspc.biloxi.com：5060；branch=z9hG4bKnashds7；received=192.0.2.4
```

```
To: Bob <sip: bob@biloxi.com>; tag=2493k59kd
From: Bob <sip: bob@biloxi.com>; tag=456248
Call-ID: 843817637684230@998sdasdh09
CSeq: 1826 REGISTER
Contact: <sip: bob@192.0.2.4>
Expires: 7200
Content-Length: 0
```

7.2.6 SIP 事务

虽然 SIP 报文是在网络上独立传送的，但是它们都被用户代理和某些类型的代理服务器组织成事务（transaction）。因此 SIP 被说成是一个事务性的协议。

事务是在 SIP 网络成分之间交换的一个 SIP 报文序列。一个事务由一个请求以及对这个请求的所有响应构成。

具有事务概念的 SIP 实体被称作是有状态的。这样的实体通常建立一个跟一个事务相关的状态，并在该事务期间把它保持在存储器中。当有一个请求（或响应）到来时，一个有状态实体试图把该请求（或响应）与业已存在的事务相关联。为此，它必须从报文抽出一个具有唯一性的事务标识符，并把它跟所有已有的事务的标识符比较。如果存在这样的一个事务，那么其状态从该报文得到更新。

图 7-14 显示的是在两个用户的会话期间有哪些报文属于哪些事务。

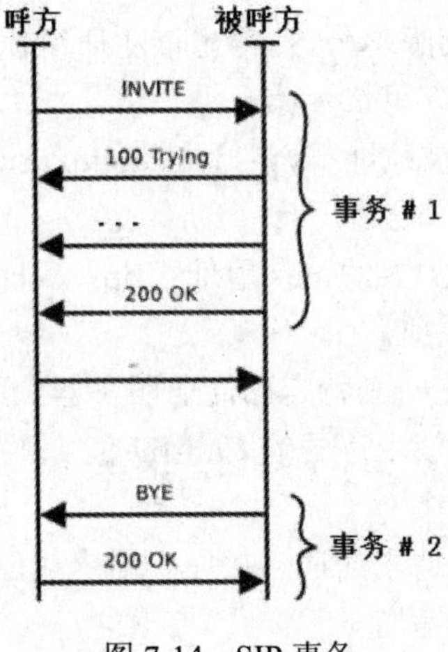

图 7-14　SIP 事务

7.2.7 SIP 对话

在图 7-14 中，我们看到了什么是事务，在给出的两个例子中，一个事务包括 INVITE 和对它的响应，另一个事务包括 BYE 和响应。我们似乎感觉到这两个事务应该是以某种方式互相关联着的。实际上它们都属于同一个对话（dialog）。一个对话表示在两个用户代理之间一个对等的 SIP 关系。对话通常会持续一段时间，它对于用户代理是非常重要的概念。对话有助于在 SIP 端点之间报文的适当排序和路由选择。

对话使用 Call-ID、From tag 和 To tag 标识。具有这三个同样的标识符的报文属于同一个对话。

Call-ID 就是所谓的呼叫标识符，它必须是标识一个呼叫的具有唯一性的字符串。一个呼叫由一个或多个对话构成。由于在通路上的代理服务器可能把一个请求分叉，可能有多个用户代理响应该请求。每个发送 2xx 的用户代理都跟呼叫方建立一个单独的对话。所有这样的对话都是同一个呼叫的组成部分，都具有同样的 Call-ID。From tag 由呼叫方产生，它在呼叫方的用户代理中唯一地标识一个对话。To tag 由被呼方产生，跟 From tag 一样，它在被呼方的用户代理中唯一地标识一个对话。

采用这样的结构性的对话标识符是必要的，因为单个呼叫邀请可能建立多个对话，呼叫方必须能够对它们进行区分。

我们已经说明过，CSeq 头域被用来给报文排序。事实上，它是被用来给在一个对话内的报文排序的。对于在一个对话内发送的每个报文，该序列号必须单调增加，否则通信对方会把它看成是失序请求或重传报文。实际上，CSeq 号码标识在一个对话内的一个事务，因为请求和相关的响应被叫做事务。这就意味着在一个对话内的每个方向上仅仅有一个事务可以处于活动状态。我们可以说，对话是一个序列的事务。图 7-15 是对图 7-14 的扩展，表明哪些报文属于同一个会话。

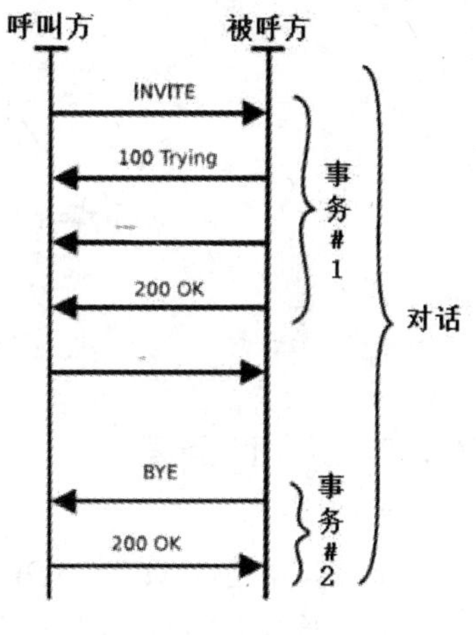

图 7-15　SIP 对话

有些报文建立会话，有些报文不建立会话。这就允许显式地表示报文之间的关系，也允许在一个会话之外发送跟其他报文无关的报文。这样实现起来就比较容易，因为用户代理不必保持对话状态。例如，INVITE 报文建立一个对话，因为在它后面晚些时候会有一个拆除由该 INVITE 建立的会话的 BYE 请求。这个 BYE 在由该 INVITE 建立的对话内发送。但是如果用户代理发送一个 MESSAGE 请求，那么这样的一个请求不建立任何对话，随后的任何报文（甚至是 MESSAGE 报文）的发送都将独立于先前的这个报文。

对话还有助于在用户代理之间路由报文。作为例子，假定用户 user sip：bob@a.com 要跟用户 sip：pete@b.com 讲话。他知道被呼方的 SIP 地址（sip：pete@b.com），但这个地址没有提供关于用户当前位置的任何信息，呼叫方不知道该把请求发往哪个主机。因此 INVITE 请求将被发给一个代理服务器。

此后该请求将被从一个代理服务器传送到另一个代理服务器，直到到达一个知道被呼方当前位置的代理服务器为止。这个过程就叫做路由选择。一旦请求到达被呼方，被呼方的用户代理将建立一个响应，并把该响应往回发送给呼叫方。被呼方的用户代理还将把一个 Contact 头域放进该响应，这个 Contact 头域包含该被呼方用户的当前位置。原始的请求也包含 Contact 头域，这就意味着双方用户代理都知道对方的当前位置。

因为用户代理互相知道位置，随后再进一步发送请求就不需要经过任何代理服务器了，可以把它们直接地从用户代理发送到用户代理。这就是我们说对话有助于在用户代理之间路由报文的原因。实际上，这是一个显著的性能改善，因为代理服务器不是看到在一个对话内的所有报文，它们只是被用来路由建立对话的第一个请求。直接传送的报文还可以在小得多的延迟时间内投递，因为典型的代理服务器都实现比较复杂的路由逻辑，因此转发延迟大。图 7-16 给出了一个在一个对话内的报文（BYE）示例，它旁路了代理服务器。

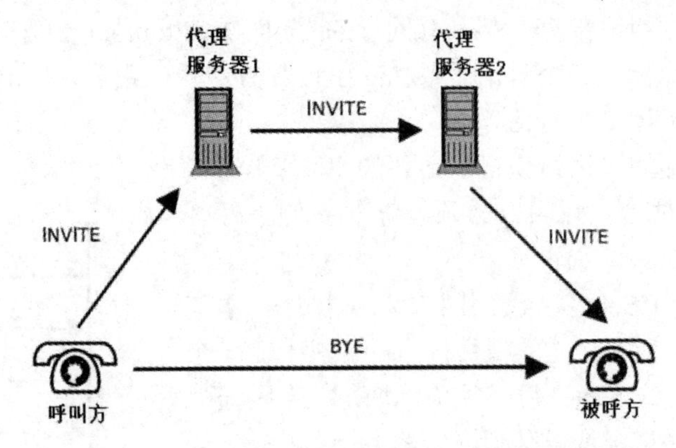

图 7-16　在一个对话内的报文旁路代理服务器示例

7.2.8　即时消息

即时消息使用 MESSAGE 请求发送（参见图 7-17）。MESSAGE 请求不建立对话，因此它们总是通过同样的一组代理服务器传送。这是发送即时消息最简单的形式。即时消息的正文在 SIP 请求的报文体中传输。

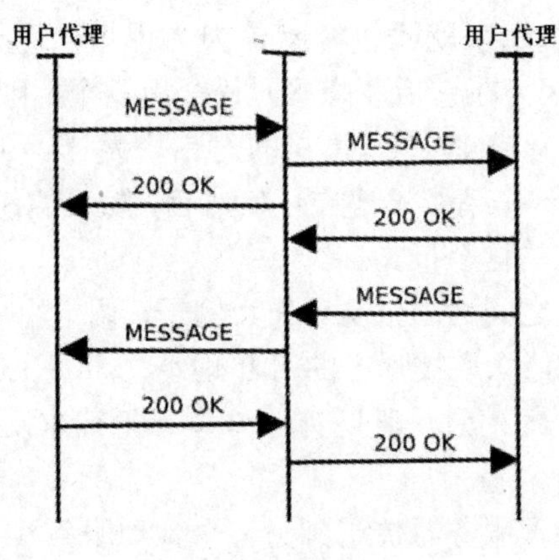

图 7-17　即时消息

第 8 章

实时流播放控制和会话描述技术

从本章节可以学习到：

- RTSP
- SDP

实时流传输协议（Real Time Streaming Protocol，RTSP）是一种基于文本的应用层协议，用以建立和控制流传输媒体的数据投递。它为多媒体服务扮演“网络远程控制”的角色，类似于对 DVD（Digital Versatile Disc，数字多功能光盘）播放器的遥控。

在语法及一些报文参数等方面，RTSP 与 HTTP 类似。尽管有时可以把 RTSP 控制信息和媒体数据流交织在一起传送，但一般情况下 RTSP 本身并不用于传送媒体流数据。媒体数据的传送可通过 RTP/RTCP 等协议来完成。

当启动多媒体远程会议、VoIP（voice-over-IP，在 IP 上的话音）、流视频或其他会话时，需要向参与方传达媒体细节、传输地址以及其他的会话元数据。会话描述协议（Session Description Protocol，SDP）提供对这类信息的标准表示，而不管信息是如何传输的。SDP 纯粹是一个会话描述的格式，不包括传输协议。

SDP 的设计目标是做成通用的，使得可以在广大范围的网络环境或应用中使用。然而它并不试图支持对会话内容或编码的协商，这些都是 SDP 范围之外的事情。

本章先介绍 RTSP，然后阐述 SDP。

8.1 RTSP

RTSP 是一个应用层协议，用以建立和控制具有实时性质的，典型的是流传输媒体的数据的投递。作为例子，视频点播或现场音频流传输就属于流传输媒体。简单地讲，RTSP 的作用是对于多媒体服务器的网络远程控制，类似于对 DVD 播放器的遥控。

要实现 RTSP 的控制功能，首先要有执行协议的媒体播放器（media player）和媒体服务器（media server）。如图 8-1 所示，媒体服务器与媒体播放器的关系是服务器与客户的关系。RTSP 仅仅是使媒体播放器能控制多媒体流的传送，因此 RTSP 又被称为带外协议，而多媒体流通常是使用 RTP 在带内传送的。

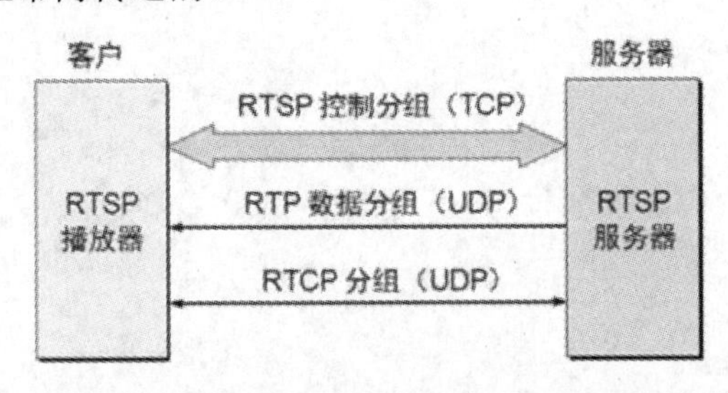

图 8-1　媒体服务器与媒体播放器的关系是服务器与客户的关系

RTSP 协议运行在 RTSP 客户和服务器之间，但也支持使用放在客户和服务器之间的代理服务器。客户可以从服务器那里请求关于流传输媒体的信息（媒体描述），或者使用外部提供的媒体描述。在使用媒体投递协议建立由媒体描述说明的媒体流后，客户就可以按照 RTSP 协议请求播放媒体、暂停或者完全停止，就像使用 DVD 遥控器或操作媒体播放机那样。被请求的媒体可以由多个音频和视频流构成，它们被作为时间同步的流从服务器往客户投递。

RTSP 主要被用来在娱乐和通信系统中控制流媒体服务器，在端点之间建立和控制媒体会话。媒体服务器的客户发出 VCR（Video Cassette Recorder，磁带录像机）风格的命令，例如 play 和 pause，使得对来自服务器的媒体文件回放的实时控制成为可能。

RTSP 是一个双向的请求和响应协议，客户机和服务器都可以发出请求。它首先建立一个包括内容资源（媒体）的背景，然后控制这些内容资源从提供方到消费者的投递。RTSP 有 3 个基本部分：会话建立、媒体投递控制和扩展模型。为了为客户控制的实时媒体投递提供完整的解决方案，该协议建立在假定已经存在某些功能的基础之上。

类似于 MIME（Multipurpose Internet Mail Extension，通用因特网邮件扩展），RTSP 使用基于正文的可以包含二进制报文体的报文，在报文中的每一个字段都是一些 ASCII 码字符串。它有两类报文：请求报文和响应报文。一个 RTSP 请求以一个表明方法、协议、版本和所操作的资源的方法行开头。资源用一个 URI 标识，其主机名部分被 RTSP 客户用来解析 RTSP 服务器的 IPv4 或 IPv6 地址。在紧随方法行之后是若干个 RTSP 头。这一部分用两个连续的回车换行（CRLF）字符对结束。报文体（如果存在）紧随 CRLF 字符对，长度用一个报文头描述。RTSP 响应跟请求类似，但用一个响应行开头。响应行具有协议和版本，后随一个状态码和原因短语。RTSP 报文在客户和服务器之间一个可靠的传输协议上发送。RTSP 需要客户和服务器实现 TCP 以及在 TCP 上的 TLS（Transport Layer Security，传输层安全性）作为 RTSP 报文强制性的传输工具。

一个典型的基本 RTSP 操作过程是：首先，客户端连接到流服务器并发送一个 RTSP 描述命令（DESCRIBE）。流服务器通过一个 SDP 描述来进行响应（包括流数量、媒体类型等信息）。客户端再分析该 SDP 描述，并为会话中的每一个流发送一个 RTSP 建立命令（SETUP）。该建立命令告诉服务器客户端用于接收媒体数据的端口。流媒体连接建立完成后，客户端发送一个播放命令（PLAY），服务器就开始在 UDP 上传送媒体流（RTP 分组序列）到客户端。在播放过程中客户端可以向服务器发送命令来控制快进、快退和暂停等。最后，客户端发送一个拆除命令（TERADOWN）来结束流媒体会话。

8.1.1 相关术语及其含义

- 聚合控制：使用通常由服务器维持的单个时间表控制多个流的概念。例如，一个客户使用聚合控制发出单个 play 或 pause 报文同时控制一个电影中的音频和视频。在聚合控制下的会话被称作聚合会话。
- URI（Universal Resource Identifier，通用资源标识符）：在 RTSP 中使用的 URI 通常是给出一个资源位置的 URL。
- 聚合控制 URI：在 RTSP 请求中用以引用和控制聚合会话的 URI。它通常（但非总是）对应在会话描述中指定的演播 URI。
- URL（Universal Resource Locator，统一资源定位符）：是一个通过其主要的访问机制而不是用名字或某些其他属性标识资源的 URI。URL 是 URI 的一个子集（即 URL 也属于 URI）。为了也覆盖某些 RTSP URI 不是 URL 的情况，需要被称作 URI。
- 客户：客户请求媒体服务器的媒体服务。

- 连接：以通信为目的在两个程序之间建立的一条传输层虚拟线路。
- 容器文件：一个可能包含多个媒体流的文件，这些媒体流通常在一起播放时组成一个演播。容器文件的概念没有嵌入 RTSP，然而 RTSP 服务器可能对这些文件内的媒体流提供聚合控制。
- 连续媒体：在源发方和目的地接收方之间具有定时关系的数据；也就是说，目的地接收方需要复制在源发方存在的定时关系。最常见的连续媒体的例子是声频和动态视频。连续媒体可以是实时的（交互的或会话的），在源发方和目的地接收方之间有严格的定时关系；或者是流传输的，定时关系不太严格。
- 特性标签：表示某组功能（一个特性）的标签。
- IRI（Internationalized Resource Identifier，国际化的资源标识符）：基本上同于 URI，但它允许来自通用字符集（Unicode）而不仅仅是 US-ASCII 的字符。
- 现场直播的（live）：通常用以描述一个具有来自正在进行的媒体的演播或会话。这通常产生具有无束搏的或仅仅松散定义的时段，有时候还不可能做搜寻操作。
- 媒体初始化：Datatype 或 codec 特有的初始化，包括时钟速率和色表等。客户回放一个媒体流所需要的任何独立于传输的信息都发生在流建立的媒体初始化阶段。
- 媒体参数：一个媒体类型特有的参数，在流投递之前或期间可能被改变。
- 媒体服务器：为一个或多个媒体流提供媒体投递服务的服务器。在一个演播中的不同的媒体流可能源自不同的媒体服务器。一个媒体服务器可能驻留在跟调用演播的主机相同或不同的主机上。
- 流（媒体）：单个媒体实例，例如一个音频流或一个视频流，又如单个白板或被共享的应用组。当使用 RTP 时，一个流由一个源在一个 RTP 会话内建立的所有的 RTP 和 RTCP 分组构成。
- 报文（message）：RTSP 通信的基本单元，由在一个基于连接的传输上发送的匹配所定义语法的一个结构化字节序列构成。一个报文要么是一个请求，要么是一个响应。
- 报文体：作为一个请求或响应报文的载荷被传送的信息。一个报文体由报文体头的元信息和报文体内容构成。
- 非聚合控制：对单个媒体流的控制。
- 演播（presentation）：由一个演播描述所描述的作为一个完全的媒体馈送提交给客户的一个或多个流。在 RTSP 中具有多个媒体流的演播通常在聚合控制下处理。
- 演播描述：演播描述包含关于在一个演播内的一个或多个媒体流的信息，例如编码、网络地址和关于内容的信息。像是 SDP 这样的其他 IETF 协议使用术语会话（session）来表示演播（presentation）。演播描述可以采取多个不同的格式，其中包括但不限于会话描述协议格式 SDP。
- 请求（request）：一个 RTSP 请求，是一个 RTSP 报文类型。
- 响应（response）：对一个请求的 RTSP 响应，是一个 RTSP 报文类型。
- 请求-URI：在一个请求中用以表明将要在其上执行所请求的资源的 URI。
- 源服务器：在其上驻留一个给定资源的服务器。

- 传输初始化：在客户和服务器之间的传输信息（例如端口号和传输协议）协商。
- RTSP 代理：要么是一个 RTSP 客户，要么是一个 RTSP 服务器，要么是一个 RTSP 代理服务器。在本规范中，有许多关于这三个实体共同的功能，例如发送请求或接收响应的功能。在描述可应用于所有这三个实体的功能时将会使用该术语。
- RTSP 会话：一个有状态的抽象，在其上运行 RTSP 主要的控制方法。RTSP 会话是一个共同的背景。它在客户请求时建立和维持，可以被客户或服务器拆除。它由一个 RTSP 服务器在成功完成 SETUP 请求（发出 200 OK 响应）时建立，并在那时用一个会话标识符标记。会话一直存在着，直到被服务器超时或被一个 TEARDOWN 请求明确删除为止。RTSP 会话是一个有状态的实体，RTSP 服务器维持一个明确的会话状态机，其中的大多数状态转换都是由客户请求触发的。一个会话的存在意味着关于该会话的媒体流的状态以及它们对应的传输机制的存在。一个给定的会话可以有一个或多个相关的媒体流。RTSP 服务器使用会话对多个媒体流进行聚合控制。

8.1.2　演播描述

RTSP 的目标是提供对多个媒体的演播和内容的访问，但试图遮盖媒体类型或实际使用的媒体投递协议。为了使客户能够实现一个完整的系统，使用 RTSP 外部机制来描述演播和投递协议。RTSP 假定这个描述要么完全带外投递，要么作为在对客户的请求的应答中使用 DESCRIBE 方法的一个数据对象。

通常在演播描述（Presentation Description）中必须包括的参数如下：

- 媒体流的个数。
- 要被 RTSP 控制的每个媒体流/资源的资源标识符。
- 每个媒体流将在其上投递的协议。
- 没有商定好的或每个客户可以变化的传输协议参数。
- 使得客户在接收时能够正确解码媒体的编码信息。
- 一个聚合控制资源标识符。

RTSP 使用它自己的 URI 机制（"rtsp" 和 "rtsps"）引用媒体资源和在通用控制下的聚合。URI 机制 "rtsp"需要通过像是 TCP 这样的可靠传输协议发送命令，而 URI 机制"rtsps"则标识使用安全传输的可靠协议 TLS（Transport Layer Security，安全传输层协议）。URI 可以引用一个流或流的聚合（即一个演播）。相应地，请求可以用于整个演播，也可以用于演播中一个具体的流。例如，RTSP URI

```
rtsp：//media.example.com：554/twister/audiotrack
```

标识在演播“twister”内的音频流 audiotrack，可以通过在到达主机 media.example.com 的 554 号端口的 TCP 连接上发送 RTSP 请求对其进行控制。而 RTSP URI

```
rtsp：//media.example.com：554/twister
```

标识演播“twister”。该演播可以由音频和视频流组成。

客户通常使用 DESCRIBE 方法从服务器检索对演播或媒体对象的描述，并把 SDP 用于演播描述。DESCRIBE 的请求 URI 标识感兴趣的媒体源。客户可以在请求中包括 Accept 头，列出它懂得的描述格式。服务器必须用一个对所请求的资源的描述进行响应，并在响应的报文体中返回这个描述。DESCRIBE 响应应该包含对它所描述的资源的所有媒体初始化信息。

下面给出的是用于请求和应答该描述的交互过程的一个例子，其中 C 表示客户，S 表示服务器。RTSP 请求以一个表明方法（DESCRIBE）、所操作的资源、协议和版本（RTSP/2.0）的方法行开头。资源用一个 URI 标识（rtsp：//server.example.com/fizzle/foo），其主机名部分（server.example.com）被 RTSP 客户用来解析 RTSP 服务器的 IPv4 或 IPv6 地址。在紧随方法行之后是若干个 RTSP 头。CSeq 头指定一对 RTSP 请求-响应的顺序号，对于每个包含给定的顺序号的 RTSP 请求，对应的响应将有同样的顺序号。User-Agent 头包含关于源发请求的用户代理的信息，该域可以包含标识代理的多个产品标记和注释（PhonyClient/1.2）。Accept 请求头指定某些可接受的演示描述（application/sdp，application/example）。

```
C->S：DESCRIBE rtsp：//server.example.com/fizzle/foo RTSP/2.0
CSeq：312
User-Agent：PhonyClient/1.2
Accept：application/sdp，application/example

S->C：RTSP/2.0 200 OK
CSeq：312
Date：Thu，23 Jan 1997 15：35：06 GMT
Server：PhonyServer/1.1
Content-Base：rtsp：//server.example.com/fizzle/foo/
Content-Type：application/sdp
Content-Length：358

v=0
o=MNobody 2890844526 2890842807 IN IP4 192.0.2.46
s=SDP Seminar
i=A Seminar on the session description protocol
u=http：//www.example.com/lectures/sdp.ps
e=seminar@example.com（Seminar Management）
c=IN IP4 0.0.0.0
a=control：*
t=2873397496 2873404696
m=audio 3456 RTP/AVP 0
a=control：audio
m=video 2232 RTP/AVP 31
a=control：video
```

RTSP 响应跟请求类似，但用一个响应行开头，响应行具有协议和版本，后随一个状态码和原因短语（RTSP/2.0 200 OK）。Date 头表示报文产生的日期和时间（Thu，23 Jan 1997 15：35：06 GMT）。Server 头包含关于服务器处理请求使用的软件信息（PhonyServer/1.1）。Content-Base 头可以用来指定为了解析在报文体内的相对 URIs（relative URIs）所需要的基本 URI（rtsp：//server.example.com/fizzle/foo/）。Content-Type 头表明发送给接收方的报文体的媒体类型（application/sdp）。Content-Length 头包含 RTSP 报文体的长度（358 字节）。

在报文体的 SDP 描述中，从 a=control：*、a=control：audio、a=control：video，联系报文头 Content-Base：rtsp：//server.example.com/fizzle/foo/可知，客户被建议跟服务器建立单个 RTSP 会话，使用 URI

```
rtsp：//server.example.com/fizzle/foo/audio
```

和

```
rtsp：//server.example.com/fizzle/foo/video
```

分别建立音频流和视频流。从“*”解析的 URI rtsp：//server.example.com/fizzle/foo/控制整个演播（包括音频和视频）。

“m=”是媒体描述，其格式可表示成 m=<media> <port> <proto> <fmt>。其中，<media>是媒体类型，<port>是发送媒体流的传输端口，<proto>是传输协议，<fmt>是 RTP 载荷类型号码。因此，m=audio 3456 RTP/AVP 0 表示媒体类型是音频、传输端口是 3456 号、传输协议是 RTP/AVP（表示运行在 UDP 之上的 RTP，它使用音视频会议的配置文件 AVP）、RTP 载荷类型号码是 0（表示 PCMU 即 u-law PCM 编码）；而 m=video 2232 RTP/AVP 31 表示媒体类型是视频、传输端口是 2232 号、传输协议是 RTP/AVP（表示运行在 UDP 之上的 RTP，它使用音视频会议的配置文件 AVP）、RTP 载荷类型号码是 31（表示 H 261 编码）。

“v=”给出会话描述协议的版本（0）。

“o=”给出会话的发起方（用户名和用户主机的地址）加上会话标识符和版本号，其格式可表示成 o=<username> <sess-id> <sess-version> <nettype> <addrtype> <unicast-address>。在本例中，o=MNobody 2890844526 2890842807 IN IP4 192.0.2.46 表明用户名是 Mnobody、会话标识符是 2890844526（通常使用 NTP 格式的时间印记）、会话描述版本号是 2890842807（通常也是使用 NTP 格式的时间印记，每当会话数据被修改时，该号码都增加）、网络类型是因特网、地址类型是 IPv4、单播地址是 192.0.2.46。

“s=”给出正文表示的会话名，在本例中 s=SDP Seminar，说明会话名是 SDP Seminar。

“i=”提供关于会话的信息，在本例中，i=A Seminar on the session description protocol 表明该会话是关于会话描述协议的研讨会。

“u=”是指向关于会话的附加信息的指针，通常是被 WWW 客户使用的一个 URI。在本例中，u=http：//www.example.com/lectures/sdp.ps 就是这样的一个 URI。

“e=”指定负责组织会议的人电子邮件地址。在本例中，e=seminar@example.com（Seminar Management）表示研讨会的管理员邮件地址是 seminar@example.com。

“c=”包含连接数据，其格式是 c=<nettype> <addrtype> <connection-address>，在本例中，

c=IN IP4 0.0.0.0 表示网络类型是因特网、地址类型是 IPv4、连接地址是 0.0.0.0（说明不给出地址，默认为源发该 RTSP 报文的主机 IP 地址）。

“t=”指定会话的开始和停止时间，用从 1900 年起以秒为单位计算的 NTP 时间表示。在本例中，t=2873397496 2873404696 表示会话的开始和停止时间分别是 2 873 397 496 秒和 2 873 404 696 秒。

8.1.3 会话建立

在使用演播描述确定哪些媒体流可提供、使用哪个媒体投递协议以及它们的资源标识符之后，RTSP 客户可以请求建立 RTSP 会话。RTSP 会话是在客户和服务器之间的一个通用背景，由将要在通用媒体投递控制下的一个或多个媒体资源组成。

客户通过使用 SETUP 方法给服务器发送一个请求建立 RTSP 会话。在 SETUP 请求中，客户还在“Transport”头中包括为了使媒体投递协议起作用所需要的所有传输参数。这包括由演播描述事先建立的参数，但它们对于任何中间装置正确处理媒体投递协议都是必需的。在一个请求中的这个传输头可能包含用带有优先级的列表形式给出的对于媒体投递的多个选项，使得服务器可以从中选择。这些选项典型地是基于在演播描述中的信息。

服务器在接收到 SETUP 请求时确定是否相关的资源可提供，以及是否相关的传输参数指定可接受。如果一切都成功，就建立起一个 RTSP 会话背景，存储相关的参数。另外，还要为该 RTSP 会话建立一个标识符，将其包括在响应报文的“Session”头中。SETUP 响应包括一个传输头，描述选择了哪个选项和相关的参数。

引用一个已经存在的 RTSP 会话并标识一个要新增的媒体资源的 SETUP 请求是在一个聚合会话中把那个媒体资源在通用控制下加到已经存在的媒体资源。客户可以期待，这对于在一个多媒体内容内 RTSP 控制下的所有媒体资源都是可行的。然而来自不同内容的聚合资源则很可能被服务器拒绝。作为聚合的 RTSP 会话用聚合控制 URI 引用，即使该 RTSP 会话仅仅包含单个媒体也是如此。

在聚合 RTSP 会话的建立过程中，为了避免额外的往返传输，RTSP 支持管道请求，即客户可以一个接一个地连续发送多个请求，而不用先等待它们之中任意一个完成。客户可以在 Pipelined-Requests 头中使用一个自己选择的标识符，指示服务器把多个请求绑定在一起，就像它们包括会话标识符那样。

SETUP 响应还在几个不同的头中包括关于已经建立的会话的附加信息。Media-Properties 头包括若干适用于在做媒体投递控制和配置用户接口时是宝贵的聚合的性质。响应中的 Accept-Ranges 头告知客户对于这些媒体资源服务器支持哪些范围（range）格式。Media-Range 头告知客户当前可提供的媒体的时间范围。

下面给出的是一个基本的 SETUP 请求和响应的一个例子。

```
C->S：SETUP rtsp：//example.com/foo/bar/baz.rm RTSP/2.0
CSeq：302
Transport：RTP/AVP；unicast；dest_addr="：4588"/"：4589",
```

```
RTP/AVP/TCP；unicast；interleaved=0-1
Accept-Ranges：npt，clock
User-Agent：PhonyClient/1.2
S->C：RTSP/2.0 200 OK
CSeq：302
Date：Thu，23 Jan 1997 15：35：06 GMT
Server：PhonyServer/1.1
Session：47112344；timeout=60
Transport：RTP/AVP；unicast；dest_addr="192.0.2.53：4588"/
"192.0.2.53：4589"；src_addr="198.51.100.241：6256"/
"198.51.100.241：6257"；ssrc=2A3F93ED
Accept-Ranges：npt
Media-Properties：Random-Access=3.2，Time-Progressing，
Time-Duration=3600.0
Media-Range：npt=0-2893.23
```

在该例中，客户要建立一个包含媒体资源“rtsp：//example.com/foo/bar/baz.rm”的会话。请求和响应的顺序号都是 302。

Transport 头表示使用哪个传输协议，并配置其参数。传输请求头包含客户可以接受的传输选项列表。服务器在响应中返回一个表明实际选用的值的传输响应头。参数 unicast 表明所进行的是单播投递。使用 RTP 的传输协议标识符取“RTP/profile/lower-transport”的形式，低层传输协议（lower-transport）的默认值是配置文件（profile）特有的，对于 RTP/AVP 是 UDP。在本例中，客户可以接受的传输参数要么是在该 RTSP setup 连接使用的地址上的 RTP/AVP/UDP，客户接收端口为 4588 和 4589；或者是在 RTSP 控制通道上的 RTP/AVP interleaved（交织）。服务器选择 RTP/AVP/UDP 传输协议，并加上它自身发送和接收 RTP 和 RTCP 分组的地址和端口（分别为 198.51.100.241：6256 和 198.51.100.241：6257），以及将要被它使用的 RTP 同步源标识符（ssrc=2A3F93ED）。

SETUP 请求中的参数 interleaved 意味着可以把媒体流与 RTSP 控制流在基于 TCP 的 RTSP 连接上混合传输（交织）。在这种情况下，嵌入的媒体流数据不可以放到 RTSP 报文内。对于像 RTP 分组这样的流数据的封装使用一个 ASCII $字符，后随一个字节的通道标识符，再后随表示所封装的二进制数据长度的一个两个字节的无符号整数。每个$块必须仅包含一个 RTP 分组。该参数的自变量提供在$块中使用的通道号，即表示媒体流在 RTSP 连接上传输的通道号。该变量可以被指定为一个区间，例如在本例中就是 interleaved=0-1。在请求中给出的通道号仅是客户的一个提议，服务器在响应中可以设置任何有效的通道号。

User-Agent 头包含关于源发请求的用户代理的信息，该域可以包含标识代理的多个产品标记和注释（PhonyClient/1.2）。

Accept-Ranges 头允许表示在 Range 头中所支持的格式。请求方和响应方分别表明它们对于 Range（范围）格式的支持能力。可以选择的格式包括 npt（normal play time，通常播放时间）、smpte（society of motion picture and television engineers，电影电视工程师协会时间）和

clock（absolute time，绝对时间）。在本例中，SETUP 请求在 Accept-Ranges 头中给出的格式是 npt 和 clock，SETUP 响应在 Accept-Ranges 头中给出的格式是 npt。

Session 头标识一个 RTSP 会话，该会话标识符由服务器选择，必须在 SETUP 响应中返回。Session 头可以包括一个会话超时长度参数，该参数影响需要传输 keep-alive（保持活动状态）的频度。在本例中，会话标识符是 47112344；超时长度值是 60 秒。

Date 头表示报文产生的日期和时间（Thu，23 Jan 1997 15：35：06 GMT）。

Server 头包含关于服务器处理请求使用的软件的信息（PhonyServer/1.1）。

Media-Properties 头表示当前可用于该 RTSP 会话的媒体特性。特性值 Random-Access 表示随机访问是可能的，并可选地包括一个以秒为单位表示在媒体中任意两个随机访问点之间最长的时间长度。在本例中，这个时间长度是 3.2 秒。特性值 Time-Progressing 表示可访问的媒体的范围随墙上时钟（wallclock）的进展而增大。特性值 Time-Duration 表示每个媒体单元至少保留指定长度的时间，时间长度用以秒为单位的浮点数表示，值 0.0 表示在随时间进展的会话中不保留数据。在本例中这个时间长度是 3600.0 秒。

Media-Range 头给出在发送该 RTSP 报文时的媒体范围，并使用建立媒体时在 Accept-Ranges 头中表示的所支持的时间格式。在 SETUP 响应中必须包括这个头。在本例中该头给出的媒体范围是用 npt 时间格式表示的 0 至 2893.23 秒。

8.1.4 媒体投递控制

在建立了 RTSP 会话以后，客户可以启动对媒体投递的控制。基本操作是使用 PLAY 方法开始投递，以及使用 PAUSE 方法暂停投递。PLAY 还允许选择服务器投递媒体的起始位置，使用 Range 头实现。Range 头支持多种不同的时间格式，并允许客户指定投递结束位置，因此允许选择一个特别的投递时段。

在一个内容内对定位/搜索的支持取决于内容的媒体性质。内容有多种不同的类型，例如点播、现场以及带有同时录音的现场，甚至在这些种类的内部在内容如何产生和分发方面也有所不同，并会影响回放访问。可用于 RTSP 会话的性质由服务器在 SETUP 响应中使用 Media-Properties 头提供。

这些性质用一个或多个独立的属性表示。第一个属性是 Random Access（随机访问），表示是否可以执行定位以及使用什么样的颗粒度定位。另一方面是内容在会话的生命期内是否改变。虽然点播内容将从头开始全部提供，但被录制的现场流所产生的可访问的内容的长度随着会话的进展在增加。还有的内容是由另一个非 RTSP 协议动态建立的，因此在会话期间会改变步骤，但可能不是连续的。而且，当内容被记录时，有些情况下不是维持全部的内容，而是部分内容，比如说，仅仅最后一小时。所有这些性质产生了对将要在下面描述的机制的需求。

当客户访问允许随机访问的点播内容时，客户可以针对在内容的开头和结尾之间的任何点发出 PLAY 请求。服务器将从在请求点之前的最近随机访问点投递媒体，并在它的 PLAY 响应中表明这一点。如果客户发一个 PAUSE，那么投递将被暂停，停止的点将在响应中往回报告。客户随后可以发送一个没有 range 头的 PLAY 请求继续投递。在服务器投递内容的尾部或请求的范围的结尾就要完成 PLAY 请求的任务时，它将发送一个 PLAY_NOTIFY 请求表明这一点。

当播放带没有附加功能（例如录制）的现场内容时，客户在发出 PLAY 请求之后，将接收到现场媒体。搜寻这样的内容是不可能的，因为服务器并不储存它，仅仅把它从会话的源向外转发。因此投递继续进行着，直到客户发送 PAUSE 请求、拆除会话或者到达内容的结尾。

对于正在被录制的现场会话，客户需要保持跟踪录制的进展情况。在会话建立时，客户会从 Media-Range 头得知当前录制的时间长度。随着录制的进展，内容的增长与经过的时间直接相关。因此每个服务器对 PLAY 请求的响应将包含当前的 Media-Range 头。服务器还应该定期地（大约 5 分钟）在 PLAY_NOTIFY 请求中发送一次当前的媒体范围。

如果现场传输结束，那么服务器必须发送一个 PLAY_NOTIFY 请求，用更新的 Media-Properties 表明被停止的内容是一个被记录的现场会话，而不是点播内容；该请求还包含最后的媒体范围。在现场投递继续进行的同时，客户可以通过使用 NPT 时标符号“now”请求当前的现场点，或者可以用一个显式的范围表示请求在可提供的内容中的一个具体点。如果被请求的点在可提供的区间之外，那么服务器将把该位置调节到可提供的最接近的点，即不是往开始方向移动就是向结尾方向移动。

一个特别的录制情况是录制保持的时间没有指定的时间区段长，因此在现场投递继续进行时，客户可以访问在一个滑动窗口内的任何媒体。例如，该窗口覆盖从现在到一小时前的区段。如果客户从暂停点继续之前等待太长的时间，其内容可能不再可提供。在这种情况下，暂停点将被调节到在可提供的媒体中最接近的点。

下面是一个简单的投递单个音频流的例子。客户请求播放媒体从 3.52 秒到结束的范围。服务器发送 200 OK 响应，告知实际的播放时间是比 3.52 秒早 10 毫秒，即 3.51 秒，并在 RTP-Info 头中包含 RTP 协议栈所需要的参数。

```
C->S：PLAY rtsp：//example.com/audio RTSP/2.0
CSeq：836
Session：12345678
Range：npt=3.52-
User-Agent：PhonyClient/1.2
S->C：RTSP/2.0 200 OK
CSeq：836
Date：Thu，23 Jan 1997 15：35：06 GMT
Server：PhonyServer/1.0
Range：npt=3.51-324.39
Seek-Style：First-Prior
RTP-Info：url="rtsp：//example.com/audio"
ssrc=0D12F123：seq=14783；rtptime=2345962545
```

PLAY 方法告诉服务器开始使用在 SETUP 中指定的机制发送数据，以及要播放媒体的哪个部分。一个 PLAY 请求必须包括一个 Session 头，表明该请求应用于哪个会话。在接收到 PLAY 请求时，服务器必须把通常播放时间定位到在收到的 Range 头中指定的范围的起点（该起点必须不超过媒体资源的限制，并遵从在 Seek-Style 头中表明的策略），并投递流数据，直到收到新的 PLAY 请求，或到达媒体的结束位置为止。

服务器用将要进行投递的实际起始点应答，这可能不同于请求的范围，以满足媒体源所要求的有效的应用层成帧边界。而且一些媒体格式的数据单元有很长的时段，为了便于解析这样的数据单元，客户需要仔细选择媒体播放的起始位置。客户可以在 PLAY 请求中使用 Seek-Style 头表示它倾向于使用服务器选择起始点的哪个策略。服务器必须在 PLAY 响应中总是包括一个 Seek-Style 头表明它使用的选择起始点的策略。在本例中，服务器使用的策略是 First-Prior，该策略从请求时间之前最近的一个媒体单元开始投递。

RTP-Info 头可以包含的参数有 url、ssrc、seq 和 rtptime。其中，url 是流的 URI，与在 SETUP 请求中表示媒体流的 URI 相同。ssrc 是 RTP 同步源标识符。seq 表示流的第一个分组的顺序号。rtptime 表示对应在 Range 响应头中给出的起始时间的 RTP 时间印记值。在本例中，url=rtsp://example.com/audio，ssrc=0D12F123，seq=14783，rtptime=2345962545。

PAUSE 请求使得流投递立即中止。在暂停期间，相关的服务器资源都被保持着，直到暂停时间达到在 SETUP 报文的 Session 头中给出的超时长度时服务器才会关闭会话，并释放资源。

下面给出的是一个使用 PAUSE 方法的请求和响应的例子。

```
C->S：PAUSE rtsp：//example.com/fizzle/foo RTSP/2.0
CSeq：834
Session：12345678
User-Agent：PhonyClient/1.2
S->C：RTSP/2.0 200 OK
CSeq：834
Date：Thu，23 Jan 1997 15：35：06 GMT
Range：npt=45.76-75.00
```

服务器在响应中必须加上一个 Range 头，向客户返回停止点，并表示出在 PLAY 请求范围内还没有播放的剩余部分。在本例中该范围是 npt=45.76-75.00。

PLAY_NOTIFY 方法允许服务器通知客户关于一个处于 Play 状态的会话的一个异步事件。在 PLAY_NOTIFY 请求中必须存在一个 Session 头，表示该请求所针对的会话。PLAY_NOTIFY 请求使用 Notify-Reason 指定服务器发送 PLAY_NOTIFY 请求的原因，例如 end-of-stream 表示 PLAY 请求的完成或接近完成，以及媒体流投递的结束。以 end-of-stream 作为 Notify-Reason 的 PLAY_NOTIFY 必须包括一个 Range 头，表明流中投递结束的点。如果该 end-of-stream 通告是在发送最后一个媒体分组之前发出的，那么客户收到该通告时可能还未到达投递结束时间。在这种情况下可用默认格式表示 Range 的参数范围，例如，如果现在的 NPT 时间是 14.2 秒，投递结束的 NPT 时间是 15 秒，就可以把 Range 头中的参数设置成 "npt=-15"，其中的起始位置是隐含的。

下面给出的是一个 PLAY_NOTIFY 请求和响应的例子。

```
S->C：PLAY_NOTIFY rtsp：//example.com/fizzle/foo RTSP/2.0
CSeq：854
Notify-Reason：end-of-stream
Request-Status：cseq=853 status=200 reason="OK"
Range：npt=-145
RTP-Info：url="rtsp：//example.com/fizzle/foo/audio"
ssrc=0D12F123：seq=14783；rtptime=2345962545，
url="rtsp：//example.com/fizzle/video"
ssrc=789DAF12：seq=57654；rtptime=2792482193
Session：uZ3ci0K+Ld-M
Date：Mon，08 Mar 2010 13：37：16 GMT
C->S：RTSP/2.0 200 OK
CSeq：854
User-Agent：PhonyClient/1.2
Session：uZ3ci0K+Ld-M
```

在本例中，Range 头的参数是 npt=-145，表示投递结束的 NPT 时间是 145 秒。RTP-Info 头中给出了两个同步源标识符（ssrc=0D12F123 和 ssrc=789DAF12），分别表示在聚合控制下的一个音频流和一个视频流。

8.1.5　会话参数操作

RTSP 有两个方法可以在客户或服务器上检索和设置参数值：GET_PARAMETER 和 SET_PARAMETER。这些方法在适当格式的报文体中承载参数。还可以使用 GET_PARAMETER 方法的头查询状态。例如，需要了解正在随时间进展的会话的当前媒体范围的客户就可以使用 GET_PARAMETER 方法并包括媒体范围。而且，可以使用 RTP-Info 和 Range 的结合请求同步信息。

RTSP 不具备强的机制来提供对可以使用的头或参数以及它们的格式的协商。然而响应会表明不支持的请求头或参数。预先确定可提供哪些特征需要执行像会话描述这样的带外机制或者使用特征标签。

GET_PARAMETER 请求检索一个用 URI 指定的演播或流的指定参数值。下面给出的是一个使用 GET_PARAMETER 的请求和响应的例子。

```
S->C：GET_PARAMETER rtsp：//example.com/fizzle/foo RTSP/2.0
CSeq：431
User-Agent：PhonyClient/1.2
Session：12345678
Content-Length：26
Content-Type：text/parameters

packets_received
```

```
jitter
C->S：RTSP/2.0 200 OK
CSeq：431
Session：12345678
Server：PhonyServer/1.1
Date：Mon，08 Mar 2010 13：43：23 GMT
Content-Length：38
Content-Type：text/parameters

packets_received：10
jitter：0.3838
```

Content-Length 头域包含 RTSP 报文体的长度。在本例中，请求报文体的长度是 26 字节，响应报文体的长度是 38 字节。

Content-Type 头域表示发送给接收方的报文体的媒体类型。在本例中，请求报文体和响应报文体的媒体类型都是用正文表示的参数（text/parameters），包括接收到的分组数（packets_received）和抖动（jitter）。

SET_PARAMETER 请求设置一个演播或流的参数值。不带报文体的 SET_PARAMETER 请求可用来更新 keep-alive 超时器。如果请求的接收方不懂得请求设置的参数，就必须使用错误代码 451（Parameter Not Understood）应答。下面给出的是一个 SET_PARAMETER 请求和响应的例子。

```
C->S：SET_PARAMETER rtsp：//example.com/fizzle/foo RTSP/2.0
CSeq：421
User-Agent：PhonyClient/1.2
Session：iixT43KLc
Date：Mon，08 Mar 2010 14：45：04 GMT
Content-length：20
Content-type：text/parameters

barparam：barstuff
S->C：RTSP/2.0 451 Parameter Not Understood
CSeq：421
Session：iixT43KLc
Server：PhonyServer/1.0
Date：Mon，08 Mar 2010 14：45：56 GMT
Content-length：20
Content-type：text/parameters

barparam：barstuff
```

在本例中，服务器不懂得参数 barparam，因此用错误代码 451 应答。

8.1.6 媒体投递

对 RTSP 客户的媒体投递使用 RTSP 外部的一个协议，该协议在会话建立期间确定。现在的 RTSP 文档描述如何使用 UDP 上的 RTP、TCP 或 RTSP 连接做媒体投递。未来还可能根据需要指定附加协议。当前大多数的 RTSP 服务器都使用 RTP（包括 RTCP）做媒体流投递。

使用 RTP 作为投递协议时，为了让其工作得好，需要一些附加信息。PLAY 响应包含客户应该如何同步在不同的 RTP 会话中的不同源以达到可靠及时投递的目的的信息。它还提供在 RTP 时间印记和内容时间尺度之间的映射。当服务器要通知客户媒体投递完成时，它向客户发送一个 PLAY_NOTIFY 请求。PLAY_NOTIFY 请求包括流结束的信息，包括每个流的最后的 RTP 序列号，从而让客户平滑地清空缓冲区。

基本的 RTSP 回放功能把请求的一个范围的内容以创建者所希望的节奏投递给客户。RTSP 能够用以下两种方式操作对客户的投递。

- 比例（Scale）: 每个单位回放时间投递的媒体内容时间比例。
- 速度（Speed）: 每个单位的挂钟时间投递的回放时间比例。

两者都影响每个时间单位的媒体投递，然而，它们操作的是两个独立的时间尺度，其影响有可能结合。

比例用于快速转发或当改变每个时间单元应该回放的内容时段的量时的慢监视控制。比例大于 1.0 意味着快速转发，例如比例等于 2.0 将引起每秒回放 2 秒的内容。比例的默认值是 1.0，在没有指定比例的时候使用，即以内容的原始速率回放。在 0 和 1.0 之间的比例值提供慢的移动。比例可以是负值，允许反向回放，可以是常规的节奏（比例=-1.0），或者是快速反向回放（比例< -1.0），也可以是慢移动反向回放（-1.0 <比例< 0）。比例 = 0 等于暂停，是不被允许的。在大多数情况下，比例的实现意味着服务器那边对媒体的操作保证客户可以实际地把它回放。这些媒体操作的性质以及什么时候需要它们是高度地依赖于媒体类型的。

让我们考虑一个具有两个通用媒体类型（音频和视频）的例子。修改音频回放速率是非常困难的。改变讲话的音调速率达到 10%~30%的最大幅度是可能的。对于音乐，如果试图通过再次采样来操作回放速率，那么它是会走调的。这是一个熟知的问题，音频通常被静音，或者以短的片段回放，使用跳跃赶上当前的回放点。

对于视频，操作帧速率是可能的，虽然提供的功能通常限于一定的帧速率。在解码中允许的位速率、编码中使用的结构以及在帧和提供设备其他能力之间的依赖性限制了可能的操作。因此，基本的快速转发功能通常通过选择帧的某些子集来实现。

由于媒体限制，可能的比例值通常限制到一个可实现的比例值的集合。为了使得客户能够从可能的比例值选择，RTSP 可以信令传送所支持的内容的比例值。

为了支持聚合的或动态的内容（在这种情况下会话期间的比例值可能改变，并且是依赖在内容内的位置中），需要有一个更新媒体的性质和当前使用的比例因子的机制。为此，可以使用把 Notify- Reason 头设置成 “ media-properties-update ” 或 "scale-change" 的

PLAY_NOTIFY 报文。

速度影响在给定的挂钟期间有多长的回放时间被投递。默认值是 Speed =1，即以与媒体消耗同样的速率投递。Speed＞1 意味着接收方获得内容的速度快于消耗媒体的速度。Speed＜1 意味着接收方获得内容的速度慢于消耗媒体的速度。0 值或更低的速度没有意义，因此不被允许。这个机制使得两个通用的功能成为可能。一个功能是客户方控制的比例操作，即客户接收所有的帧，并对回放做本地调整。第二个功能是为媒体缓冲做投递控制。通过指定一个大于 1 .0 的速度，可以在它的缓冲区中积累起它需要的足够数量的回放时间。

本征实现的速度影响媒体传输进度，对所需的带宽有明显的影响。这会使得数据速率跟速度因子成正比。如果 Speed = 1.5（如果这可以被支持或者不是仅仅依赖基础网络通路），即比常规投递快 50%，就会使数据传输速率增加 50%。在新的回放进度中对内容的操作也可能使比例对所需带宽有一些影响，比如在媒体流中仅包括独立可解码的内部帧的情况下的快进。跟具有同样数目的帧的常规序列（大多数帧采用预测编码）相比，仅使用内部帧会显著地增加数据速率。这种对数据速率潜在的增加需要由媒体发送方控制。客户已经请求过以特定的方式投递媒体，这应该被尊重。然而，如果在发送方和接收方之间的网络通路不能够处理所产生的媒体流，那么媒体发送方将不可忽视。在这种情况下，媒体流需要适配可提供的通路资源。这可能产生减少了的媒体质量。

与速度的语义相关联，对位速率适配的需要成为特别困难的问题。如果目标是填满缓冲区，那么客户可能不希望为此而付出降低服务质量的代价。如果客户要做本地播放改变，那么实际上可能需要所请求的速度被尊重。为了解决这个问题，Speed 使用一个范围，使得两种情况都可以支持。服务器被请求使用范围内与可提供的带宽兼容的最高可能值。只要服务器能够保持在范围内的一个速度值，并不改变媒体质量，就不用在对可用带宽的响应中修改实际的投递速率并在响应的 Speed 值中反映出这种改变。然而，如果不可能这样做，那么服务器应当修改媒体质量，遵从最低的速度值和可提供的带宽。

这个功能使得有可能使用一个窄的范围，甚至是一个上界等于下界的范围，在本地实现比例来标识它需要服务器每个投递时间投递所请求数量的媒体时间，独立于需要如何适配媒体质量以适应可以提供的通路带宽的问题。对于缓冲区填充适宜使用一个具有合理跨度的范围，其下界是标称媒体速率 1.0，比如 1.0-2.5。如果客户要减少缓冲区，就可以指定一个低于 1.0 的上界，让服务器以比标称媒体速率慢的速率投递。

8.1.7 会话维持和终止

已经建立的会话背景通过让客户显示活性保持在活动状态。这可以用两个主要的方面来实现：

- 保持在活动状态的媒体传输协议。在使用 RTP 时可以使用 RTP 控制协议（RTCP）。
- 引用会话背景的任何 RTP 请求。

如果客户在超过建立会话超时值的长度时间（通常是 60 秒）内没有显示活性，那么服务器可以终止该背景。

会话背景通常由客户向引用聚合控制 URI 的服务器发送 TEARDOWN 请求终止。具体的媒体资源可以通过引用那个特别的媒体资源的 TEARDOWN 请求从会话背景删除。如果所有的媒体资源都从一个会话背景删除，那么该会话背景终止。

得到服务器的允许，客户就可以无限地保持会话活性。当无媒体投递活动的时间达到一个扩展的时段时，建议释放会话背景。随后如果需要，客户可以再建会话背景。扩展时段的构成依赖于服务器和它的使用。建议客户在 10 倍的会话超时值到达之前终止会话。服务器可以在客户停止显示活性一个会话的超时期后没有客户活动时终止该会话。服务器在终止会话背景时，它发送一个表明原因的 TEARDOWN 请求。

在维护需要时，服务器还可以请求客户删除会话并在一个替代服务器上重建。这是通过使用 REDIRECT 方法实现的，使用 Terminate-Reason 头表示什么时候以及为什么。如果有一个替代服务器可用，Location 头表示它应该往哪儿连接。当期限届满时，服务器就停止提供服务。为取得一个干净的关闭，客户需要在期限到达之前启动会话终止。服务器在没有其他服务器可重定向并且出于维护的需要希望关闭会话的情况下，它将使用带有一个 Terminate-Reason 头的 TEARDOWN 方法。

从客户发往服务器的 TEARDOWN 请求停止给定 URI 的流投递，并释放与其相关的资源。使用聚合控制的 URI 或者在非聚合控制的会话中的媒体 URI 的 TEARDOWN 都可以在任何状态中执行。一个成功的 TEARDOWN 请求的结果是媒体投递立即停止，会话状态被清除。这种情况必须在响应中用不带会话头的方式来表示。下面给出的是一个 TEARDOWN 请求和响应的例子。

```
C->S：TEARDOWN rtsp：//example.com/fizzle/foo RTSP/2.0
CSeq：892
Session：12345678
User-Agent：PhonyClient/1.2
S->C：RTSP/2.0 200 OK
CSeq：892
Server：PhonyServer/1.0
```

8.1.8　扩展 RTSP

RTSP 是一个相当灵活的协议，在多个不同的方向上支持扩展，甚至包含实现时可选的多个功能块。使用案例和对协议部署的需要决定实现哪些部分。允许扩展使得 RTSP 有可能触及更多的用例。然而扩展将会影响协议的互操作，因此把它们用结构化的方式加入是重要的。

客户可以使用 OPTIONS 方法和所支持的头获悉一个服务器的能力。它还可以尝试使用新的方法（可能失败），或者使用 Require 或 Proxy-Require 头要求支持特别的功能。

RTSP 本身可以用三种方式扩展，在此以支持的改变幅度的递增顺序列出。

- 已有的方法可以用新的参数（例如头）扩展，只要这些参数可以被接收方安全地忽略。如果客户在一个方法扩展不被支持时需要否定确认，可以在 Require 或 Proxy-

Require 头域中加上一个对应该扩展的标签。

- 增加新的方法。如果报文接收方不懂得请求，那么它必须用错误编码 501（Not Implemented）响应，使得发送方可以避免再使用这个方法。客户也可以使用 OPTIONS 方法打听服务器所支持的方法。服务器必须使用 Public 响应头列出它支持的方法。
- 可以定义协议的一个新版本，允许几乎所有方面的改变（除非协议版本号的位置）。新版本协议必须通过 IETF 标准跟踪文件登记。

可以使用基本的能力发现机制发现对某些功能的支持，同时保证在执行一个请求时功能是可用的。除了对该核心协议的扩展，在会话建立时可以加入和协商新的媒体投递协议。一些类型的协议操作可以通过使用 SET_PARAMETER 和 GET_PARAMETER 的参数格式执行。

8.2 SDP

当启动多媒体远程会议、VoIP（voice-over-IP，在 IP 上的话音）、流视频或其他会话时，需要向参与方传达媒体细节、传输地址以及其他的会话元数据。

SDP 提供对这类信息的标准表示，而不管信息是如何传输的。SDP 纯粹是一个会话描述的格式，不包括传输协议。用户可以使用他认为是合适的不同的传输协议，包括会话通告协议（Session Announcement Protocol），会话起始协议（Session Initiation Protocol），实时流传输协议（Real Time Streaming Protocol），使用 MIME 扩展的电子邮件，以及超文本传输协议（Hypertext Transport Protocol）。

SDP 的设计目标是做成通用的，使得可以在广大范围的网络环境或应用中使用。然而它并不试图支持对会话内容或编码的协商，这些都是 SDP 范围之外的事情。

8.2.1 相关术语及其含义

（1）会议：一个多媒体会议是由两个或更多的通信用户连同他们用以通信的软件所构成的一个集合。

（2）会话：一个多媒体会话是由媒体的发送方和接收方以及从发送方流往接收方的数据流所组成的一个集合。多媒体会议是多媒体会话的一个例子。

（3）会话描述：一个用以传达为了发现和参加一个多媒体会话所需要的足够信息的定义良好的格式。

8.2.2 SDP 用例

（1）会话起始

会话起始协议（SIP）是一个应用层控制协议，用以建立、修改和终止诸如因特网多媒体会议、因特网电话呼叫和多媒体分发。用来建立会话的 SIP 报文承载会话描述，允许参与者就一组兼容的媒体类型达成一致。这些会话描述通常使用 SDP 格式化。当与 SIP 一起使用时，提议/回答（offer/answer）模式为使用 SDP 的协商提供一个有限的框架。

（2）流传输媒体

实时流传输协议（RTSP）是一个应用层协议，用以控制具有实时性质的数据投递。RTSP 提供一个可扩展的框架，使得对于诸如音频和视频这样的实时数据的被控按需投递成为可能。RTSP 客户和服务器为媒体投递协商一组适当的参数，部分地使用 SDP 语法描述这些参数。

（3）电子邮件和 WWW

传达会话描述可供选择的途径包括电子邮件和万维网（WWW）。对于电子邮件和 WWW 分发，使用的媒体类型都是“application/sdp”。这使得以标准方式从 WWW 客户或邮件读者方面自动启动应用参与会话成为可能。

（4）多播会话通告

为了辅助通告多播多媒体会议以及其他的多播会话，向参与者传达相关的会话建立信息，可以使用一个分布式会话目录。这样的一个会话目录实例定期地向一个熟知的多播组发送包含会话描述的分组。这些通告被其他的会话目录接收，以便潜在的远程参与者能够使用该会话描述启动参加该会话所需要的工具。

用以实现这样的分布式目录的一个协议是会话通告协议（Session Announcement Protocol，SAP）。SDP 为这样的会话通告提供建议的会话描述格式。

8.2.3　要求和建议

SDP 的目的是传达关于在多媒体会话中媒体流的信息以允许会话描述的接收方参加该会话。SDP 的设计目标主要是用于互联网络，虽然它是足够通用的，也可以描述在其他网络环境中的会议。媒体流可以是多对多（many-to-many）的。会话不必是连续活动的。

到目前为止，在因特网上的基于多播的会话不同于许多其他形式的会议，接收该流量的任何人都可以参加会话，除非会话流量是加密的。SDP 服务于两个主要的目的：其一是传达一个会话存在的途径；其二是为能够加入会话传达足够信息的途径。在单播环境中，仅后一个目的有可能是相关的。

一个 SDP 会话描述包括下列内容：

- 会话名和目的。
- 会话活动的时间。
- 组成会话的媒体。
- 接收那些媒体所需要的信息（地址、端口、格式等）。

参与一个会话所需要的资源是受限的，可能还需要一些附加信息：

- 关于会话使用的带宽信息 。

- 负责该会话的人的联系信息。

一般说来，SDP 必须传达足够的信息，使得应用能够加入一个会话，以及向可能需要了解的非参与方通告使用的资源。后者主要在 SDP 与多播会话通告协议一起使用的时候是有用的。

1. 媒体和传输信息

一个 SDP 会话描述包括下列媒体信息：

- 媒体类型（视频、音频等）。
- 传输协议（RTP/UDP/IP、H.320 等）。
- 媒体格式（H.261 视频、MPEG 视频等）。

除了媒体类型、媒体格式和传输协议，SDP 还传达地址和端口细节。对于 IP 多播会话，传达的是媒体多播组地址和媒体传输端口。这个地址和端口是多播流发送或接收时使用的目的地址和目的端口。对于单播 IP 会话，传达的是媒体远程地址和媒体远程传输端口。该地址和端口的语义取决于定义的媒体和传输协议。在默认情况下，它应该是数据发往的远程地址和远程端口。

2. 定时信息

会话在时间上可以是有界或无界的。无论是否有界，它们都可能在特定的时间是活动的。SDP 可以传达：

- 一个随意的限定会话的起停时间列表。
- 对于每个定界的重复时间，例如每周三上午 10 点钟开始持续一个小时。

这个定时信息是全局一致的，而不管是本地时区还是夏令时。

3. 非公开会话

所建立的会话可以是公开的，也可以是非公开的。SDP 对它们不加区分。非公开会话在发布期间典型地是用加密的会话描述传达。如何执行加密的细节取决于用以传达 SDP 的机制。当前定义的传输 SDP 的机制使用 SAP 和 SIP，未来还可能定义其他的机制。

如果会话通告是非公开的，那么可能使用那个非公开通告传达在会议中解码每个媒体所需要的密钥，包括了解用于每个媒体的加密方案的足够信息。

4. 获取会话的更多信息

会话描述应该传达决定是否参加一个会话的足够信息。SDP 可以包括以 URI 形式给出的获取关于会话的更多信息的附加指针。

5. 分类

当 SAP 或其他通告机制发布多个会话描述时，可能要从中过滤出感兴趣的会话通告。SDP 支持能够自动化的会话分类机制（"a=cat："属性）。

6. 国际化

SDP 规范建议使用 UTF-8 编码中的 ISO 10646 字符集，以允许表示许多不同的语言。然而为了有助于紧凑的表示，SDP 也允许在需要时使用像是 ISO 8859-1 这样的其他字符集。国际化仅用于自由文本域（会话名和背景信息），而非 SDP 全部。

8.2.4　SDP 规范

SDP 会话描述用媒体类型“application/sdp”描述。SDP 会话描述完全是正文，使用在 UTF-8 编码中的 ISO 10646 字符集。SDP 域名和属性名仅使用 UTF-8 的 US-ASCII 子集，但正文域和属性域可能使用完全的 ISO 10646 字符集。使用完全 UTF-8 字符集的域和属性值从不直接比较，因此对 UTF-8 标准化没有要求。选择正文形式（而不是诸如 ASN.1 和 XDR 这样的二进制编码）是为了增强可移植性，使得可以使用多种传输协议，并允许使用灵活的基于正文的工具包来产生和处理会话描述。

然而，由于 SDP 可能用于会话描述最大长度受限的环境，其编码被有意地做成是紧凑的。而且，由于通告可能通过很不可靠的途径传输，或者可能被中间的缓存服务器破坏，编码的设计具有严格的顺序和格式规则，使得大多数的差错都将产生畸形的会话通告，易于被检测到和被丢弃。这也允许快速丢弃服务器没有正确的密钥加密会话通告。

一个 SDP 会话描述由若干行具有下列形式的正文行构成：

```
<type>=<value>
```

<type>（类型）必须是一个仅一个区分大小写的字符，<value>（值）是结构化的正文，其格式依赖于<type>。一般地，<value>要么是用单个空格字符划界的若干个域，要么是一个自由格式串，而且除非对一个特定的域另有定义，都是区分大小写的，还必须在"="的任意一边都不使用空格。

一个 SDP 会话的构成包括一个会话级部分，后随 0 个、1 个或多个媒体级部分。会话级部分以"v="行起始，紧接其后的是第 1 个媒体级部分。每个媒体级部分以"m="行起始，紧接其后的是下一个媒体级部分，或者是整个会话描述的结束。一般地，会话级的值（value）是所有媒体的默认值，除非被一个对应的媒体级的值覆盖。

在每个描述中的一些行是必须有的，一些行是可选的，但都必须严格地以下面给出的顺序出现（固定的顺序极大地增强了错误检测，并允许简单的语法分析器）。可选的条目用*号标记。

会话描述：

```
v=（协议版本，protocol version）
o=（源发方，originator and session identifier）
s=（会话名，session name）
i=*（会话信息，session information）
u=*（描述的 URI，URI of description）
```

```
e=*（电子邮件地址，email address）
p=*（电话号码，phone number）
c=*（连接信息，如果已被包括在所有的媒体中，则不是必需的）
b=*（0 个或多个带宽信息行）
1 个或多个时间描述（见下面的"t=" 和 "r=" 行）
z=*（时区调整）
k=*（密钥）
a=*（0 个或多个会话属性行）
0 个或多个媒体描述
```

时间描述：

```
t=（会话活动的时间）
r=*（0 个或多个重复时间）
```

媒体描述（如果存在的话）：

```
m=（媒体名和传输地址）
i=*（媒体标题）
c=*（连接信息，如果在会话级已包括就是可选的）
b=*（0 或多个带宽信息行）
k=*（密钥）
a=*（0 或多个媒体属性行）
```

类型字母的集合是有意地做成小的，并且不打算是可扩展的。SDP 分析程序必须完全忽略任何包含它不懂得的类型字母的会话描述。属性机制（将在下面描述的"a="）是扩展 SDP 以及针对特定的应用或媒体对它进行剪裁的主要途径。一些属性已经有了被定义的含义，但其他的属性可以在应用、媒体或会话特有的基础上加入。SDP 分析程序必须忽略它不懂得的任何属性。

一个 SDP 会话描述可能在"u="、 "k="和"a="行中包含引用外部内容的 URI。在某些情况下这些 URL 可能没有被引用，使得会话描述不是自我包含的。

在会话级部分的连接（"c="）和属性（"a="）信息应用于该会话的所有媒体，除非被在媒体描述中的连接信息或同名属性覆盖。例如在下面的例子中，每个媒体的行为就如它被给了一个"recvonly"属性那样。

下面列出的是一个 SDP 描述示例：

```
v=0
o=jdoe 2890844526 2890842807 IN IP4 10.47.16.5
s=SDP Seminar
i=A Seminar on the session description protocol
u=http：//www.example.com/seminars/sdp.pdf
e=j.doe@example.com（Jane Doe）
c=IN IP4 224.2.17.12/127
```

```
t=2873397496 2873404696
a=recvonly
m=audio 49170 RTP/AVP 0
m=video 51372 RTP/AVP 99
a=rtpmap：99 h263-1998/90000
```

诸如会话名和信息这样的正文域是字节串，可以包含除 0x00（空）、0x0a（ASCII 换行）和 0x0d（ASCII 回车）之外的任意字节。序列 CRLF（0x0d0a）被用来结束一个记录，虽然分析程序应该容忍并且也接受用单个换行字符结束的记录。如果不存在"a=charset"属性，那么这些字节串必须解释成包含 UTF-8 编码中的 ISO-10646 字符（属性"a=charset"的存在可能使得某些域有不同的解释）。

一个会话描述可以在 "o="、"u="、"e="、"c="和 "a=" 行中包含域名。在 SDP 中使用的域名必须遵从在 RFC 1034 和 RFC 1035 提出的规范。国际化域名（Internationalized Domain Names，IDN）必须用 ASCII 兼容编码表示，不可以直接用 UTF-8 或任何其他编码表示。

1. 协议版本（"v="）

```
v=0
```

"v="域给出会话描述协议的版本。本规范定义版本 0，没有小版号。

2. 发起方（"o="）

```
o=<username> <sess-id> <sess-version> <nettype> <addrtype> <unicast-address>
```

"o="域给会话发起方（其用户名和用户主机地址）加上会话标识符和版本号。

<username>是用户在发起方主机上的登录名，如果发起方主机不支持用户 ID 的概念，则此项为"-"。<username>不可以包含空格。

<sess-id>是一个数字串，使得<username>、<sess-id>、<nettype>、<addrtype>和<unicast-address>的组合可以为该会话形成一个具有全局唯一性的标识符。<sess-id>分配方法依赖于建立它的工具，但建议使用网络时间协议（Network Time Protocol，NTP），以保证唯一性。

<sess-version>是这个会话描述的版本号。它的使用依赖于建立工具，每当对会话数据做了修改时，版本号就要增加。

<nettype>是正文串，给出网络类型。起初把 IN 定义为具有 Internet 的含义，但未来还可以登记其他值。

<addrtype>是正文串，给出随后的地址的类型。起初定义了 IP4 和 IP6，但未来还可以登记其他值。

<unicast-address>是从其建立会话的机器的地址。对于 IP4 地址类型，要么是机器的全称域名，要么是机器的 IPv4 地址的点分十进制表示。对于 IP6 地址类型，要么是机器的全称域名，要么是机器的 IPv6 地址的压缩正文表示。无论是 IP4 还是 IP6，都应该给出全称域名，除非不可提供，在后一种情况下，可以用具有全局唯一性的地址替代。在任何情况下，都不

可以使用可能使 SDP 不在其范围的局部 IP 地址。

一般地，"o="域用作该会话的这个版本具有全局唯一性的标识符，除版本以外的各个子域加在一起标识不考虑任何修改的会话。

出于保护隐私的原因，有时候希望模糊会话发起方的用户名和 IP 地址之间的关系。如果有这方面的关切，那么可以选择一个任意的<username>和私用的<unicast-address>填写"o="域，只要不影响该域的全局唯一性就可以。

3. 会话名（"s="）

```
s=<session name>
```

"s="域是正文的会话名。每个会话描述必须有也只有一个"s="域。"s="域不可以是空的，应该包含 ISO 10646 字符（见"a=charset"属性）。如果会话没有一个有意义的名字（即以单个空格符作为名字），那么应该使用"s= "值。

4. 会话信息（"i="）

```
i=<session description>
```

"i="域提供关于会话的正文信息。每个会话描述最多有一个会话级"i="域，每个媒体也是最多有一个"i="域。如果存在"a=charset"属性，那么它指定在"i="域中使用的字符集。如果不存在"a=charset"属性，那么"i="域必须包含在 UTF-8 编码中的 ISO 10646 字符。

每个媒体定义也可能使用单个"i="域。在媒体定义中使用"i="域主要是为了标记媒体流。因此，当单个会话具有多个相同媒体类型的不同媒体流时，它们很可能是有用的。一个例子是两个不同的白板，一个用于幻灯片，另一个用于反馈和提问。

"i="域的意图是提供对会话自由格式的可读描述，或者是给出媒体流的目的。它不适合于自动解析。

5. URI（"u="）

```
u=<uri>
```

一个 URI 是 WWW 客户使用的统一资源标识符。这里的 URI 应该是指向关于会话的附加信息的一个指针。该域是可选的，但如果存在，它必须放在第一个媒体域的前面。每个会话描述不可以有多于一个的 URI 域。

6. 电子邮件地址和电话号码（"e="和"p="）

```
e=<email-address>
p=<phone-number>
```

"e=" 和 "p="行指定会议负责人的联系信息，但不必是建立会议通告的同一个人。

电子邮件或电话号码的包括是可选的。注意，先前版本的 SDP 规定必须指定一个电子邮件域或电话域，但普遍地被忽略。改变使得规范与通常的使用一致。

如果存在一个电子邮件或电话号码域，那么它必须放在第一个媒体域之前。一个会话描述可以给出多于一个的电子邮件或电话域。

电话号码应该以国际公用电信号码（ITU-T 建议书 E.164）的格式给出，并前置一个"+"。如果需要，可以使用空格和连字符分裂电话域，以增强可读性。例如，p=+1 617 555-6011。

电子邮件地址和电话号码都可能有一个可选的与它们相关联的自由正文串，通常给出可能被联系的人的名字。例如 e=j.doe@example.com（Jane Doe）。

对于电子邮件和电话号码，也允许使用可替代的 RFC 2822 名称引用公约。例如 e=Jane Doe j.doe@example.com。

自由正文串应该是 UTF-8 编码的 ISO-10646 字符集，或者可替代地，如果适当地设置了会话级"a=charset"属性，也可以使用 ISO-8859-1 或其他编码。

7. **数据（"c="）**

```
c=<nettype> <addrtype> <connection-address>
```

"c="域包含连接数据。

一个会话描述必须要么在每个媒体描述中包含至少一个"c="域，要么在会话级包含单个"c="域。它可以包含单个会话级"c="域，并且每个媒体描述包含附加的"c="域，在这种情况下，每个媒体的值覆盖对应媒体的会话级设置。

第一个子域（"<nettype>"）是网络类型，是一个正文串，给出网络的类型。起初定义了 IN，其含义是 Internet，在未来可以登记其他值。

第二个子域（"<addrtype>"）是地址类型，允许把 SDP 用于不是基于 IP 的会话。本规范只定义了 IP4 和 IP6，，在未来可以登记其他值。

第三个子域（"<connection-address>"）是连接地址，取决于<addrtype>域的值。在连接地址之后可以加可选的子域。

当<addrtype>是 IP4 和 IP6 时，连接地址定义如下：

- 如果会话是多播，连接地址将是一个多播组地址。如果会话不是多播，那么连接地址包含由附加的属性域确定的期待的数据源或数据中继或数据宿的单播 IP 地址。不要指望单播地址会在用多播通告传达的会话描述中给出，虽然并不禁止这样做。
- 使用一个 IPv4 多播连接地址的会话除了多播地址还必须有一个存活时间(time to live, TTL）值。TTL 和地址一起定义在这个会议中发送多播分组的范围。TTL 值必须落在 0~255 范围中。虽然 TTL 必须指定，但是它的限定多播流量范围的使用已被淘汰，应用应该使用管理限定的范围地址。会话的 TTL 使用一个斜线作为分隔符附加到地址。例如 c=IN IP4 224.2.36.42/127。

IPv6 多播不使用 TTL 限制范围，因此不可以把 TTL 值用于 IPv6 多播。在 IPv6 中期待使用其范围地址来限制会议的范围。

等级式或层次式编码方案使用多个数据流，把来自单个媒体源的编码分裂成多个层次。接收方可以通过仅订购这些层次的一个子集来选择所需要的质量（因此选择所需要的带宽）。这样的层次编码通常在多个多播组中发送，以允许多播剪裁。这种技术使得仅需要等级结构的某些层次的场点避开不需要的流量。对于需要多个多播组的应用，我们可以使用下列标记符号表示连接地址：

<基础多播地址>[/<ttl>]/<地址的个数>

如果不给出地址个数，就被默认为 1。这样分配的多播地址是在基础地址之上连续分配的，因此，例如 c=IN IP4 224.2.1.1/127/3 将表明使用地址 224.2.1.1、224.2.1.2 和 224.2.1.3，TTL 值是 127。这在语义上等同于在一个媒体描述中包括

c=IN IP4 224.2.1.1/127

c=IN IP4 224.2.1.2/127

c=IN IP4 224.2.1.3/127

类似地，c=IN IP6 FF15：：101/3（TPv6 的例子）在语义上等同于

c=IN IP6 FF15：：101

c=IN IP6 FF15：：102

c=IN IP6 FF15：：103

要记住，在 IPv6 多播中没有 TTL 域。

仅当在一个等级式或层次编码方案中为不同层次提供多播地址时，才可能在每个媒体的基础上指定多个地址或"c="行。它们不可以为会话级"c="域指定。

上述多个地址的斜线标记符不可以用于 IP 单播地址。

8. 带宽（"b="）

b=<bwtype>：<bandwidth>

这个可选的域表示建议会话或媒体使用的带宽。<bwtype>是一个字母数字修饰语，给出<bandwidth>数字的含义。本规范定义了两个值，但未来可以登记其他的值。

- CT

如果在一个会话中会话或媒体的带宽不同于从范围隐含的带宽，那么使用 CT "conference total"修饰语，此时应该为该会话提供"b=CT：..."行，给出提议使用的上限（会议总带宽）。这样做的主要目的是给出两个或更多的会话是否可以同时共存的大致概念。当把 CT 修饰语与 RTP 一起使用时，如果该会议有多个会话，那么会议总带宽指的是所有 RTP 会话的总带宽。

- AS

当使用 AS 修饰语时，带宽被解释成是应用特有的，即应用的最大带宽概念。通常这与应用的最大带宽控制设置的内容是一致的。对于基于 RTP 的应用，AS 给出 RTP 会话带宽。

注意，CT 给出在所有场点所有媒体的总带宽数字。AS 给出在单个场点单个媒体的带宽数字，虽然可能有许多个场点在同时发送。

前缀"X-"是为<bwtype>名定义的。它仅用于实验的目的。例如 b=X-YZ：128。不推荐使用前缀"X-"，取而代之的是应该跟 IANA 在标准的名字空间中登记。SDP 语法分析器必须忽略具有未知修饰语的带宽域。修饰语必须是字母数字，而且虽然没有给出长度限制，但是建议使用短的长度。

在默认的情况下，<bandwidth>解释成每秒千比特。新的<bwtype>修饰语的定义可以指定把该带宽解释成使用某个替代的单位（本规范中定义的"CT" 和 "AS"修饰语使用默认值）。

9. 定时（"t="）

```
t=<start-time> <stop-time>
```

"t="行指定会话的开始和停止时间。如果一个会话在多个不规则间隔的时间内处于活动状态，那么可以使用多个"t="行；每个附加的"t="行都指定一个附加的会话活动时段。如果会话定期地处于活动状态，那么除了"t="行，还应该后随一个"r="行，在这种情况下，"t="行指定重复序列的开始和停止时间。

第一个和第二个子域分别给出会话的开始和停止时间。这些值是从 1900 年开始以秒为单位的 NTP（Network Time Protocol，网络时间协议）时间值的十进制表示。把这些值减去十进制 2208988800 就变成 UNIX 时间。

此外，若 NTP 时间标记用 64 位值表示，会在 2036 年的某个时间循环回来。由于 SDP 使用任意长度的十进制表示，因此应该不会引发问题（SDP 时间标记必须继续从 1900 开始的秒计数，NTP 将使用模 64 位的数值限制）。如果<stop-time>被设置成 0，那么会话是无界的，虽然它在到达<start-time>之前不会变成活动状态。如果<start-time>也是 0，那么会话被看成是永久的。

用户接口应该极力阻止建立无界的或永久的会话，因为它们不提供何时会话将终止的信息，因此会使调度变得困难。

10. 重复时间（"r="）

```
r=<repeat interval> <active duration> <offsets from start-time>
```

"r="域为一个会话指定重复时间。例如，如果一个会话在 3 个月之内处于活动状态的时间都是每周的星期一从上午 10 点开始，星期二从上午 11 点开始，各持续 1 小时，那么在对应的"t="域中的<start-time>是在第一个星期一上午 10 点的 NTP 表示，<repeat interval>是 1 周，<active duration>是 1 小时，<offsets from start-time>是 0 和 25 小时。对应的"t="域停止时间是 3 个月后最后的会话的结束时间的 NTP 表示。在默认的情况下，所有的域都以秒为单位，因此"r=" 和"t="域可能如下所示：

t=3034423619 3042462419

r=604800 3600 0 90000

为使描述更紧凑，时间也可以用天、小时或分为单位给出。其语法是一个数字后随单个区分大小写的字符。不允许使用分数，必要时应该使用较小的单位。下面列出的是允许使用的字符：

- d——天（86400 秒）
- h——小时（3600 秒）
- m——分钟（60 秒）
- s——秒

因此，上述会话通告也可以写成：

r=7d 1h 0 25h

每月 1 次和每年 1 次的重复不能够用单个 SDP 重复时间直接表示，取而代之的是，应该使用单独的"t="域明确地列出会话时间。

11. 时区（"z="）

```
z=<adjustment time> <offset> <adjustment time> <offset> …
```

为了规划一个跨越从夏令时向标准时转变的重复会话，需要指定对基准时间的偏移。这样做是必要的，因为不同的时区在一天的不同时间改变时间，不同的国家在不同的日期改变到夏令时或从夏令时改回到标准时，并且有的国家根本就没有夏令时。

因此，为了规划在同一时间的冬天和夏天的会话，必须有可能明确地指出一个会话是使用什么时区规划的。为了简化接收方的工作，我们允许发送方指定时区调整发生的 NTP 时间以及对会话首次调度的时间的偏离量。"z="域允许发送方指定一个列表，给出这些调整时间以及对基准时间的偏移。

下面给出的是一个可能的例子：

z=2882844526 -1h 2898848070 0

它表明，在时间 2882844526，计算会话重复时间的时间基准往回移动 1 小时，在时间 2898848070 恢复会话原先的时间基准。调整总是相对于指定的起始时间，它们不是累积式的。调整适用于会话描述中的所有"t=" 行和"r=" 行。

如果一个会话有可能持续多年，那么应该定期地修改会话通告，而不是在一个会话通告中发送相当于多年的调整。

12. 密钥（"k="）

```
k=<method>
k=<method>：<encryption key>
```

如果是在安全的可信信道上传输，那么可以使用会话描述协议传达密钥。密钥域（"k="）提供一个简单的密钥交换机制，不过对其支持主要是考虑与以前的实现兼容，现在并不推荐使用。目前正在定义用于 SDP 的新的密钥交换机制，新的应用有可能使用这些机制。允许在第一个媒体条目之前有一个密钥域（在这种情况下，它适用于在会话中的所有媒体），需要时也可为每个媒体设立一个密钥域。密钥的格式和它们的使用不在本规范的范围之内，密钥域不提供表明所使用的密钥算法、密钥类型或密钥的其他信息的途径，这被假定是由使用 SDP 的较高层协议提供。如果需要在 SDP 内传达这个信息，应该使用扩展项。许多安全性协议需要两个密钥：一个用于保密，另一个用于完整性。本规范不支持两个密钥的传送。

方法（method）表示借助外部途径或从所给出的编码密钥得到可用密钥所使用的机制。下面是定义的方法：

```
k=clear：<encryption key>
```

该加密密钥未经转换就被包括在密钥域。除非保证是在安全通道上传达 SDP，否则不可以使用这个方法。加密密钥根据 charset 属性翻译成正文，使用"k=base64："方法传达在 SDP 中的否则就会被禁止的那些字符。

```
k=base64：<encoded encryption key>
```

该加密密钥包括在密钥域中，但被用 base64 编码，因为它包含在 SDP 中被禁止的字符。除非保证 SDP 是在一个安全的通道上传达，否则不可以使用该方法。

```
k=uri：<URI to obtain key>
```

在该密钥域包括一个统一资源标识符。该 URI 指向包括密钥的数据，在密钥可以被返回之前可能需要附加的身份验证。当向给定的 URI 做请求时，应答应该指定密钥的编码。这里的 URI 通常是一个 SSL/TLS（Secure Socket Layer/Transport Layer Security）保护的 HTTP URI（"https："），虽然这不是必需的。

```
k=prompt
```

在这个 SDP 描述中没有包括密钥，但用这个密钥域参照的会话或媒体流是加密的。当试图加入会话时，用户会被提示给出密钥，这个用户提供的密钥然后被用来解密媒体流。不推荐使用用户指定的密钥，因为这样的密钥可能会有弱的安全性。

除非可以保证是在一个安全可信的通道（例如，在 S/MIME 报文或保护的 HTTP 会话内）上传达 SDP，否则不可使用该密钥域。重要的是，这样的安全通道是用于被授权加入会话的伙伴，而不是中介。如果使用缓存代理服务器，就要保证该代理要么是可信的，要么它不能访问这个 SDP。

13. **属性（"a="）**

```
a=<attribute>
a=<attribute>：<value>
```

属性是扩展 SDP 的主要途径，可以是会话级属性、媒体级属性，或者是二者兼而有之。

媒体描述可以有任意数目的媒体特有的属性（"a=" 域）。这些属性被称作媒体级属性，添加关于媒体流的信息。也可以把属性域加在第一个媒体域的前面，这些会话级属性传达适用于会议的作为整体的附加信息，而不是仅适用于个别媒体的信息。

属性域可以有两种形式：

（1）简单地取"a=<flag>形式"的性能属性。这些是二元属性，该属性的存在所传达的信息是会话的一个性能，例如 "a=recvonly"。

（2）取"a=<attribute>：<value>"形式的值属性。例如，一个白板可能具有值属性："a=orient：landscape"。

属性解释依赖被调用的媒体工具。因此会话描述的接收方一般地对于会话描述特别是对于属性的解释应该是可配置的。

属性名必须使用 ISO 10646/UTF-8 的 US-ASCII 子集。

属性值是字节串，可以使用除了 0x00（Nul）、0x0A（LF）和 0x0D（CR）之外的任何值。在默认的情况下，属性值解释成使用 UTF-8 编码的 ISO 10646 字符集。与其他正文域不同，属性值通常不受"charset"属性的影响，因为这样会做针对已知值问题的比较。然而，在定义一个属性的时候，它可以被定义成是依赖于 charset 的；在这样的情况下，其值应该在会话 charset 中解释，而不是在 ISO 10646 中解释。

属性必须跟 IANA 登记。如果接收到一个不懂得的属性，那么接收方必须把它忽略。

14. **媒体描述（"m="）**

```
m=<media> <port> <proto> <fmt>…
```

一个会话描述可以包含若干个媒体描述。每个媒体描述以"m="域起始，以下一个"m="域或会话描述的结束终止。

一个媒体域有多个子域，包括<media>、<port>、<proto>、<fmt>等。

（1）<media>域是媒体类型。当前定义的媒体是"audio"、"video"，"text"、"application"和 "message"，不过这个列表在未来可能被扩展。

（2）<port>是媒体流发往的传输端口。传输端口的含义依赖于在相关的"c="域中指定的使用的网络以及在媒体域的<proto>子域中定义的传输协议。媒体应用使用的其他端口（例如，RTCP 端口）可以在算法上从基本媒体端口导出，或者可以在一个单独的属性中指定（例如，"a=rtcp："）。

如果使用非连续端口，或者不遵从偶数 RTP 端口、奇数 RTCP 端口的奇偶性规则，那么必须使用"a=rtcp："属性。在应用被请求发送媒体到一个是奇数的<port>并且存在"a=rtcp："的情况下，不可以从 RTP 端口减 1，也就是说，应用必须把 RTP 发送到在<port>中表明的端口，把 RTCP 发送到在"a=rtcp"属性中表明的端口。

对于把等级式编码的流发送给一个单播地址的应用，可能需要指定多个传输端口。这在实现时使用类似于在"c="域中指定 IP 多播地址的标记法：

```
m=<media> <port>/<number of ports> <proto> <fmt>…
```

在这样的情况下，所使用的端口依赖于传输协议。对于 RTP，默认值是仅偶数号端口用于数据，对应的值大 1 的奇数号端口用于该 RTP 会话的 RTCP，<number of ports>表示 RTP 会话数目。例如：

```
m=video 49170/2 RTP/AVP 31
```

指定端口 49170 和 49171 为一个 RTP/RTCP 对，49172 和 49173 是第二个 RTP/RTCP 对。

RTP/AVP 是传输协议，31 是格式。如果需要使用非连续的端口，就必须使用一个单独的属性表明，例如，"a=rtcp："。

如果在"c="域中指定多个地址，并且在"m="域中指定多个端口，那就意味着从端口到对应的地址的一对一的映射。例如：

```
c=IN IP4 224.2.1.1/127/2
```

```
m=video 49170/2 RTP/AVP 31
```

意味着地址 224.2.1.1 跟端口 49170 和 49171 一起使用，地址 224.2.1.2 跟端口 49172 和 49173 一起使用。

多个"m="行使用同一个传输地址的语义没有定义。这就意味着，不同于以往有限的实践，没有以这种方式定义的隐含组合，取而代之地，应该使用显式组合结构来表示所希望的语义。

（3）<proto>是传输协议。传输协议的语义依赖于在相关的"c="域中的地址类型域。这样，IP4 的"c="域表示该传输协议运行在 IP4 之上。已经定义了下列传输协议，但是可以通过跟 IANA 登记新的协议进行扩展。

- udp：表示运行在 UDP 之上的一个未指定的协议。
- RTP/AVP：表示运行在 UDP 之上具有最小控制的在为音视频会议制定的 RTP 配置文件之下使用的 RTP。
- RTP/SAVP：表示运行在 UDP 之上的安全实时传输协议。

除了媒体格式还指定传输协议的主要原因是同样的标准媒体格式可以在不同的传输协议上承载，即使网络协议是相同的，一个历史实例是 vat 的脉冲编码调制（Pulse Code Modulation，PCM）音频和 RTP PCM 音频，还可以是 TCP/RTP PCM 音频。此外，中继器和监视工具可以是传输协议特有但独立于格式的。

（4）<fmt>是媒体格式描述。第 4 个以及随后的任何子域都描述媒体的格式。对媒体格式的解释依赖于<proto>子域的值。

如果<proto>子域是"RTP/AVP"或"RTP/SAVP"，那么<fmt>子域包含 RTP 载荷类型号码。当给出一个载荷类型号码的列表时，这就意味着所有这些载荷格式都可能在会话中使用，但这些格式中的第一个格式应该被用作会话的默认格式。对于动态载荷类型分配，应该使用"a=rtpmap："属性把 RTP 载荷类型号码映射到标识载荷格式的媒体编码名。可以使用"a=fmtp:"属性指定格式参数。

如果<proto>子域是"udp"，<fmt>子域必须引用一个媒体类型，描述在"audio"、"video"、"text"、"application"或"message"顶级媒体类型之下的格式。媒体类型登记应该定义跟 UDP 一起使用的分组格式。

对于使用其他传输协议的媒体，<fmt>域是协议特有的。在登记新的协议的时候必须定义对<fmt>子域的解释规则。

8.2.5　SDP 属性

SDP 的下列属性已经被定义，但是这些并不是详尽无遗的，应用程序编写人员可能在需要时添加新的属性。

- a=cat：<category>

这个属性给出会话的点分等级式类别。这使得接收方能够通过类别过滤掉不想要的会话。

没有类别的中心登记。它是一个会话级属性，不依赖 charset（字符集）。

- a=keywds: <keywords>

与 cat 属性一样，该属性是要辅助接收方识别想要的会话。这就允许接收方基于描述会话目的的关键字（keywords）选择感兴趣的会话，对于关键字不需要在管理中心登记。它是一个会话级属性。它还是一个依赖于 charset 的属性，意味着它的值应该在为会话指定的 charset 中解释，如果没有为会话指定 charset，就在默认值 ISO 10646/UTF-8 中解释。

- a=tool: <name and version of tool>

这个属性给出建立会话描述使用的工具的名字和版本号。它是一个会话级属性，并且独立于 charset。

- a=ptime: <packet time>

这个属性给出在一个分组中由媒体表示的以毫秒为单位的时间长度。这可能仅对话音数据有意义，但也可能用于其他媒体类型（如果有意义的话）。解码 RTP 或 vat 音频应该不必知道 ptime，它的用意是作为对编码/分组化音频的一个建议。它是一个媒体级属性，并且不依赖于 charset。

- a=maxptime: <maximum packet time>

这个属性以毫秒为单位给出在每个分组中可以封装的用时间表示的媒体的最大量。该时间是在分组中存在的媒体所对应的时间和。对于基于帧的编解码，该时间应该是帧大小的整数倍。这个属性可能仅对话音数据有意义，但也可能用于其他媒体类型，如果有意义的话。它是一个媒体级属性，并且不依赖于 charset。注意，该属性是在 RFC 2327 之后引入的，还没有更新的实现将忽略该属性。

- a=rtpmap: <payload type> <encoding name>/<clock rate> [/<encoding parameters>]

这个属性把一个 RTP 载荷类型号码（在一个"m=" 行中）映射到表示使用的载荷格式的编码名。它还提供关于时钟速率和编码参数的信息。它是一个不依赖 charset 的媒体级属性。

虽然 RTP 配置文件（profile）对载荷类型号码到载荷格式的映射做静态分配，但是更常见的做法是使用"a=rtpmap："属性做动态分配。作为静态载荷类型的一个例子，考虑以 8 kHz 频率采样的 u-律 PCM 编码单通道音频。这完全在 RTP 音频/视频配置文件中作为载荷类型 0 进行定义，因此不需要使用"a=rtpmap："属性，对于发往 UDP 的 49232 端口的一个流媒体可以描述成 m=audio 49232 RTP/AVP 0。

动态载荷类型的一个例子是用 16 kHz 采样的 16 位线性编码立体声。如果我们要把动态 RTP/AVP 载荷类型 98 用于这个流，则解码需要附加信息：

```
m=audio 49232 RTP/AVP 98
a=rtpmap：98 L16/16000/2
```

最多可以为每个指定的媒体格式定义一个 rtpmap 属性，因此我们可以有下列语句：

```
m=audio 49230 RTP/AVP 96 97 98
a=rtpmap：96 L8/8000
a=rtpmap：97 L16/8000
a=rtpmap：98 L16/11025/2
```

指定使用动态载荷类型的 RTP 配置文件在与 SDP 一起使用的情况下，必须定义一组编码名以及登记编码名的途径。"RTP/AVP" 和 "RTP/SAVP"配置文件对于编码名在用"m="行表示的顶级媒体类型之下，使用媒体子类型。在上例中，媒体类型是"audio/l8" 和 "audio/l16"。

对于音频流，<encoding parameters>表示音频通道的数目。该参数是可选的，如果不需要附加参数，在通道数是 1 的情况下可以被省去。

对于视频流，当前没有指定编码参数。

未来可能定义附加的编码参数（encoding parameters），但不应添加编解码特有的参数（codec-specific parameters）。加到"a=rtpmap:"属性的参数应该仅是为了让用户参加一个会话时能够做适当的媒体选择（在通告的会话目录中所需要的那些参数）。编解码特有的参数（codec-specific parameters）应该添加在其他属性中，比如"a=fmtp:"。

注意，RTP 音频格式不包括关于每个分组采样数目的信息。如果需要非默认的分组化（就像在 RTP Audio/Video 配置文件中定义的那样），就使用在前面给出的"ptime"属性。

- a=recvonly

这个属性指定在仅仅接收方式中应该启动的工具（当可应用时）。它可以是一个会话级或媒体级属性，并且不依赖于 charset。注意，recvonly 仅适用于媒体，不适用于任何相关的控制协议（例如，在 recvonly 方式中，基于 RTP 的系统应该仍然发送 RTCP 分组）。

- a=sendrecv

这个属性指定在发送和接收方式中应该启动的工具。这对于使用默认为仅仅接收方式的工具的交互式会议是必要的。它可以是一个会话级或媒体级属性，并且不依赖于 charset。

如果不存在"sendonly"，、"recvonly"、"inactive"和"sendrecv"中的任何一个属性，那么应该把"sendrecv"看成是其会议类型不是"broadcast" 或 "H332"会话的默认值。

- a=sendonly

这个属性指定在 send-only 方式中应该启动的工具。例如，在把一个与源不同的单播地址用于一个流的目的地的情况下，可以使用两个媒体描述，一个 sendonly 和一个 recvonly。它可以是一个会话级或媒体级属性，但是通常仅用作一个媒体属性。它不依赖于 charset。注意，sendonly 仅适用于媒体，对于任何相关的控制协议（例如 RTCP），应该仍然像通常所做的那样进行接收和处理。

- a=inactive

这个属性指定在非活动方式中应该启动的工具。这对于一些用户可能把其他用户放进暂停状态的交互式会议是必要的。在非活动的媒体流上不发送媒体。注意，基于 RTP 的系统应该仍然发送 RTCP，尽管已启动了非活动方式。它可以是一个会话或媒体级属性，并且不依赖于 charset。

- a=orient: <orientation>

这个属性通常仅用于白板或演示工具。它指定屏面上的工作区取向。它是一个媒体级属性，允许的值是"portrait"、"landscape"和"seascape"（倒景观）。它不依赖于 charset。

- a=type: <conference type>

这个属性指定会议的类型，建议的值是"broadcast"、"meeting"、"moderated"、"test"和"H332"。"recvonly"应该是"type：broadcast"会话的默认方式；"type：meeting"意味着"sendrecv"；"type：moderated"表示使用地面控制工具，并启动媒体工具来静音加入会议的新场点。指定属性"type：H332"表明这个松散耦合的会话是在 ITU H.332 规范中定义的 H.332 会话的一部分。应该启动媒体工具"recvonly"。作为一个提示，建议指定属性"type：test"，除非另有明确请求，接收方可以安全地避免向用户显示这个会话描述。该类型属性是会话级属性，它不依赖于 charset。

- a=charset: <character set>

这个属性指定显示会话名和信息数据所使用的字符集。在默认的条件下使用 UTF-8 编码中的 ISO 10646 字符集。如果需要一个更紧凑的表示，那么可以使用其他字符集。例如，用下列 SDP 属性指定 ISO 8859-1：

```
a=charset：ISO-8859-1
```

这是一个会话级属性，并且不依赖于 charset。所指定的 charset 必须是一个在 IANA 登记的一个字符集，例如 ISO-8859-1。字符集标识符是一个 US-ASCII 串，必须使用大小写非敏感的比较方法与 IANA 标识符比较。如果该标识符没有被识别，或者不被支持，那么所有受它影响的串都应该被看作是字节串。

注意，所指定的字符集必须依然禁用字节 0x00（Nul）、0x0A（LF）和 0x0d（CR）。需要使用这些字符的字符集必须定义一个引用机制，阻止这些字节出现在正文域中。

- a=sdplang: <language tag>

这个属性可以是会话级属性或媒体级属性。作为会话级属性，它指定会话描述的语言。作为媒体级属性，它指定跟那个媒体相关的任何媒体级 SDP 信息域的语言。如果在会话描述中使用多个语言或者媒体使用多个语言，那么可以提供多个会话级或媒体级 sdplang 属性；在这种情况下，属性的次序表示在会话或媒体中各种语言的重要性顺序，从最重要到最不重要。

一般说来，不鼓励发送由多个语言构成的会话描述。取而代之的是，应该发送描述会话的多个描述，每个描述用一个语言。然而这不可能适用于所有的传输机制，因此虽然不推荐，但是允许有多个 sdplang 属性。

"sdplang"属性值必须是在 US-ASCII 中的单个 RFC 3066 语言标签。它不依赖于 charset 属性。当会话具有足够的范围跨越地理边界，接收方的语言不能被假定或者会话使用不同于本地假定的规范语言时，应该指定一个"sdplang"属性。

- a=lang: <language tag>

这个属性可以是会话级属性或媒体级属性。作为会话级属性，它指定所描述的会话的默认语言。作为媒体级属性，它指定那个媒体的语言，覆盖指定的任何会话级语言。如果会话描述或媒体使用多个语言，那么可能在会话级或媒体级提供多个 lang 属性（在这种情况下，属性的顺序表示在会话或媒体中各种语言的重要性顺序，从最重要到最不重要）。

"lang"属性值必须是 US-ASCII 中的单个 RFC 3066 语言标签。当一个会话具有足够的范围跨越地理边界，接收方的语言不能够被假定或者会话使用不同于本地假定的规范语言时，应该指定一个"lang"属性。

- a=framerate: <frame rate>

这个属性给出以帧/秒为单位的最大视频帧速率，是对视频数据编码的一个推荐值，允许使用符号"<整数>.<分数>"对分数做十进制表示。这是一个媒体级属性，仅用于视频媒体，并且不依赖于 charset。

- a=quality: <quality>

这个属性对于编码质量给出作为一个整数值的建议。对于视频，该质量属性的用意是在帧速率和静止图像质量之间指定一个非默认的折中。对于视频，该值的范围是 0 到 10，具有下列建议的含义。

- 10——压缩机制能够给出的最好的静态图像质量。
- 5——不给出质量建议的默认行为。
- 0——编码解码器设计人员认为依然可用的最坏的静态图像质量。

这是一个媒体级属性，并且不依赖于 charset。

- a=fmtp: <format> <format specific parameters>

这个属性允许以 SDP 不必懂得的方式传达一个特别的格式所特有的参数。格式必须是为该媒体指定的格式之一。格式特有的参数可以是需要被 SDP 传达的任何一套参数，并且不加改变地交给使用这个格式的媒体工具。对于每个格式最多允许该属性的一个实例。

这是一个媒体级属性，并且不依赖于 charset。

第 9 章

媒体网关控制协议

从本章节可以学习到：

- ❖ 术语定义和缩略语
- ❖ 连接模型
- ❖ 命令
- ❖ 事务

媒体网关控制协议（Media Gateway Control Protocol，MGCP）是由 IETF 的 Megaco 工作组制定的。它是软交换网络中控制层的软交换设备和接入层中各种媒体网关的标准接口协议。软交换负责信令网关、媒体网关和媒体服务器的管理和协调。MGCP 运行于媒体网关和媒体网关控制器之间，可以使媒体网关控制器能够对媒体网关进行控制。

软交换支持因特网和 PSTN（公共交换电话网）的集成。当前这两个网络都各自单独存在，并且会有集成的需求。例如，IP 电话用户无疑会希望与 PSTN 电话用户建立连接，反之亦然。这就意味着在互联网协议设备与基于 SS7 的用来控制 PSTN 语音呼叫的设备之间要能够进行对话。MGCP 就是要从分组交换的因特网出发，将数据服务和包括 PSTN 在内的语音服务集成在一起。

媒体网关控制协议定义在一个物理上分解的多媒体网关的部件（媒体网关和媒体网关控制器）之间使用的协议。分解网关可能把子设备分布在不止一个物理设备上。从系统的观点上看，在一个分解网关和像是在 H.246 中描述的单片网关之间没有功能的差别。

媒体网关控制协议不定义网关、多点控制单元或交互式语音响应单元（Interactive Voice Response units，IVR）是如何工作的。取而代之的是，它建立一个适合这些应用的一个总体框架。

分组网络接口可以包括 IP、ATM，以及其他网络。这些接口将支持各种 SCN（Switched Circuit Network，交换式电路网络）信令系统，包括语音信令、ISDN、ISUP（ISDN User Part，ISDN 用户部分）、QSIG（Q Signaling，Q 信令）和 GSM（Global System for Mobile Communication，全球移动通信系统），也可能支持这些信令系统的国家变种。

本章介绍的协议定义是常见的遵从 ITU-T 建议书 H.248 的文本，满足 RFC 2805 的要求。

9.1　术语定义和缩略语

9.1.1　术语定义

（1）接入网关：一种类型的网关，它提供对 ISDN 这样的网络接口。

（2）描述器：组合相关性质的协议语法元素。例如，在媒体网关上的媒体流的性质可以由媒体网关控制器在一个命令中包括适当的描述器进行设置。

（3）媒体网关（MG）：把在一个类型的网络中提供的媒体转换成在另一个类型的网络中所需要的格式。例如，一个媒体网关可以终止来自一个交换式电路网络的承载信道（比如 DS0）和来自一个分组网络的媒体流（比如在 IP 网络中的 RTP 流）。媒体网关能够处理单独的音频、视频和 T.120，或者它们的任意结合，也能够做全双工的媒体翻译。媒体网关也播放音频、视频信息，执行其他的 IVR（交互式语音响应单元）功能，或者执行媒体会议。

（4）媒体网关控制器（MGC）：控制在媒体网关中涉及对媒体信道做连接控制的呼叫状态部件。

（5）多点控制单元（MCU）：一个控制多媒体会议的建立和协调的实体，典型地包括对音频、视频和数据的处理。

（6）家庭网关（Residential Gateway）：把一条模拟线路跟一个分组网络互操作的网关。一个家庭网关典型地包含一条或两条模拟线路，并被放置在客户处所内。

（7）交换式电路网络设备相关信令网关：该功能包含交换式电路网络信令接口，该接口终止呼叫控制通道和承载通道被组合在同一个物理跨度中的 SS7、ISDN 或其他的信令链路。

（8）流（Stream）：由一个媒体网关接收或发送的作为呼叫或会议的一部分双向媒体流或控制流。

（9）干线（Trunk）：在两个交换系统之间的通信通道，例如在 T1 或 E1 线路上的 DS0。

（10）中继网关（Trunking Gateway）：在交换式电路网络和分组网络之间的一个网关，典型地终止大量的数字电路。

9.1.2 缩略语

ATM	Asynchronous Transfer Mode，异步传送方式
CAS	Channel Associated Signaling，随路信令
DTMF	Dual Tone Multi-Frequency，双音多频
FAS	Facility Associated Signaling，设备相关信令
GSM	Global System for Mobile communications，全球移动通信系统
GW	Gateway，网关
IANA	Internet Assigned Numbers Authority，因特网编号分配机构
IP	Internet Protocol，互联网协议
ISUP	ISDN User Part，ISDN 用户部分
IVR	Interactive Voice Response，交互式语音响应
MG	Media Gateway，媒体网关
MGC	Media Gateway Controller，媒体网关控制器
NFAS	Non-Facility Associated Signaling，非设备相关信令
PRI	Primary Rate Interface，基群速率接口
PSTN	Public Switched Telephone Network，公用交换电话网
QoS	Quality of Service，服务质量
RTP	Real-time Transport Protocol，实时传输协议
SCN	Switched Circuit Network，交换式电路网络
SG	Signaling Gateway，信令网关
SS7	Signaling System No. 7，7 号信令系统

9.2 连接模型

媒体网关控制协议的连接模型描述在可以被媒体网关控制器控制的媒体网关内部的逻辑实体或对象。在连接模型中使用的主要抽象是终端和背景。

一个终端源发或沉落一个或多个流。在一个多媒体会议中，一个终端可以是多媒体，并且源发或沉落多个媒体流。媒体流参数、modem 和载体参数在终端内封装。

背景是一组终端之间的关联。有一个特别类型的背景，称作空（null）背景，它所包含的每一个终端都不与任何其他终端关联。例如，在一个分解的接入网关中，所有的空闲线路都用在空背景中的终端表示。

图 9-1 是这些概念的图形描述。图中给出了几个例子，并不意味着是一个包括全部概念的视图。在每个背景中的星号框表示该背景所涉及的终端之间的逻辑关联。

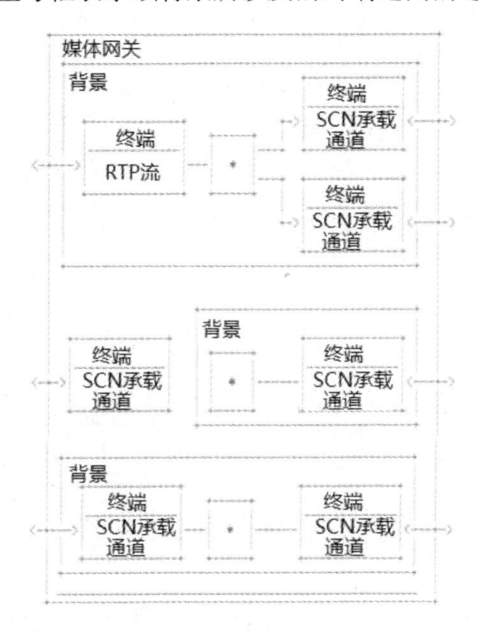

图 9-1 H.248 连接模型示例

下面的例子（参见图 9-2 和 9-3）给出了在一个分解的接入网关中完成呼叫等待过程的一种方法，演示了一个终端在两个背景之间的搬迁。在一个双向音频呼叫中，终端 T1 和 T2 属于背景 C1。第二个音频呼叫是从终端 T3 等待 T1。T3 独自在背景 C2 中。T1 接受来自 T3 的呼叫，将 T2 搁置。如图 9-3 所示，这个动作的结果是 T1 迁移进背景 C2。

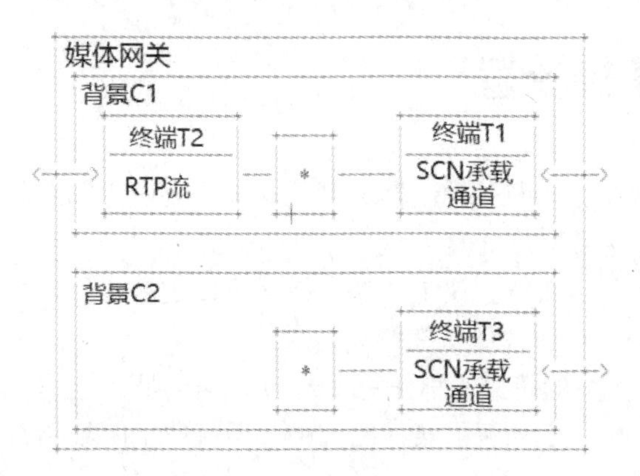

图 9-2　示例呼叫等待过程/发给 T1 的呼叫提示

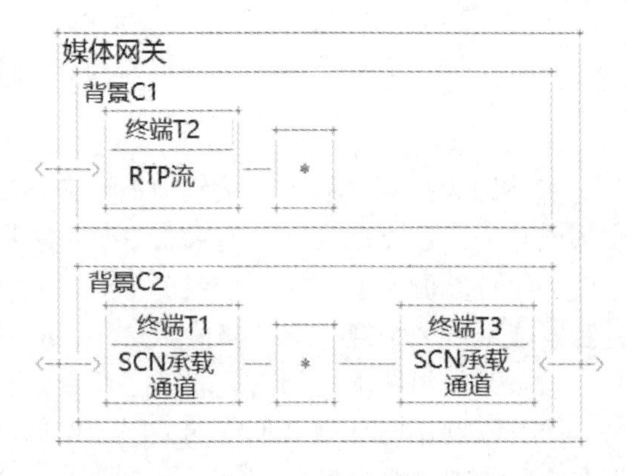

图 9-3　示例呼叫等待过程/T1 应答

9.2.1　背景

背景是在若干个终端之间的一种关联。背景描述拓扑（谁听到或看到谁），如果在关联中涉及多于两个的终端，那么也会描述混合或交换参数的媒体。

有一个称作空背景的特殊背景。它包含不跟任何其他终端关联的终端。在空背景中的终端可以有自己的参数，这些参数可以被查看或修改，可以有被检测到的事件。

一般说来，Add 命令被用来把终端加到背景。如果媒体网关控制器不指定终端将被加进的一个已有背景，那么媒体网关就建立一个新的背景。终端可以通过使用一个 Subtract 命令被从背景删除，终端还可以通过使用一个 Move 命令从一个背景移到另一个背景。在一个时间，终端仅存在于一个背景中。

在一个背景中的最大终端数是一个媒体网关性质。仅提供点到点连接性的媒体网关可以允许每个背景最多有两个终端。支持多点会议的媒体网关可以允许每个背景有三个或更多的终端。

1. 背景属性和描述器

背景属性有背景标识符（Context-ID）和拓扑（谁听到或看到谁）。

一个背景的拓扑（topology）描述在一个背景内终端之间的媒体流。相比之下，一个终端的方式（mode，send/receive/_ ）描述在媒体网关的入口和出口处的媒体流。

- 为了给媒体网关提供处理一个背景的优先级信息所给出的背景优先级。媒体网关控制器还可以在某些情况下（例如重启动）使用该优先级以平滑的方式自主地控制流量优先级，特别是在必须同时处理大量背景的时候。
- 紧急呼叫指示器。提供该属性的目的是允许在媒体网关中对紧急呼叫做优先处理。

2. 建立、删除和修改背景

媒体网关控制协议可以被用来建立背景和修改已有背景的参数值。协议有把终端加到背景的命令，有把终端从背景中除去的命令，也有把终端在背景之间移动的命令。当剩下的最后一个终端被除去或移出时，背景被隐含地删除。

9.2.2　终端

终端是媒体网关上的一个逻辑实体，它源发或沉落媒体流或控制流。终端用若干个特征化的性质描述，这些性质被组合成包括在命令中的一组描述器。终端具有唯一的标识符（Termination-ID），其值由媒体网关在建立时赋给。表示物理实体的终端具有半永久的存在，例如，表示一条 TDM 通道的终端只要在网关中被提供，它就可以存在着。表示短暂的信息流的终端，例如 RTP 流，通常仅在使用它们时才存在。

临时终端使用 Add 命令建立。它们通过使用一个 Subtract 命令除去。相比之下，当把一个物理终端加到一个背景或从一个背景除去时，它分别来自或前往空背景。

终端可具有适用于它们的信号。信号是媒体网关产生的媒体流，例如声音和通告，还有像是挂断开关这样的线路信号。可以对终端编程来检测事件，事件的发生可以触发发往媒体网关控制器的通知报文，或者是媒体网关的动作。统计可以在终端上积累。统计可以在通过 AuditValue 命令请求时，以及在终端离开它所在的呼叫时，被报告给媒体网关控制器。

多媒体网关可以处理多路复用的媒体流。例如，H.221 建议书描述在若干个数字 64kbps 通道上复用的多个媒体流的一种帧结构。这样的一种情况在连接模型中以下列方式进行处理。对于每个承载多路复用的媒体流的一部分的承载通道，都有一个终端。源发或沉落数字通道的终端被连接到一个单独的多路复用终端。该终端描述所使用的多路复用，例如 H.221 帧是如何在所使用的数字通道上承载的。MuxDescriptor 就用于这个目的。如果承载多个媒体，那么该终端包含多个 StreamDescriptors。媒体流可以跟由在背景中其他终端源发或沉落的流相关联。

可以建立表示多路复用的载体的终端，例如一个 ATM AAL 类型 2 载体。当建立一个新的多路复用载体时，在为该目的建立的一个背景中建立一个暂时的终端。当该终端被删除时，多路复用载体也被删除。

1. 终端动态性

媒体网关控制协议可以被用来建立新的终端和修改已有终端的特性值。这些修改包括增加或删除事件或信号的可能性。终端性质、事件和信号在随后各节中描述。一个媒体网关控制器仅能够释放或修改终端和该终端所表示的先前通过像是 Add 这样的命令所获得的资源。

2. 终端标识符

终端使用终端标识符引用，终端标识符是由媒体网关选择的任意模式。

物理终端的终端标识符在媒体网关中提供。终端标识符可以被选择成具有结构。例如，终端标识符可以由中继组和在组内的一个中继组成。

一种使用两个类型的通配符的通配机制可以用于终端标识符。两个通配符是 ALL 和 CHOOSE。前者用来一次寻址多个终端，后者用来向媒体网关表示它必须选择一个满足部分指定的终端标识符的终端。例如，一个媒体网关控制器可以使用通配符指示媒体网关在一个中继组内选择一个电路。

当在一个命令的终端标识符中使用ALL时，其效果等同于对每个匹配的终端标识符重复该命令。由于这些命令中的每一个都可能产生一个响应，因此整个响应的量纲可能是大的。如果不需要个体的响应，就可以请求一个通配响应。在这样的一种情况下产生单个响应，不然的话将会产生所有个体响应的并集（UNION），抑制了重复值。例如，给出一个具有性质“p1=a，p2=b”的终端Ta和具有性质“p2=c，p3=d”的终端Tb，一个UNION响应将由一个通配终端和性质序列“p1=a，p2=b，c 和 p3=d”构成。在Audit命令中，通配响应可能特别有用。

3. 包裹

不同类型的终端可以实现具有各种不同特性的终端。通过允许终端具有可选的性质、事件、信号和由媒体网关实现的统计，在协议中容纳不同种类的终端。为了取得媒体网关/媒体网关控制器的互操作，这些选项被组合成包裹，一个终端实现一组这样的包裹。一个媒体网关控制器可以审计一个终端，确定它实现了哪种包裹。

在包裹中定义的性质、事件、信号和统计，以及它们的参数，使用标识符引用。标识符是有范围的。对于每个包裹，PropertyId、EventId、SignalId、StatisticsId 和 ParameterId 都有唯一的名字空间，同一个标识符可以在每个空间中使用。在不同包裹中的两个 PropertyId 也可能具有同样的标识符。

4. 终端性质和描述器

终端具有性质。性质具有唯一的 PropertyID。大多数性质具有默认值，该默认值在这个标准中或在一个包裹中明确定义，或者通过配置设定。否则，如果没有提供，除了TerminationState 和 LocalControl，所有的描述器在终端开始建立或返回到空背景时都默认为空或“无值”。

媒体流特有的终端和性质具有若干共同的性质。这些共同性质也被称作终端状态性质。对于每个媒体流，有本地性质和接收到的及发送的流的性质。

没有包括在基本协议中的性质在包裹中定义。这些性质用由 PackageName 和 PropertyId 构成的一个名字引用。大多数性质具有在包裹描述中描述的默认值。性质可以是只读或可读写的。一个性质的可能的值和当前的值都可以被查看。对于可读写的性质，媒体网关控制器可以设置它们的值。如果一个性质具有被实现该包裹的所有终端共享的单个值，那么它可以被宣告为“ Global”。为方便起见，相关的性质被组合成描述器。

当一个终端被加到一个背景时，它的可读写性质的值可以通过包括适当的描述器作为 Add 命令的参数进行设置。在该命令中没有提到的性质保留它们以前的值。类似地，在一个背景中一个终端的性质可以让它的值被 Modify 命令改变。在 Modify 命令中没有提到的性质保留它们以前的值。作为 Move 命令的结果，当一个终端从一个背景移动到另一个背景时，性质的值也可能被改变。在某些情况下，描述器被作为从一个命令的输出返回。表 9-1 列出了所有可能的描述器和它们的使用。作为每个命令的输入或输出参数，不是所有的描述器都是合法的。

表 9-1　所有可能的描述器和它们的使用

描述器名	描述
Modem	标识可用的 Modem 类型和性质
Mux（多路复用）	描述多媒体终端（例如 H.221，H.223，H.225.0）和形成输入多路复用的终端的多路复用类型
Media（媒体）	媒体流规范列表
Termination State（终端状态）	非流特有的终端的性质（可以在包裹中定义）
Stream（流）	单个流的远程/本地/本地控制描述器列表
Local（本地）	包含指定媒体网关从远程实体接收的媒体流的性质
Remote（远程）	包含指定媒体网关从远程实体发送的媒体流的性质
LocalControl（本地控制）	包含感兴趣的在媒体网关和媒体网关控制器之间的性质（可在包裹中定义）
Events（事件）	描述会被媒体网关检测到的事件以及检测到一个事件时做什么
Events Buffer（事件缓区）	描述在事件缓区活动时媒体网关会检测到的事件
Signal（信号）	描述对终端可用的信号或动作（例如忙音）
Audit（审计）	在 Audit 命令中标识想要什么信息
Packages（包裹）	在 AuditValue 中返回由终端实现的包裹的列表
DigitMap（数字图案）	定义一个指定的事件集合序列要被匹配的模式，使得它们可以被作为一个组而不是单独的报告
ServiceChange（服务改变）	在 ServiceChange 中，服务改变发生了什么、为什么等
ObservedEvents（观察到的事件）	在 Notify 或 AuditValue 中对被观察到的事件的报告
Statistics（统计）	在 Subtract 和 Audit 中对保持在终端上的统计的报告

5. **根终端**

有时候，一个命令必须引用整个网关，而不是在它内部的一个终端。一个特别的 TerminationID "Root"（根）就是为这一目的保留的。包裹可以在 Root 上定义。因此 Root 可以有性质、事件和统计（信号不适合根）。相应地，根 TerminationID 可以出现在：

- 一个 Modify 命令中——改变一个性质或设置一个事件。
- 一个 Notify 命令中——报告一个事件。
- 一个返回的 AuditValue 中——查看性质的值和在根上实现的统计。
- 一个 AuditCapability 中——确定实现了根的什么性质。
- 一个 ServiceChange 中——宣告根在服务或停止服务。

对根 TerminationID 的任何其他使用都是一个错误。

9.3 命令

媒体网关控制协议提供操控该协议连接模型、背景和终端的逻辑实体的命令。

命令提供协议所支持的最好颗粒度水平的控制。例如，有把终端加到背景、修改终端、从背景中删除终端以及审计背景或终端的性质的命令。这包括指定一个终端要报告什么事件，哪些信号或动作适用于一个终端，以及指定一个背景的拓扑（谁听到或看到谁）。

大多数命令都是媒体网关控制器作为命令发起方在控制作为命令响应方的媒体网关中的具体使用，例外情况是 Notify 和 ServiceChange 命令：Notify 由媒体网关发往媒体网关控制器，ServiceChange 可以由任意一方发送。

9.3.1 命令的概要描述

下面给出的是对协议所支持的命令的概要描述。

1. Add

Add 命令把一个终端加到一个背景。对于在一个背景中的第一个终端的 Add 命令被用来建立一个背景。

作为命令的输入参数的 TerminationID 指定要加进背景的终端。

2. Modify

Modify 命令修改一个终端的性质、事件和信号。

作为命令的输入参数的 TerminationID 指定要修改的终端。

3. Subtract

Subtract 命令把一个终端从它的背景中除去，并返回终端参与背景的统计。对于在一个背景中的最后一个终端的 Subtract 命令删除该背景。

作为命令的输入参数的 TerminationID 表示被除去的终端。

4. Move

Move 命令在一个原子性的操作中把一个终端从它当前所在的背景移动到另一个背景。Move 命令是唯一引用在一个不同背景中的终端命令。不可使用 Move 命令从空背景移动终端，或把终端移动到空背景。

作为命令的输入参数的 TerminationID 指定被移动的终端。

按照常规，终端被从先前的背景中除去。终端被移往的背景用在动作（Action）中的目标 ContextId 表示。如果剩下的最后一个终端被从一个背景移出，那么该背景将被删除。

5. AuditValue

AuditValue 命令返回终端的性质、事件、信号和统计的当前状态。

作为命令的一个输入参数的 TerminationID 指定被审计的终端。作为命令的另一个输入参数的 AuditDescriptor 指定要返回其当前值的审计描述器。

6. AuditCapabilities

AuditCapabilities 命令返回媒体网关允许的终端性质、事件和信号的所有可能值。

作为命令的一个输入参数的 TerminationID 指定被审计的终端。作为命令的另一个输入参数的 AuditDescriptor 指定要返回其可能值的审计描述器。

7. Notify

Notify 命令允许媒体网关通知媒体网关控制器在媒体网关中发生的事件。

作为命令的一个输入参数的 TerminationID 指定发送该 Notify 命令的终端。

作为命令的另一个输入参数的 ObservedEventsDescriptor 包含 RequestID 和按发现的顺序排列的媒体网关发现的事件列表。在列表中的每个事件都给出与其相关的参数以及被发现的时间表示。RequestID 返回触发 Notify 命令的 EventsDescriptor 的 RequestID 参数。它被用来把该通知与触发它的请求相关联。

8. ServiceChange

ServiceChange 命令允许媒体网关通知媒体网关控制器一个或一组终端就要被停止服务或刚返回服务。ServiceChange 也被媒体网关用来向媒体网关控制器宣告它的能力（登记），以及通知媒体网关控制器媒体网关即将发生的或已完成的重启动。媒体网关可以通知媒体网关控制器一个终端的能力有了改变。媒体网关控制器可以通过给媒体网关发送一个 ServiceChange 命令向它宣告一个切换，把控制从一个媒体网关控制器切换到另一个媒体网关控制器。媒体网关控制器也可以使用 ServiceChange 指示媒体网关让一个或一组终端进入或停止服务。

作为命令的一个输入参数的 TerminationID 指定退出或返回服务的终端。

作为命令的另一个输入参数的 ServiceChangeDescriptor 需要时可包含下列参数。

- ServiceChangeMethod：服务改变方法。
- ServiceChangeReason：服务改变原因。
- ServiceChangeDelay：服务改变延迟。
- ServiceChangeAddress：服务改变地址。
- ServiceChangeProfile：服务改变配置文件。
- ServiceChangeVersion：服务改变版本。
- ServiceChangeMGCId：服务改变媒体网关控制器标识符。
- TimeStamp：时间戳。

9. 操作和审计背景属性

前面介绍的协议命令适用于终端。这一节阐述如何操纵和审计背景属性。

命令被组合成动作（actions）。一个动作适用于一个背景。除了命令，一个动作可以包含背景操作和审计指令。

一个发送给媒体网关的动作请求可以包括一个审计背景属性的请求。一个动作还可以包括改变一个背景属性的请求。

在一个动作应答中可以包括的背景性质被用来给媒体网关控制器返回信息。这可以是审计背景属性或审计背景操作效果的细节所请求的信息。

如果一个媒体网关接收一个既包含一个审计背景属性的请求又包含一个操作这些属性的请求的动作，那么响应将包括处理操作请求后的属性值。

9.3.2 描述器

用于一个命令的参数被称作描述器。一个描述器由一个名字和一个条目列表构成。一些条目可以具有值。许多命令共享共同的描述器。描述器可以作为一个命令的输出被返回。在任何一个这样的描述器内容的返回中，一个空描述器都用它的不伴随任何列表的名字表示。参数及具体地针对一个给定命令类型参数的用法在描述该命令的内容部分介绍。

1. 指定参数

命令参数被结构化成若干个描述器。一般地，描述器的正文格式是：

DescriptorName=<someID>{parm=value, parm=value,…}

参数可以是完全指定的、过度指定的或不充分指定的。

（1）完全指定的参数具有单个明确的值，命令发起方指示命令响应方把该值用于指定的参数。

（2）不充分指定的参数，使用 CHOOSE 值，允许命令响应方选择它能够支持的任何值。

（3）过度指定的参数具有一个潜在的值的列表。该列表的顺序指定命令发起方的优先选择顺序。命令响应方从提供的列表中选择一个值，并把那个值返回给命令发起方。

如果所需要的描述器（不是 Audit 描述器）在命令中没有指定，那么保持先前在描述器中为那个终端设置的值（如果存在的话）。一个缺失了的 Audit 描述器等同于一个空 Audit 描述器。对于在描述器内没有指定的参数，网关的行为随相关的描述器有所变化，对此本章将在随后部分阐述。当一个参数不充分指定或过度指定时，包含由响应方选择的值的描述器将作为命令的输出被包括在响应中。

每个命令都指定该命令所操作的 TerminationId。当一个命令的 TerminationId 是通配符时，其效果就像该命令对于每个匹配的 TerminationId 都重复执行一次。

2. Modem 描述器

Modem 描述器指定调制解调器的类型以及为了在像是 H.324 和正文会话这样的情况下使用所需要的参数（如果有的话）。该描述器包括的 modem 类型有 V.18、V.22、V.22bis、V.32、V.32bis、V.34、V.90、V.91，同步 ISDN，并且允许扩展。

3. 多路复用描述器

在多媒体呼叫中，若干个媒体流在若干个可能不同的载体上承载。多路复用描述器把媒体和载体相关联。该描述器包括复用类型：H.221，H.223，H.226，V.76，可能的扩展以及一组有序排列的表示被复用输入的 TerminationID。例如：

Mux = H.221{ MyT3/1/2，MyT3/2/13，MyT3/3/6，MyT3/21/22}

4. 媒体描述器

媒体描述器指定所有媒体流的参数。这些参数被结构化成两种描述器：一个终端状态描述器，指定独立于流的终端的性质；一个或多个流描述器，每一个都描述单个媒体流。

一个流用一个 StreamID 标识。StreamID 被用来把属于一个背景中的流链接在一起。从一个终端出口的多个流互相同步。在流描述器内有多达 3 个附属描述器：LocalControl、Local 和 Remote。在这些描述器之间的关系是这样的：

```
Media Descriptor
TerminationStateDescriptor
Stream Descriptor
LocalControl Descriptor
Local Descriptor
Remote Descriptor
```

为方便起见，一个 LocalControl、Local 或 Remote 描述器可以被包括在媒体描述器中而没有一个封闭的流描述器。在这个情况下 StreamID 被假定是 1。

5. 终端状态描述器

终端状态描述器包含 ServiceStates 性质、EventBufferControl 性质以及一个终端非流特有的性质（在包裹中定义）。

ServiceStates 性质描述终端的总体状态（非流特有的）。一个终端可以处在下列状态之一：test、out of service 或 in service。test 状态表示该终端正在被测试。out of service 状态表示该终端不能用于流量。in service 状态表示一个终端可以被用于或正在被用于正常的流量。in service 是默认状态。

赋给性质的值可以是简单值（整数/串/枚举）；或者可以是不充分指定的，提供多于一个的值，媒体网关可以做选择。

- 可替换的值：在列表有多个值，必须选择其中之一。
- 范围：有最小值和最大值，必须选择在最小值和最大值之间的一个值，包括边界值。
- 大于/小于：值必须大于或小于指定值。
- 通配选择：媒体网关从该性质允许的值中选择。

EventBufferControl 性质指定紧随检测到在事件描述器中的一个事件之后是缓冲还是立即处理。

6. 流描述器

流描述器指定单个双向流的参数。这些参数被结构化成 3 个描述器：一个包含流特有的终端性质，另外两个分别用于本地流和远程流。流描述器包括一个标识流的 StreamID。流通过对在一个背景中的一个终端指定一个新的 StreamID 建立。删除一个流的操作是对于在该背景中先前支持该流的所有终端，把在 LocalControl 中的 ReserveGroup 和 ReserveValue 设置成 false（伪），从而为该流设置空的本地和远程描述器。

StreamID 具有在媒体网关控制器和媒体网关之间的本地意义，它们由媒体网关控制器分配。在一个背景内，StreamID 是用以表示哪些媒体流被互连的一个方式：具有相同的 StreamID 的流被互连。

如果一个终端从一个背景移动到另一个背景，那么对于终端被移动进的背景，效果等同于加进一个具有与被移动终端相同的 StreamID 的新终端。

7. 本地控制描述器

本地控制描述器包含 Mode 性质、ReserveGroup 和 ReserveValue 性质，以及在媒体网关和媒体网关控制器之间流特有的感兴趣的终端性质。性质的值可以不充分指定。

Mode 性质允许的值是 send-only、receive-only、send/receive、inactive 和 loop-back。send 和 receive 是相对于背景的外部，因此，一个设置成 mode=sendonly 的流不会把接收到的媒体传递进该背景。信号和事件不受 mode 的影响。

一个终端取布尔值的 Reserve 性质（ReserveValue 和 ReserveGroup）表示网关在收到一个本地或远程描述器时将会做什么。

如果一个 Reserve 性质的值是真，那么媒体网关将为在本地或远程描述器中指定的所有选择预留资源（如果它当前有资源可以提供给它们的话）。它将对为其预留资源的选择做出响应。如果它不能支持这些选择中的任何选择，那么它将向媒体网关控制器发送一个包含空的本地或远程描述器的响应。

如果一个 Reserve 性质的值是伪，那么媒体网关将选择在本地描述器中指定的一个选项（如果存在的话）以及在远程描述器中指定的一个选项（如果存在的话）。如果媒体网关还没有预留支持所选择的选项所需要的资源，它将预留这些资源。在另一方面，如果它已经为所涉及的终端预留了资源（因为一个先前的交换把 ReserveValue 或 ReserveGroup 置成真），就将释放先前预留的任何过量资源。最后，媒体网关将给媒体网关控制器发送一个包含它为本地或远程描述器选择的选项。如果媒体网关没有足够的资源支持所指定的任何选项，就将用错误码 510（资源不足）响应。

ReserveValue 和 ReserveGroup 的默认值是伪。

对 LocalControl 描述器的新设置完全替代在该媒体网关中对那个描述器先前的设置。因此，为了保持先前设置的信息，媒体网关控制器必须在新的设置中包括那个信息。如果媒体网关控制器想从已有描述器中删除一些信息，那么它只需再次发送该描述器（在一个 Modify 命令中），并剥离不想要的信息。

8. 本地和远程描述器

媒体网关控制器使用本地和远程描述器为给定的流及它们所使用的终端的媒体解码和编

码预留和承诺媒体网关资源。媒体网关在它的响应中包括这些描述器表明它实际上准备好做什么样的支持。媒体网关将在它的响应中包括附加的性质，如果这些性质是强制性的，而在媒体网关控制器所做的请求中不存在（例如需要指定详细的视频编码参数，而媒体网关控制器仅指定了载荷类型）的话。

本地指被媒体网关接收的媒体，而远程则指被媒体网关发送的媒体。

当正文编码该协议时，描述器由 SDP 定义的会话描述构成。在从媒体网关控制器往媒体网关发送的会话描述中，允许下列对 SDP 语法的例外：

- "s="、"t=" 和 "o="行是可选的。
- 在单个参数值的地方允许使用 CHOOSE。
- 在单个参数值的地方允许使用选择（alternatives）。

当在一个描述器中提供多个会话描述时，需要使用"v="行作为界标；否则在发送给媒体网关的会话描述中它们是可选的。实现将接受完全遵从 SDP 的会话描述。在二进制编码该协议时，描述器由多组性质构成，每个这样的组都可能包含一个会话描述的参数。

下面详细指定本地和远程描述器的语义。该规范由两部分构成。第一部分指定描述器内容的解释。第二部分指定媒体网关在接收到本地和远程描述器时必须采取的动作。媒体网关采取的动作取决于 LocalControl 描述器的 ReserveValue 和 ReserveGroup 性质的值。

本地描述器、远程描述器或者两者都可以是未指定（即不存在）、空、通过在一个性质的值中使用 CHOOSE 做不充分的指定、完全指定或者通过给出多个组的性质以及在这些组中的一个或多个组里可能的多个性质的值做过度指定。

描述器在从媒体网关控制器传递到媒体网关时，它们被根据相关的规则解释，并使用以下澄清补充意见。

（1）一个未指定的本地或远程描述器被看成是一个缺失的强制性参数。它需要媒体网关使用为那个描述器上一次指定的参数。有可能没有先前指定的值，在这种情况下，在对该命令的进一步处理中忽略相关的描述器。

（2）在一个报文中来自一个媒体网关控制器的一个空的本地（或远程）描述器意味着请求释放为接收的（或发送的）媒体流预留的任何资源。

（3）如果在一个本地或远程描述器中存在多个组的性质，或者在一个组中有多个值，那么优先级的顺序是降低的。

（4）在由媒体网关控制器发送的一个组的性质中不充分指定的或过度指定的性质是请求媒体网关为每个这样的性质选取（choose）一个或多个它能够支持的值。在一个过度指定的性质的情况下，值的列表按照优先级的降序排列。

受上述规则的支配，随后的动作取决于在 LocalControl 中 ReserveValue 和 ReserveGroup 性质的值。

如果 ReserveGroup 是真，媒体网关预留它当前可以支持的做所请求的性质组选择所需要的资源。如果 ReserveValue 是真，媒体网关预留它当前可以支持的做所请求的性质值选择所需要的资源。

注意，如果一个本地或远程描述器包含多个组的性质，并且ReserveGroup是真，那么媒体网关被请求预留资源，以便它能够根据任何选择解码或编码媒体流。例如，本地描述器包含两组性质，一组指定G.711 A-律音频，另一组指定G.723.1音频，媒体网关就预留资源，以便能够解码一个用G.711 A-律格式或G.723.1格式编码的音频流。媒体网关不必预留同时解码两个音频流的资源，一个用G.711 A-律编码，一个用G.723.1编码。使用ReserveValue的意图类似。

如果ReserveGroup是真，或者ReserveValue是真，那么使用下列规则。

- 如果媒体网关没有足够的资源支持媒体网关控制器请求的所有选择，并且媒体网关控制器同时请求在本地和远程的资源，那么媒体网关应该预留资源支持至少在本地和远程各一个选择。
- 如果媒体网关没有足够的资源支持至少在从媒体网关控制器接收的一个本地（或远程）描述器内的一个选择，那么它将在响应中返回一个空的本地（或远程）描述器。
- 在媒体网关对媒体网关控制器的响应中，当媒体网关控制器包括本地和远程描述器时，媒体网关对于为其预留了资源的所有组的性质和性质值都将包括本地和远程描述器。如果媒体网关不能够支持从媒体网关控制器接收的本地（或远程）描述器中的至少一个选项，那么就将返回一个空的本地（或远程）描述器。
- 如果LocalControl描述器的Mode性质是RecvOnly、SendRecv或Loopback，那么媒体网关必须准备好接收根据包括在它对媒体网关控制器的响应中的选择编码的媒体。

如果ReserveGroup是伪，并且ReserveValue也是伪，那么媒体网关应该应用下列规则解析本地和远程描述器，每个描述器都是单个选择。

- 媒体网关选择在本地描述器中第一个想要的选项，要求在选择了该选项之后，它还能（或者说该选择不妨碍它）至少支持一个在远程描述器中的选项。
- 如果媒体网关不能够支持至少一个本地选择和一个远程选择，就返回错误码510（资源不足）。
- 媒体网关在每个本地和远程描述器中返回它选择的选项。

对一个本地或远程描述器的新设置会完全替换在媒体网关中那个描述器的先前设置。因此，为了保持先前设置的信息，媒体网关控制器必须在新的设置中包括原来的信息。如果媒体网关控制器要删除已有描述器的一些信息，它只需再次发送该描述器（在一个Modify命令中），并剥离不想要的信息。

9. 事件描述器

EventsDescriptor参数包含一个RequestIdentifier和一个请求媒体网关检测和报告的事件列表。RequestIdentifier被用来把请求和可能触发的通告相关联。请求的事件包括传真音、连续测试的结果、挂机和摘机转换等。

在描述器中的每个事件都包含事件名、一个可选的StreamID、一个可选的KeepActive标志以及可选的参数。事件名由一个包裹名（定义该事件的地方）和一个EventID构成。可以把通配符 ALL 用于 EventID，表示必须检测指定包裹的所有事件。默认 EventID 是 0，表示被检测的事件不跟一个特别的媒体流相关。事件可以有参数。这就允许单个事件描述在含义上有一些变化，而不用建立大量的具体事件。进一步的事件参数在包裹中定义。

如果在 EventsDescriptor 中存在或隐含一个数字图案完成事件，就使用 EventDM 参数承载相关数字图案的名字或值。

当针对一个活动事件描述器对一个事件进行处理并发现该事件在那个描述器中（被识别）时，媒体网关的默认动作是给媒体网关控制器发送一个 Notify 命令。如果该事件被吸收进一个活动数字图案的当前拨号串，那么通告可能被延缓。其他的动作有待进一步研究。另外，事件识别可能引起当前的活动信号停止，或者可能引起当前的事件和（或）信号描述器被替换。

如果 EventBufferControl 性质的值等于 LockStep，后随检测到的事件，那么通常的事件处理将被暂停。随后检测到的发生在 EventBuffer 描述器中的任何事件都跟检测到的时间一起被加到 EventBuffer（先进先出队列）。媒体网关将等待一个新的 EventsDescriptor 被加载。一个新的 EventsDescriptor 可以作为接收到一个带有新的 EventsDescriptor 命令的结果被加载，也可以是通过激活嵌入的 EventsDescriptor 被加载。如果 EventBufferControl 等于 Off，那么媒体网关继续根据活动的 EventsDescriptor 进行处理。

在嵌入的 EventsDescriptor 被激活的情况下，媒体网关继续根据新激活的 EventsDescriptor 做事件处理（注意，就 EventBuffer 处理的目的而言，激活一个嵌入的 EventsDescriptor 等效于接收一个新的 EventsDescriptor）。

当媒体网关接收一个带有一个新的 EventsDescriptor 的命令的时候，可能已经有一个或多个事件被缓存在该媒体网关的 EventBuffer 中。然后 EventBufferControl 的值确定媒体网关如何处理这些被缓冲的事件。

- 情况 1

如果 EventBufferControl 等于 LockStep，并且媒体网关接收一个新的 EventsDescriptor，那么它将检查先进先出的 EventBuffer，并采取下列动作。

（1）如果 EventBuffer 是空，那么媒体网关等待基于新的 EventsDescriptor 的事件发现。

（2）如果 EventBuffer 非空，那么媒体网关从第一个事件开始处理先进先出队列。

①如果在队列中的事件是列在新的 EventsDescriptor 中的事件，那么媒体网关作用于该事件，并且从 EventBuffer 中删除该事件。Notify 的时间戳将是该事件被实际检测到的时间。然后媒体网关等待一个新的 EventsDescriptor。在等待一个新的 EventsDescriptor 期间，任何被检测到出现在 EventsBufferDescriptor 中的事件都将被放到 EventBuffer 中。当接收到一个新的 EventsDescriptor 时，事件处理将从步骤 1 重复执行。

②如果事件不在新的 EventsDescriptor 中，那么媒体网关将丢弃该事件，并从步骤 1 重复执行。

- 情况 2

如果 EventBufferControl 等于 Off，并且媒体网关接收到一个新的 EventsDescriptor，就用新的 EventsDescriptor 处理新的事件。

如果媒体网关接收到一个命令，指示它把 EventBufferControl 的值设置成 Off，那么在

EventBuffer 中的所有事件都将被丢弃。

媒体网关可以在单个事务中报告多个事件，只要这样做不会不必要地延迟对具体事件的报告即可。

EventBufferControl 的默认值是 Off。

注意，由于 EventBufferControl 的性质是在 TerminationStateDescriptor 中，媒体网关可能接收到一个命令，该命令改变 EventBufferControl 性质，并且不包括一个 EventsDescriptor。

通常，一个事件的识别会引起任何活动的信号停止。当在事件中指定 KeepActive 时，媒体网关将不中断在事件被检测到的终端上活动的任何信号。

一个事件可以包括一个嵌入的信号描述器和（或）一个嵌入的事件描述器，如果存在，那么当该事件被识别时就替代当前的信号/事件描述器。例如，指定当一个摘机事件被识别时产生拨号音，或者识别到一个数字时停止拨号音信号。一个媒体网关控制器不会发送具有一个既标记 KeepActive 又包含嵌入的 SignalsDescriptor 的事件的 EventsDescriptors。

仅允许一个层次的嵌入。一个嵌入的 EventsDescriptor 将不包含另一个嵌入的 EventsDescriptor，一个嵌入的 EventsDescriptor 可以包含一个嵌入的 SignalsDescriptor。

一个媒体网关收到的一个 EventsDescriptor 替换任何先前的 EventsDescriptor。在进行中的事件通告将会完成，在包含新的 EventsDescriptor 命令执行之后检测到的事件将根据新的 EventsDescriptor 进行处理。

10. 事件缓区描述器

事件缓区描述器（EventBuffer Descriptor）包含一个带有参数（如果有的话）的事件的列表，当 EventBufferControl 等于 LockStep 时媒体网关被请求检测和缓存这些事件。

11. 信号描述器

信号描述器（SignalsDescriptor）是一个参数，包含请求媒体网关将其应用到一个终端的一组信号。一个 SignalsDescriptor 包含若干个信号和(或)序列信号列表。一个 SignalsDescriptor 可以包含 0 个信号和序列信号列表。对序列信号列表的支持是可选的。

信号在包裹中定义。信号用一个包裹名(信号在此定义)和一个 SignalID 命名。在 SignalID 中不使用通配符。出现在一个 SignalsDescriptor 中的信号具有一个可选的 StreamID 参数（默认值是 0，表示该信号不是与一个特别的媒体流相关）、一个可选的信号类型、一个可选的持续时间，以及可能有的在定义该信号的包裹中定义的参数。这就允许单个信号在含义上具有一些变化，消除了对建立大量具体信号的需求。

最后，可选的参数 notifyCompletion 允许一个媒体网关控制器表示它希望在该信号停止播出时被通告。可能的情况是信号超时、被一个事件中断、在一个信号描述器被替换时被暂停，或者由于其他的原因停止了或者从未启动过。如果在一个信号描述器中不包括 notifyCompletion 参数，那么仅在由于其他原因信号停止了或从未启动过的情况下才会产生通告（notification）。为了产生通告，在当前的活动事件描述器中必须用使能（enable）信号完成事件。

持续时间是以百分之一秒为单位表示的一个整数值。

有以下三个类型的信号。

- 开/关——信号持续着，直到被关闭为止。
- 超时——信号持续着直到被关闭，或者到了指定的时间长度。
- 短暂——信号长度是如此短暂，以至于它自己会停止，除非用一个新的信号使它停止，不需要超时值。

如果在一个 SignalsDescriptor 中指定了信号类型，那么该信号类型将覆盖默认信号类型。如果为一个开/关信号指定了持续时间，那么该持续时间将被忽略。

一个序列信号列表由一个信号列表标识符，将按顺序播放的信号序列和一个信号类型构成。在一个序列信号列表中，仅仅信号序列的尾部成分可以是开/关信号。如果序列的尾部成分是开/关信号，那么序列信号列表的信号类型也将是开/关。如果在一个序列信号列表中的信号序列包含类型是超时的信号，并且尾部成分不是开/关类型，那么序列信号列表的类型将被设置成超时。具有超时类型的序列信号列表的持续时间是它包含的所有信号的持续时间的和。如果在一个序列信号列表中的信号序列仅包含短暂类型的信号，那么序列信号列表的类型将被设置成短暂。在播放时，一个信号列表被当成单个指定类型的信号处理。

在同一个 SignalsDescriptor 中的多个信号和序列信号列表将被同时播放。

除非在一个包裹中另有指定，不然信号会在从背景的终端前往外部时定义。当同一个信号应用到一个事务内的多个终端时，媒体网关应该考虑使用同样的资源产生这些信号。

在一个终端上的一个信号通过应用一个新的 SignalsDescriptor 或在该终端上检测到一个事件时停止产生。

一个新的 SignalsDescriptor 替代已有的 SignalsDescriptor。应用到该终端的不在替换描述器中的任何信号都将被停止，新的信号被应用，但下列情况除外。在替换描述器中存在的信号以及包含 KeepActive 标志的信号如果正在播放或者尚未完成，就将继续播放。如果替换描述器包含一个具有跟已有的描述器相同标识符的序列信号列表，那么在替换描述器中序列信号列表中的信号类型和信号序列将被忽略，在已有描述器中序列信号列表中的信号继续播放。

12. 审计描述器

审计描述器（Audit Descriptor）指定要审计哪些信息。审计描述器指定要返回的描述器列表。审计可以用在任何一个命令中，强使对方返回一个描述器，即使该描述器在命令中不存在，或者没有不充分指定的参数。表 9-2 列出了在审计描述器中可能有的参数。

表 9-2　在审计描述器中可能有的参数

参数	意义	参数	意义
Modem	调制解调器	ObservedEvents	观察事件
Mux	多路复用	DigitMap	数字图
Events	事件	Statistics	统计
Media	媒体	Packages	包裹
Signals	信号	EventBuffer	事件缓区

审计可以是空，在此情况下没有描述器返回。这在 Subtract 中是有用的，可禁止返回统计，特别是在使用通配符时。

13. 服务改变描述器

服务改变（ServiceChange）描述器包含下列参数。

- ServiceChangeMethod：服务改变方法。
- ServiceChangeReason：服务改变原因。
- ServiceChangeAddress：服务改变地址。
- ServiceChangeDelay：服务改变延迟。
- ServiceChangeProfile：服务改变配置文件。
- ServiceChangeVersion：服务改变版本。
- ServiceChangeMGCId：服务改变媒体网关控制器标识符。
- TimeStamp：时间戳。
- Extension：扩展。

14. 数字图案描述器

数字图案（DigitMap）是驻留在媒体网关中的一个拨号计划，用以检测和报告在一个终端上接收的数字事件。数字图案描述器包含一个数字图案名和被赋给的数字图案。一个数字图案可以通过管理动作预先装载进 EventsDescriptor，也可以动态定义随后用名字引用，或者可以在 EventsDescriptor 中指定实际的数字图案本身。允许在一个事件描述器内的一个数字图案完成事件用名字引用在同一命令内由一个数字图案描述器定义的一个数字图案，而不管各自描述器的传送顺序。

在一个数字图案描述器中定义的数字图案可以发生在该协议的任何标准的终端操作命令中。一个数字图案一旦定义了，就可以被用于在这样的一个命令中由 TerminationID（可以是通配符）指定的所有的终端。在根终端上定义的数字图案是全局性的，可被用于在媒体网关中的每个终端，倘若在给定终端上没有定义一个同名的数字图案的话。当在一个数字图案描述器中动态定义一个数字图案时：

- 一个新的数字图案通过指定一个尚未定义的名字建立。其值将会存在。
- 一个数字图案的值通过为一个已经定义的名字提供一个新的值而被更新。当前正在使用该数字图案的终端将继续使用老的定义；随后指定这个名字的事件描述器（包括在命令中包含该数字图案描述器的任何事件描述器）将使用新的定义。
- 一个数字图案通过为一个已经定义的名字提供一个空值而被删除。当前正在使用该数字图案的终端将继续使用老的定义。

一个数字图案用一个串（string）或一个串的列表定义。在列表中的每个串都是一个可选的（alternative）事件序列。事件序列可以被表示成数字图案符号序列。数字图案符号使用数字 0 到 9，以及从 A 开始直到一个最大值的字母，该最大值字母取决于所涉及的信令系统，但不会超过 K。数字图案符号对应在一个包裹内指定的事件，该包裹被标示在应用该数字图案终端上的事件描述器中。在事件和数字图案符号之间的映射在用于跟 DTMF 这样的随路信令系统相关的包裹文档中定义。数字 0 到 9 必须被映射到在所涉及的信令系统内对应的数字事件。字母应该以逻辑方式分配，以方便使用范围标识表示可选择的事件。

作为一个例子，考虑表 9-3 中列出的拨号计划。

表 9-3　一个示例拨号计划

号码	含义
0	本地运营商
00	长途运营商
xxxx	本地分机号（以 1-7 开头）
8xxxxxxx	本地号码
#xxxxxxx	场点外延伸
*xx	星级服务
91xxxxxxxxxx	长途号码
9011+可多达 15 个数字	国际号码

如果使用 DTMF 发现（detection）包裹收集拨号的数字，那么在上面的例子中给出的拨号计划会产生下列数字图案：

（0| 00|[1-7]xxx|8xxxxxxx|Fxxxxxxx|Exx|91xxxxxxxxxx|9011x.）

15. **统计描述器**

统计参数提供描述在一个具体的背景内一个终端在它存在期间的状态和使用的信息。有一组为每个终端保持的标准统计，例如发送和接收的字节数。一个给定的终端被报告的特别统计性质由该终端实现的包裹确定。在默认的情况下，统计在终端被从背景中删除的时候被报告。该行为可以通过在 Subtract 命令中包括一个空的 AuditDescriptor 被覆盖。统计也可以从 AuditValue 命令，或使用 Audit 描述器的任何 Add/Move/Modify 命令返回。统计是累积性的，报告统计不对统计重置。在一个终端从背景中除去时统计被重置。

16. **包裹描述器**

包裹描述器仅用于 AuditValue 命令，返回一个由终端实现的包裹列表。

17. **观察到的事件描述器**

观察到的事件（ObservedEvents）描述器用 Notify 命令提供，通知媒体网关控制器检测到了什么事件。用于 AuditValue 命令，观察到的事件描述器返回在事件缓区中还没有被通知的事件。ObservedEvents 包含触发通知的事件描述器的 RequestIdentifier（请求标识符）、检测到的事件和检测时间。检测时间以百分之一秒的精度报告。时间用 UTC（Coordinated Universal Time，世界统一时间）表示。

18. 拓扑描述器

一个拓扑描述器指定在一个背景中终端之间的流的方向。与前面介绍的描述器不同，拓扑描述器用于背景而不是用于终端。一个背景的默认拓扑是每个终端的发送都被所有其他的终端接收。拓扑描述器的实现是可选的。

拓扑描述器发生在命令执行动作之前。有可能一个动作仅包含一个拓扑描述器，倘若该动作应用的背景已经存在。

一个拓扑描述器由一个形式为（T1，T2，关联）的三元组序列构成。T1 和 T2 指定在背景内的终端，可能使用 ALL 或 CHOOSE 通配符。关联（association）指定媒体流是如何在这两个终端之间流动的（如下所述）。

- （T1，T2，隔离）意味着匹配 T2 的终端不接收来自匹配 T1 的终端媒体，匹配 T1 的终端也不接收来自匹配 T2 的终端媒体。
- （T1，T2，单向）意味着匹配 T2 的终端接收来自匹配 T1 的终端媒体，但匹配 T1 的终端不接收来自匹配 T2 的终端媒体。在这种情况下，不允许使用既匹配 T1 也匹配 T2 的 ALL 终端通配符。
- （T1，T2，双向）意味着匹配 T2 的终端接收来自匹配 T1 的终端媒体，反之亦然。在这种情况下，允许使用通配符既匹配 T1 的终端也匹配 T2 的终端。然而如果有一个两者都匹配的终端，不能引入回路。

在 T1 和 T2 中也可以使用 CHOOSE 通配符，但需要受下列限制支配。

- 相关的拓扑描述器只是其一部分的动作（action）包含一个 Add 命令，在该命令中使用一个 CHOOSE 通配符。
- 如果在 T1 或 T2 中出现一个 CHOOSE 通配符，那么将不指定一个部分名字。

在一个拓扑描述器中的 CHOOSE 通配符匹配媒体网关在同一动作中使用一个 CHOOSE 通配符的第一个 Add 命令中赋予的 TerminationID。在背景中匹配 T1 或 T2 的一个已有终端按照拓扑描述器的指定连接到新加入的终端。在一个终端在拓扑描述器中没有被提到时，默认关联是双向。如果 T3 被加到一个具有 T1 和 T2 并具有拓扑（T3，T1，单向）的背景时，就将被双向连接到 T2。

图 9-4 和表 9-4 给出了在动作中包括拓扑描述器的效应的一些例子。在这些例子中假定多个拓扑描述器是按次序应用的。

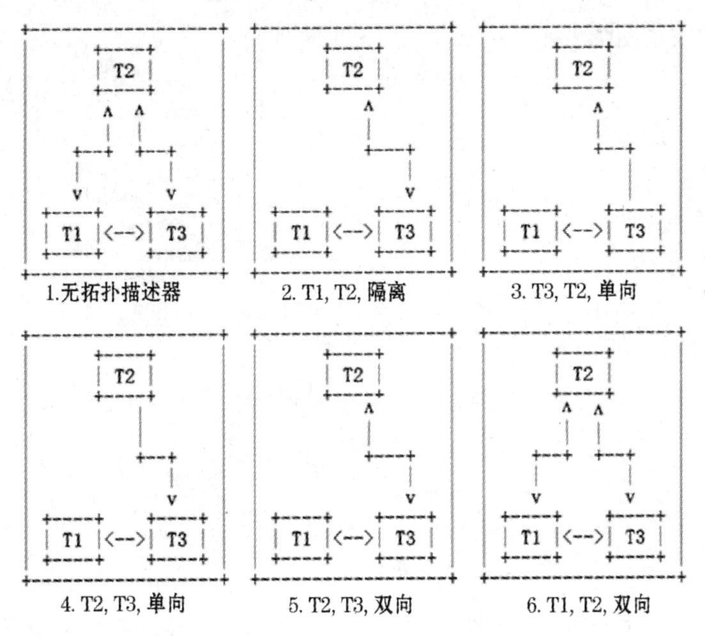

图 9-4　一个示例拓扑序列

表 9-4　拓扑描述器的语义

拓扑	描述	注释
1	无拓扑描述器	当没有包括拓扑描述器时所有终端都跟所有其他终端有双向连接
2	T1，T2，隔离	删除 T1 和 T2 间的连接，T3 跟 T1 和 T2 都有双向连接
3	T3，T2，单向	从 T3 到 T2 有单向连接（T2 接收来自 T3 的媒体流），T1 和 T3 之间有双向连接
4	T2，T3，单向	T2 和 T3 有单向连接，T1 和 T3 依然双向连接
5	T2，T3，双向	T2 到 T3 有双向连接，其结果跟 2 相同
6	T1，T2 双向（可以是隐含或显式的“T2，T3，双向”或“T1，T3，双向”）	所有终端都有到所有其他终端的双向连接

注：一个单向连接的实现必须使得在该背景中的其他终端不感知拓扑的改变。

9.4　事务

在媒体网关控制器和媒体网关之间的命令被组合成事务，每个事务（Transaction）都用一个 TransactionID 标识。事务由一个或多个动作构成。一个动作（Action）由一系列的命令构成，这些命令（Commands）被限于在单个背景（Context）内操作。因此每个动作典型地指定一个 ContextID。然而有两种情况，不会给动作提供具体的 ContextID：一种情况是修改在一个背景外部的终端，另一种情况是控制器请求网关建立一个新的背景。图 9-5 给出了事务、动作和命令之间的关系图形表示。

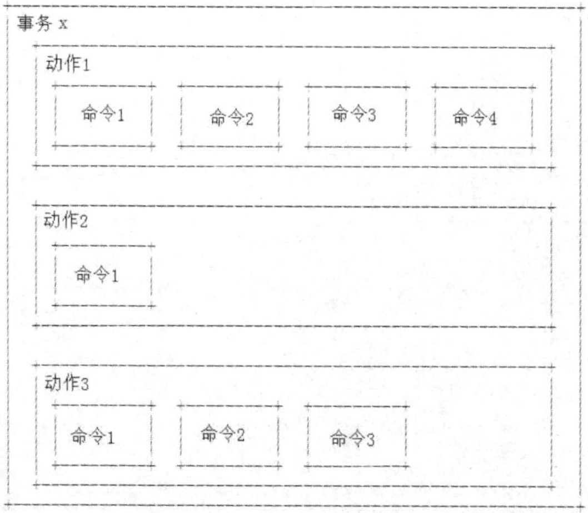

```
事务 x
  动作1
    命令1  命令2  命令3  命令4
  动作2
    命令1
  动作3
    命令1  命令2  命令3
```

图 9-5　事务、动作和命令

事务被作为 TransactionRequests 提交。对一个 TransactionRequest 的响应在单个应答中接收，可能在前面已经有了若干个 TransactionPending 报文。

事务保证有序的命令处理。也就是说，在一个事务内的命令有序地执行。事务的顺序不能保证，事务可能以任意的顺序被执行，或者同时执行。

当在一个事务中首次发生命令失败时，对在那个事务中其余命令的处理停止。如果一个命令包含一个通配符 TerminationID，那么该命令尝试每一个匹配该通配符的实际 TerminationID。对于每个匹配的 TerminationID，都在 TransactionReply 内包括一个响应，即使在一个或多个实例产生错误的情况下也如此。如果匹配通配符的任一 TerminationID 在执行时产生一个错误，那么后随该通配符命令的任何命令都不再被尝试。

命令可能被标记成 Optional，这会覆盖上述行为，即如果一个被标记成可选的命令产生一个错误，那么在事务中随后的命令将被继续执行。如果一个命令失败了，那么媒体网关在继续进行命令处理之前将会尽可能地恢复在尝试执行该命令之前存在的状态。

一个 TransactionReply 包括在对应的 TransactionRequest 中的所有命令的结果。TransactionReply 包括成功执行的命令的返回值、命令和对于任何失败命令的错误描述器。TransactionPending 被用来定期地通知接收方，事务尚未完成，但在积极地处理之中。

应用应该实现每个事务的应用级定时器。定时器的期满会引起请求的重传。接收到一个应答应该取消该定时器。接收到 Pending 应该重启该定时器。

9.4.1　通用参数

1. 事务标识符

事务用一个 TransactionID 标识，由发送方赋给。事务在发送方的范围内具有唯一性。如果一个响应包含一个错误描述器，表明在请求中的 TransactionID 丢失了，那么该响应在对应的 TransactionReply 中应该使用 0 号 TransactionID，即 TransactionID 0。

2. 背景标识符

背景用一个 ContextID 标识,由媒体网关赋给。背景在媒体网关的范围内具有唯一性。媒体网关控制器在随后所有的跟那个背景相关的事务中都将使用由媒体网关提供的这个 ContextID。协议引用一个特别的值供媒体网关控制器在指称当前不跟一个背景相关联的终端时使用，这就是空 ContextID。

CHOOSE 通配符被用来请求媒体网关建立一个新的背景。媒体网关控制器不使用包含 CHOOSE 通配符的部分指定的 ContextID。

媒体网关控制器使用 ALL 通配符表示在媒体网关上的所有背景。使用 ALL 通配符时不包括空背景。

9.4.2　事务处理的概要描述

本节概要介绍协议的事务和参数，并将从高层视野描述各种事务的输入参数和期待的返回值。

1. 事务请求

事务请求（TransactionRequest）由发送方调用。每个请求调用都有一个事务。一个请求包含一个或多个动作，每个动作都指定目标背景和每个背景的一个或多个命令。

```
TransactionRequest（TransactionID {
        ContextID {Command _ Command},
                        . . .
        ContextID   {Command _ Command } }）
```

参数 TransactionID 必须指定一个值，用于后来跟来自接收方的 TransactionReply 或 TransactionPending 响应相关联。

参数 ContextID 必须指定一个值，用于随后的所有命令，直到对一个 ContextID 参数的下一次指定或者先到来的 TransactionRequest 结束。

2. 事务应答

事务应答（TransactionReply）由接收方调用。每个事务有一个应答调用。一个应答包含一个或多个动作，每个动作必须指定目标背景和每个背景的一个或多个响应。

```
TransactionReply（TransactionID {
        ContextID { Response _ Response },
            ...
        ContextID { Response _ Response } }）
```

参数 TransactionID 必须与对应的 TransactionRequest 的 TransactionID 相同。

参数 ContextID 必须指定一个值，用于该动作所有的响应。ContextID 可以是具体的，也可以是空。

响应的每个参数都表示一个返回值，或者在命令执行遇到错误的情况下是一个错误描述器。在失败点之后的命令不再被处理，因此，对它们不发送响应。例外的情况是命令在事务请求中被标记为可选的。如果可选的命令产生一个错误，那么事务仍将继续执行，因此在这样的情况下，在错误之后有响应。

如果接收方在处理一个 ContextID 的过程中遇到一个错误，那么被请求的动作响应将由该背景标识符和单个错误描述器（422 Syntax Error in Action，422 在动作中的语法错误）构成。

如果接收方遇到一个错误，不能够确定一个合法的动作，就将返回一个由该 TransactionID 和单个错误描述器（422 Syntax Error in Action，422 在动作中的语法错误）构成的 TransactionReply。如果一个动作的结尾不能被可靠地确定，但一个或多个动作可以被解析，那么将处理它们，然后发送“422 Syntax Error in Action”作为该事务最后的动作。如果接收方遇到一个错误，并且不能够确定一个合法的事务，那么它将返回一个带有一个空 TransactionID 和单个错误描述器（403 Syntax Error in Transaction，403 在事务中的语法错误）的 TransactionReply。

如果一个事务的结尾不能够被可靠地确定，并且有一个或多个动作可以被解析，那么将处理它们，然后返回“403 Syntax Error in Transaction”作为该事务最后的动作应答。如果没有动作可以被解析，那么将返回“403 Syntax Error in Transaction”作为仅有的应答。

如果 TerminationID 不能够被可靠地确定，就发送“442 Syntax Error in Command，422 在命令中的语法错误”作为动作应答。

如果一个命令的结尾不能够被可靠地确定，就返回“442 Syntax Error in Command”作为对它可以解析的最后一个动作的应答。

3. 事务处理中

接收方调用 TransactionPending（事务处理中）。TransactionPending 表示事务正在被积极地处理，但还没有完成。它在事务需要花一些时间才能完成的情况下被用来防止发送方以为 TransactionRequest 丢失了。

TransactionPending（TransactionID { } ）

参数 TransactionID 必须跟对应的 TransactionRequest 的 TransactionID 相同。根（root）的一个称作 normalMGExecutionTime 的性质可以由媒体网关控制器设置，表示媒体网关控制器对任何事务等待来自媒体网关的一个响应的时间长度。可由媒体网关控制器设置的另一个性质（normalMGCExecutionTime）表示媒体网关对任何事务等待来自媒体网关控制器的一个响应的时间长度。对于一个命令，发送方可以接收不止一个的 TransactionPending。如果在 pending 期间收到重复请求，响应可以立即发送重复的 pending，或者继续等待它的定时器触发另一个事务 pending。

9.4.3　报文

可以把多个事务串接进一个报文。报文有一个头，包括发送者的身份。一个报文的报文标识符（Message Identifier，MID）被设置成发送该报文的实体的一个预设的名字（例如域地址、域名、设备名）。域名是建议的默认名。

每个报文都包含一个版本号，标识该报文所遵从的协议的版本。版本由一个或两个数字构成，从版本 1 开始，当前的版本就是 1。

在一个报文中的事务被独立处理。没有隐含的顺序，没有对报文的应用或协议确认。

第 10 章

典型的实时多媒体应用

从本章节可以学习到：

- 音视频服务的类别
- 实时多媒体系统的协议特征
- IP 电话
- 视频点播
- 视频会议

多媒体网络的发展使用户能够对所有的信息提供者进行访问，可以在更多的领域对更多的主题和其他用户开展合作，相互之间可以进行交互式操作，并对包含在多媒体应用程序中的询问、难题等进行动态响应。

多媒体网络同时也为用户提供了快速搜索、定位以及获得重要信息等空前的能力，用户可以在数据库、媒体服务器、世界范围内的信息储存点（如国家图书馆）以及在讨论某个特定主题的电子公告板中获得自己感兴趣的信息。

多媒体网络应用可以涉及银行、医疗、娱乐、旅游以及教育等各个行业。新的应用可以让我们与同事、家人、制造厂商以及客户进行可视的接触。将来通过多媒体网络应用，我们可以指挥大多数的商务活动、家庭事务，或者通过一个简单、直观的“斜坡道”冲入电子信息高速公路，电子化地购买几乎所有的生活和工作用品。这里用到的“斜坡道”可以是交互式电视、桌面多媒体计算机、自动售票机、个人数字助理或者手机等。

我们在本章将先阐述在因特网上音视频服务的 3 个类别，即存储流音视频、直播流音视频和交互式音视频，接着考察实时多媒体系统的协议特征，最后详细讨论三个典型的实时多媒体网络应用，包括 IP 电话、视频点播和视频会议。

10.1　音视频服务的类别

我们可以把网络上的音视频服务划分成三个广泛的类别：存储流音视频、直播流音视频和交互式音视频。“流”意味着用户在启动下载操作之后可以听或观看文件。

10.1.1　存储流音视频

第 1 种情况是流媒体已经存储在文件中。文件通常被压缩并存放在服务器上，用户通过因特网下载文件。这有时候被称作点播音视频。存储音频文件的例子有歌曲、交响乐、磁带上的书和有名的演讲。存储视频文件的例子有电影、电视节目和音乐视频剪辑。我们可以把存储流音视频看成是对于压缩音视频文件的点播请求。

因特网充满了流传输存储媒体文件的场点。实际上，处理存储媒体的最容易的方法不是流传输。作为例子，假定你要建立一个在线影片出租店。常规的 Web 场点将让用户下载然后观看视频节目。图 10-1 显示了需要执行的步骤。

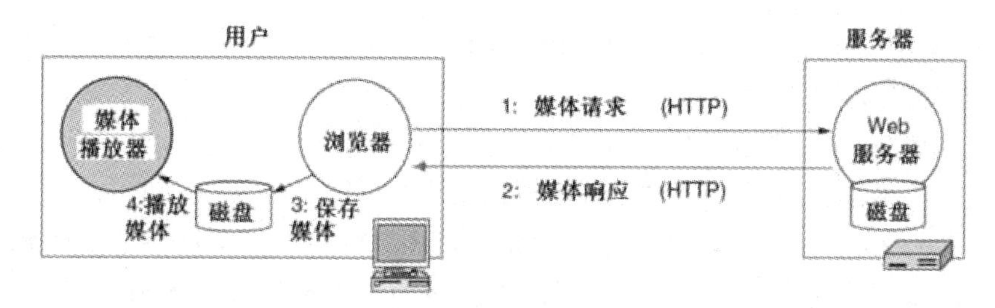

图 10-1　通过在 Web 上简单地下载后播放媒体

当用户单击一个影片时浏览器开始活动。在步骤 1，它向该影片所链接的 Web 服务器发送一个获取该影片的 HTTP 请求。在步骤 2，服务器抓取该影片（就是一个 MP4 或某个其他格式的文件），并把它往回发送给浏览器。使用 MIME 类型，例如 video/mp4，浏览器确定它应该怎样显示该文件。在该例中，它使用一个媒体播放器，虽然在图中显示的是一个帮手应用（helper application），但是它也可以是一个插件（plug-in）。在步骤 3，浏览器把整个影片保存到磁盘上的一个临时文件中。最后在步骤 4，媒体播放器开始读文件，并播放影片。

这个方法非常简单，但是不涉及流传输。然而它有一个缺点，一个音视频文件通常即使在压缩以后也还是很大。一个音频文件可能包含数十兆比特，而一个视频文件可能包含数百兆比特。在这种方法中，文件在可以播放之前需要全部下载过来。使用现在的数据速率，用户在文件可以播放之前需要等待几秒或几十秒的时间，因此启动延迟是比较大的。

避免这个问题而又不改变浏览器的工作方式，可以采用图 10-2 所示的第二个方案。链接到影片的页面不是实际的影片文件，而是一个被称作元文件（metafile）的文件，它是一个非常短的文件，仅仅命名影片（和可能有的关键描述器）。一个简单的元文件可能是仅仅一行 ASCII 正文，例如：

```
http：//joes-movie-server/movie-0025.mp4
```

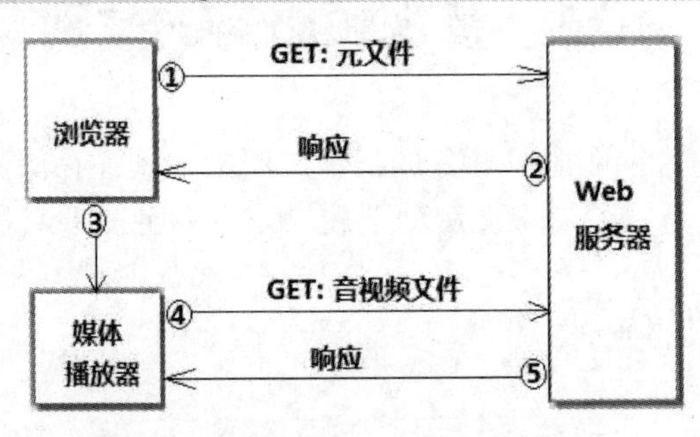

图 10-2　使用具有元文件的 Web 服务器

媒体播放器直接链接到 Web 服务器下载音视频文件。该 Web 服务器存储两个文件：实际的音视频文件和一个元文件，后者持有关于该音视频文件的信息。图 10-2 显示了在该方案中的步骤。

（1）HTTP 客户使用 GET 报文访问 Web 服务器

（2）浏览器接收在响应中的元文件，在我们的例子中是仅仅含有一行 ASCII 正文的文件。

（3）该元文件被传递给媒体播放器。

（4）媒体播放器使用在元文件中的 URL 访问音视频文件，一边接收，一边播放。

（5）Web 服务器响应。

在步骤 1 和 2，浏览器像通常那样得到网页，现在是一个元文件。然后浏览器启动媒体播放器，并把元文件传递给它。媒体播放器读元文件，看到获取影片的 URL。在步骤 4 媒体播放器访问 Web 服务器，并请求影片。在步骤 5 影片被往回流传输到媒体播放器。

这个方案的优点是媒体播放器启动得快，仅仅是在非常短的元文件被下载之后。

该方案的问题是浏览器和媒体播放器都使用 HTTP。HTTP 被设计成在 TCP 上运行。这样做适合检索元文件，但不适合检索音视频文件。我们需要放弃 TCP 和它的错误控制，并转向使用 UDP。然而 HTTP 和 Web 服务器本身都使用 TCP，因此我们需要使用另一个服务器，即媒体服务器。图 10-3 给出了第三个方案。

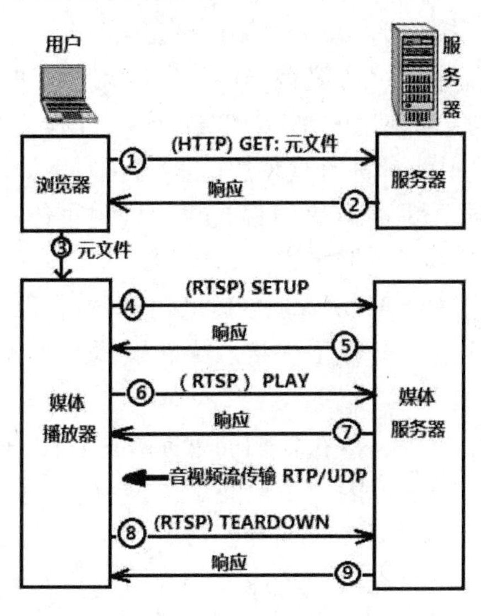

图 10-3　使用一个媒体服务器和 RTSP

在图 10-3 中显示了两个服务器，因为这里的媒体服务器通常不同于 Web 服务器。事实上，一般情况下它甚至不是一个 HTTP 服务器，而是一个特别的媒体服务器。在这个例子中，媒体服务器使用基于 TCP 的 RTSP 建立和控制流媒体数据的投递，使用基于 UDP 的 RTP 实际地传输音视频数据流。图 10-3 显示了在该方案中的步骤。

（1）HTTP 客户使用 GET 报文访问 Web 服务器。

（2）浏览器接收在响应中的元文件，现在是仅有一行的文件，在我们的例子中是 rtsp://joes-movie-server/movie-0025.mp4。

（3）该元文件被传递给媒体播放器。

（4）媒体播放器发送一个 SETUP 报文，跟媒体服务器建立一条连接。

（5）媒体服务器响应。

（6）媒体播放器发送一个 PLAY 报文启动播放（下载）。

（7）使用在 UDP 上的 RTP/RTCP 协议下载音视频文件。

（8）使用 RTSP 的 TEARDOWN 报文释放连接。

（9）媒体服务器响应。

媒体播放器可以发送其他类型的 RTSP 报文，例如一个 PAUSE 报文可暂时停止下载，随后可发送一个 PLAY 报文继续播放。

媒体播放器做 4 个主要的工作：

（1）管理用户接口。

（2）处理传输错误。

（3）解压缩音视频内容。

（4）消除抖动。

今天大多数的媒体播放器都有一个耀眼的用户接口，有时候模拟一个音响设备，带有按钮、旋钮、滑动条和视觉显示。通常有称作皮肤的可更换的面板，用户可将其放到播放器上。媒体播放器必须管理所有这些接口形式，并跟用户交互。

媒体播放器的其他工作都跟网络协议有关，我们在此一一加以说明。首先是对传输错误的处理。错误处理取决于媒体传输使用的是像 HTTP 这样的基于 TCP 的协议还是像 RTP 那样的基于 UDP 的协议。在实践中两者都有被使用的案例。如果使用的是基于 TCP 的协议，那么媒体播放器不需要纠正错误，因为 TCP 已经提供了使用重传实现的可靠性。这是一个处理错误容易的方法，至少对于媒体播放器来说是这样的，但它使得随后的消除抖动的工作变复杂了。一个替代的方法是使用基于 UDP 的 RTP 来传输数据。使用这样的协议，没有重传。因此，由于拥塞或传输错误引起的分组丢失将意味着媒体的一些部分不会到达接收方。这就要依靠媒体播放器来处理这个问题。

丢失是一个问题，因为用户不喜欢在他们的歌曲或影片中有大的缝隙。然而，丢失问题不会像在常规的文件传送中那样大，因为少量的媒体丢失不一定会降级向用户的展示。对于视频，在某秒内偶尔地用 24 个新帧代替 25 个新帧，用户不太可能注意到。对于音频，在播放中的短的间隙可以被在时间上靠近的声音掩盖掉。用户不太可能检测到这个替换，除非他们非常注意地听。

前面之所以说问题不大是基于这样一个假定：缝隙很短。网络拥塞或传输错误通常引起整个分组丢失，并且分组经常在小的迸发中丢失。有两种策略可用来减少分组丢失对媒体播放效果的影响：前向纠错（Forward Error Correction，FEC）和交织（interleaving）。

前向纠错就是在应用层采用的像是海明码这样的错误纠正编码。跨分组的奇偶性是这方面的一个典型示例。对于发送的每 4 个数据分组都可以建立和发送一个第五奇偶分组。在图 10-4 中，分组 A、B、C 和 D 是数据分组，分组 P 是奇偶分组。奇偶分组 P 包含 4 个数据分组中的位的“奇偶”或“异或”和。很有希望大多数的 5 分组组合中的所有分组都将到达接收方。在这种情况下，奇偶分组被接收方简单地丢弃。或者只是奇偶分组丢失了，那也不产生负面影响。

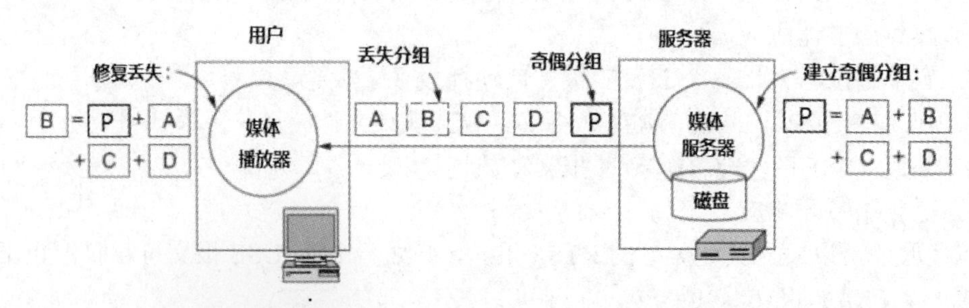

图 10-4　使用奇偶分组修复丢失分组

然而，一个数据分组可能偶尔在传输期间丢失，例如图 10-4 中的分组 B 就是一个丢失分组。媒体播放器仅接收到 3 个数据分组 A、C 和 D，加上奇偶分组 P。按照设计，在丢失的数据分组中的位可以从奇偶位重建。具体地讲，使用“+”表示“异或”或模 2 加，B 可以根据

“异或”性质 X+Y+Y=X 重建 B=P+A+C+D=（A+B+C+D）+A+C+D =B。

FEC 通过修复一些丢失的分组可以减少媒体播放器看到的丢失程度，但它修复的程度是有限的。如果在一个 5 分组的组合中丢失两个分组，我们将无法恢复数据。我们需要注意的 FEC 的其他性质是为了得到这个对数据的保护我们所付出的代价。每 4 个分组都变成 5 个分组，因此媒体的带宽需求大了 25%。解码的延迟也增加了，因为在我们解码一个数据分组之前可能需要等待，直到奇偶分组到达为止。

第二种策略叫做交织。该方法是在发送之前混合或交织媒体的顺序，接收时解混合或解交织媒体。在这种情况下，如果有一个分组或者迸发的几个分组丢失了，那么接收后通过解交织，丢失会在时间上散开。这样在媒体播放时就不会产生单个的大缝隙。例如，一个分组可能包含 220 个立体声采样（每个采样包含一对 16 位的数），通常是 5ms 的音乐。如果把采样按顺序发送，那么一个丢失分组将表示在音乐中的 5ms 缝隙。取而代之的是，采样可以像图 10-5 所示的那样发送。10ms 时长的所有偶数采样在一个分组中发送，后随在下一个分组中的所有奇数采样。现在分组 3 的丢失不表示在音乐中的一个 5ms 缝隙，而是在 10ms 时长内每隔一个采样有一个丢失。这样的丢失容易处理，媒体播放器可以使用前一个和后继的采样插值。结果是 10ms 较低的时间分辨率，但不是在媒体中明显的时间缝隙。

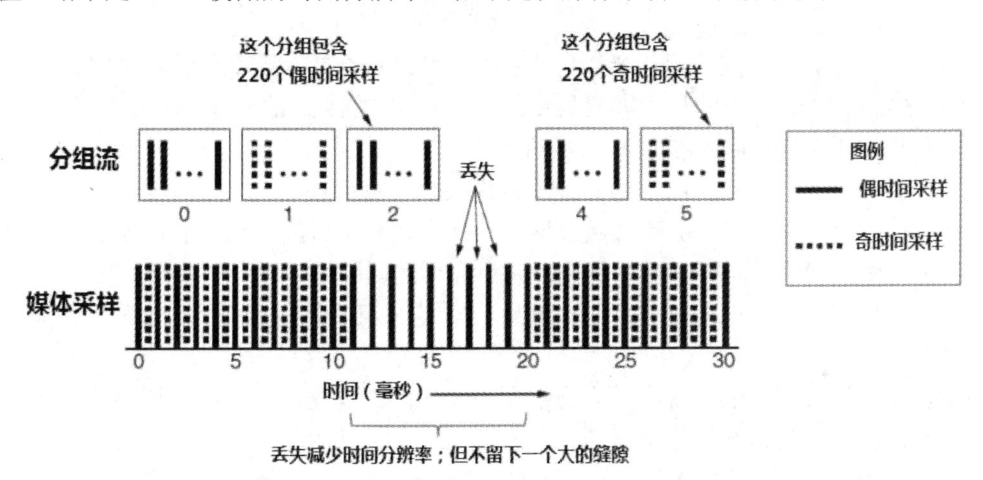

图 10-5　交织通过把相邻的媒体采样分散到不同的传输来减少丢失的影响

交织是一个有吸引力的技术，与 FEC 不同，它不需要附加的带宽。然而跟 FEC 一样，交织也增加了延迟，因为需要等待一组分组到达后才能够解交织。

媒体播放器的第三个工作是解压缩内容。虽然这个任务是强化计算的，但它是相当直接的。棘手的问题是在网络协议不纠正传输错误的情况下如何解码媒体。在许多压缩方案中，后面的数据必须在前面的数据已经解压缩之后才能够解压缩，因为后面的数据编码是相对于前面的数据的。因此，编码过程必须设计成尽管有分组丢失也允许解码。这个必要条件就是为什么 MPEG 使用 I-、P-和 B-帧的原因。为了从前面的帧的丢失中恢复，每个 I-帧都可以独立于其他的帧进行解码。

媒体播放器的第四个工作是消除抖动。抖动是所有实时系统的烦恼之源。一般的解决方案是使用一个播放缓冲区。媒体播放器从媒体服务器缓冲输入，从缓冲区播放而不是直接从网络播放。如图 10-6 所示，所有的流传输系统在开始播放之前都缓存相当于 5~10 秒的媒体。播放定期地从该缓冲区提取媒体，因此声音是清晰的，视频是光滑的。启动延迟给了缓冲区填满低端水印的机会。其思想是数据应该足够定期地到达，缓冲区永远不会被清空。如果发生了缓冲区被清空的现象，那么媒体播放器将停滞。缓冲的量的设置需要考虑如果一些时候由于网络拥塞数据到达得慢了，缓存的媒体将允许播放继续正常地进行，直到新的媒体到达，缓冲区被补充。

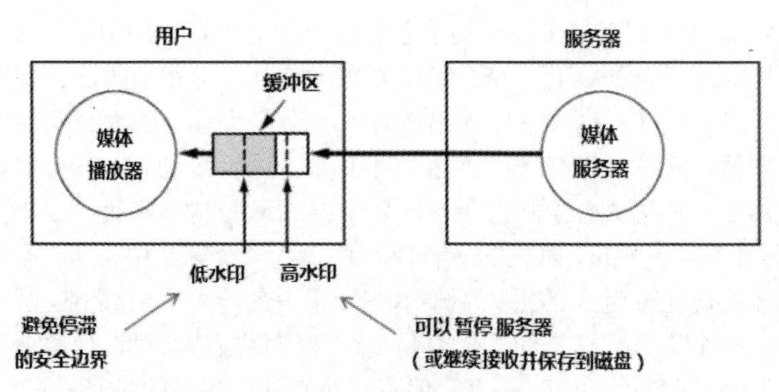

图 10-6 用户缓冲媒体吸收掉抖动

需要多少缓冲量以及媒体服务器如何快地发送媒体填充缓冲区都依赖于网络协议。在这里有许多可能性。在设计中的最大因素是使用基于 UDP 的传输还是基于 TCP 的传输。

假定使用基于 UDP 的 RTP 协议，并进一步假定有丰富的带宽从媒体服务器往媒体播放器发送分组，很少丢失，在网络上的其他流量也很少。在这种情况下，分组可以用与媒体播放速率相同的速率传输。每个分组都越过网络，在经过一个传播延迟之后，在媒体播放器展示媒体的正确时间到达。需要的缓冲很少，因为没有延迟的可变性。如果使用交织或 FEC，那么需要多一些缓冲，至少是对其执行交织或 FEC 的分组的组合所需要的空间。然而这只增加少量的缓冲。

不幸的是，这样假定的情况在两个方面是不现实的。首先，带宽随网络通路变化，因此在尝试传输流媒体之前，媒体服务器通常不清楚是否有足够的带宽。一个简单的解决方案是用多个分辨率编码媒体，让每个用户选择他的因特网连接所支持的一个分辨率。通常有两个级别：高质量编码成 1.5Mbps 或更好，以及低质量编码成 512kbps 或更少。其次，会有一些抖动，即媒体采样在网络上传输所经历的延迟可变。这个抖动来自两个源。在网络上有相当数量的竞争流量，其中一些流量来自多任务用户，他们可能在观看一个流传输的影片的同时还浏览其他的 Web 页面。这个流量将引起媒体到达时间的波动。而且我们介意的是视频帧和音频采样的到达，而不是分组。另一方面，由于压缩取决于内容，特别是视频帧可能比较大或比较小。一个活动序列典型地要比静止的风景用更多的位编码。如果网络带宽是恒定的，媒体投递的速率可能随时间变化。来自这些源的抖动或延迟变化越大，为了避免欠载所需要的低端水印值也越大。

现在假定使用基于 TCP 的 HTTP 发送媒体。通过执行重传和等待投递分组直到它们按序无缺失到达，TCP 会增加媒体播放器观察到的抖动，也许还是很显著的抖动。结果需要一个比较大的缓冲区和比较高的低水印值。然而，有一个优点。TCP 将以网络运载它的速率发送数据。一些时候如果必须处理丢失，媒体可能被延迟。但是许多时候网络将能够以比播放器消耗媒体更快的速率投递它。在这些时候，缓冲区将充满，防止未来的欠载。如果网络显著地比平均媒体速率快，在启动以后缓冲区会快速填充，使得清空不再是一个担心的问题。

对于使用 TCP 或 UDP，以及超过播放速率的传输速率，问题是媒体播放器和媒体服务器希望超前处理的媒体离播放点多远为好。通常它们希望下载整个文件。

然而超前播放点很远的处理会执行非必要的工作，可能需要显著的存储器，并且不是避免缓冲区欠载所必需的。对此的解决方案是在缓冲区中定义一个高端水印。服务器基本就是泵出数据，直到缓冲区填充到高水印为止。然后媒体播放器告诉它暂停。由于数据将继续流入，直到服务器得到暂停请求，在高水印和缓冲区终点之间的距离必须大于网络的带宽和延迟乘积。在服务器停止之后，缓冲区将开始腾空。当它到达低水印时，媒体播放器告诉媒体服务器再开始传输。为了避免欠载，在请求媒体服务器继续发送媒体时，低水印也必须考虑网络的带宽和延迟的乘积。

为了启动和停止媒体流，媒体播放器需要对它做远程控制。这正是 RTSP 所提供的服务。RTSP 为播放器提供控制服务器的机制。它可以像启动和停止媒体流那样同样好地回退或快进到一个位置，播放指定的时间段，以及用快速或慢速播放。

表 10-1 列出了 RSTP 提供的主要命令。类似于 HTTP 报文，它们有一个简单的正文格式，并且通常都运行在 TCP 之上。RTSP 也可以运行在 UDP 之上，因为每个命令都被确认；如果没有被确认，可以被重发。

表 10-1 从播放器到服务器的 RTSP 命令

命令	服务器动作
DESCRIBE	列出媒体参数
SETUP	建立在播放器和服务器之间的逻辑通道
PLAY	开始向客户发送数据
RECORD	开始从客户接收数据
PAUSE	暂时停止发送数据
TEARDOWN	释放逻辑通道

虽然 TCP 看起来不适合实时流量，但是它在实践中还是常被使用。主要原因是它能够比 UDP 更容易通过防火墙，特别是当实时应用运行在 HTTP 端口上时。大多数管理员配置防火墙保护他们的网络免受不欢迎的访问者侵入。他们几乎总是允许来自远程端口 80 使用 HTTP 传输 Web 数据的流量通过。阻塞那个端口会很快导致客户的不满。然而大多数其他端口都被阻塞，包括用于 RTSP 和 RTP 的端口（典型的是 554 和 5004）。因此得到流媒体通过防火墙最容易的途径是假装它是一个 HTTP 服务器，至少要向防火墙发送常规的 HTTP 响应。

TCP 还有一些其他的优点。因为它提供可靠性，TCP 给了客户一个完全的媒体拷贝。这就使得用户容易回退到一个先前观看的播放点，而不用担心数据的丢失。最后，TCP 会尽可能快地缓存尽可能多的媒体。当缓存空间便宜时（当把磁盘用于存储时），媒体播放器可以在用户观看的同时下载媒体。一旦下载完成，用户可以不间断地观看，甚至在失去连接时都可以。这个特性对于移动是有帮助的，因为连接性可以随移动快速改变。

TCP 的缺点是增加了起动延迟（由于 TCP 的连接建立），而且也有一个比较高的低水印。然而，只要网络带宽以比较大的因子超过媒体速率，这很少有多大的害处。

存储流音视频的一个典型例子是视频点播（Video On Demand）。视频点播允许观看者从可提供的大量视频节目中选择一个视频节目，并且在观看的过程中可以执行交互操作：暂停、回退、快进等。观看者可以实时地观看节目，也可以把视频节目下载到计算机、可携带的媒体播放器，或者一个像是数字视频记录器（Digital Video Recorder，DVR）这样的设备，留着以后再观看。

10.1.2 直播流音视频

在第二个类别即直播流音视频中，用户通过因特网收听广播音频和视频。这个类型的应用的典型例子是因特网收音机和因特网电视。

在直播流音视频和存储流音视频之间有多个相似点。它们都对延迟敏感，对于重传都不可接受。然而在它们之间是有差别的。在存储流音视频中，通信是单播，并且是点播。而在直播流音视频中通信是多播和直播。直播流传输更适合使用 IP 多播服务，并使用诸如 UDP 和 RTP 这样的协议。

重要的是，即使是直播，在用户这一边也仍然需要缓存，以便对抖动做平滑处理。在存储流音视频的情况下，当从一个文件下载流媒体时，下载速率可以大于回放速率，这就可以快速地填写缓区和对抖动进行补偿；当播放者不想缓存更多的数据时，还可以停止流的传输。相比之下，直播媒体流总是精确地以产生它的速率传输，而且该速率等于它被回放的速率。它不可能用更大的速率传输。结果，缓冲区必须足够大，才能处理完全范围的网络抖动。在实践中，10~15 秒的启动延迟是足够的，因此缓冲区的大小不是一个大问题。

另一个重要的不同点是直播流传输通常有数百或数千个人在观看同一个内容。在这样的情况下，直播流媒体自然的解决方案是使用多播。这显然是与存储流音视频的情况不同的，因为存储流音视频典型的是在任意给定的时间用户可能下载不同的内容。

多播流传输方案的工作方式如下。服务器使用 IP 多播把每个媒体分组一次发送给一个组地址。网络给该组的每个成员都投递该分组的一个拷贝。要接收该媒体流的所有客户都已经加入该组。客户是使用 IGMP 加入该组的，而不是给媒体服务器发送 RTSP 报文。这是因为媒体服务器已经在发送现场流。所需要做的就是在本地安排接收这个流。

多播是一对多的投递服务，媒体在运行于 UDP 之上的 RTP 中传输。TCP 仅运行在单个发送方和单个接收方之间。由于 UDP 不提供可靠性，因此某些分组可能丢失。为了把媒体丢失减少到可接受的程度，我们可以使用 FEC 和交织。

在使用 FEC 的情况下，如图 10-7 所示，当分组被多播传输时，不同的客户可能丢失不同的分组。例如，客户 1 丢失了分组 B，客户 2 丢失了奇偶分组 P，客户 3 丢失了分组 D，而客户 4 没有丢失任何分组。然而，在这个例子中，虽然这些客户丢失的分组不同，但是每个客户都可以恢复所有的数据分组。所要求的条件就是每个客户丢失的分组不超过一个，无论丢失哪一个都没有关系，因为丢失的分组可以通过奇偶性计算恢复。

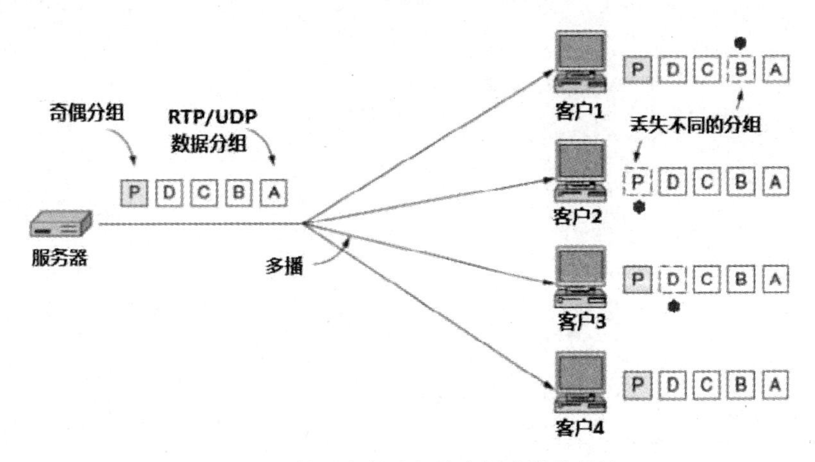

图 10-7　使用奇偶分组的多播流媒体传输

对于一个具有大量客户的服务器，使用 RTP 和 UDP 的多播显然是最有效的运行方式。否则在有 N 个客户的情况下，服务器必须发送 N 个流，那将需要消耗非常大量的网络带宽。

可能会让你感到惊讶的是，在今天的因特网上直播流媒体实际上并不是以上述方式运行的。通常的做法是每个用户建立一条单独的到达服务器的连接，并且让流媒体在这条连接上传输。对于客户来说，这跟存储音视频一样。类似于存储音视频，做这样的看起来是差的选择有多个原因。

第一个原因是 IP 多播在因特网上还没有广泛提供。一些 ISP 和网络在内部支持多播，但它通常不可以跨越网络边界使用，而这又是广域流媒体传输所需要的。其他的原因就是与前面讨论过的 TCP 相对于 UDP 的同样的优点，使用 TCP 的流传输几乎可以到达因特网上的所有客户，特别是伪装 HTTP 穿越防火墙；还有，可靠的媒体投递可以允许用户容易回放观看。

然而，有一个重要的场合，即在一个提供方网络内，可以把 UDP 和多播用于流媒体传输。例如一个同轴电缆公司可能决定使用 IP 技术，而不是传统的电视广播，把 TV 通道广播到客户的机顶盒。使用 IP 分发广播视频被广义地称作 IPTV。由于同轴电缆公司对它自己的网络具有完全的控制，因此它可以把该网络设计成支持 IP 多播，并且有充分的带宽用于基于 UDP 的媒体分发。所有这些对于客户都是不可见的，因为 IP 技术存在于该提供商的“围墙”之内。就服务而言，它像是同轴电缆 TV，但在其下层是 IP，此时机顶盒是一个计算机，而电视机就是一个附接到该计算机的显示器。

再回到因特网的情况，在 TCP 上做现场流传输的缺点是服务器必须为每个客户发送一个单独的媒体拷贝。这对于中等数量的客户是可行的，特别是音频。其做法是把服务器放到一个具有很好的因特网连接性的位置，使得可以有充分的带宽可用。通常这意味着在数据中心从一个托管提供商租用一台服务器，而不是在居家放置一个仅具有一条宽带因特网连接的服务器。现在托管市场竞争剧烈，满足这个需求不会很昂贵。

事实上，任何人甚至学生都容易建立和运行一个流传输媒体服务器，例如一个因特网广播电台。图 10-8 展示了这个电台的主要成分。该电台的基础是一个带有优质声卡和话筒的普通 PC，使用适当的软件捕获音频，并把它编码成各种格式，例如 MP4。像往常一样，媒体播放器被用来收听音频。

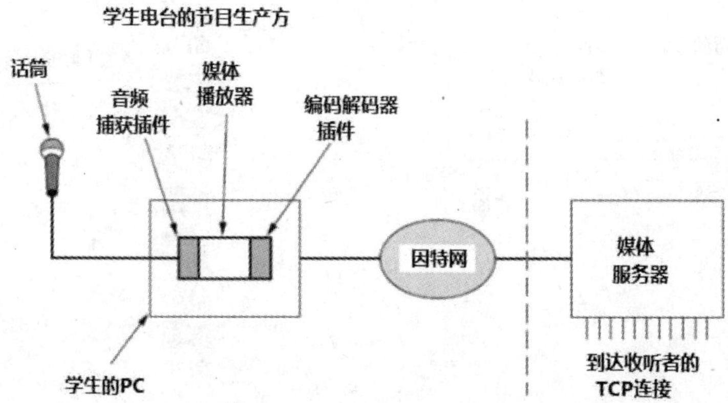

图 10-8　一个学生因特网电台

在 PC 上捕获的音频流然后通过因特网被输入到一个具有好的网络连接性的媒体服务器，作为存储文件流媒体或现场流媒体的播客服务内容。服务器执行通过大量的 TCP 连接分发媒体的任务。它还用关于该电台和可以提供的流媒体的内容展示一个前端 Web 场点。

然而，对于非常大量的客户，使用 TCP 把媒体从单个服务器发送到每个客户是不可行的。一个服务器没有足够的带宽。对于大的流传输场点，流传输是使用在地理位置上分散的一组服务器，使得客户可以连接到最近的服务器。这实际上就是一个内容分发网络。

10.1.3　交互式音视频

在第三个类别即交互式音视频中，人们使用因特网互相交互式地交流。因特网电话或 VoIP 就是这类应用的一个例子。视频会议是另一个例子，它允许人们视觉上可见并可进行口头交流。

在分组交换网络上的实时数据需要保持在一个会话的分组之间的时间关系。例如，假定一个实时视频服务器建立现场视频图像并通过网络发送。该视频是数字化和分组化的。再假定仅有 3 个分组，每个分组持有 10 秒的视频信息。第一个分组在 00：00：00 开始，第二个分组在 00：00：10 开始，第三个分组在 00：00：20 开始。假定每个分组花 1 秒的时间（这里为了简化做了夸张）到达目的地（相同的延迟）。接收方在 00：00：01 可以回放第 1 个分组，在 00：00：11 可以回放第 2 个分组，在 00：00：21 可以回放第 3 个分组。虽然在服务器发送分组和客户在计算机屏幕上看到对应的视频之间有 1 秒的时差，但活动是实时发生的。在分组之间的时间关系被保持着。1 秒的延迟不重要。图 10-9 表示了这种情况。

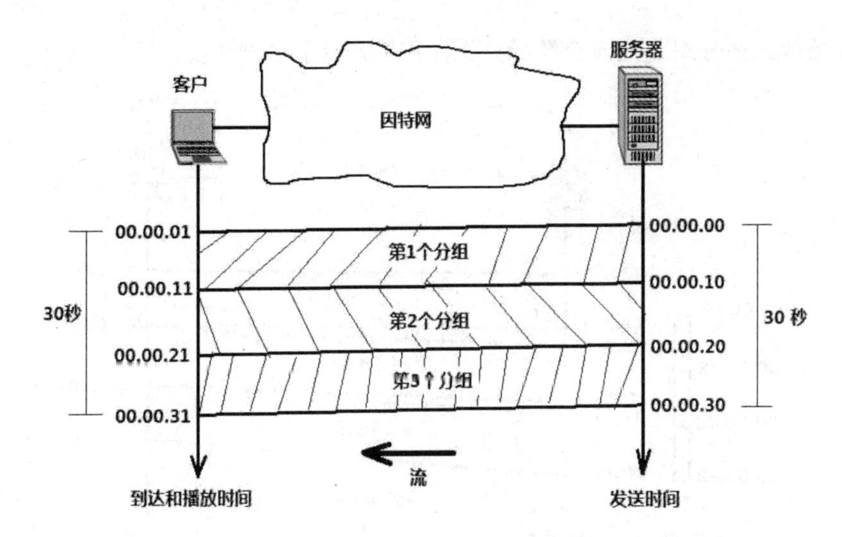

图 10-9　在分组之间的时间关系

但是，如果分组到达有不同的延迟，会是什么样的情况呢？例如第 1 个分组在 00：00：01 到达（1 秒延迟），第 2 个分组在 00：00：15 到达（5 秒延迟），第 3 个分组在 00：00：27 到达（7 秒延迟）。如果接收方在 00：00：01 开始播放第 1 个分组，它将在 00：00：11 结束。然而下一个分组还没有到达；它晚 4 秒到达。当该视频在远方被观看时，在第一个和第二个分组之间，以及在第 2 个和第 3 个分组之间都有一个缝隙。这种现象被称作抖动。图 10-10 表示了这种情况。

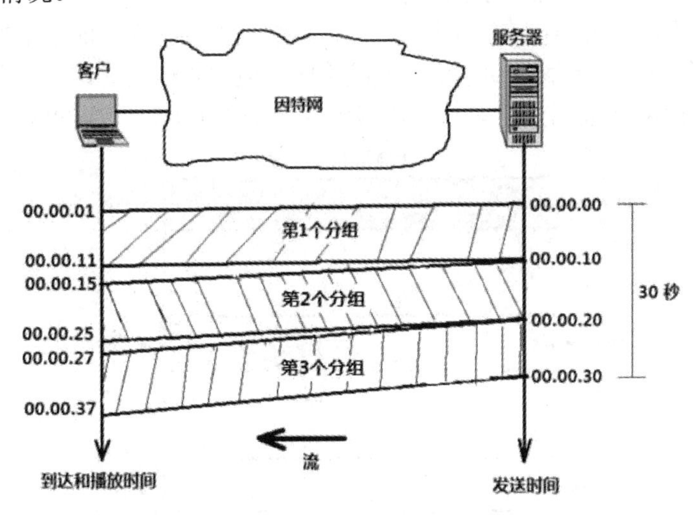

图 10-10　抖动

对于抖动的一个解决方案是使用时间印记。如果每个分组都有一个时间印记，表示出它产生时相对于第一个（或前一个）分组的时间，那么接收方就可以把这个时间加到开始回放的时间。换句话说，接收方知道每个分组什么时候播放。假定在前面的例子中的第 1 个分组具有时间印记 0，第 2 个分组具有时间印记 10，第 3 个分组具有时间印记 20。如果接收方在 00：00：08 开始回放第 1 个分组，那么第 2 个分组将在 00：00：18 播放，第 3 个分组将在

00：00：28 播放。在分组之间没有缝隙。图 10-11 表示了这种情况。

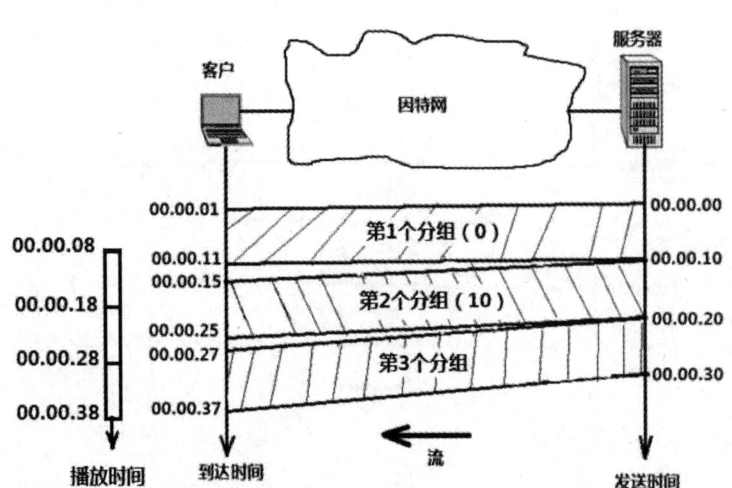

图 10-11　时间印记

为了能够把到达时间与回放时间分离，我们需要一个缓冲区存储数据，直到它们被回放为止。该缓冲区被称作回放缓冲区。当一个会话开始时（第 1 个分组的第 1 位到达），接收方延迟播放数据，直到到达一个门槛值。在前面的例子中，第 1 个分组的第 1 位在 00：00：01 到达；门槛值是 7 秒，回放时间是 00：00：08。门槛值用数据的时间单位（秒）计量。在第 1 个分组的第 1 位到达后经过门槛值的时间才开始重播。

数据是以可能是可变的速率存储进缓冲区，但它们以一个固定的速率被抽出和回放。注意，在缓冲区中的数据量可能是动态增加或减少的，但只要传输延迟小于回放门槛值数量的数据延迟，就没有抖动。图 10-12 给出了在我们的例子中不同时间缓冲区中的数据量的大小。

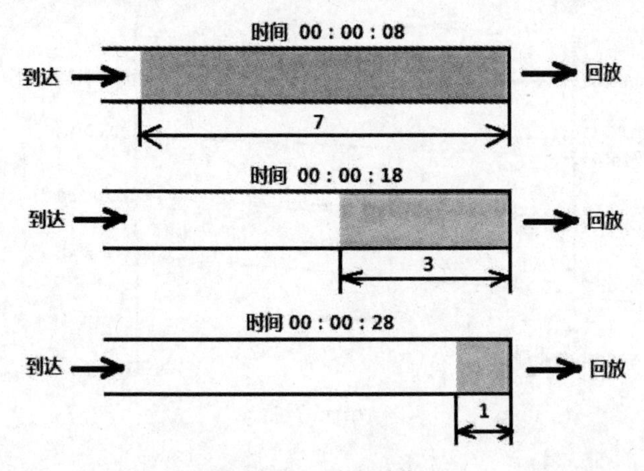

图 10-12　回放缓冲区

为了理解回放缓冲区是怎样实际地消除抖动的，我们需要把回放缓冲区看成是一个在每个分组中引入更多延迟的工具。如果加到每个分组的延迟使得每个分组总的延迟（网络延迟和缓冲延迟）相同，那么分组被平滑地回放，就像没有延迟一样。图 10-13 展示了 7 个分组的时间关系。注意我们需要适当地选择第 1 个分组在缓冲区中的延迟，使得右边的两个锯齿形曲线不会交叠。

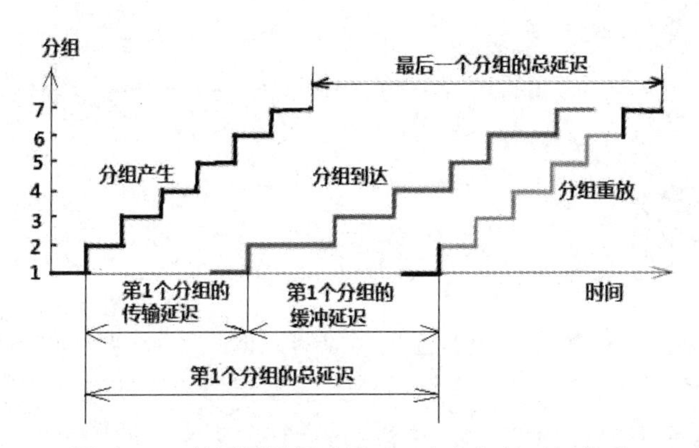

图 10-13　使用回放缓冲区后 7 个分组的时间关系

如图 10-13 中所示，如果第一个分组的回放时间选择适当，那么所有分组的总延迟应该是相同的。具有较长传输延迟的分组应该有较短的缓冲区等待时间，反之亦然。

对于实时流量，除了时间关系信息和时间印记，还需要有一个特征，那就是每个分组的顺序号。单有时间印记不能够告诉接收方是否有分组丢失。例如，假定时间印记是 0、10 和 20。如果第 2 个分组丢失，那么接收方只收到具有时间印记为 0 和 20 的两个分组。接收方认为具有时间印记 20 的分组是第 2 个分组在第 1 个分组之后 20 秒产生的。接收方无法知道实际上是第 2 个分组丢失了。这种情况就需要有一个序列号来给分组排序。

多播在音频和视频会议中起着主要的作用。流量可能很大，需要使用多播分发数据来有效地利用有限的带宽。会议需要在发送方和接收方之间进行双向的通信。发送方需要得到接收方关于服务质量的反馈信息。在发送方和某些接收方之间可能需要安装翻译器（translator），把需要高带宽支持的视频信号的格式转换成较低质量的窄带宽可以支持的信号格式。例如，一个源以 5Mbps 建立一个高质量的视频信号，发送给一个接入线路带宽等于 1Mbps 的接收方。在这种情况下，为了接收该视频信号，就需要用一个翻译器，解码信号并把它再编码成较低收视质量的需要较少带宽的格式。

如果有不止一个的源在同时发送数据（例如在一个声频或视频会议中，流量由多个流组成），那么为了在传输过程中能把流量汇聚成 1 个流，还需要使用混合器（mixer）混合来自不同源的数据。混合器把来自不同源的信号相加，建立单个信号。另外，在网络通路误码率高的情况下可能还需要采用前向纠错编码。

10.2　实时多媒体系统的协议特征

在讨论了因特网上音视频服务的三个类别之后，我们再把关注点转向实时多媒体系统的协议特征。图 10-14 给出了一个实时多媒体系统的概要表示。

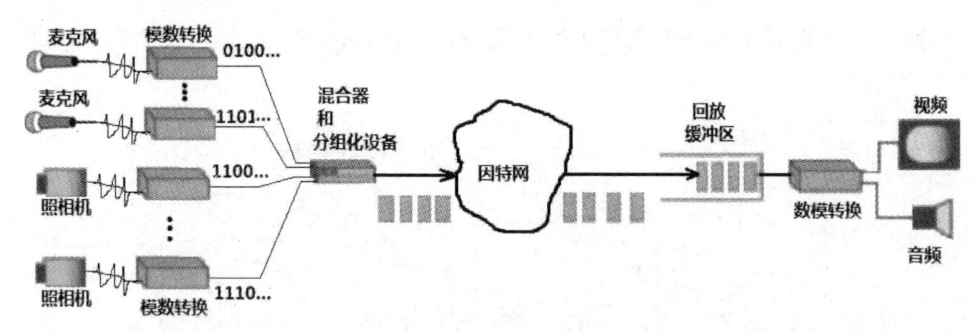

图 10-14　一个实时多媒体系统的概要图

虽然它可以只有一个麦克风和一个音频播放器，但是今天的交互式实时应用通常是由多个麦克风和多个照相机组成的。音频和视频信息（模拟信号）被转换成数字数据。从不同的源建立的数字数据通常被混合和分组化。分组被送往分组交换的因特网。在目的地接收到的分组具有不同的延迟（抖动），一些分组可能被破坏或丢失。一个重放缓冲区基于在每个分组上的时间印记重放分组。结果被送到一个数模转换器重建音视频信号。音频信号被送到一个扬声器，视频信号被送到一个显示设备。

在源场点的每个麦克风或照相机都是一个同步源，都被赋给一个 32 位的标识符，称作同步源（SSRC）标识符。在有混合器的情况下它们被称作贡献者，其同步源标识符被称作贡献源（CSRC）标识符。混合器也是一个同步源，并且被赋给一个新的同步源标识符。

为了处理像是音频和视频会议这样的交互式实时多媒体应用，我们需要采用一些新的协议。很显然，我们不必改变 TCP/IP 协议栈的下三层（物理层、链路层和网络层），因为这三层的设计目标是承载任何类型的数据。物理层向数据链路层提供服务，而不管在帧中的位的性质。数据链路层负责对网络层分组的结点到结点的投递，而不管分组是由什么构成的。而网络层则负责数据报的主机到主机的投递，而不管在数据报中包装的是什么内容，虽然对于多媒体应用我们需要网络层具有较好的服务质量。

如此说来，我们应该仅考虑应用层和传输层。我们需要设计一些应用层协议来编码和压缩多媒体数据，并且在使用的过程中需要考虑在质量、带宽需求以及编码和压缩操作的复杂性之间进行折中。结果是，可以处理多媒体的应用层协议有一些功能需要传输层来执行，而不是由每个应用协议自己来处理。

显然我们需要为交互式实时多媒体开发一些应用层协议，因为音频会议和视频会议的性质不同于诸如文件传送和电子邮件这样的数据应用。一些专有的应用已经由私有部门开发出来，市场上正在涌现越来越多的实时多媒体应用。其中的一些应用，例如 MPEG 音频和 MPEG 视频，使用为音视频数据传送定义的某些标准。没有可以被所有应用使用的具体标准，也没有可以被每个人使用的具体应用协议。

多媒体应用的单个标准的缺乏和一般特征的缺乏提出了关于被所有多媒体应用使用的传输层协议的一些问题。两个常用的传输层协议，UDP 和 TCP，是在甚至还没有人想过要在因特网上使用多媒体的时代设计出来的。我们可以使用 UDP 或 TCP 作为实时多媒体应用的通用传输层协议吗？要回答这个问题，我们首先需要考虑这个类型的多媒体应用的要求，然后再看看 UDP 或 TCP 能否满足这些要求。

10.2.1　对传输层的要求

归纳起来，交互式实时多媒体应用对传输层的要求包括 7 点。

（1）发送方和接收方对于编码类型的协商

第 1 个要求关系到音频或视频单个标准的缺乏。我们有多个具有不同编码或压缩方法的音频会议或视频会议标准。如果发送方使用一种编码方法，而接收方使用另一种编码方法，那么通信是不可能的。在编码和压缩数据被传送之前，应用程序需要协商音视频使用的标准。

（2）分组流的产生

UDP 允许应用程序在把报文递交给 UDP 之前把它的报文分组化，并具有明确的边界。UDP 在数据传送的过程中始终保持着用户数据报的边界。而在另一方面，TCP 提供字节流服务，不保持报文段的边界。也就是说，UDP 适用于需要发送具有清晰的边界的报文应用，但 TCP 适用于发送连续的字节流的应用。就实时多媒体而言，我们需要同时具有这两方面的特征。实时多媒体是一个面向应用的帧流或数据块流，帧或块有具体的大小，但在帧或块之间也有关联。显然无论是 TCP 还是 UDP 都不适合处理在这种情形中的帧流或块流。就应用层帧而言，UDP 不能提供在帧之间的关联；TCP 提供字节之间的关联，但字节比多媒体帧或块小得多。

（3）为混合来自不同源的流进行源同步

如果一个应用使用多于一个的源（同时有音频和视频），那么就需要在源之间进行同步。例如，同时使用音频和视频的电话会议，音频和视频可能使用具有不同速率的不同的编码和压缩方法。显然这两个类型的应用应该同步，否则我们可能先听到讲话人说话，后看到他的脸；或者相反，先看到脸，后听到讲话。也可能有多个音频或视频源，即使用多个麦克风或多个照相机。源同步通常都使用混合器。

（4）错误控制

在实时多媒体应用中，需要特别关注对错误的处理（可能有分组被破坏或丢失）。我们不宜重传损坏的或丢失的分组。我们需要在数据中注入附加的冗余使得能够再生丢失的或损坏的分组，而不用请求发送方对它们进行重传。这就意味着 TCP 不适合实时多媒体应用。

（5）拥塞控制

跟其他的应用一样，我们在多媒体通信中也需要提供某种拥塞控制。如果我们决定在实时多媒体中不使用 TCP（因为重传问题），那么我们应该设法在系统中实现某种拥塞控制。

（6）消除抖动

实时多媒体应用的一个问题是在接收方看到的抖动，因为由因特网提供的分组交换服务可能对在一个流中的不同分组产生不均匀的延迟。在过去，音频会议由电话网络提供，该网络采用电路交换，是没有抖动的。如果我们把这些应用逐步地搬移到因特网上，那么我们需要考虑如何应对抖动。一种方法是使用回放缓冲区和时间印记来消除抖动。回放是在接收方的应用层运行的，但传输层应该能够为应用层提供时间印记和排序。

（7）标识发送方

跟其他的应用一样，在多媒体应用中一个细微的问题是如何在应用层标识发送方。当我们使用因特网时，通信双方用他们的 IP 地址标识。然而就像在 HTTP 或电子邮件中所做的那样，我们需要把 IP 地址映射成对用户更友好的字符串或标识符。

10.2.2 TCP 和 UDP 的能力

在讨论了实时多媒体的要求之后，现在我们来看一看 UDP 或 TCP 是否能满足这些要求。表 10-2 列出了 UDP 和 TCP 对上述要求的支持情况。

表 10-2 UDP 或 TCP 处理实时多媒体的能力

实时多媒体的要求	UDP	TCP
1.发送方和接收方对于编码类型的协商	不支持	不支持
2.分组流的产生	不支持	不支持
3.为混合来自不同源的流进行源同步	不支持	不支持
4.错误控制	不支持	支持
5.拥塞控制	不支持	支持
6.消除抖动	不支持	不支持
7.标识发送方	不支持	不支持

从表 10-2 可以看出，无论是 UDP 还是 TCP 都不能满足实时多媒体的所有要求。然而，需要指出的是，我们需要传输层协议实现客户–服务器套接字，我们不应当让应用层做传输层的工作。这就意味着，我们可能有三种选择。

（1）我们可以使用新的传输层协议（例如 SCTP），结合 UDP 和 TCP 的特征（特别是流的分组化和多流）。这个选择可能是最好的，因为 SCTP 具有 UDP 和 TCP 的结合特征，并有它自己的附加特征。然而，SCTP 是在已经有了许多多媒体应用之后才引入的。它可能在未来成为一个事实上的传输层协议。

（2）我们可以使用 TCP，并把它跟其他的传输设施结合补偿 TCP 不能提供的要求条件。然而，这个选择有些困难，因为 TCP 使用重传方法，这是实时应用不能接受的。TCP 的另一个问题是它不支持多播。一个 TCP 连接仅仅是两方连接，对于实时交互式通信，我们需要多方连接。

（3）我们可以使用 UDP，并把它跟其他的传输设施结合补偿 UDP 不能提供的要求条件。换句话说，我们使用 UDP 提供客户-服务器套接字接口，但使用运行在 UDP 之上的另一个协议——RTP。

10.2.3　使用 RTP

RTP 位于 UDP 和多媒体应用之间，来自多媒体应用的数据被封装在 RTP 中，然后又被传递给传输层。也就是说，套接字接口位于 RTP 和 UDP 之间，在我们为每个多媒体应用编写的客户-服务器程序中，都应该包括 RTP 的功能。然而，一些程序设计语言提供了使得编程变得比较容易的设施。例如，为此目的 C 语言提供一个 RTP 库，Java 语言提供一个 RTP 类。如果我们使用 RTP 库或 RTP 类，那么可以认为我们已经把应用与 RTP 分开了，RTP 可以被看成是传输层的一部分。

在 RTP 分组头中，7 位的载荷类型域表示数据的类型。16 位的顺序号域用以给 RTP 分组编号。32 位的时间印记域表示分组之间的时间关系。32 位的同步源标识符域定义源，如果在一个会话中有多于一个的源，那么混合器是同步源，其他的源是贡献源。

RTP 只允许一个类型的报文，把数据从源运载到目的地。为了控制会话，在一个会话的参与者之间需要更多的交流。在这种情况下，控制通信被赋给了一个单独的协议，即 RTCP。需要指出的是，RTCP 载荷不在 RTP 分组中运载；RTCP 实际上是 RTP 的一个姐妹协议。这就意味着，作为真正的传输协议，UDP 有时候运载 RTP 分组，有时候运载 RTCP 分组，就像它们是不同的上层协议那样。

RTCP 分组产生一个带外控制流，在多媒体流的发送方和接收方之间提供两个方向的反馈信息。特别地，RTCP 提供下列三方面的功能。

（1）RTCP 告知多媒体流的发送方关于网络的性能，这些性能可能跟网络是否拥塞直接相关。由于多媒体应用使用 UDP（而不是 TCP），因此在传输层没有控制网络拥塞的机制。这就意味着如果需要控制拥塞，就应该在应用层做工作。RTCP 给应用层这样做的线索。如果 RTCP 观察到和报告了拥塞，那么应用可以采用更强的压缩方法减少注入网络的分组数目，以此来减少拥塞并对质量进行折中。而在另一方面，如果没有观察到拥塞，应用则可以采用不太强的压缩方法，得到较好的服务质量。

（2）在 RTCP 分组中承载的信息可以被用来同步跟同一个源相关联的不同的流。一个源可以使用两个不同的源收集音频或视频数据。此外，音频数据可以从不同的麦克风收集，视频数据可以从不同的照相机收集。一般地，取得同步需要以下两个信息。

①每个发送方需要有一个标识符。每个源可以有一个不同的同步源（SSRC），RTCP 为每个源提供一个称作规范名（canonical name，CNAME）的单个标识符。CNAME 可用以关联不同的源，允许接收方结合来自同一个发送方的多个不同的源。例如，一个电话会议可能有 n 个跟一个会话相关联的发送方，但可以有 m 个源（$m>n$）贡献于这个流。在这个系统中，我们仅有 n 个 CNAME，但有 m 个 SSRC。一个 CNAME 取“用户名@主机名”的形式，这里的用户名通常是该用户的登录名，主机名是该主机的域名。

②规范名本身不能够提供同步。为了把多个源同步，除了在每个 RTP 分组中提供的相对定时，我们需要知道流的绝对定时。在每个分组中的时间印记信息给出了在分组中的比特对于流的开始的相对时间关系，它不能够把一个流与另一个流相关联。由 RTCP 分组发送的绝对时间有时也称挂钟时间，使得多个流之间的同步成为可能。

（3）RTCP 分组可以运载可能对接收方有用的关于发送方的信息，例如发送方的名字（不限于规范名）或为视频加的字幕。

RTCP 发送的分组有 5 类，分别是发送方报告、接收方报告、源描述、告别和应用特有的控制分组。

①发送方报告分组由在一个会话中的主动发送方定期发送，报告在该时间段内发送的所有 RTP 分组的传输和接收统计。发送方报告分组包括以下信息。

- RTP 流的 SSRC。
- 绝对时间印记。它是相对时间印记和挂钟时间的结合，是从 1970 年 1 月 1 日午夜开始计算的秒数，允许接收方同步不同的 RTP 分组。
- 从会话开始发送的 RTP 分组和字节的个数。

②接收方报告分组由那些不发送 RTP 分组的被动参与方发出。该报告把关于服务质量的情况告知发送方和其他接收方。这类反馈信息可被用于在发送方场点的拥塞控制。接收方报告包括下列信息。

- 为其建立该接收方报告的 RTP 流的 SSRC。
- 分组丢失的比例。
- 最后一个顺序号。
- 间隔抖动。

③源描述分组由源定期发送，给出关于它自身的附加信息。该类分组可以包括下列信息。

- 同步源（SSRC）。
- 发送方的规范名（CNAME）。
- 诸如真实名字、电子邮件地址和电话号码这样的其他信息。
- 源描述分组还可以包括像用于视频的字幕这样的额外数据。

④告别分组由一个源发送，用以关闭一个流。它允许源宣告它要离开会议。虽然其他的源能够检测到一个源的缺席，但是这个分组是一个直接的宣告。它对于混合器也是很有用的。

⑤应用特有的分组允许定义在标准中还没有的新的分组类型，用于新的应用。

现在我们再来看一看 RTP 和 RTCP 的结合是否能满足交互式实时多媒体应用的要求。一个数字音频或视频流（一个比特序列）被划分成块（chunks），每块都有一个预定义的边界，以区别开前一块或下一块。一个块被封装在一个 RTP 分组中，该分组定义一个具体的编码（载荷类型）、一个顺序号、一个时间印记、一个同步源（SSRC）标识符以及一个或多个贡献源（CSRC）标识符。

（1）对于第 1 个要求，发送方和接收方对于编码类型的协商，RTP 和 RTCP 的结合不能满足。这个功能应该由某个其他的协议来执行，这就是会话起始协议（SIP），它与 RTP/RTCP 结合提供该功能。

（2）第 2 个要求，分组流的产生，RTP 可以满足。RTP 把每个数据块封装在一个带有顺序号的 RTP 分组中，在 RTP 分组头中的 M 域还允许定义在数据块之间有一个具体类型的边界。

（3）第 3 个要求，为混合来自不同源的流进行源同步，RTP/RTCP 可以满足。在 RTP 分组中，每个源用一个 32 位的标识符标识，并使用相对时间印记，而在 RTCP 分组中使用绝对时间印记。

（4）第 4 个要求，错误控制，RTP 可以满足。在 RTP 分组中使用顺序号，并让应用使用前向纠错技术再生丢失的分组。

（5）第 5 个要求，拥塞控制，RTP/RTCP 可以满足。RTCP 使用接收方报告分组通知发送方丢失分组的数量，发送方可以使用比较强的压缩技术减少注入网络的分组数目，从而缓解拥塞。

（6）第 6 个要求，消除抖动，RTP 可以满足。在每个 RTP 分组中都有时间印记和顺序号，可供数据的缓冲回放使用。

（7）第 7 个要求，标识发送方，RTP/RTCP 可以满足。在 RTCP 发送的源描述分组中包含 CNAME。CNAME 可用以关联不同的源，允许接收方结合来自同一个发送方的多个不同的源。

10.2.4　使用 SIP

虽然我们可以使用 RTP 和 RTCP 在因特网上提供音视频会议服务，但是仅此还不够，我们还缺少一个成分，那就是呼叫参与方所需要的信令系统。

我们回顾一下使用 PSTN 的传统声频会议（在两个或更多的人之间）。为了做一个电话呼叫，需要两个电话号码，呼叫方和被呼方。然后我们需要拨被呼方的号码，等待他应答。在被呼方应答之后电话会话开始。也就是说，常规的电话通信涉及两个阶段：信令阶段和音频通信阶段。

在电话网络中的信令阶段由一个 7 号信令系统（Signaling System 7，SS7）提供。SS7 协议跟话音通信系统完全分离。例如，虽然传统的电话系统使用模拟信号在电路交换网络上承载话音，但 SS7 电脉冲拨打的每个数字都被转变成一系列的脉冲。SS7 不仅提供呼叫服务，也提供其他服务，例如呼叫转移和错误报告。

RTP 和 RTCP 协议的结合等同于 PSTN 的话音通信，为了在因特网上完全模拟这个系统，我们需要一个信令系统。我们的目标甚至比此还要大，我们不仅要能够使用我们的计算机，还要能够使用我们的电话机、我们的手机和我们的 PDA 等呼叫我们在一个音频或视频会议中的搭档。如果我们的搭档不在他的办公室里，我们还需要找到他。

SIP 被用来与 RTP/RTCP 结合使用，它建立、管理和终止一个多媒体会话，可以是两方、多方或多播会话。具体地讲，SIP 可以提供下列服务。

（1）在连接到因特网的用户之间建立一个呼叫。

（2）在用户可能改变他们的 IP 地址的情况下（考虑到移动 IP 和 DHCP）找到用户的位置（他们的 IP 地址）。

（3）发现用户是否能够或愿意参加该会议呼叫。

（4）确定用户在使用的媒体和编码类型等方面的能力。

（5）定义像所使用的端口号这样的参数，建立会话。

（6）提供会话管理功能，例如呼叫保持、呼叫转移、接受新的参与者和改变会话参数。

在交互式实时多媒体应用和其他应用之间的一个差别是通信搭档。在音频或视频会议中，通信是在人之间而不是设备之间进行。例如，在 HTTP 或 FTP 中，客户在通信之前需要找到服务器的 IP 地址（使用 DNS），在通信之前不需要找到一个人。在 SMTP 中，电子邮件的发送方向接收方邮箱发送报文，而不控制该报文什么时候被收取。在音频或视频会议中，呼叫方需要找到被呼方。被呼方可能坐在他的办公桌前，可能在街上散步，或者完全不可提供。使得通信更加困难的是，参与者在一个特别的时间访问的设备可能与在其他时间使用的设备具有不同的能力。SIP 协议需要找到被呼方的位置，同时还要协商各参与方使用的设备的能力。

在电话通信中，一个电话号码标识发送方，另一个电话号码标识接收方。相比之下，SIP 是非常灵活的。在 SIP 中，一个电子邮件地址、一个 IP 地址以及其他类型的地址都可以用来标识发送方和接收方。然而该地址需要使用 SIP 格式，例如，sip：bob@201.23.45.78、sip：bob@aschool.edu、sip：bob@86-010-62567724。

SIP 地址是可以被包括在潜在的被呼方的 Web 中的 URL。例如，Bob 可以把上述地址之一作为他的 SIP 地址包括在他的网页中，如果有人点击它，SIP 协议就被调用，并呼叫 Bob。所有的 SIP 地址都需要遵从 sip：user@address 的格式。

与 HTTP 一样，SIP 是基于正文的协议。SIP 报文被分成两类：请求和响应。它们使用如表 10-3 所示的总体格式。

表 10-3　SIP 请求和响应报文的总体格式

请求报文		响应报文	
开始行		状态行	
头	//1 行或多行	头	//1 行或多行
空行（1 行）		空行	
报文体	//1 行或多行	报文体	//1 行或多行

SIP 请求报文包括 6 种。

（1）INVITE。呼叫方使用该请求报文起始一个会话，邀请一个或多个被呼方参加会议。

（2）ACK。呼叫方发送该报文证实会话起始已经完成。

（3）OPTIONS。该报文查询一个机器的能力。

（4）CANCEL。该报文取消一个已经开始的会话起动过程，但不终止呼叫，在 CANCEL 之后可以起动一个新的会话起始。

（5）REGISTER。该报文在被呼方不可提供时做一条连接。

（6）BYE。该报文被用来终止会话，可以由呼叫方发出，也可以由被呼方发出。

响应报文可以针对任何报文发送，并且用三个数字定义。下面给出的是对这些报文的简要描述。

（1）信息性响应。这些响应取 SIP 1xx 格式，包括 100 尝试、180 振铃、181 呼叫转移、182 排队以及 183 会话进行中。

（2）成功响应。这些响应取 SIP 2xx 的形式，常用的是 200 OK。

（3）重定向响应。这些响应取 SIP 3xx 的形式，常用的有 301 永久移动、302 暂时移动和 380 替代服务。

（4）客户失败响应。这些响应取 SIP 4xx 的形式，常用的有 400 坏的请求、401 未被授权、403 被禁止、404 没有找到、405 方法不被允许、406 不被接受、415 不支持的媒体类型、420 坏的扩展和 486 这里忙。

（5）服务器失败响应。这些响应取 SIP 5xx 的形式，常用的有 500 服务器内部错误、501 没有实现、503 服务不可提供、504 超时和 505 SIP 版本不被支持。

（6）全局失败响应。这些响应取 SIP 6xx 的形式，常用的是 600 到处都忙、603 拒绝、604 不存在和 606 不可接受。

作为一个简单的应用示例，假定 Alice 需要呼叫 Bob，通信使用 Alice 和 Bob 的 IP 地址作为 SIP 地址。我们可以把通信划分成三个模块：建立会话、通信和终止会话。

在 SIP 中，建立一个会话需要三次握手。Alice 发送一个 INVITE 请求报文开始通信。如果 Bob 愿意起动会话，他就发送一个“200 OK”响应报文。为了证实已经收到了应答，Alice 又发送一个 ACK 请求报文起动声频通信。在这里，建立会话使用了两个请求报文（INVITE 和 ACK）和一个响应报文（200 OK）。INVITE 报文的开始行（INVITE sip：bob@201.23.45.78 sip/2.0）定义接收方的 IP 地址和 SIP 版本。报文体使用会话描述协议（SDP）表示每一行的语法和语义。第 1 行（c=IN IP4 12.14.78.34）定义报文的发送方；第 2 行（m=audio 49170 RTP/AVP 0）定义媒体（audio）以及在从 Alice 到 Bob 的方向上 RTP 使用的端口号。

响应报文“200 OK”本体的第 1 行（c=IN 201.23.45.78）也定义报文的发送方；第 2 行（m=audio 47220 RTP/AVP 0）定义媒体（audio）以及在从 Bob 到 Alice 的方向上 RTP 使用的端口号。

在 Alice 通过 ACK 报文请求（ACK sip：bob@201.23.45.78 sip/2.0，该报文不需要响应）证实会话的建立之后，会话的建立结束，通信可以开始。

在会话建立之后，Alice 和 Bob 可以使用在建立会话的过程中定义的两个临时端口进行通信。RTP 使用偶数端口号（49170 和 47220），RTCP 使用随后的奇数端口号（49171 和 47221）。

会话可以由通信的任一方通过发送一个 BYE 报文终止，在本例中假定由 Alice 发送“BYE sip：bob@201.23.45.78 sip/2.0”报文终止会话。

下面我们考虑比较复杂一点的情况。假定 Bob 没有坐在他的终端前面，他可能离开系统或在另一个终端前面。如果使用 DHCP，他甚至可能没有一个固定的 IP 地址。SIP 有一种机制可用以找到 Bob 当前所在处的终端 IP 地址。为了进行这样的跟踪，SIP 使用注册的概念。SIP 把一些服务器定义为注册服务器。在任何时候，一个用户都跟至少一个注册服务器注册，因而这个服务器知道被呼方的 IP 地址。

当 Alice 需要和 Bob 通信时，她可以在 INVITE 报文中使用电子邮件地址来代替 IP 地址。该报文前往一个代理服务器，代理服务器向某个注册了 Bob 的注册服务器发送一个查询报文

（非 SIP 报文）。当该代理服务器从注册服务器接收到一个应答时，它就在 Alice 的 INVITE 报文中插入新发现的 Bob 的 IP 地址。随后该报文就被送往 Bob。图 10-15 给出了这一过程。

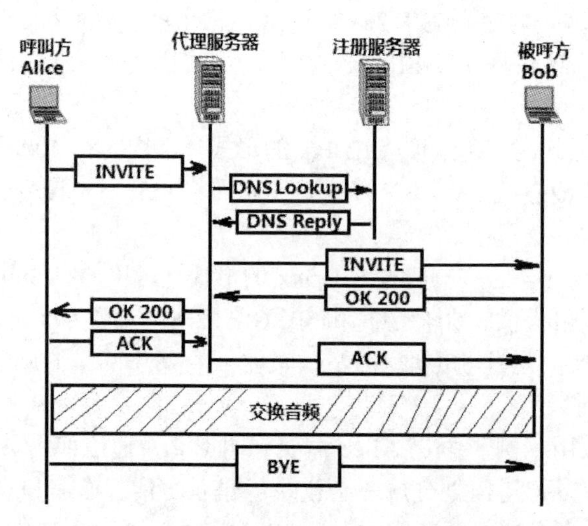

图 10-15　使用注册服务器的 SIP 通信过程

SIP 请求和响应报文都被划分成 4 个部分：开始或状态行、头、空行（1 行）和报文体。开始行是单个行，以报文请求名开始，后随接收方地址和 SIP 版本。例如，INVITE sip：forouzan@roadrunner.com sip/2.0。状态行也是单个行，以 3 个数字的响应码开头，例如 200 OK。

在请求或响应报文中的头都可以使用多个行。每一行以行名开头，后随一个冒号和空格，再后随值。典型的头行包括 Via，From，To，Call-ID，Content-Type，Content-Length，以及 Expired。Via 头定义报文通过其传递的 SIP 设备，包括发送方设备。From 头定义发送方。To 头定义接收方。Call-ID 头是一个标识会话的随机数。Content-Type 头定义报文体的类型，通常是会话描述协议。Content-Length 头定义报文体以字节计的长度。Expired 头通常在 REGISTER 报文中使用，定义在报文体中的信息的期满时间。下面列出的是一个在 INVITE 报文中头的例子：

```
Via：SIP/2.0/UDP 145.23.76.80
From：sip：alice@roadrunner.com
To：sip：bob@arrowwhead.net
Call-ID：23a345@roadrunner.com
Content-Type：application/sdp
Content-Length：600
```

报文体是 SIP 与像 HTTP 这样的应用的主要差别。SIP 使用会话描述协议（SDP）定义报文体。在报文体中的每一行都由一个 SDP 编码后随一个等于号再后随一个值构成。编码是单个字符，确定编码的目的。

我们可以把报文体分成几个部分。第一部分通常是总的信息，使用的编码有 v（SDP 版本）和 o（报文源）。第二部分通常给出接收方可用以决定参加会话的信息，使用的编码有 s

（主题）、i（关于主题的信息）、u（URL）以及 e（负责会话的人的电子邮件地址）。第三部分给出使得会话成为可能的技术细节，使用的编码有 c（为了能够参加会话用户需要加入的单播或多播 IP 地址）、t（会话的开始和结束时间）以及 m（关于音频、视频这样的媒体信息、端口号、协议等）。

下面列出的是一个 INVITE 请求报文体的例子。

```
V=0
O=forouzan 64.23.45.8
s=computer classes
i=what to offer next semester
u=http：//www.uni.edu
e=forouzan@roadrunner.com
c=IN IP4 64.23.45.8
t=2923721854 2923725454
```

最后，我们通过把一个报文请求的 4 个部分（包括空行）放在一起，给出一个完整的 SIP 报文的示例。第一行是开始行，下面 6 行组成头，再下一行（空行）把报文头和报文体隔开，最后 8 行是报文体。

```
INVITE sip：forouzan@roadrunner.com
Via：SIP/2.0/UDP 145.23.76.80
From：sip：alice@roadrunner.com
To：sip：bob@arrowhead.net
Call-ID：23a345@roadrunner.com
Content-Type：application/sdp
Content-Length：600
// 空格
v=0
O=forouzan 64.23.45.8
s=computer class
i=what to offer next semester
u=http：//www.uni.edu
e=forouzan@roadrunner.com
c=IN IP4 64.23.45.8
t=2923721854 2923725454
```

10.2.5　使用 H.323

H.323 是 ITU 设计的一个标准，允许在公用电话网上的电话跟连接到因特网的计算机（在 H.323 中称作终端）通话。

在 H.323 体系结构中，网关（gateway）把因特网连接到电话网。网关把电话网报文转换成因特网报文。在因特网这边，在局域网上的关守（gatekeeper）起着跟在 SIP 中的注册服务器同样的作用。

H.323 使用多个协议来建立和维持话音或视频通信。它使用 G.71 或 G.723.1 压缩数据，使用 H.245 允许通信搭档协商压缩方法，使用 Q.931 建立和终止连接，使用 H.225 即 RAS（Registration/Administration/Status，注册/管理/状态）跟关守注册。

需要指出的是，H.323 是一套完整的协议。相比之下，SIP 只是一个信令协议，它通常与 RTP 和 RTCP 结合产生用于交互式实时多媒体应用的一套完整的协议，但它也可以与其他协议结合使用。在另一方面，H.323 是一套完整的协议，并且必须使用 RTP 和 RTCP。

下面通过一个简单的例子说明使用 H.323 做电话通信的操作。图 10-16 展示了一个终端（计算机）与一个电话通信所使用的步骤。

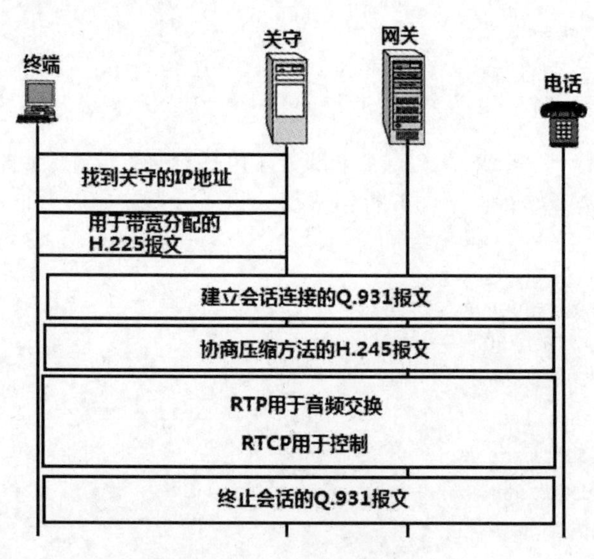

图 10-16　H.323 电话通信示例

（1）终端发送一个广播报文给关守，关守用它的 IP 地址响应。

（2）终端和关守通信，使用 H.225 协商带宽。

（3）终端、关守、网关和电话使用 Q.931 通信，建立一条连接。

（4）终端、关守、网关和电话使用 H.245 通信，协商压缩方法。

（5）终端、网关和电话在 RTCP 控制协议辅助下使用 RTP 交换音频。

（6）终端、关守、网关和电话使用 Q.931 通信，终止会话。

10.3　IP 电话

当今的 Internet 不断地在变化着自己的方向和位置，网中流动的信息所代表的内容已从原来单纯的“数据”向多媒体演变。网络信息流量在不断增长，而基于 Internet 的各种业务的发展更是令人眼花缭乱，IP 电话（又称 IP PHONE 或 VoIP）就是其中之一。

IP 电话是一种利用 TCP/IP 网络进行语音通信的新业务，与传统电话有着明显的不同。首先，传统电话使用公用电话网的交换线路作为语音传输媒介；而 IP 电话则是将语音信号在公用电话网和 Internet 之间进行转换，然后对语音信号进行压缩封装，形成 IP 分组。同时 IP 技术允许多个用户共用同一信道，改变了传统电话由单个用户独占一个信道的方式，减少了每个用户使用信道的费用。其次，作为 IP 电话核心元件之一的数字信号处理器的价格在逐步下降，从而使电话费用也大大降低。这一点在国际电话通信费用上尤其明显，它也是 IP 电话迅速发展的重要原因。

随着 IP 电话的迅速发展，TCP/IP 网络上的各种多媒体应用越来越多。为了实现不同制造厂商所生产的设备之间的互通，实现多媒体通信的标准化，国际电信联盟（ITU）于 1996 年 5 月发布了 H.323。H.323 提供了基于分组网络的语音、视频控制等协议，作为一个框架，该协议提供了对系统及组成部件的描述、对呼叫方式的描述以及呼叫信令过程的规范。

本节通过对 IP 电话技术的介绍，表明在 IP 网络上开展多媒体应用所涉及的 QoS、实时协议、资源预留协议、组织结构和业务流程中一系列原理和关键技术问题。

10.3.1　IP 电话基本模型

IP 电话的发展可以分为三个阶段，即微机到微机、微机到电话和电话到电话。现在仍然存在着多种业务形式，但无论现在还是将来，都是电话到电话的应用会拥有最大的市场。

最早的 IP 电话实现形式是微机到微机。用户只需在自己的多媒体 PC 中装入相关的软件就可以打 IP 电话了。这种方式的最大优点是实现比较简单，但具有如下不足：①通话双方必须同时登录到 Internet，即通话双方被限定在 IP 网络内部；②依靠软件实现语音处理，时延长，质量差；③同软件间难以兼容。

微机到电话是一种单向呼叫、双向通话的通信方式。由安装了相关软件的 PC 发起呼叫，并通过网关服务器激活被呼方，在通信过程中电话机只能作为受话方。微机到电话的方式在通话质量上有一定的提高，但其最大的缺点是单向呼叫方式限制了呼叫者的范围，没有电脑的用户无法作为呼叫方。

电话到电话方式利用 IP 电话网关实现了语音信号在电话网和 Internet 之间的转换，彻底解决了没有电脑就无法打 IP 电话的问题。而且，对于用户来说，电话到电话方式的 IP 电话使用比较简单，拨打 IP 电话与拨打传统电话的区别不大，同时通话质量比前两种方式有明显改善。因此，在本书的后续章节中，若不加特别说明，IP 电话指的就是电话到电话方式。不过，应该指出，与我们目前使用的传统电话相比，电话到电话方式的通话效果仍不尽如人意。

电话到电话方式的 IP 电话网络的基本模型如图 10-17 所示。语音网关（电话网关）将公共服务电话网络（PSTN）和 TCP/IP 网络（可以是 Internet，也可以是 Intranet 即企业内部网）连接起来。用户电话机通过 PSTN 本地回路连接到语音网关，语音网关负责把模拟语音信号转换为数字信号，并进行压缩和组装 IP 分组，产生可以在 TCP/IP 网络上传输的分组语音信息，然后通过 IP 网络传送到被呼用户所在位置的语音网关，由该网关进行 IP 分组信息的解包、解压和解码，还原成可被识别的模拟语音信号，再通过 PSTN 传送到被呼方的电话机。

这样就完成了一个完整的 IP 电话的通信过程。

图 10-17 IP 电话网络基本模型

经过 IP 电话系统的压缩处理，每路 IP 电话在 TCP/IP 网络上约占用 8~11kbps 的带宽，因此在使用和传统电话网络相同的传输速率（即 64kbps）的信道时，IP 电话的路数是原来的 5~8 倍。

在具体操作过程中，用户首先使用普通电话机拨打 IP 电话网关的市话号码，然后输入账号和密码，IP 电话网关对用户进行身份验证后，根据用户拨打的被呼用户的电话号码寻找一条最佳路由，连接到最接近被呼用户的 IP 电话网关，最后由该 IP 电话网关实现对被呼用户的呼叫。至此，两个使用普通电话机的用户便可以经过 Internet/Intranet 进行通话了。

10.3.2 IP 电话的关键技术

IP 电话技术的主要目的是使 IP 网络和电话网结合起来，而且要让 IP 电话不仅可供计算机用户可以使用，还可供普通电话机用户使用。两种网络有着不同的特性：IP 网是传送数据信息的网，用的是分组传送技术；电话网是传送模拟话音信号的网，用的是电路交换技术。我们已经懂得，电路交换的主要特点是电话接通后就占用了一条电路，只要通话人不挂上话机，电路就一直被占用着，而不管是否在讲话。通常通话时是一方讲话，另一方在听，因此至少有 50%的电路没有利用上，电路利用率很低。分组传送技术是把要传送的信息数据按一定的长度分组，即切块“打包”，每个“包”都加上地址标志，然后用“存储—转发”的方式发送，每个会话的分组并不独占电路，而是遇到电路有空就传送，多个会话可以异步地统计式共享一条信道。这样一来，电路利用率就提高了。再加上分组传送通常还采用数字压缩技术，使得电路利用率能比电路交换高好多倍。另外，分组传送的计费方式不考虑传送距离的远近，使得长途 IP 电话的费用大大降低。

目前 IP 电话的问题是不能保证电话语音的服务质量，但是多数用户宁愿忍受较差的服务质量而节省大量的电话费用。再加上 IP 网络技术也在向更高的速率和更好的服务质量方向发展，决定了 IP 电话具有无比巨大潜力的市场。在市场的驱动下，各研究机构、国际标准组织、产品制造商等纷纷投入到 IP 相关技术的开发中，使之很快就达到了商用的程度。

IP 电话是一个复杂的系统工程，涉及的技术也很繁杂，其中又以下列几种技术的发展最为关键，包括分组语音技术、语音编码和压缩技术、服务质量（QoS）技术、交互式语音应答（IVR）技术等。

1. 分组语音技术

分组语音技术是指将语音信号转化为一定长度的数字化语音包，采用存储-转发的方法以包的形式进行交换和传输的技术。分组语音占用的传输带宽低于传统语音，所以在给定的连接线路中可以传输更多的会话信息。我们知道，一路传统电话在电话网的数字化干线上通常需要 64kbps 以上的带宽，而分组语音需要的带宽不到 10kbps。

图 10-18 给出了在两个计算机站点之间传送分组语音的网络示意图。每个站点由以下几个部件组成：PC、话音的输入和输出设备（如话筒和扬声器）、对模拟信号进行数字化的设备（如语音卡），最后要与 TCP/IP 网络连接。从图 10-18 可以看出，分组语音在传输过程中不必经过任何电路交换设备，这是和传统电话不同的地方。

由于 TCP/IP 网络不能提供有保证的传输带宽，因此语音分组在其传输过程中会产生不确定的延迟和分组丢失等影响语音质量的因素。正因如此，直到近年来由于低速率编解码算法的出现和软硬件性能的提高，人们才开始关注分组语音技术的商业价值。

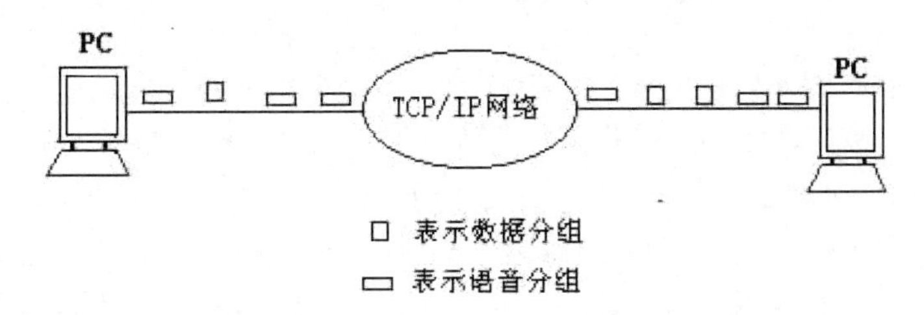

图 10-18　语音分组通过 TCP/IP 网络

一般说来，模拟语音信号在发送端要经过三级处理。

（1）模拟信号到数字信号的转换和进入缓冲器前的量化数据处理。声卡和音频设施先对模拟语音进行 8 位或 16 位量化，然后依次送入缓冲器，缓冲器大小可根据延迟和编码的要求选择。考虑到传输过程中的代价，语音分组通常由 60ms、120ms 或 240ms 长的语音数据组成。

（2）把语音分组按照特定的帧长进行压缩编码。许多低比特率的编码器对语音块（也被称为帧）进行编码，典型帧为 10~30ms。大部分编码器都有特定的帧尺寸，若一个编码器使用 15ms 的帧，则把从第一级来的 60ms 的分组分成 4 帧，并按顺序进行编码。每个帧包含 120 个语音样点（抽样频率为 8kHz）。编码后，将 4 个压缩的帧再合成一个压缩的语音分组送入网络处理器。

（3）网络处理器为语音分组添加分组头、时标和其他信息后，通过网络传送到另一端点。

当语音分组经网络传送到另一端被计算机接收时，又要经过下述三级处理。

（1）网络提供一个可变长度的缓冲器，用来调节网络产生的抖动（由时延变化引起）。该缓冲器可容纳许多语音分组，而且用户可选择缓冲器的大小，小的缓冲器产生的延迟较小，但不能调节大的抖动。

（2）解码器把语音分组进行解压缩处理，产生新的语音分组。这个模块也是按帧进行操作，帧的长度完全和编码器的长度相同。若帧长为 15ms，则 60ms 的语音分组被分成 4 帧，然后它们被解压缩还原成 60ms 的语音数据流入解码缓冲器。

（3）播放驱动器将缓冲器中语音样点（480 个）取出送入声卡，按预定的频率（如 8kHz）进行数模转换再把声音从扬声器播出。

到此就完成了语音分组通信的一个全过程。在这个过程中，全部网络被看成是一个整体，持续不断地从输入端接收语音分组，然后在一定时间内将其传送到网络输出端。由于分组在网络中的传输时间在某个范围内变化，因此可能出现分组语音的抖动现象。

2. 语音编码和压缩技术

模拟语音信号必须先进行数字编码，转换为 PCM（脉冲编码调制）码，然后经过专门的 DSP（数字信号处理器）芯片进行数据压缩，再打上 IP 分组的标记，形成 IP 数据报，才能在 TCP/IP 网络上传输。在这个过程中，涉及 PCM、DSP、编码、压缩等技术。

（1）PCM

PCM 是指把模拟信号转化为数字信号的过程。它又可以划分成抽样、量化和编码几个步骤。

①抽样就是对模拟信号进行脉冲调制。经过抽样后，模拟信号被转变为脉冲振幅调制信号（PAM）。

②量化是指把抽样信号的幅度离散化的过程。根据量化过程中量化器的输入与输出之间的关系，可以有均匀量化和非均匀量化两种方式。在均匀量化中，量化器的输入 $u(t)$ 和输出 $v(t)$ 之间呈现一种阶梯性的均匀关系，故也称线性编码。均匀量化存在的问题是：由于采用等量化级，导致小信号的信号与量化噪声比小，大信号的信号与量化噪声比大。为提高小信号的信噪比，可以将量化级再分细些，这时大信号的信噪比也同样提高，但这样做的结果使数码率也随之提高，增加了对带宽的需求。采用非均匀量化（也称压缩量化）是改善小信号信噪比的一种有效方法。它的基本思想是在均匀量化之前先让信号经过一次处理，对大信号进行压缩而对小信号进行较大的放大。由于小信号的幅度得到较大的放大，从而使小信号的信噪比大为改善。这个处理过程是用压缩器来完成的，其实质是“压大补小”，使大小信号在整个动态范围内的信噪比基本一致。在系统的接收端，与压缩器对应的有扩张器，二者的特性恰好相反。扩张器对小信号衰减，对大信号放大。

③编码是将模拟信号数字化的最后一步。模拟信号经抽样与量化后，才能使离散样值变成更适宜传输的数字信号形式。最简单的表示法是用二元数字。作为原理性示例，假定采用均匀量化，并且量化级分为 8 个单位，即 8 级，也就是说，样值幅度范围为-4Δ~+4Δ，每个单位为一个Δ。在这种条件下，采样值幅度需要用二进制数字的 3 位码表示，即 $2^3=8$。由于样值有正有负，故 3 位码中要用 1 位码表示量化值的极性，其余 2 位码表示幅度值。现在规定 0~1 按 0 级计算，编码为 100；1~2 按 1 级计算，编码为 101；2~3 按 2 级计算，编码为 110；3~4 按 3 级计算，编码为 111。如果通过量化步骤得到的 5 个量化值是 2.5Δ、3.5Δ、1.5Δ、-0.5Δ以及-1.5Δ，那么编码所得到的结果将是 110、111、101、000 和 001。当然，实际的编码处理比这里所给的例子要复杂得多，而且存在着多种编码形式，如低速编码和高速编码、逐次反馈型、级联型和混合型等，此处不再赘述。

（2）DSP

DSP（数字信号处理器）是微处理器的一种，主要应用于声音压缩、图像压缩等数字压缩技术领域，能将声音、图像、温度、压力等种种模拟信号高速转换成数字信号。例如，在近年来发展极为迅速的便携式电话中，DSP 将话音模拟信号高速数字化，并通过代码压缩后再发送，接收端也使用 DSP，它又把被压缩过的数字信号复原、伸展成模拟信号。

DSP 是一种特殊的单片机，它同时也是一个嵌入式系统。有人将 21 世纪称为“数字化时代”，其中要使用的很关键的器件就是 DSP。由于 DSP 技术进入了网络设备，交换以太网和快速交换以太网会变得更快、更便宜、更容易升级。现在，DSP 已经广泛用于调制解调器和移动电话，它适合于批量产品和再编程领域。

DSP 优于 RISC（精简指令集计算机）处理器，其原因在于 DSP 有嵌入的协处理器和用于快速数据处理的并行数据通道。另外，基础系统和扩展模块中的 DSP 也能分担一些数据处理任务。因此增加 DSP 后，交换机性能将迅速提高。

（3）常用的 IP 语音编码与压缩方式

通过 IP 网络传输实时语音与通过它传输普通数据是不一样的，有关的应用设施必须满足语音所需要的实时性。语音分组的传送要求网络及时提供足够的带宽，所以对现有多数速率还不是很高的 IP 网络而言，语音压缩技术是实施 IP 话音通信的关键所在。下面简单介绍当前比较流行的几种话音编码与压缩方式。

①PCM。PCM（脉冲编码调制）是最早的数字话音技术，它不包含任何压缩算法，以 64kbps 带宽传输话音信号，即每秒采样 8 000 次，每次采样获得 8 位数字的话音信号。PCM 是 G.711 标准采用的编码方式，也是微软 Windows 系统自动存储 WAV 文件时所使用的编码方法。

②ADPCM。ADPCM（自适应差分脉冲编码调制），或称 G.726，是国际电信联盟（ITU）32kbps 的话音编码标准。人类讲话的声音波形在短时间内是很容易预测的。在编码语音采样中，最常用的技术之一就是使用这一条件从上一个采样点预测出下一个采样点的值来。ADPCM 编码转换器完成 64kbps PCM 信号与 32kbps ADPCM 信号间的转换。该转换器的输入是 64kbps 的数据流，是由 PCM 编码器数字化的语音数字信号。它采用一个数字滤波器，根据以前的 PCM 输入值预测下一个 PCM 输入值。PCM 预测值与真实值之间的误差是发送到话音接收端的信息。所谓“差分”，是指 ADPCM 数据流是 PCM 输入的真实值与预测值之间的差值。“自适应”是指完成预测的滤波器的传输函数是根据 PCM 输入的数据自适应调整的。

③CELP。CELP（代码激励线性预测）是当前最先进的低速率话音传输技术。CELP 算法是将模拟信号采样与预先定义的代码簿内曲线进行对比分析，然后将与模拟信号采样最接近于一致的代码簿代码传送给接收端，在接收端再对照代码簿重新生成原信号。原信号的采样时间间隔非常短，所以再生信号经过滤与原信号极其接近。CELP 是许多高级专利话音压缩方式的基础，可将话音压缩到 5.33kbps、8kbps 和 9kbps。

④LD-CELP。LD-CELP（低延迟代码激励线性预测）是高度优化的 16kbps CELP 算法，可用比较小的端到端时延高质量地再现话音。LD-CELP 是国际电信联盟（ITU）的 G.728 标准采用的 16kbps 速率下的标准编码和压缩方式。

⑤CS-ACELP。CS-ACELP（共轭结构代数代码激励线性预测）或称 G.729，是国际电信联盟（ITU）8kbps 语音压缩和编码标准。CS-ACELP 是新发展的一种算法，能够编码出 8kbps 的话音信号比特流（而普通的 PCM 话音为 64kbps），其带宽效率是 PCM 的 8 倍，是 32kbps 的 ADPCM 的 4 倍。现在 CS-ACELP 是人们普遍看好的语音编解码方案。

在实际选择语音压缩算法时，需要综合考虑各种因素。例如，高比特率可以保证良好的话音质量，但要占用大量存储空间，耗费更多的系统资源；而过低的比特率又会影响话音质量和增加延迟。所以，在较低比特率的前提下，保持较好的话音质量是选择压缩算法的原则。

3. 交互式语音应答技术

交互式语音应答（IVR）可以提高呼叫服务的质量并节省费用。它能够根据用户输入的内容播放有关信息，可以是操作提示，也可以是具体的信息内容。

IP 电话中使用的 IVR 技术经历了从集中到分布的过程。在目前的 IP 电话系统中，所有的计费功能、主叫识别以及与电话卡相关的用户提示信息都必须集中处理，因为网关缺乏像 IVR 和计费功能之类的智能特性。在集中式的结构下，国际电话呼叫从“请输入电话卡号和 PIN 号”和“输入要呼叫的号码”开始，直到接通电话为止，每处理一个国际电话卡业务至少要三次访问中央数据库系统。对每个用户的提示信息必须从中央 IVR 系统发出，并且每次用户响应也要送回 IVR 系统。IP 电话的开办是为了节省费用，但在网络上往返地传送提示信息造成了大量的开销。传递信息的结点所租用的带宽主要是为了传递话音的，但同时也不得不为传送语音提示信息而提供相当的开销，为了防止网络拥挤和保证话音质量，就得提供更多的带宽。在实际应用中，看似很少的语音提示开销聚集起来有时会对网络产生很大的负面影响，这就是集中式 IVR 的缺点。

有一种方法可以克服这一缺点，那就是把语音提示功能和特征分布到基于 IP 的网络中去，即分布式的 IVR 体系。

分布式 IVR 系统把 IVR 的中央控制功能分散到各个结点。在分布式的体系结构下，通过把 IVR 功能集成到 IP 电话网关，要求输入用户电话卡号之类的语音提示就可以实现本地处理。在网关上配置一种简单的控制语言，使它具有发出语音提示、电话卡核实和拨号处理功能。这样，在 IP 网络上传送的主要就是长途语音信息。中央控制部分把 IP 信息发送给局域网关，局域网关的 IVR 根据中央控制部分 IP 信息所表示的指令给用户发送语音提示信息。因为语音提示信息都保持在本地提供，因而不需要在广域网上传输。在广域网上需要传送的只是很少的用于告诉局域网关该发什么提示信息的 IP 分组，这样就节省了大量的带宽资源。

4. 服务质量技术

服务质量（Quality of Service，QoS）是指为保证所提供服务的质量达到相应标准而采取的一系列技术措施的总称。目前，众多国际组织、网络设备制造商和服务提供者纷纷致力于 QoS 的研究、开发和应用，各种协议、标准、产品和解决方案不断被推出。IP 电话和 QoS 的关系尤为密切，因为用户打电话过程中最关心的就是通话的时延和话音的保真度问题，大的时延、话音抖动和失真都会令用户无法忍受。因此，如何确保 IP 电话的 QoS 是 IP 电话成功与否的关键技术之一。

（1）QoS 的应用需求

在什么情况下我们才需要 QoS 呢？对于纯数据的网络，如果流量增长缓慢，并且用户很少抱怨响应时间长，那就说明网络的现状是良好的。在这种情况下，除非应用程序或用户数量有重大变动，否则不需要增加带宽或做其他变动。然而，如果网络流量增长超过 30%，或者响应时间已经延长了 10%以上，同时这一趋势还在继续发展，就必须认真考虑采取某种 QoS

措施了。一般说来，在 TCP/IP 网络上开展多媒体应用，即同时传送数据、话音和视频信息，就必须实施某种 QoS 方案。

当线路处于低负荷运行时，IP 电话能够保持较高的质量水平；而当线路紧张，甚至网络处于拥塞状态时，带有 QoS 的 IP 电话仍然具有相当高的质量值，而没有 QoS 保证的 IP 电话的质量则会很差。

（2）QoS 的典型机制

TCP/IP 网络的 QoS 机制经历三个阶段的变化。

- 尽力而为的 QoS。
- 相对的 QoS。
- 绝对的 QoS。

就服务质量而言，早期的 Internet 是提供尽力而为的 QoS。Internet 上的路由器对于任何语音数据的传送速率、分组丢失率或分组的时延都不提供有保证的承诺。关键的原因在于路由器对所有的 IP 数据报都一视同仁，而不管是实时的语音交互还是普通的文件传输。这种“尽力而为”的机制不能有效地支持语音传送。

相对 QoS 的传输机制在 IP 分组头中使用“服务类型”（Type of Service，ToS）字节，该字节表示 IP 分组的延时优先级和丢弃优先级。网络设备制造商们正在开始调整他们的产品，以支持在网络传送过程中带优先级的排队和拥塞控制机制。IP 电话网关使用一个标志分组来申请低的延迟和低的分组丢弃率。与尽力而为 QoS 相比，相对 QoS 前进了一大步，它能够在一个管理良好的 IP 网上达到较好的电话质量。但是为了取得这样的效果，在各个骨干网上都需要增加许多网络设施和网络操作，所以人们又在寻找更好的替代方法。

绝对 QoS 建立在相对 QoS 之上，它需要使用足够的带宽来控制时延和时延的变化。对于 IP 电话来说，绝对 QoS 从实验室阶段走向实际应用还需要有一个过程。

表 10-4 总结了上述三种 QoS 机制以及它们对 IP 电话服务质量的影响。

表 10-4　三种 QoS 的对比

QoS 机制	语音级带宽保证	语音级延迟保证
尽力而为的 QoS	没有	没有
相对的 QoS	很难	很难
绝对的 QoS	可以	可以

（3）QoS 的技术实现

QoS 的目标在于提供高质量的话音。高质量话音通信关心三个要素，即带宽、延迟和抖动。在 PSTN 上传输未经压缩的语音时，即使其中一方处于静音状态，通话双方仍各需占用 64kbps 带宽，而在 IP 电话系统中经过压缩的数字化语音传输，对带宽的要求则可降至 8kbps，其中不包括静音压缩和 IP 本身的负荷。对于实时语音文件，它所产生的网络负载是固定的，并不需要多余的带宽。但当网络所提供的传输带宽低于这种固定需求时，将会出现影响话音质量的分组丢失现象。另外，IP 网络对相继分组的传输可能产生不同的时延，所以，IP 电话网关必须设立大容量的缓存器，用来把不同时延的分组序列转换成时延一致的语音流。

很显然，一个高质量的 IP 电话解决方案应该从三方面进行努力，即保证带宽、使时延最小、使时延变化最小。现在，一个网络提供 QoS 保证的途径主要有过度建设、优先级、队列、拥塞控制与避免、传输整形等，下面分别加以介绍。

①过度建设。过度建设是局域网上比较流行的一种 QoS 方案，也是最简单的 QoS 途径。它靠提供大量带宽来满足用户的服务质量需求。

现在，LAN 设备制造商把产品越来越多的功能集成到专用集成电路（ASIC）中，芯片制造新工艺以及新的生产效率都使得 LAN 交换机产品的价格下降而速度更快。因此，在局域网中，以相对较低的成本提供高的带宽是可能的。

但是，在广域网环境中，过度建设是不切合实际的。当前的广域网带宽价格对于多数用户来说仍然是一种昂贵的开支。关于广域网，比较合理的选择是把过度建设与实现 QoS 的其他途径相结合作为一种解决方案。

②优先级。优先级是指对 IP 分组划分级别，不同级别的分组在网络上接受不同的待遇和处理，这样可以确保语音、图像等对实时性要求高的数据分组享受高的级别，从而提高其传输质量。

数据的优先级按照特征可分为隐式和显式两种。当具有隐式 QoS 时，路由器或交换机根据管理员制定的规则自动分配服务等级，规则要察看的条件包括应用类型、协议、源地址等。路由器或交换机对每个接收到的 IP 分组进行检查或过滤，判断它是否满足特定优先级的要求。

显式 QoS 是让用户或应用程序请求得到特定优先级的服务，而路由器和交换机努力满足所请求级别的服务。IP 优先级，即 IP 分组头中的服务类型（TOS）段，可能成为最广泛使用的显式 QoS 技术。

IPv4 协议在 IP 分组格式的头中预留了一个 TOS 段，用户可以在该域里指定时延、吞吐量以及可靠性等优先级属性，可以让传统 IP 协议的路由器支持这种优先级处理。

后来出台的资源预留协议（RSVP）比 IP TOS 复杂，它规定了特有的信令机制，该机制允许应用向路由器传输 QoS 请求。由于 RSVP 将大量的处理负担分配给路由器，可能造成系统性能下降，因此 RSVP 广泛使用的时机尚不成熟。

③队列。队列和队列算法是在设置优先级的前提下采用的一种 QoS 方案。队列实际上是路由器或交换机内部的一块缓存区，用来存放带有优先级别的 IP 分组。队列算法是一种特定的计算方法，用来确定存储在队列中数据分组的发送次序。该算法的思路是，对优先级高的分组提供优先的更及时、更好的服务。

④拥塞控制与避免。拥塞控制与避免机制是 QoS 技术的另一个重要方面。拥塞控制使端点站在网络发生拥挤丢弃信息分组时降低发送信息的速度。许多年前，TCP/IP 和 SNA（IBM 的系统网络体系结构）网络就开始支持拥塞控制，但是，拥塞控制本身并不能保证 QoS。然而，当拥塞控制与拥塞避免功能同时存在时，就会对保证和提高 QoS 起很大的作用。TCP/IP 的拥塞避免是一项相对新的技术，它目前已成为 IP 路由器的一个标准特性。

随机早期检测（RED）技术是拥塞避免采用的标准方法，其基本做法是：每当队列满时，RED 就随机地丢弃一些分组，并让端点站降低传输速率，使队列不致溢出。加权 RED（WRED）

又在 RED 的基础上进行了改进，它根据 IP TOS 丢弃分组。

⑤传输整形。传输整形是一种处理和改造信息流形式以保证 QoS 的技术。它的一种做法是将信息分组分段。我们知道，ATM 网络提高 QoS 的原因之一是短的信元产生低的时延。借鉴 ATM 技术的思想，路由器和交换机厂商在他们的产品中增加了分段功能。例如，Cisco 公司的 12000 系列路由器把在骨干网上传输的分组分割成 64 字节长的较小分组，这样有助于路由器提供持续的 QoS。一些帧中继设备厂商在广域网链路上也对传输的分组进行分割，以此保证信息分组能够在可预先确定的时间范围内递交并达到承诺的服务质量。

传输流测控是传输整形的另一种做法。它把用户提交的发送信息分组序列存储在缓冲区内，在传送每个分组前留出一定的空闲时间，通过这样的缓存控制减少网络过载的可能性和提高传输流中分组间隔的均匀性。传输流测控另一个典型的功用是在网络边缘减少负荷的突发性。

未来的 QoS 机制应该是将上述各种途径集成在一起，形成一个基于策略的管理系统，称为策略服务器。策略服务器和现有的网管软件相结合，对网络进行实时监控，动态配置路由器和交换机，最终达到保证端到端 QoS 的目的。

（4）QoS 的新发展

随着 Internet 和 IP 技术的发展，QoS 越来越成为人们关注的焦点。目前，与 QoS 相关的技术在继续发展着，下面介绍其中具有代表性的几个方面的新进展。

①MPLS 对 QoS 的支持。MPLS（多协议标记交换）是 IETF（Internet 工程任务组）为提高 Internet 网络的扩展性、增强 Internet 的路由器交换处理能力而提出的基于第二层/第三层相结合的数据分组交换协议。MPLS 在网络层的数据分组头和数据链路层的帧头之间插入固定长度的标签，网络根据这种固定长度的标签来选择路由和进行转发。这样就免除了搜索可变长度的路由表做路由决定所耗费的时间，并且把网络层的交换功能下放到链路层实现，提高了协议的运行效率。也就是说，MPLS 实现了从第三层到第二层的映射，因而可以利用 MPLS 来提高服务质量。在应用 MPLS 的网络中，可以把具有高优先级别的 IP 分组映射到特殊的链路层标签。对于这些特殊标记的信息分组，链路层提供特殊的传输通道以满足它们对时延及带宽的需求。这样，就可以通过链路层定义的特殊标签来满足对网络的不同 QoS 需求。

②QoS 路由（QoSR）技术。QoSR 是根据网络现有资源状况来决定信息流路径的协议，它被认为是在数据网上提供真正 QoS 的一种较好的技术。IETF 成立了 QoSR 工作组来研究如何在 Internet 上建立 QoSR 的路由机制。

QoSR 根据一些测量值计算和选择最佳路由。决定测量值的信息包括所有结点的带宽资源情况、端到端的延迟、资源的可用性及每一结点的转发机制等。QoSR 能根据用户特定的需求来定义路由选择机制，网络管理员能很方便地根据业务类别来做网络参数的调整与配置、资源的分配和网络带宽的控制。比如对一些低时延的应用，QoSR 能尽量选择光纤线路，避开卫星传输链路，以保证选择最低时延的路由。QoSR 在计算路由时考虑的因素较多，因而其路由协议同传统的 Internet 的路由协议相比要复杂得多。QoSR 在路由选择上区别不同的服务类型，因而它对 QoS 具有很好的支持。

③IPv6 对 QoS 的支持。IPv6 既能够解决 Internet 网络地址的危机，也能够在提高 Internet 性能方面有很大的突破。在 IPv6 中提供了对 QoS 的支持。在 IPV6 中定义了两个重要参数：

优先级和流标志。优先级段把 IP 分组的优先级分为 16 级。优先级分为两类：0~7 用于在网络发生拥塞时通过降低信息分组的发送速度来实现拥塞控制的业务；8~15 用于一些实时性很强的业务，它在网络拥塞时不减少提交给网络的信息流速率。对于那些需要高 QoS 的业务，可在 IP 分组中设置相应的优先级，路由器根据 IP 分组的优先级区别对待这些分组。流标志允许用户标记请求网络内的路由器对其做特别处理的那些 IP 分组，以便网络中所有的结点能识别该分组，并给予特别的待遇。到目前为止，除了 RSVP 会使用这个流标志外，IPv6 尚未对流标志的使用做详细说明。但有了流标志段，就可以让路由器有区别地处理一些具有特殊 QoS 要求的数据分组。

10.3.3 IP 电话协议结构

由于 Internet 的飞速发展，以及网上话音业务的巨大前景，在各厂商的积极推动下，IP 电话的标准化工作取得了很大的成果。图 10-19 显示当前 IP 电话所采用的主要协议。

大多数 IP 电话利用话音压缩和 RTP/UDP/IP 协议栈（参见图 10-19）。实时协议（RTP）是一种实时数据流协议，典型的 RTP 应用位于 UDP 之上，它们共同执行传输层的功能。

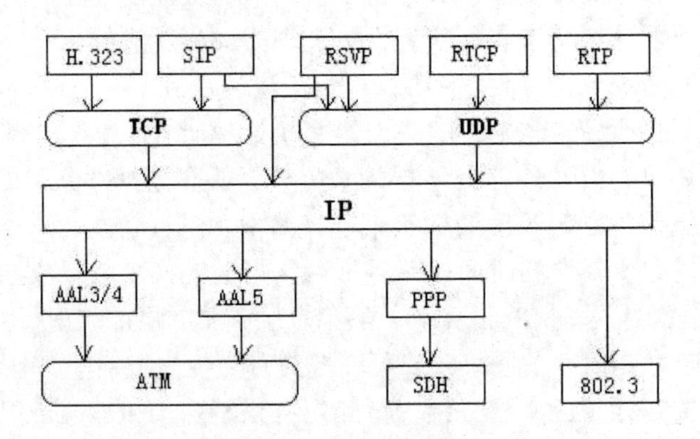

图 10-19 IP 电话协议结构

H.323 是国际电信联盟（ITU）的一个标准协议族，包括了在无 QoS 保证的分组网络中进行多媒体通信所需的技术要求。这些分组网络包括 LAN、WAN、Intranet、Internet 以及使用 PPP 等协议通过 PSTN 或 ISDN 的点对点连接或拨号连接的网络。H.323 作为一个协议框架，提供了系统及组成部分描述、呼叫方式描述，定义了呼叫信令过程，其相关协议可以做如下分类。

- 视频编码——H.261，H.263。
- 话音编码——G.711，G.722，G.728，G.729，G.723。
- 数据通信——T.120。
- 呼叫控制——H.225（包括信令、注册、分组打包等）。
- 系统控制——H.245（包括呼叫、功能协调等）。
- 实时传送协议——RTP/RTCP。

在 H.323 多媒体通信系统中，控制信令和数据流的传送利用了面向连接的传输机制，在 IP 协议栈中，IP 与 TCP 协作，共同完成面向连接的信息传输。可靠的传输机制保证了信息分组传输时的流量控制、连续性和正确性，但也会产生较长的传输时延和占用较多的网络带宽。

H.323 将可靠的 TCP 用于 H.245 控制信道、T.120 数据信道和呼叫信令信道。而视频和音频信息采用非可靠的无连接协议，即用户数据报协议（UDP）。由于 UDP 不提供很好的 QoS，只带有很少的控制信息，因此传输时延比 TCP 小。

在有多个视频流和音频流的多媒体通信系统中，基于 UDP 的不可靠传输利用 IP 网多点投递和 IETF 实时传输协议（RTP）处理视频和音频信息。IP 网多点投递是一种以 UDP 方式进行的不可靠的多点传输协议。RTP 工作于 IP 网多点投递的顶层，用于处理 IP 网上的视频和音频流。在每个 UDP 数据报中均加上一个包含时标和序号的报文头。如果接收端配以适当的缓冲，那么它就可以利用时标和序号“复原、再生”数据分组，记录失序分组，同步语音、图像和数据，以及改善重放效果。在 IP 电话中，RTP 用于传输实时语音流。

实时控制协议（RTCP）用于 RTP 的控制。RTCP 监视服务质量以及在网上传送的信息，并定期将包含服务质量信息的控制分组分发给所有通信结点。在 IP 电话中，RTCP 用于建立语音信道本身。

由于 H.323 是基于 RTP/RTCP 的，因此它可在 IP 网络上运行，并支持音频、视频和数据多媒体通信。

在像 Internet 这样的大型网络中，为一个多媒体呼叫保留足够的带宽是很重要的，也是很困难的。另一个 IETF 协议——资源预留协议（RSVP）允许接收端为某个特定的数据流申请一定数量的带宽，并得到一个答复，确认申请是否被批准。虽然 RSVP 不是 H.323 标准的正式组成部分，但是大多数 H.323 产品都支持它，因为带宽的预留对 IP 网络上多媒体通信的成功至关重要。RSVP 需要得到终端、网关、多点控制装置（MCU）以及中间路由器或交换机的支持。在 IP 电话中，系统使用控制信道建立 RTP 语音流，并使用 RSVP 请求服务质量。

目前，各个标准化组织对于在 IP 网络上承载实时业务（话音、视频等）的方案大体相同，均是利用源自 IETF 的 RTP；但是在呼叫建立和控制方面则有着不同的方案，其典型代表就是 H.323 和会话初始化协议（SIP）。

SIP 是 IETF 推出的基于文本的协议，它不像 H.323 那样提供所有的通信协议，而是仅提供与呼叫建立和控制功能相关的协议。SIP 应用于 IP 电话，与 H.323 建议相比，具有简单、灵活的特点。

10.3.4　IP 电话的组织成分

IP 电话系统是由一系列组件构成的，其中包括终端、网关、关守、网络管理服务器、计账服务器等，如图 10-20 所示。

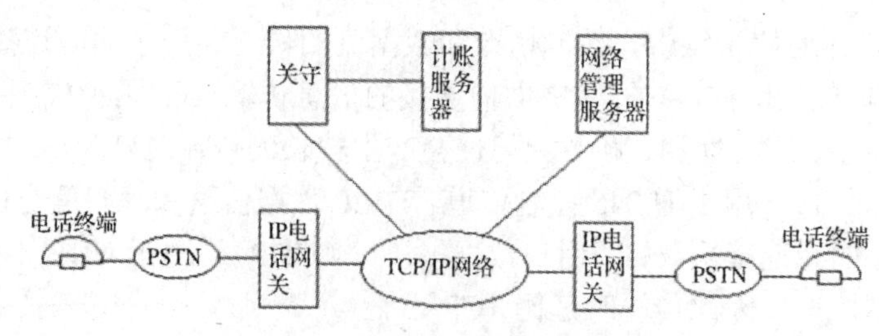

图 10-20　IP 电话系统的整体结构

IP 电话的终端除了图 10-20 中显示的传统语音电话机（也是最流行的一种终端）外，还可以有多种类型，其中包括 PC 和 ISDN 终端，也可以是集话音、数据和图像于一体的多媒体业务终端。不同种类的终端产生的源数据结构是不同的，为了在同一个网络上传输，需要由网关或者通过一个适配器进行数据格式转换，形成统一规格的信息分组。未来的发展趋势是大家都采用标准的统一规格的终端，以减少数据转换所引起的系统开销。

网关是传统 PSTN 电话网和 Internet 之间的桥梁。用户的话音经过 PSTN 传送到网关，网关对它进行压缩、分组和一些为了保证质量的处理，将 IP 话音分组发送到 IP 网上传送，到达对方所在地的网关后，再对话音分组进行相反的处理，形成话音信号，经过 PSTN 传输到对方的电话机。

通常，IP 电话网关包括语音接口卡和一套功能齐备的呼叫管理软件。每个网关被赋予一个 IP 地址，该 IP 地址在 IP 电话目录数据库中注册，这个数据库有效地将网关中的电话号码映射成对应的 IP 地址。呼叫管理软件执行所有与电话呼叫有关的功能。语音接口卡从传统的电话系统中接收话音，然后把它们转换成数字信号。

当一个电话机发出“呼出”信号时，这个信号通过用户交换机进入网关中的语音接口卡，根据所得到的号码，IP 网关进行呼叫设置。IP 的电话数据库将目的地号码映射成远端 IP 网关的 IP 地址，IP 网关在其与远端网关之间建立通话信道。然后，网关就给这个呼叫分配网络带宽，这样电话就接通了。在谈话过程中，话音信号经数字化后被压缩成数据包，封装为 IP 数据分组。IP 分组从话音接口卡出发，通过计算机的网卡和局域网传送到路由器。如果路由器支持 RSVP 或者其他优先权协议，路由器会将这些 IP 话音分组作为高优先级的 IP 流量处理，并把它们送到广域网络。

IP 电话网关管理上述过程的所有环节。如果电话终止了，IP 网关便自动收回分配的带宽，并将上述呼叫记载于呼叫用户记录中，然后准备下一次呼叫。

关守就相当于计算机网络中的智能集线器，把各个网关智能地集合在一起，进行统一管理、维护和开发。目前，各个厂商都有自己的关守服务器设计方案和成型的产品，不同厂商的产品在具体功能和实现手段上可能有差别，但一般说来，关守都具有对用户进行身份验证、安全性管理、地址翻译、拨号方案管理和数据库管理等功能。

在一个 IP 电话的通信建立过程中，关守负责对呼叫进行身份和密码验证，并完成呼叫的初始化功能。当来自 IP 网络外（例如 PSTN）的呼叫到达网关时，网关会收到一个符合 E.164 标准的号码地址（例如 0086-020-32321231），表示目标终端的地址。关守的地址翻译功能就是把这个地址转换成 IP 网络可以识别的地址，即 IP 地址（例如 202.112.103.235），IP 网络要依靠 IP 地址来进行寻址和路由选择。

关守通过对拨号计划的管理达到对呼叫路由的全面控制和维护。具体地讲，关守控制提供给用户的权限和服务种类，规定用户可以使用何种业务类型以及业务所能到达的地域。在呼叫到来时，关守选择合适的网关提供服务，使得最大限度地发挥整个网络的效益成为可能。另外，呼叫方动态确定和更改到网关的路由选择也是通过对拨号计划的管理来实现的。

数据库管理也是关守的一大功能。IP 电话系统包含的数据来源有系统初始化信息、网络结构信息、网关配置信息、网络连接信息、用户详细信息以及呼叫记录信息等。这里，网络连接信息和呼叫记录信息的数据量都相当大，并且动态增加。因此，面对如此繁杂庞大的数据，就必须使用一个性能稳定、安全性好的大型数据库系统来进行管理。一般说来，关守大都集成了大型数据库厂商产品所提供的各种功能，例如采用 Oracle、Sybase 等数据库管理系统。至于数据库和网络维护人员之间的接口，既可以采用原数据库厂商的工具，也可以由 IP 电话制造商自己开发。

管理服务器是为网络管理人员提供的管理工具，可以实现对 IP 电话网络体系中各种组件的管理。管理服务器提供良好的用户界面，使网络管理人员可以方便地控制所有的系统成分，包括网关、关守等。管理服务器的功能包括设备的控制和配置、数据配给、负载均衡和远程监控等。

计账服务器对用户的呼叫进行费用计算，并提供相应的单据和统计报表。它利用关守提供的标准的、开放的数据接口，将每一次呼叫产生的详细记录上传到本地数据库，形成计费数据。计账服务器通常还要实现如下功能：自动生成计账清单、清单的打印、数据的导出、呼叫的重新计算、呼叫记录浏览、用户资料上装和根据计账卡自动生成新用户等。

10.3.5　IP 电话的业务流程

IP 电话的用户拨打和呼叫处理过程如图 10-21 所示，分为以下若干个步骤。

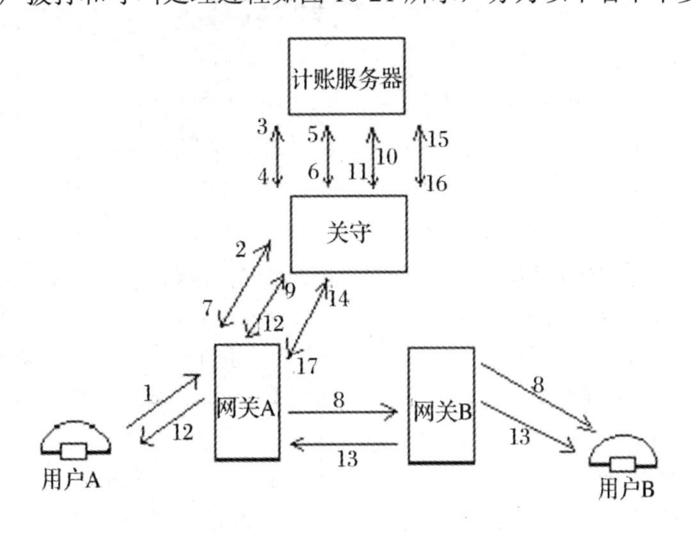

图 10-21　IP 电话的业务流程示意图

（1）用户使用电话 A 呼叫网关 A，用户根据 IVR（交互式语音应答）的提示输入认证信息和被叫电话的号码。

（2）网关 A 向关守发送呼叫业务请求，并把用户的信息、业务类型和其他业务信息传递给关守。

（3）关守检查用户的权限，确定该用户是否有权使用此种业务。授权认证可以通过计账系统的认证模块来进行，也可以由关守内部的功能完成。

（4）结果返回允许或不允许接通的应答。

（5）关守向计账系统发送消息，请求关于用户的计账信息，也包括呼叫的信息。

（6）计账系统返回该用户的计账信息。

（7）关守向网关 A 发送供连接使用的目的地网关的地址信息。

（8）网关 A 和网关 B 建立连接，初始化通话进程，网关 B 向电话 B 发送呼叫信息，通话进程开始。

（9）当网关 A 和网关 B 检测到通话进程真正开始以后，网关 A 向关守发送一个呼叫开始信息，并附带上一个具有唯一性的计账标识 ID。

（10）关守向计账系统发送呼叫开始信息。

（11）计账系统返回确认消息作为应答。

（12）应答消息被传送给网关 A。

（13）网关 A 或者网关 B 检测到呼叫结束。

（14）网关 A 和网关 B 向关守发呼叫结束消息以及其他和该呼叫相关的消息。

（15）关守向计账系统发送呼叫结束消息。

（16）计账系统返回确认信息。

（17）确认信息被送到网关 A 和网关 B。

10.4 视频点播

视频点播是 20 世纪 90 年代首先在国外发展起来的，英文称为“Video on Demand”，所以也称为“VOD”。顾名思义，就是根据观众的要求播放节目的系统，把用户所点击或选择的视频内容传输给所请求的用户。视频点播业务是一种新兴的传媒方式，是计算机技术、网络通信技术、多媒体技术、电视技术和数字压缩技术等多领域融合的产物。

VOD 根据用户的需要播放相应的视频节目，从根本上改变了过去被动式看电视的状态。当您打开电视时，您可以不看广告，不为某个节目赶时间，随时直接点播希望收看的内容，就好像播放刚刚放进自己家里录像机或 VCD 机中的一部新片子，但是您又不需要购买录像带或者 VCD 盘，也不需要录像机或者 VCD 机。这就是信息技术带给您的便利，它通过多媒体网络将视频节目按照个人的意愿送到千家万户。

放眼宽带网络的应用，VOD 最贴近百姓生活，不过它的技术难度也最大。拿老百姓的话来说，就是高速路有了，就要有车跑，VOD 应用就是宽带多媒体网络上最醒目的车。

VOD 技术不仅可以应用在电信的宽带网络中，同时也可以应用在小区局域网及有线电视的宽带网络中。如今在建设智能小区的过程中，计算机网络布线已成为必不可少的一个环节。小区用户可以使用电脑、电视机（配机顶盒）等终端执行 VOD 操作；可以通过小区局域网或 ADSL 接入像是 SDH/SONET 这样的宽带广域网；有线电视经过双向改造，也可以让广大的电视用户通过有线电视网点播视频节目。

视频点播系统主要由服务端系统（包括片源库系统、流媒体服务系统和影柜系统等）、网络系统（包括传输线路、中继器、路由器和交换机等）和客户端系统（包括用户终端设备即“机顶盒+电视机”或个人计算机等）组成（参见图 10-22）。

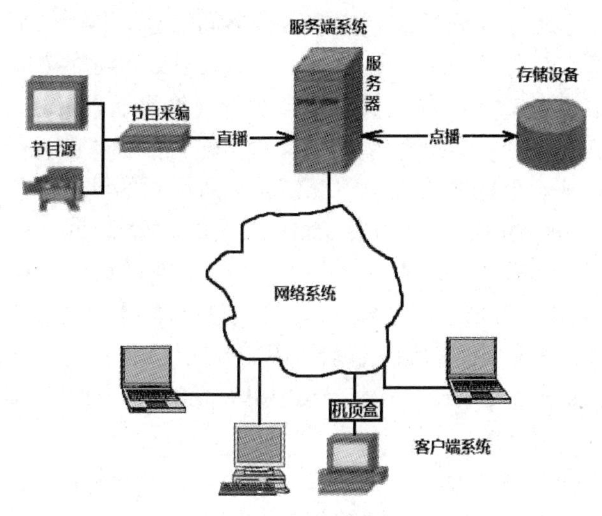

图 10-22　视频点播系统的结构

视频点播的服务过程是，当用户发出点播请求时，流媒体服务系统就会根据点播信息，将存放在片源库中的节目信息检索出来，以视频和音频流形式，通过高速传输网络传送到用户终端。

点播业务一般采用单播传输来实现。所谓单播，就是利用一种协议将 IP 数据分组从一个信息源传送到一个目的地，此时信息的接收和传递只在两个结点之间进行。在 IP 单播中，只有一个发送方和一个接收方，同时双方具有相对固定的 IP 地址。单播的特点是每个终端都占用一定的带宽，当带宽被占满之后，其他终端就无法连接到服务端。

在传统的网络视频传输过程中，通常要求用户将音频、视频文件下载到本地计算机后再进行播放。这种方法虽然使 IP 网络上多媒体信息的传输成为可能，但是它也带来了两个突出的问题。

（1）由于必须下载多媒体信息，而多媒体信息的数据量通常都很大，因此在普通用户接入线路速率较低的情况下，一个很短的视频片段可能需要下载很长时间。

（2）由于必须把节目下载到本地计算机后才能播放，因此这必然要占用本地计算机比较多的存储资源。

在这种背景下，“流式传输”应运而生。它借鉴了计算机本身利用缓存区来提高文件运行速度的方式，考虑在播放端放置缓冲区来解决服务质量的问题。流式传输将动画、音频和视频等多媒体数据经过特殊的压缩方式分成一个个压缩包，由视频服务器向用户计算机连续、实时地传送。而且，在采用流式传输方式的系统中，用户不必像非流式播放那样等到整个文件全部下载完毕后才能看到具体的内容，只需经过几秒或几十秒的启动延时即可利用相应播放器对压缩的动画、音频、视频等流式数据单元解压后进行播放，多媒体文件的剩余部分也将在后台的服务器内继续下载。这种利用“流式传输”思想传输的多媒体被称为流媒体。跟许多其他实时多媒体一样，视频点播的节目也是以连续的“流”方式传输的。

在视频点播中，服务端系统主要由视频服务器、档案管理服务器、影音服务器、内部通信子系统和网络接口组成。档案管理服务器主要承担用户信息管理、计费、影视材料的整理和安全保密等任务。内部通信子系统主要完成服务器间信息的传递、后台影视材料和数据的交换。网络接口主要实现与外部网络的数据交换和提供用户访问的接口。

视频服务器主要由存储设备、高速缓存和控制管理单元组成，其目标是实现对媒体数据的压缩和存储，以及按请求进行媒体信息的检索和传输。数字化的视频节目通常存储在视频服务器的磁盘阵列上，所存储的节目数量主要依赖于所配置的硬盘的大小，例如以 MPEG-1（1.5Mbps）格式存放 100 小时的节目需要 55GB 左右的硬盘空间。

视频服务器与传统的数据服务器有显著的不同点，需要增加许多专用的软硬件功能设备，以支持该业务的特殊需求。例如，媒体数据检索、信息流的实时传输以及信息的加密和解密等。对于交互式的 VOD 系统来说，服务端系统还需要实现对用户实时请求的处理、访问许可控制、VCR（Video Cassette Recorder，磁带录像机）功能（如播放、暂停、快进、快退等）的模拟。

网络系统包括广域网络和本地网络两部分。因为它负责视频信息流的实时传输，所以是影响连续媒体网络服务系统性能极为关键的部分。同时，媒体服务系统的网络部分投资巨大，故在设计时不仅要考虑当前的媒体应用对高带宽的需求，还要考虑将来发展的需要和向后的兼容性。当前，可用于建立这种服务系统的网络物理介质主要有 CATV（有线电视）的同轴电缆、光纤和双绞线等。广域网络的例子有 SONET/SDH 等，本地网络的例子有高速以太网和社区有线电视网络等。

从网络结构上划分，可以分为广域网视频点播和本地网视频点播。对于广域网视频点播，通常有如下要求。

（1）考虑到广域网的带宽资源比起本地网更为珍贵，要求可以对音视频数据进行较强的压缩，以减少带宽占用量。

（2）尽可能地满足视频点播应用的高带宽需求，并减少传输过程中的转发延迟。

（3）能应对网络的复杂性，对在不同类型的网络之间的音视频传输有高效而稳定的表现。

（4）压缩运营成本。这是触发广域网点播技术改革的原动力，从原始 C/S 架构高带宽模式，现在已逐步演变成 P2P 模式，并进一步优化到 P2SP，甚至云技术应用。例如，目前酷播的高清视频点播方案就是基于云技术来实现的。

具体地讲，在基于 IP 的视频点播方案中，我们需要网络为 VOD 提供一定的服务质量保证，并提高视频服务器的相关处理能力。

相比之下，本地网具有带宽资源丰富、传播延迟较小的优势，因此对本地网视频点播的要求侧重放在细化的流量控制和网络子结点间高效寻址等方面，更加强调客户端的用户体验和产品交互性等性能表现。

客户端系统负责与服务器通信，取得所有节目的有关信息，并将节目单显示给用户，让用户选择、播放和执行控制操作。用户界面可以做得很友好，允许用户调整视频窗口的大小，直至在本端开大到全屏幕。在一些特殊系统中，除了“机顶盒+电视机”或 PC，可能还需要一台配有大容量硬盘的计算机以存储来自视频服务器的影视文件。

在客户端系统中，除了必须有硬件设备，还需要配备相关的软件。例如，为了满足用户的多媒体交互需求，必须对客户端系统的界面加以改造。此外，在进行连续媒体播放时，媒体流的缓冲管理、声频与视频数据的同步、网络中断与演播中断的协调等问题都需要予以充分的考虑。

使用客户端系统，在比较理想的情况下，点播用户只要操作遥控器，轻轻一按，就可以心想事成地收看和欣赏自己喜爱的节目，并可随时调整放映的进度、快慢等。

根据不同的功能需求和应用场景，目前流行的主要有三种 VOD 系统：NVOD、TVOD 和 IVOD。

（1）NVOD（Near-Video-On-Demand），即就近式点播电视。这种点播电视的方式是：多个视频流依次间隔一定的时间启动发送同样的内容。比如，12 个视频流每隔十分钟启动一次，发送一个同样的两小时的电视节目。如果用户想看这个电视节目可能需要等待，但最长不会超过十分钟，他们可以选择离他们最近的某个时间起点进行收看。在这种方式下，一个视频流可能为许多用户共享。

（2）TVOD（True Video-On-Demand），即真实点播电视。它真正支持即点即放，当用户提出请求时，视频服务器将会立即传送用户想要的视频内容。如果有另一个用户提出同样的需求，视频服务器就会立即为他再启动另一个传输同样内容的视频流。不过，一旦视频流开始播放，就要连续不断地播放下去，直到结束。这种方式下，每个视频流都专为某一个用户服务。

（3）IVOD（Interactive Video-On-Demand），即交互式点播电视。它比前两种方式有很大程度上的改进。它不仅可以支持即点即放，还可以让用户对视频流进行交互式的控制。这时，用户就可像操作传统的录像机一样，实现节目的播放、暂停、倒回、快进和自动搜索等。

VOD 视频服务器必须运行相应的软件协调各项动作，同时提供友好的用户界面。它应具有如下特征。

（1）能够存储至少几百小时的图像节目。由于一部影片的数据量是非常庞大的（1.2～1.5GB），保存影片就成了一个非常大的问题，因此视频服务器需要能够支持海量数据的存储。

（2）如果把一个用户对 VOD 服务器随机的动态访问称为会话过程，那么 VOD 服务器有可能需要能够支持数以千计的同时进行而又相互独立的“会话”过程。

（3）具有一套加密及用户访问控制机制来防止非法用户访问。

作为点播系统的核心，VOD 视频服务器的档次直接决定系统的总体性能，特别是对于高清视频点播系统，应该能够支持海量用户并发和采用有效的网络时延控制技术（包括光滑处理技术）。为了能同时响应多个用户的服务要求，视频服务器一般采用时间片调度算法。视频服务器还应该支持点播拖拉技术，使得用户在观看视频时，可以选择段落观看；可以动态变化当前播放位置，实现高效跳转；可以高速检索；可以支持任意格式节目的拖拉，且拖拉时延很短。

视频服务器为了能够适应实时、连续稳定的视频流，其存储量要大，数据速率要高，并应具备接纳控制、请求处理、数据检索、按流传送等多种功能，以确保用户请求在系统有限资源的条件下能得到有效的响应。存储设备应采用 SCSI 接口，具有高速、并行、多重 I/O 总线的能力。

在有大量用户同时点播时，服务器的传输速率很高，同时要求其他相关的设备也能提供相应的高速处理功能，这在实现中有一定的难度。为此可以在网络边缘设置视频缓冲池，把点播率高的节目复制到缓冲池中，使部分用户只需访问附近的缓冲池即可，只是在缓冲池中没有被点播的节目时才去访问服务器。这样就减轻了服务器的负担，并可以随着用户的增加动态地扩充缓冲池。由于通常装载缓冲池可用 150Mbps 速率，而从缓冲池中向用户传送节目一般是用 2Mbps 速率，从而可以让服务器支持更多的用户。

VOD 系统现在广泛服务于计算机局域网、广域网、宽带综合接入网和有线电视网等用户，在许多领域都有广阔的应用前景。VOD 不但可以为终端用户提供多样化的媒体信息流来扩大人们的信息渠道、丰富人们的精神生活，而且在医院、宾馆、飞机场等公共场所，以及公司的职员培训、远距离市场调查、公司的广告业务等领域都将逐渐充斥 VOD 技术的各种应用。

（1）影视歌曲点播，用于卡拉 OK 歌厅、宾馆、饭店、住宅小区、有线电视台等。例如，在小区中的住户可通过电视机机顶盒或 PC 登录 VOD 视频服务器，点播自己喜欢收看的电视及新闻节目。

（2）教育和培训，用于学校的远程教学、企业培训、医院病例分析和远程医疗等方面。例如，教师备课时可通过 PC 及时地提取课件及其他教学资料；课堂教学也可以为学生提供动态直观的演示，增强学生的记忆力和理解能力。

（3）多媒体信息发布，用于电子图书馆、企事业单位等。例如，企事业单位可通过 VOD 系统调用以往会议的视频资料，负责人也可通过系统发表讲话，系统会通过网络把信息传送到下面各个部门，为企事业单位人员节省大量宝贵的时间。

（4）交互式多媒体展示，用于机场、火车站、影剧院、展览馆、博物馆、商场等场所，做广告展示、信息公示，顾客可通过交互操作查看自己感兴趣的内容。

10.5 视频会议

视频会议系统又称会议电视系统，是一种让身处异地的人们通过某种传输介质实现“实时、可视、交互”的多媒体通信系统。它可以通过现有的各种电气通信传输介质，将人物的静态和动态图像、语音、文字、图片等多种信息分送到各个用户的终端设备上，使得在地理上分散的用户可以共聚一处，通过图形、声音等多种方式交流信息，增加双方对内容的理解能力，使人们犹如身临其境参加在同一会场中的会议一样。视频会议的使用有点像电话，但除了能看到与你通话的人并进行语言交流外，还能看到他们的表情和动作，使处于不同地方的人就像在同一房间内面对面沟通那样。

目前视频会议系统很多，这些系统多数都支持 TCP/IP。虽然流媒体技术不是视频会议的必需选择，但如果采用流媒体格式传送音视频文件，那么使用者不必等待整个会议记录传送完毕就可以实时、连续地观看，这样就避免了观看前的等待问题，可以具有即时的现场播放效果。

现在视频会议已经成为流媒体技术的一个商业应用。我们一方面可以使用流媒体做点对点的通信，典型的是可视电话，只要两端都有一台接入因特网的计算机加上一个摄像头和话筒，在世界任何地点就都可以进行音视频通信；另一方面大型企业可以利用基于流媒体的视频会议系统来组织跨地区的不同规模的现场会议和讨论。

视频会议系统由视频会议终端、多点控制器（Multipoint Control Unit，MCU）、网络管理系统和传输网络四部分组成。

（1）视频会议终端

位于每个会议地点的终端，其主要工作是将本地的视频、音频、数据和控制信息进行编码打包并发送；对收到的数据包解码还原为视频、音频、数据和控制信息。

终端设备包括视频采集前端（广播级摄像机或云台一体机）、显示器、解码器、编译码器、图像处理设备，控制切换设备等。

主要的视频会议终端有 3 个类型：桌面型、机顶盒型和会议室型。

桌面型终端是桌面上的计算机与摄像机、网卡和视频会议软件的组合，主要用于在办公室里工作的企事业单位的员工。

机顶盒型终端比较简洁，在一个单元内包含了所有的硬件和软件，放在电视机上。在这种配置中，开通视频会议只需要一台普通的电视机和一条 ADSL 或局域网连接。视频会议终端还可以配备一些外围设备，例如文档投影仪和白板设备等来增强功能，通常用于具有一定规模的企事业单位的部门或机构。

会议室型终端几乎提供了任何视频会议所需要的解决方案，一般集成在一个会议室内。会议室型终端通常组合大量的附件，例如音频系统、附加摄像机、文档投影仪和 PC 协同文件通信。双屏显示、丰富的通信接口、图文流选择使终端成为高档的、综合的产品，主要用于中、大型企事业单位。

（2）多点控制器（MCU）

作为视频会议服务器，MCU 为两点或多点会议的各个终端提供数据交换、视频音频处理、会议控制和管理等服务，是视频会议开通必不可少的设备。三个或多个会议电视终端就必须使用一个或多个 MCU。MCU 的规模决定了视频会议的规模。

MCU 的功能可分为三个部分：会议管理、MCU 级联以及与会议终端的连接。

MCU 可以同时支持多个会议活动，每个会议活动在逻辑上都是独立的。MCU 中的会议管理功能负责对 MCU 上正在进行的全部会议活动进行监视和管理。MCU 中的每一个会议活动均包含一个会议控制部分和通信处理部分。会议控制部分执行整个会议的通信控制、多点连接控制、级联控制和主席控制等。通信处理部分执行多点通信的数据处理，即按照会议控制的指令处理多个会议终端的通信数据。

通常情况下，一个 MCU 只能连接一定数目的终端（4~32 个）。在视频会议规模较小时，一个 MCU 就可以满足需求。但如果视频会议的规模较大，一个 MCU 支持不了全部的会议活动，就必须采用若干个 MCU 级联。在级联的情况下，MCU 被分类为主 MCU 和从 MCU 两种。在一个级联环境中，只能有一个主 MCU，其他都是从 MCU。从 MCU 只能同主 MCU 连接，构成一个星型结构。如图 10-23 所示，整个会议活动的全局控制均由主 MCU 执行，从 MCU 在主 MCU 的指挥下协助主 MCU 完成对其从属会议终端的控制。

MCU 需要连接到每一个会议终端。MCU 与每一个会议终端的连接不必独自占用一条物理线路，可以与其他通信设备共享物理线路，但使用不同的逻辑通道。

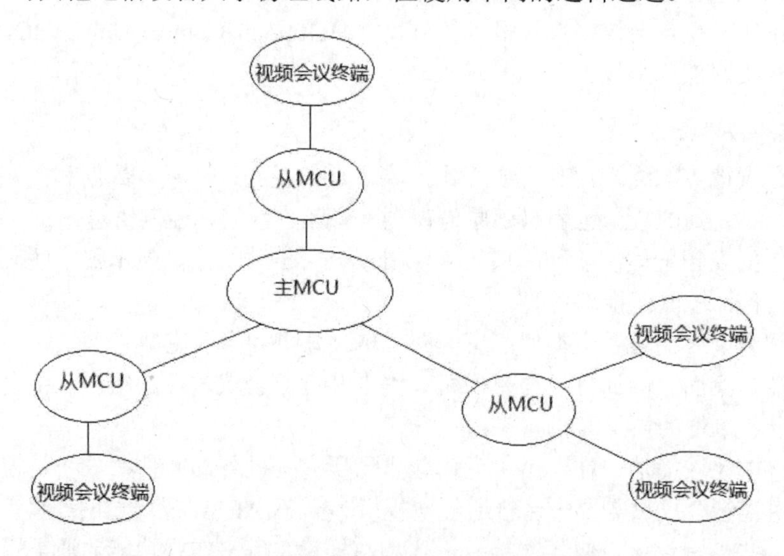

图 10-23　视频会议系统的 MCU 和终端

（3）网络管理系统

网络管理系统是会议管理员与 MCU 之间交互的管理平台。在网络管理系统上管理员可以对视频会议服务器 MCU 进行管理和配置，进行召开会议、控制会议等操作。

（4）传输网络

会议数据分组通过网络在各终端与服务器之间传送，安全、可靠、稳定、高带宽的网络是保证视频会议顺利进行的必要条件。

传输设备主要是使用电缆、光缆、卫星、数字微波等信道，根据会议的需要临时组成。不召开视频会议时，这些信道就是用于上网等其他日常通信的信道。

目前市场上的视频会议系统可以分为软件视频会议系统和硬件视频会议系统两大类。

软件视频会议是基于 PC 架构的视频通信方式，主要依靠 CPU 处理视、音频编解码工作，其最大的特点是廉价，且开放性好，软件集成方便。但软件视频在稳定性、可靠性方面还有待提高，视频质量普遍无法超越硬件视频系统，它当前的市场主要集中在个人和企业，政府、大型企业也逐渐开始慢慢接受，并越来越多地运用到会议当中。

硬件视频会议是基于嵌入式架构的视频通信方式，依靠 DSP+嵌入式软件实现视音频处理、网络通信和各项会议功能。其最大的特点是性能高、可靠性好，大部分中高端视讯应用中都采用了硬件视频方式，但随着技术的发展，其部分市场份额正逐渐被软件系统所占领。

下面列出的是这两类视频会议系统的主要差别。

（1）在经济方面，硬件视频会议的建设成本高，通常需要专线为之提供服务，所以一般企业在决定使用硬件视频会议后往往另需高昂的资金投入建设视频会议独用的网络专线。这样的一项工程、两笔开销往往使许多企业望而却步。软件视频会议则比较灵活，只要允许视频质量差一些，就可以廉价配置。

（2）在音/视频效果方面，可看视频少是广大硬件视频会议用户使用后的感想。（视频所需带宽高，特别是高质量的视频。）相比纯软件的产品，硬件的视频与语音状况通常在感觉上都比软件产品要连贯稳定，但这是建立在带宽高与稳定状况下的一个效果。例如，通常在硬件视频会议中，每路视频要占用 1Mbps 左右的带宽。也正是这个原因，决定了硬件产品必须由专线来提供带宽。可是在纯软件的情况下只需要 160kbps 便可以观看。视频会议允许在画面质量上有一些损失，就一般的视频会议而言，并不需要很高的图像质量。

（3）在数据功能方面，软件对于硬件具有优势。虽然现在有些硬件系统发觉了自身的缺陷，增加了一些数据功能，但仍不如软件系统那样灵活和全面。

（4）在应用方面，软件产品可以跟着使用者到处发挥作用，客户可以用它来远程销售、客户培训、远程教育等。可以说，只要你有电脑，可以上网，就可以使用该会议系统。但硬件由于它本身对专用网络的要求以及相对庞大的体积，限制了它只能在办公桌上或会议室内使用。

（5）在视频容量方面，软件产品可以根据客户的带宽情况有选择地看视频。比如说客户的网络是光纤，他就可以观看多路高质量视频，且可以任意更改显示模式。网络越好，可看数量就越多，最多可至上千路视频，而硬件最多观看 20 路，并且可选的视频模式有限，无法自己定制。在特殊需要的情况下显得力不从心。

（6）硬件相对于软件的优势在于其稳定性，况且在目前的公网服务还不足以支持软件的多路视频观看的条件下，硬件视频会议的稳定性就显得尤为重要。

视频会议系统的应用范围非常广泛，可应用在网络视频会议、协同办公、在线培训、远程医疗、远程教育等各个方面，能广泛应用于政府、军队、企业、IT、电信、电力、教育、医疗、证券、金融、制造等各个领域。

视频会议系统主要有以下 4 种使用环境。

（1）商务型视频会议系统：商务型视频会议系统要求较为简单，主要是服务于一些商务活动，这类视频会议系统要求性价比较高，一般电视会议终端都能满足业务需求。

（2）特殊环境下的视频会议系统：为了满足生产调度、军事指挥这样特殊群体的需求，视频会议系统既不同于教学型的，也不同于会议型的，它既有教学系统的复杂需求，又有会议系统的宏大场面。

（3）教育型视频会议系统：教育型视频会议是为了满足教师的教学要求，让老师如同站在讲台上讲课一样，方便自如地进行教学活动。教学过程的需求最为复杂，要面对各种学科的老师，又要面对老师的各种不同教学习惯，为老师提供一个讲演的舞台，还要为学生与老师提供方便的交互功能，让学生与老师如面对面一样便利交流。

（4）会议型双向视频会议系统：会议型双向视频会议系统主要针对政府和行业的行政会议，特点是场面较大，会议内容比较单一。

最新发展的云计算视频会议将云和视频会议的优势结合在一起，以更灵活多变的会议形式、更快捷的数据处理方式，促使视频会议的数据处理能力、资源调配能力全面升级，帮助用户以最低的价格换取最优的服务，一经推出便备受推荐，甚至被誉为视频会议行业最值得期待的新技术。

信息总量的海量增长，很大一部分是由于商务领域数据几何式倍增而产生的，传统的存储方式已无法承受这种海啸式增长，对此，云存储将以更高容量、更稳定的存储方式快速占领商务市场。具体到作为目前商务领域重要的交流方式之一，视频会议也将顺应市场要求，全面采用云存储的方式妥善保存不断增长的商务会议数据。

会议云存储的出现，突破传统存储方式的性能瓶颈，使云存储提供商能够联结网络中大量不同类型的存储设备形成强大的存储能力，实现性能与容量的线性扩展，让海量数据的存储成为可能，从而让企业拥有相当于整片云的存储能力，成功解决存储难题。

借助云会议厂家提供的视频会议云存储服务，企业有望摆脱在硬件存储设备上的巨额投入，减少在系统维护上的人力支出，从而为用户减少 IT 费用，快速减轻财政压力，提升企业竞争力。届时，用户只需支付少量的储存费用，就能把超大容量的数据存在云端，并根据需要设置相关权限，随时随地提供给需要共享的人员，在减少数据传输的同时，借助厂家更为出色的编码和加密技术，避免传输过程中造成的丢包、泄密等事故的产生，全面保证数据的安全性。